洞庭湖保护与治理水利工作成就

葛国华　主编

·北京·

内 容 提 要

本书包括洞庭湖区概述、保护与治理的发展历程、保护与治理的重点工程建设、科学研究与新技术应用、保护与治理管理能力建设、保护与治理成效和效益以及洞庭湖保护与治理的展望等七个部分，详尽地总结了自中华人民共和国成立以来不同时期洞庭湖保护与治理的基本思路、整体规划、重点工程建设、水生态保护以及科学技术研究、工程运行和管理改革等。

本书内容全面，资料翔实，可作为洞庭湖保护与治理管理工作人员的基础读物，也可供洞庭湖保护与治理相关研究及高校师生阅读学习。

图书在版编目（CIP）数据

洞庭湖保护与治理水利工作成就 / 葛国华主编. 北京 : 中国水利水电出版社, 2024. 8. -- ISBN 978-7-5226-2652-9

Ⅰ. TV882.9

中国国家版本馆CIP数据核字第20245F3R72号

审图号：湘S（2014）110号

书　　名	洞庭湖保护与治理水利工作成就 DONGTING HU BAOHU YU ZHILI SHUILI GONGZUO CHENGJIU
作　　者	葛国华　主编
出版发行	中国水利水电出版社 （北京市海淀区玉渊潭南路1号D座　100038） 网址：www.waterpub.com.cn E-mail：sales@mwr.gov.cn 电话：（010）68545888（营销中心）
经　　售	北京科水图书销售有限公司 电话：（010）68545874、63202643 全国各地新华书店和相关出版物销售网点
排　　版	中国水利水电出版社微机排版中心
印　　刷	北京印匠彩色印刷有限公司
规　　格	210mm×285mm　16开本　19.5印张　584千字
版　　次	2024年8月第1版　2024年8月第1次印刷
印　　数	0001—1800册
定　　价	**168.00**元

《洞庭湖保护与治理水利工作成就》

编委会

主　　任： 朱东铁

副 主 任： 曾　扬　葛国华

委　　员： 钱本章　陈文平　周新章　向朝晖　徐　贵
杨　建　汤小俊　周北达　孟　熊　刘　乐

主　　编： 葛国华

副 主 编： 陈文平　周新章

参编人员： 黎昔春　李洪翔　贺方舟　王维俊　彭赤彬
姜　恒　范田亿　周　旋　廖小红　李　良
欧玉玲　宋　平　郑　颖　李　觅　高　碧
黎　玮　黄　兵　卓志宇　侯国鑫　杨湘隆
钟艳红　闫　冬　周永强　刘泽民　刘　添
仰雨菡　石　佳　刘　烨　熊元基　黎振兴
谭　霞　罗　雷　张末先　刘东宏　许瑛丹
戚　造　詹万春

前言

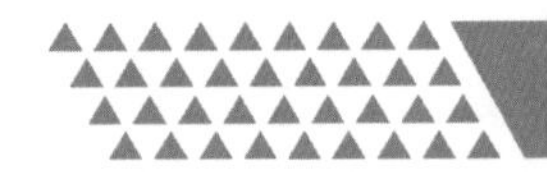

洞庭湖是长江流域重要的调蓄湖泊，是中国传统农业的发祥地，著名的鱼米之乡，是湖南省乃至全国重要的商品粮油基地、水产养殖基地，具有物产丰饶的农业优势、通江达海的交通优势、山水交融的生态优势。

洞庭湖是湖南的“母亲湖”，哺育了世世代代的湖区人民，孕育了多元而丰富的湖区文化。洞庭湖区人口占湖南省总人口的24%左右，国土面积占全省的22%左右，GDP占全省的近25%，地方财政收入占全省的近20%，是湖南省经济社会发展版图中一块重要的“拼图”。

洞庭湖既是一块瑰宝，也是一道命题。中华人民共和国成立以来，党中央、国务院高度重视洞庭湖保护与治理，开展了大规模的水利建设，从“十年九溃”到湖水安澜，从涝灾频发到“天下粮仓”，从生态堪忧到“大美洞庭”，取得了举世瞩目的伟大成就。

治水兴水，多措并举。中华人民共和国成立70多年来，洞庭湖区的防洪抗灾始终是摆在湖湘儿女面前的一道“必答题”，我们先后抗击了1954年和1998年等多年特大洪水以及2022年等多年严重干旱等极端事件，成功应对了频繁发生的洪涝灾害。从20世纪60年代的堤防及泵站建设，到80年代以来的洞庭湖综合治理，我们开展了大规模的堤防工程建设，截至2022年年底，洞庭湖区已建成防洪大堤3829.32km，累计完成土方14.80亿m^3；兴建了大量河湖水系连通工程和补水工程，有效解决了洞庭湖部分地区干旱缺水问题，夯实了“鱼米之乡”的水安全基石；兴建了覆盖洞庭湖区的提水泵站、引水涵闸，辅以水库供水，有效地解决了洞庭湖区农业灌溉用水需求。进行了大规模的水资源开发利用，城乡供水得到有效保障。目前，洞庭湖区已初步建成以堤防为基础，配合内湖水系、蓄滞洪区、河道整治和非工程措施相结合的综合防洪抗旱体系，形成了以蓄引提调工程相结合、排灌渠系相配套的供水保障体系。

生态优先，理念跃升。湖湘儿女牢记嘱托，“守护好一江碧水”，持续推动洞庭湖保护和修复，改善河湖生态面貌，先后开展了推进洞庭湖总磷污染控制与削减攻坚行动，水环境呈逐年改善、持续向好的良好态势。以河（湖）长制实现河（湖）长治，洞庭湖区全面建立河（湖）长制。

依法治湖，人水和谐。通过筑牢法治屏障，洞庭湖管理逐渐步入法制化轨道。湖南省修订出台多项地方性法规，为保护洞庭湖提供法治保障，依法严厉打击湖区非法采砂行为，水事秩序逐步好转。连续4年开展“洞庭清波”专项行动，在洞庭湖水域建立“谁发现、谁执法、谁处置”的联合执法机制，重点打击洞庭湖跨界水域非法采砂、侵占湖泊、非法设障、乱排偷排等涉水非法行为。

智慧加持，科技赋能。阔步新征程，迈入新时代，湖湘儿女坚持科技引领，促进洞庭湖综合治理。围绕“治水兴湘”理念，大力实施“科技兴水”战略，水利科技投入持续增加，大力推进洞庭湖科学研究基础平台建设，洞庭湖科技创新队伍不断壮大，新技术、新产品、新工艺逐步应用到洞庭湖保护防灾减灾、综合治理等多个领域，为洞庭湖区水利科技发展提供了重要的技术支撑。

胜利在望，仍未全功。随着经济社会的发展以及洞庭湖区水资源条件变化，洞庭湖保护与治理工作将面临着新形势、新任务、新情况、新问题的巨大压力。全球气候变化对洞庭湖水文情势的影响加剧，宏观经济形势变化使洞庭湖水利发展机遇与挑战并存，洞庭湖区经济社会发展对水利提出了更高要求，洞庭湖区洪涝灾害、干旱缺水、水污染等问题依然严峻，湖区水利发展不平衡、发展不协调的问题还十分突出，洞庭湖保护与治理工作任重道远。

旌旗猎猎，击鼓催征。洞庭湖保护与治理需要的是百折不挠的意志和行动。站在新的起点上，要高起点规划洞庭湖区空间布局，统筹产业结构调整、污染治理、生态保护、应对气候变化，推动洞庭湖区生产空间集约高效、生活空间宜居适度、生态空间山清水秀。要进一步探索生态建设问题共答的新模式、新方法、新机制，强化水系连通、江湖联动、综合治理，统筹保护与开发，协调生态与发展，解决好洞庭湖区当前面临的环境减负、跨区共治、资源变现等突出难题，以建设“大美洞庭”的生动实践为加快实现“三高四新”美好蓝图作出新的贡献。

洞庭波涌连天雪，长岛人歌动地诗。我们不仅领略了“八百里洞庭”的波澜壮阔，更感受到了一代又一代洞庭湖区人的坚韧与执着，他们用汗水与智慧，在这片古老的水域上绘制了一幅幅璀璨的画卷。《洞庭湖保护与治理水利工作成就》不仅是对过往岁月的回顾，更是对未来的期许和催征，愿所有湖区奋斗者都能继承这份伟大的奋斗精神，续写洞庭湖更加辉煌的新篇，犹如洞庭那一湖永不停歇的碧波，在新的征程中，乘风破浪、扬帆远航。

在本书的编纂过程中，长沙、株洲、湘潭、岳阳、常德、益阳等市和相关县（市、区）水利局提供了翔实的资料，部分老水利工作者和专家对编纂工作提出了宝贵的建议，在此深表感谢。由于编者认知和水平的限制，加上史料来源和史料阅读的范围不一，致使本书存在不足和缺点在所难免，愿能借此机会抛砖引玉，敬请读者指正，让我们共同使洞庭湖保护与治理水利工作史料的编纂更进一步完善、丰富。

作者

2024年6月

目录

前言

第一篇　洞庭湖区概述

第二篇　洞庭湖保护与治理的历程

第四篇　科学研究与新技术应用

第五篇　洞庭湖保护与治理管理能力建设

第六篇　洞庭湖保护与治理成效和效益

第七篇　洞庭湖保护与治理的展望

附录

第一篇　洞庭湖区概述

号称“八百里洞庭”的洞庭湖，是长江流域重要的通江湖泊和生态湿地。湖泊接纳“四水”，吞吐长江，承担了调蓄流域洪水的重要任务，历来是湖南乃至长江中下游防汛工作的主战场；已建成多个国家级和省级自然保护区、湿地公园、水产种质资源保护区，在调节气候、涵养水源、净化水质、维护物种多样性和流域生态安全等方面发挥重要作用，是国际重要湿地和基因库；作为工农业基地，区域人口密集，社会经济发达，在湖南省乃至全国的国民经济发展中具有举足轻重的地位，是久负盛名的“鱼米之乡”；承东启西、连南接北，水陆交通便利，是连接长江黄金水道的重要组成和区域交通的关键节点。

第一章 基 本 情 况

1.1 地理位置

洞庭湖位于长江中游南岸，湖南省北部，北纬28°30′～30°23′，东经111°14′～113°10′，是长江流域调蓄水量最大、吞吐长江的湖泊。洞庭湖区[1]通常指荆江河段以南，湘、资、沅、澧等“四水”尾闾控制站以下，高程在50.00m以下跨湘、鄂两省的广大平原、湖泊水网区，总面积20109km²。洞庭湖区涉及行政范围包括湖南省长沙、株洲、湘潭、岳阳、常德、益阳6市和湖北省荆州市，共7个地级市、42个县（市、区），其中湖南省6市涉及38个县（市、区）、湖北省荆州市涉及4个县（市、区）。洞庭湖区行政区划详见表1.1-1。

表1.1-1 洞庭湖区行政区划表

省 级	湖南省						湖北省
市 级	长沙市	株洲市	湘潭市	岳阳市	常德市	益阳市	荆州市
县（市、区）级	芙蓉区	荷塘区	雨湖区	岳阳楼区	武陵区	资阳区	荆州区
	天心区	石峰区	岳塘区	云溪区	鼎城区	赫山区	松滋市
	岳麓区	芦淞区	湘潭县	君山区	津市市	沅江市	公安县
	开福区	天元区		汨罗市	安乡县	南 县	石首市
	雨花区	渌口区		临湘市	汉寿县	桃江县	
	望城区			岳阳县	澧 县		
	长沙县			湘阴县	临澧县		
	宁乡市			华容县	桃源县		
					石门县		

1.2 河湖水系

洞庭湖水系由湘、资、沅、澧“四水”，长江松滋、虎渡、藕池、华容“四口”和汨罗江、新墙河等环湖中小河流组成，汇水面积26.28万km²（其中湖南省境内20.48万km²），洞庭湖区水系见图1.1-1，主要河流长度及流域面积见表1.1-2。

[1] 关于洞庭湖区范围，不同行业定义不尽相同。《新时代洞庭湖生态经济区规划》中，洞庭湖生态经济区范围包括湖南省岳阳市、常德市、益阳市、长沙市望城区和湖北省荆州市，面积60500km²。《湖南省洞庭湖保护条例》定义范围指洞庭湖湖泊、松滋河、虎渡河、藕池河、华容河和湖南省行政区域内河道，以及上述湖泊、河道沿岸堤防保护的区域（称湖区），包括岳阳市、常德市、益阳市和长沙市望城区等相关地区。此处采用《洞庭湖区综合规划》定义的洞庭湖区范围。

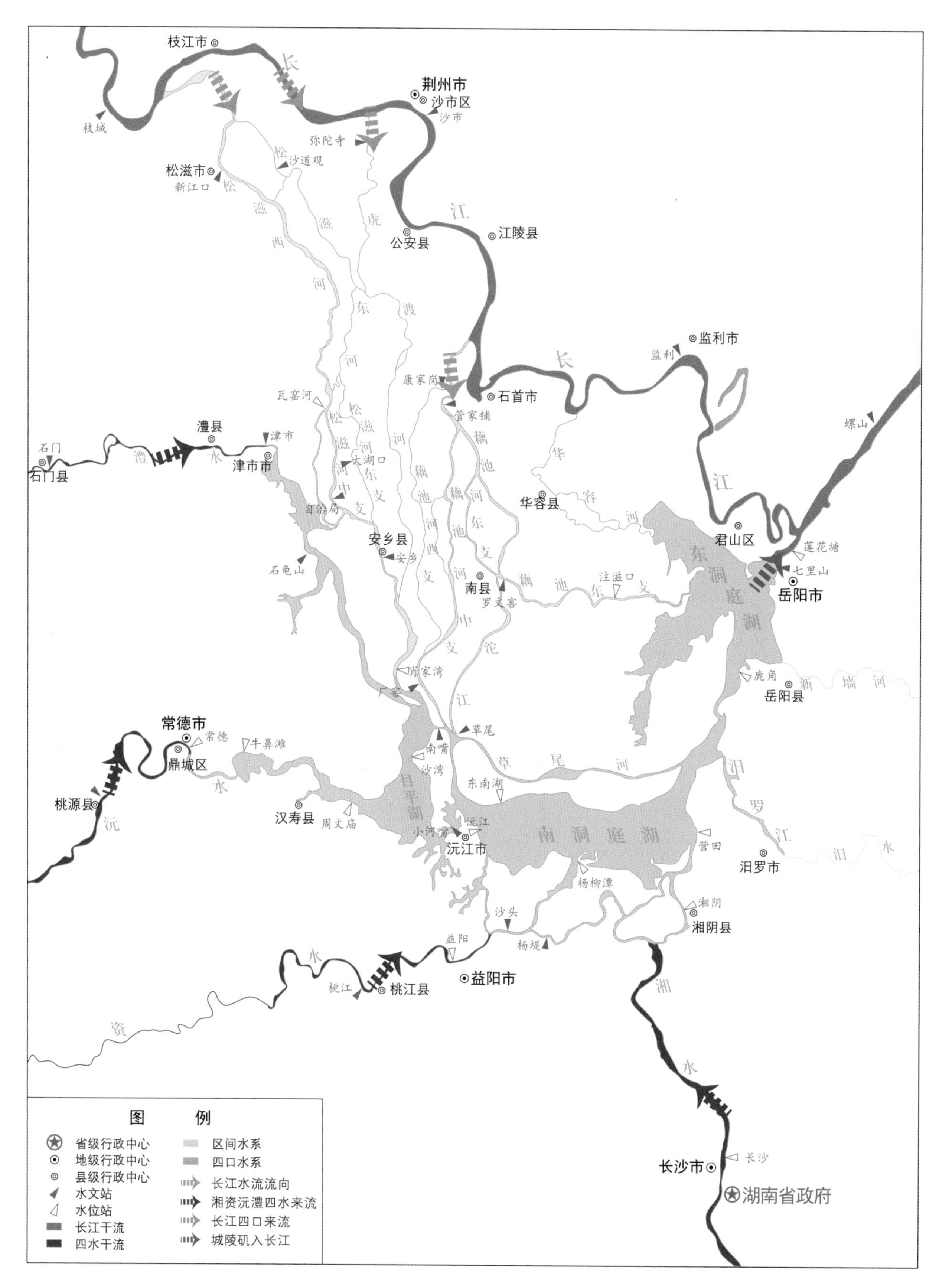

图 1.1-1 洞庭湖区水系图

表 1.1-2　　洞庭湖主要河流长度及流域面积情况表

河流名称	河流长度/km		流域面积/km^2	
	全　长	湘　境	全　河	湘　境
湘水	948	948	94660	85222
资水	653	653	28100	26771
沅水	1028	568	89800	52237
澧水	388	388	18583	15505
汨罗江	253	216	5770	5495
新墙河	108	108	2359	2359
松滋河	401.8	176.6	8489	5018
虎渡河	136.1	44.9		
藕池河	332.8	274.3		
华容河	85.6	72.9		
其他入湖河流			15000	12200
合计			262761	204807

1.2.1　天然湖泊

洞庭湖地势西高东低，天然湖泊包括东洞庭湖、南洞庭湖、西洞庭湖（含目平湖、七里湖）。东洞庭湖岳阳站水位 34.00m（1985 国家高程基准，下同）时，东洞庭湖水面面积为 1312.8km^2；南洞庭湖杨柳潭站水位 35.00m 时，南洞庭湖水面面积为 905.0km^2；目平湖南嘴站水位 36.00m 时，目平湖水面面积为 332.9km^2；七里湖石龟山站水位 42.00m 时，七里湖水面面积为 74.7km^2，湖泊面积合计为 2625.4km^2。城陵矶站（七里山）水位 31.50m，且对应岳阳、杨柳潭、南嘴、石龟山站的水位分别为 31.55m、32.53m、33.55m、35.45m 时，洞庭湖容积为 167 亿 m^3。洞庭湖区另有洪道面积 1418km^2，其中湖南省境内 1013km^2。洞庭湖不同水位所对应面积、容积见图 1.1-2。

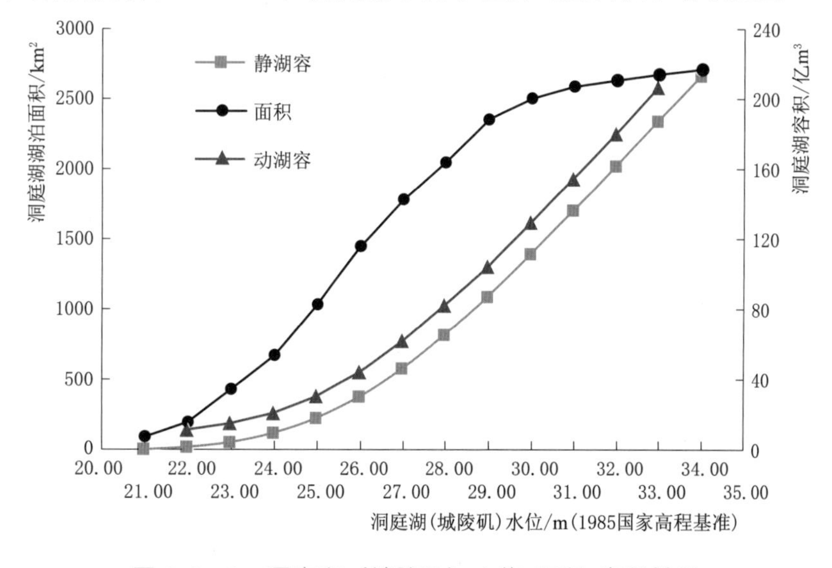

图 1.1-2　洞庭湖（城陵矶）水位-面积-容积关系

1.2.2 四水及环湖水系

湘水是长江八大支流之一，也是“四水”中流域面积最大的河流。湘水河源有两处，西源发源于广西壮族自治区兴安县白石乡近峰岭，由东安县进入湖南省境内，主源发源于湖南省蓝山县野狗岭，至湘阴县濠河口分东、西两支洪道于芦林潭汇合后注入洞庭湖。从主源至濠河口干流全长948km，流域面积9.46万km^2。尾闾河段是江河与湖泊的连接段，具有河流和湖泊的双重水文特性，其水位涨落既受到上游来水流量的影响又受到洞庭湖水位顶托影响。湘水尾闾自湘潭水文站起，至湘阴县濠河口止，河长122.4km。

资水是“四水”中的第三大河，亦有两处河源。南源（夫夷水）发源于广西壮族自治区资源县，主源（西源赧水）发源于邵阳市城步苗族自治县黄马界，在双江口与南源（夫夷水）汇合后称资水，之后北流，沿途纳各支流，在益阳市甘溪港处分甘溪港洪道和茈湖口洪道，茈湖口洪道又分出毛角口洪道。甘溪港洪道和茈湖口洪道水流注入南洞庭湖，毛角口洪道水流则向东与湘水汇合。资水干流全长653km，流域面积2.81万km^2，尾闾自桃江水文站起，至益阳市甘溪港止，河长43.5km。

沅水是“四水”中水量最大、水能资源蕴藏量最丰富的河流。沅水发源于贵州省都匀市斗篷山，源头马尾河与重安江汇合后称清水江，再至黔城汇渠水后称沅水，于常德市柽水口注入洞庭湖。干流全长1028km，流域面积8.98万km^2，尾闾自桃源水文站起，至柽水口止，河长51.4km。

澧水位于湖南省西北部，有南、中、北三源，以北源为主，发源于湖南省张家界市桑植县八大公山，在津市小渡口注入洞庭湖，主要支流有溇水、渫水。干流全长388km，流域面积1.86万km^2，尾闾自石门水文站起，至小渡口止，河长62.4km。

除“四水”外，还有部分河长、流域面积较小的河流直接流入洞庭湖。其中较大的有汨罗江和新墙河。

汨罗江发源于江西修水县的黄龙山脉，于龙门厂进入湖南境内，经平江、汨罗，于磊石山注入洞庭湖。干流全长253km，流域面积5770km^2，尾闾自汨罗市南渡桥起，至磊石山止，河长24.5km。

新墙河发源于罗霄山脉的幕阜山，在筻口与游港河汇合后称新墙河，在岳阳县岳武咀注入洞庭湖。干流全长108km，流域面积2359km^2，尾闾自岳阳县筻口起，至岳武咀止，河长26.8km。

四水及汨罗江、新墙河基本情况见表1.1-3，其尾闾洪道情况见表1.1-4。

表1.1-3 四水及汨罗江、新墙河基本情况

河名	河源	河口	多年平均径流量/亿m^3	最大流量/(m^3/s)
湘江	永州市蓝山县野狗岭	岳阳市湘阴县濠河口	660	26300
资水	邵阳市城步苗族自治县黄马界	益阳市资阳区甘溪港	229	15300
沅江	贵州省都匀市斗篷山	常德市鼎城区柽水口	648	29100
澧水	张家界市桑植县八大公山	常德市津市市小渡口	147	19900
汨罗江	江西省修水县黄龙山	岳阳市汨罗市磊石山	35	3830
新墙河	岳阳市平江县幕阜山	岳阳市岳阳县岳武咀	—	—

表1.1-4 四水及汨罗江、新墙河尾闾洪道情况 单位：km

河名		起点	终点	河长
湘水	湘水尾闾	湘潭水文站	湘阴县濠河口	122.4
	东支洪道	湘阴县濠河口	湘阴县斗米嘴	21.1
	西支洪道	湘阴县濠河口	湘阴县古塘	20.8

续表

河名		起点	终点	河长
资水	资水尾闾	桃江水文站	益阳市甘溪港	43.5
	北支洪道	益阳市甘溪港	湘阴县杨柳潭	28.6
	西支洪道	益阳市甘溪港	沅江市沈家湾	20.7
	东支洪道	湘阴县毛角口	湘阴县临资口	35.6
沅水	沅水尾闾	桃源水文站	常德市柱水口	51.4
	洪道	常德市柱水口	汉寿县坡头	53.5
澧水	澧水尾闾	石门水文站	澧县小渡口	62.4
	洪道	石龟山水文站	汉寿县三角堤	38.0
汨罗江尾闾		汨罗市南渡桥	汨罗市磊石山	24.5
新墙河尾闾		岳阳县筻口	岳阳县岳武咀	26.8
草尾河洪道		沅江市胜天	沅江市北闸	49.8
合计				599.1

1.2.3 四口水系

洞庭湖区四口水系是指连接长江和洞庭湖的松滋河、虎渡河、藕池河及华容河干支流组成的复杂水网体系，是连通长江与洞庭湖的纽带。四口水系位于湖南、湖北两省的交界地带，行政区划涉及湖南省常德市的安乡、澧县部分、津市部分，岳阳市的华容县、君山区，益阳市的南县、沅江市部分，以及湖北省荆州市的公安县、石首市部分、荆州区部分、松滋市部分，其基本情况见表1.1－5。

表1.1－5 湖南省四口水系河道情况

河名		起点	终点	河长/km	汇入河流
松滋河	西支	澧县杨家垱	澧县张九台	36.3	松滋中支
	中支	澧县青龙窖	安乡县新开口	49.6	松虎合流段
	东支	安乡县下河口	安乡县小望角	42.8	松滋中支
	松虎合流段	安乡县新开口	南县肖家湾	21.2	澧水
	葫芦坝串河	澧县松东下河口	澧县松西尖刀嘴	5.3	—
	彭家港串河	澧县彭家港	澧水洪道	6.5	—
	濠口串河	澧县濠口	澧水洪道	14.9	—
虎渡河		安乡黄山头（南闸）	安乡县新开口	44.9	松虎合流段
藕池河	东支	华容县殷家洲	华容县流水沟	67.3	东洞庭湖
	鲇鱼须河	华容县殷家洲	南县九都	27.9	藕池东支
	中支	华容县扯湖刭口	南县新镇洲	62.1	南洞庭湖
	陈家岭河	南县陈家岭	南县葫芦咀	24.3	藕池中支
	西支	安乡县新堤拐	南县下柴市	51.5	藕池中支
华容河	北支	华容县治河渡	华容县六门闸	48.0	东洞庭湖
	南支	华容县护城	华容县罐头尖	24.9	华容河北支
合计				527.5	

松滋河分流长江水沙的口门称松滋口。长江干流流经枝城以下约17km的陈二口处，由上百里洲分为南、北两汊，其中南汊为支汊。南汊经陈二口至大口，有采穴河与北汊沟通，陈二口至大口河段长度为22.7km。松滋河在大口处分为东、西两支。西支经新江口、狮子垱至杨家垱进入湖南境内，在瓦窑河、永泰废垸附近又分为三支：东支（大湖口河）、中支（自治局河）、西支（官垸河），三支均向南流，在五里河、小望角处重新汇合后经安乡、武圣宫、肖家湾入湖；东支经沙道观、米积台至中河口，往东有一支经黑狗垱入虎渡河，东支仍沿黄金堤至甘家厂进入湖南，在瓦窑河处与西支汇流，如前所述，再分为三支。松滋河系全长401.8km，其中湖南省境内176.6km。

虎渡河分流长江水沙的口门称太平口，位于沙市上游约15km处长江右岸，经弥陀寺、黄金口至黑狗垱，有松滋东支水流汇入（中河口一段流向不定），再经黄山头南闸进入湖南，经大杨树、董家垱、陆家渡至小河口与松滋河汇合。虎渡河全长136.1km，其中湖南省境内44.9km。

藕池河分流长江水沙的口门称为藕池口，位于沙市下游约72km。其支流众多，水系较为复杂。从口门处分为康家岗、管家铺两支，其下又分为若干支，习惯上分为东、中、西三支。东支从管家铺、黄金咀，在殷家洲进入湖南，后经梅田湖、南县、北景港、明山头至注滋口汇入东洞庭湖。藕池中支从东支黄金咀处分支，至址湖剅口进入湖南后分为陈家岭、施家渡两条小河，过南鼎垸后两条小河重新相汇，经荷花咀至下柴市处与藕池西支汇合，再经三岔河、茅草街汇入南洞庭湖。藕池西支，又称作安乡河，从康家岗、荆江分洪区南线大堤，在新堤拐处进入湖南后，经麻河口、下柴市、厂窖、三岔河汇入南洞庭湖。另外藕池东支在殷家洲处往东，经鲇鱼须、宋家咀至九斤麻与主流汇合，称作鲇鱼须河。东支到九斤麻后一支往东、一支往南，往东的为主流，又称作注滋口河，往南的称作沱江（又称三仙湖），直至茅草街处进入南洞庭湖，目前沱江首尾已建闸控制建设成为平原水库。藕池河系全长332.8km，其中湖南省境内233.1km（含沱江43km）。

华容河分流长江水沙的口门称为调弦口（已建闸），位于湖北省石首市调关镇。经焦山镇，在大王山进入湖南境内，经万庚、石山矶，在华容县城分为南北两支，在罐头尖汇合后，于六门闸汇入东洞庭湖。华容河全长85.6km，其中湖南省境内长72.9km。

1.2.4 内湖内河

洞庭湖区垸内还存有大量内湖、内河。1954年洞庭湖区内湖面积340万亩；1986年有668处、总面积137.8万亩、可调蓄容积16.55亿m^3；1993年《湖南省洞庭湖区1994—2000年防洪治涝规划报告（近期治理第二期工程）》经复核后总面积136.1万亩，可调蓄容积8.4亿m^3；2013年《全国第一次水利普查成果》总面积110.39万亩。2019—2021年采用高精度遥感影像调查分析，内湖主体水域面积87.81万亩，演变成水田或鱼塘面积合22.25万亩。除内湖外，现存内河（也称哑河）33处，水面面积15.51万亩，可调蓄水量3.04亿m^3。

1.3 水文气象

1.3.1 降雨径流

洞庭湖区地处亚热带季风湿润气候区，具有“气候温和，四季分明，热量充足，雨水集中，春温多变，夏秋多旱，严寒期短，暑热期长”的气候特点。洞庭湖区年平均气温16.3～17.2℃，极端最低温度−18.1℃（临湘），极端最高温度43.6℃（益阳）；无霜期258～275d；年降水量1241.2～1485.7mm，由外围山丘向内部平原减少，4—6月降雨占年总降水量50%以上，多为大雨和暴雨，若各水洪峰遭遇，易成洪、涝、渍灾。

根据四水和三口[1]等控制站实测流量资料统计，多年平均入湖年径流量（1951—2023年）为2813亿m^3，其中四水1673亿m^3、三口829亿m^3、区间311亿m^3，占比分别59.5%、29.5%、11.0%。受口门淤塞、调弦口建闸、下荆江系统裁弯、葛洲坝以及三峡水利枢纽工程建成投产等因素影响，三口多年平均入湖水量呈逐年下降趋势，由1951—1958年的1492亿m^3，减少到2003—2023年的476亿m^3，缩减了68%，特别是枯水期由80亿m^3减少至16亿m^3。受长江分流减少影响，三口河道断流天数不断增加，除松滋西支全年通流外，虎渡、藕池东支、藕池西支年均断流天数达137d、178d、272d。三口、四水入流及洞庭湖出流年径流量过程见图1.1-3，三口河道控制站年断流天数见图1.1-4。

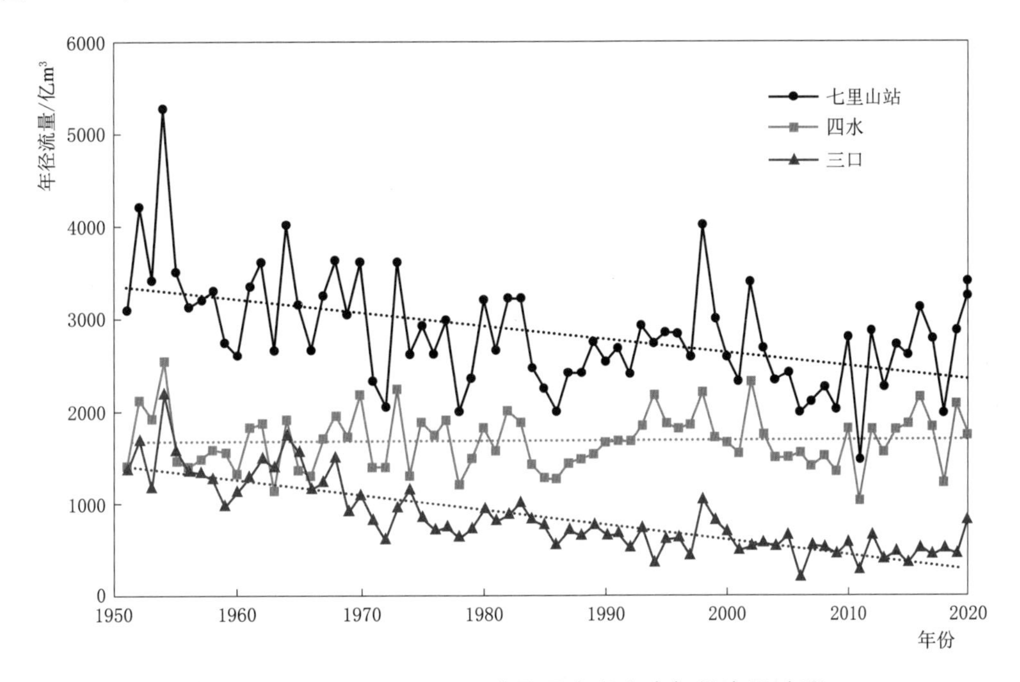

图1.1-3 三口、四水入流及洞庭湖出流年径流量过程

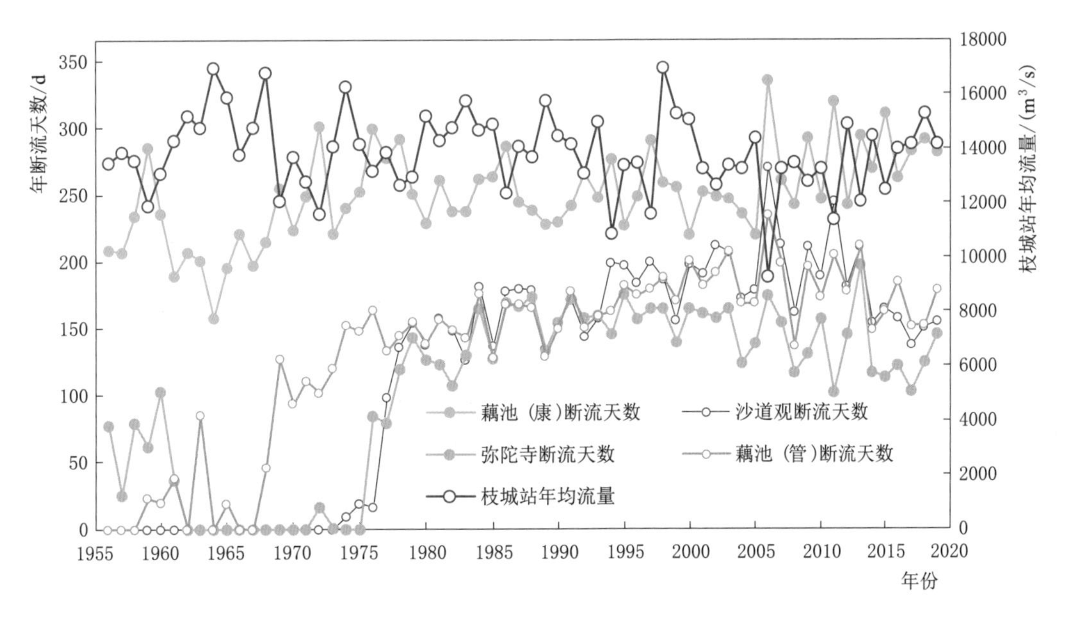

图1.1-4 三口河道控制站年断流天数历年变化图

[1] 1958年调弦口建闸控制。

1.3.2 泥沙

洞庭湖的泥沙主要来自长江三口，其次是四水。三口中，松滋口、太平口、藕池口多年平均输沙量分别为0.366亿t、0.144亿t、0.502亿t，以藕池口输沙量最大。湘、资、沅、澧“四水”多年平均输沙量分别为0.088亿t、0.021亿t、0.090亿t、0.048亿t，以沅水输沙量为最大。四水和三口多年平均总输沙量为1.258亿t，其中四水多年平均总输沙量为0.246亿t，占19.55%，三口多年平均输沙量为1.012亿t，占80.45%。

三峡工程蓄水运行前，由于三口、四水大量泥沙入湖，特别是三口泥沙数量大，致使洞庭湖泥沙淤积严重。1951—2002年洞庭湖区总淤积量为62.69亿t，约合46.43亿m^3，年均淤积1.21亿t。受三峡工程等上游水库群蓄水运用、水土保持工作持续加强等因素影响，长江干流泥沙输移急剧减少、四水泥沙输移持续减少，进入洞庭湖区的泥沙量随之大幅减少。三口多年平均输沙量从（1951—2002年）1.332亿t缩减至（2003—2020年）0.087亿t，减幅93.47%。四水输沙量从（1951—2002年）0.30亿t缩减至（2003—2020年）0.08亿t，减幅73.33%。不同时段的入湖、出湖及泥沙淤积变化见图1.1-5。

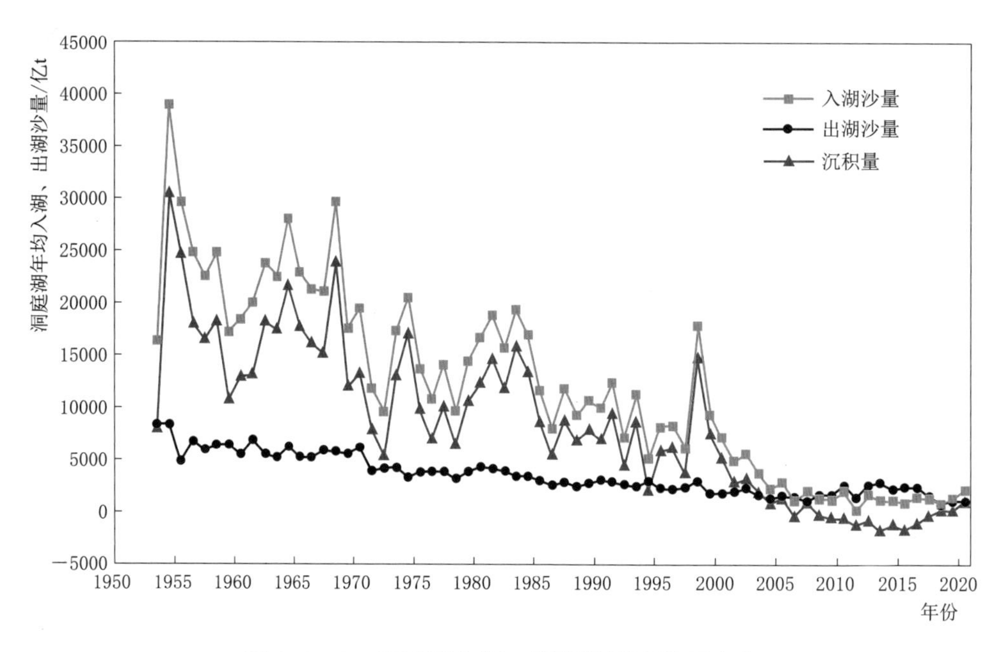

图1.1-5 洞庭湖入湖、出湖及泥沙淤积变化

根据洞庭湖1952年与2022年地形情况对比（图1.1-6），70年来洞庭湖湖盆区总淤积量31.5亿m^3，平均淤积厚度1.20m。其中东洞庭湖淤积15.75亿m^3，平均淤积厚度1.20m（其中洲滩平均淤积厚度2.10m），最大淤高10.00m；南洞庭湖淤积7.24亿m^3，平均淤积厚度0.80m（其中洲滩平均淤积厚度1.31m），最大淤高8.00m；目平湖淤积5.84亿m^3，平均淤积厚度1.76m（其中洲滩平均淤积厚度3.13m），最大淤高6.00m；七里湖淤积2.65亿m^3，平均淤积厚度3.54m（其中洲滩平均淤积厚度4.41m），最大淤高13.00m。

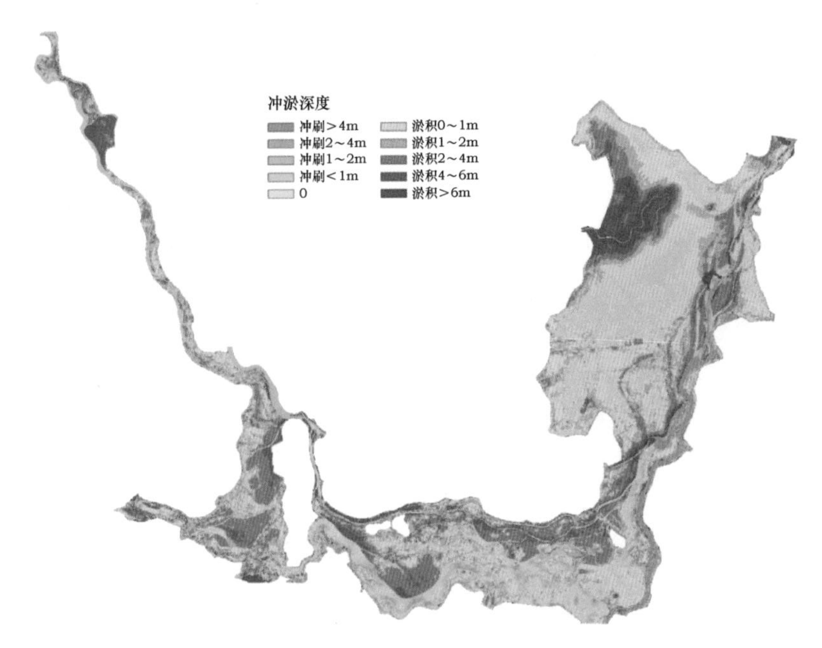

图 1.1-6 洞庭湖淤积对比分布图

1.4 地形地质

1.4.1 地形地貌

洞庭湖区东界在京广铁路附近，西界位于常德—临澧一线的西侧，并与北京—郑州大断裂吻合，均呈南北方向。洞庭湖区南界止于益阳—望城一线，北界介于古云梦泽之间，以华容隆起为界，在地貌上不是很明显。君山、墨山、石首残丘和黄山头，这些大小不同的孤山残丘勾画出这个隆起的大致轮廓。洞庭湖区南、北界线均呈北西西—南东东方向。湖盆轮廓特征明显，横跨在3个第三纪北东向的雁列红色盆地之上。

湖盆以南北向的赤山为界，可分为东西两部分。水体主要位于东部，深度相对大，水面较为开阔。受强烈的冲积作用和人类活动影响，水域已被分割，开阔水体已不多。洪水期间，洞庭湖区一片汪洋；枯水期间，港汊纷繁，水道交织，密如蛛网。但是，平原与水系的分布并非杂乱无章，而是井然有序，巧妙地反映着以下形成规律：

（1）通过长江四口携带进入洞庭湖的大量泥沙，是洞庭湖区沉积物质的主要来源。它们在北部淤成大片冲积平原（即澧水和四口三角洲），并迫使水体呈“山”字形紧靠洞庭湖区周缘排列。

（2）湘—资联合三角洲在湖区东南角发育良好；沅水三角洲则由于四口冲积平原的影响，轮廓已不很清晰。总的来看，洞庭湖平原的形成与冲积作用密切相关，它应属冲积—淤积类型，并以冲积为主。可以说，近代洞庭湖正处在三角洲相极为发育的时期。

（3）洞庭湖区西部的柳叶湖—七里湖的形成，是由于沅水三角洲与澧水—四口三角洲的围合所致；而湘江三角洲和资水三角洲的围合，则导致了烂泥湖的形成。

（4）在洞庭湖区还有一些孤丘或岛屿存在，分布大多近南北方向，如太阳山、赤山和禹山等。它们的产生虽与古老的地质基础有一定联系，但主要是由于新构造运动所致，这是湖区地貌中的又一特色。

在湖滨平原的外侧，一般可见到3～4级阶地，构成环湖的层状地势。阶地主要是由中—晚更新世的网纹红土所组成，只是在阶地的底部或高基座阶地上有时有早更新统或第三系出露。阶地的分布特征是：西部发育良好，大片分布，且高度也相对较大；东部和南部发育中等，分布较为狭窄；北部发育较差，只是在华容、墨山一带能看到两级阶地，若按同级比较，高度显著降低。此外，在中部的赤山和禹山亦有阶地存在，是新构造运动上颇有意义的现象。总的来看，湖区阶地高差小于外围，反映出沉降区的特色。

洞庭湖区的东南两侧与由前震旦纪或古生代地层组成的高山峻岭直接过渡。深切的河谷和3～4级夷平面的广泛存在，构成隆起区山地地貌的主要特色。它与湖区之间形成对照鲜明的地貌景观，说明了湖盆的断陷性质。湖盆西侧有一片第三系红色丘陵存在。它与湖盆之间存在一条截然的南北向界线，反映出新构造断裂在地貌分带中的控制作用。更向西侧为雪峰山—武陵强烈隆起区，其上，冰川刻蚀地形和夷平面的存在早已为前人的研究所证实。这里夷平面的特点是：高度明显增大，各级之间高差悬殊；每级均自东向西显著抬升，倾向湖盆呈现出差异运动的特色。

1.4.2 区域地质

晚第三纪，特别是第四纪地层的划分和对比，是湖泊地质研究的基础之一。钻井资料表明，第四纪洞庭湖地区的沉降幅度达220（西）～270m（东）。最具代表性的钻井剖面见表1.1-6。

表1.1-6 洞庭湖区典型钻井剖面情况表

序号	组　　成	厚度/m
洞庭湖组（Q_4）：		
12	深灰、灰褐色粉沙质淤泥	3
11	深灰、黄灰色含粉沙淤泥（在其他钻井中，本层一般为沙层）	5.4
	假整合	
下蜀组（Q_3）：缺失，地表所见为下蜀黄土或黄红色半棱角状古河床冲积砾石层		
	假整合	
白砂井组（Q_2）：		
10	灰绿带黄褐色、蓝灰色沙质淤泥，含植物碎屑（在地表与其他某些钻井中，为网纹红土）	9.6
9	细～粗沙层	10.2
8	沙砾层	54
	假整合	
汨罗组（Q_1）：		
7	灰绿、蓝灰、黄绿色黏土，底部变为沙质黏土	54.76
6	浅黄色松散沙砾层，顶部夹一层厚20cm的泥炭	20.6
5	深灰、灰绿色沙质或含沙黏土，含植物碎屑	10
4	蓝色、黄褐色黏土	51.07
3	蓝灰、深灰色粉沙～细沙层	11.16
2	灰褐、黄褐、蓝灰色黏土层	24.79
1	底砾层（有的钻井中厚达数十米）	0.2
	总厚度	254.8
	不整合	
	下第三系（E）	

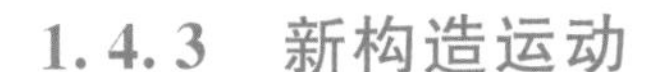

1.4.3 新构造运动

（1）沉陷。

现今的洞庭湖是横跨在3个早期第三纪的红色沉积盆地之上。这些红色盆地在早第三纪末发生了强烈的褶皱之后，经晚第三纪被强烈的剥蚀作用所夷平。随着新构造运动的来临，夷平面在第四纪初的断块差异运动中迅速解体，洞庭湖区形成拗陷，并重新开始接受沉积。

（2）新断裂。

洞庭湖的沉降具有断陷或块断差异运动的性质，是十分明显的。第一，湖盆的东、西两界是分别为两条巨大的南北向断裂所限。在断裂的两侧，一面是高山崛起，另一面是低矮的丘陵、平原，这种对照鲜明的地貌景观，反映了断裂活动的新构造性质。同时，西侧的断裂又横切下第三系，自此而东，第三系几不复出露，界限十分截然，亦为其新构造性质之明证。第二，洞庭湖第四系等厚图反映出湖盆基底的边坡陡峻，而中部变化和缓，成为“U”形，证明了湖盆的东、西两界以及南界有新断裂存在。第三，沿断裂两侧多温泉并常有破坏性地震发生，亦可引以为证。

（3）赤山新背斜。

由于它地处湖盆中部，第四纪以来常发生显著的活动，因此，在湖泊的形成与发展中有着重大作用，甚至控制着岩相变化。这是一个南北向与赤山新断裂伴生的背斜构造，轴部有经和缓褶皱与断裂的下第三系出露，其上为早更新世汨罗组所不整合；汨罗组本身在轴部已被侵蚀殆尽，并与白砂井组（Q_2）呈微角度不整合接触；而白砂井组超覆于下伏地层之上组成一个完整的背斜层。由此可见，洞庭湖中这座相对高差约100.00m的孤山是非常年轻的。在早更新世尚未升起，或者说还只是一座被掩埋于当时沉积层下而升起于Q_1之初的潜山。在Q_1末期，它开始伴随西侧的断裂发生背斜隆起，使其顶部的汨罗组遭受侵蚀，而后于Q_2时期沉积了白砂井组。Q_2末期它再度升起，从而基本成为现今的形态。在这以后所发生的事情只是背斜继续加强，这种作用一直延续到现在。

同我国广大地区一样，洞庭湖的新构造运动也具有间歇性的特征。在沉积上，它反映为沉积的旋回性以及发生于各组地层之间的四次沉积间断。在地貌上，为湖区周围夷平面的间歇性抬升和阶地的形成所证实。目前环湖分布的堆积阶地，一般是从Q_2末期以来在间歇性升降运动中形成的，而第四纪前半期的大多已被后来的沉积所掩埋了。不过，在入湖水系的两岸一般可以看到3～4级基座阶地，它们是第四纪以来几次间歇性升降运动的完整记录。

1.5 经济社会

洞庭湖区地处长江中游的枢纽位置，具有承东启西、连南接北的独特区位优势。长江黄金水道与京广交通动脉交汇于此，境内铁路与高速铁路、公路与高速公路纵横交错，长江岸线资源优良，是重要的水运交汇地，岳阳港、长沙港是全国内河主要港口。

洞庭湖区是我国粮食、棉花、油料、淡水鱼等重要农产品生产基地，农产品加工业实力强，初步形成了装备制造、石化、造纸、轻纺等支柱产业。

洞庭湖是长江重要的水源地和生态功能区，有多个国家级和省级自然保护区、湿地公园、水产种质资源保护区，拥有国家一级保护动物13种，国家重点保护鸟类45种，是白鳍豚、中华鲟、江豚、小白额雁、东方白鹳等濒危珍稀物种的主要栖息地。

湖南省洞庭湖区有1401.46万人，耕地950.60万亩。洞庭湖区所涉湖南6个地级市是湖南省经济重心，是湖南经济最发达的地区，不仅有“长株潭”城市群，另外常德、岳阳、益阳3市也环绕“长株潭”城市群，均在“3+5”城市群一体化范围内。

1.6 堤垸概况

湖南省洞庭湖区现有保护面积千亩以上堤垸❶ 226 个❷，其中重点垸 11 个、蓄洪垸 24 个、一般垸 191 个。共有大堤长 3829.32km，保护总面积 1844.39 万亩，保护耕地面积 950.60 万亩，保护人口 1401.46 万人。湖南省洞庭湖区堤垸情况详见表 1.1-7，11 个重点垸情况详见表 1.1-8，24 个蓄洪垸见表 1.1-9。

表 1.1-7　湖南省洞庭湖区堤垸汇总表❸

类型	分类堤垸/个数	堤防长度/km	保护面积/万亩	垸内耕地/万亩	人口/万人
合计	226	3829.32	1844.39	950.60	1401.46
重点垸	11	1221.24	989.52	534.44	563.16
蓄洪垸	24	1174.23	455.04	231.83	170.20
一般垸	191	1433.85	399.83	184.33	668.10

表 1.1-8　洞庭湖区 11 个重点垸情况

序号	堤垸名称	所在市	所在县（市、区）	一线堤防/km	保护面积/万亩	保护人口/万人	保护耕地/万亩
1	烂泥湖	长沙市、岳阳市、益阳市	望城区、宁乡市、湘阴县、赫山区	132.31	127.41	76.09	72.07
2	育乐	益阳市、岳阳市	南县、华容县	127.16	55.50	33.07	28.44

❶ 湖区人民为防御洪水而在环湖低矮丘陵上筑堤，随着湖底泥沙的淤积才开始在淤高的湖洲上围垸，现在这两个概念已合二为一，称为堤垸。堤垸一词历来称呼不一，据清光绪十一年（1885 年）的《湖南通志》及清道光五年（1825 年）的《洞庭湖志》所载：长沙府属的长沙、湘阴称围，益阳称垸；岳州府属的巴陵（今岳阳）称围，华容、临湘称垸；澧州所属的安乡称垸，澧县称垸或称堤；常德府属的武陵（今常德）、龙阳（今汉寿）称障，沅江称垸或圩（wei），南县则统称为垸。清代的官府文书统称为围，民国以后统称为垸。目前，在我国各省有的称垸，有的称圩（如安徽省）。

❷ 新中国成立后，虽然湖区的定义范围不断扩大，但通过堵支并垸，小垸合成防洪大圈，堤线缩短、标准提高，堤垸数量反而下降。此后的统计数据中，堤垸有的按防洪大圈计数，有的按大圈内小垸计数；有的仅统计千亩以上的，有的也统计部分千亩以下的，因此堤垸个数不准确，以下仅列举部分以供参考。

1955 年 7 月，长江水利委员会洞工处《洞庭湖区基本资料（初稿）》中洞庭湖区湖南部分［常德、汉寿、澧县、安乡、益阳、沅江、华容、望城、湘阴、岳阳、南县等 11 县（含津市）］堤垸计 196 个，堤防长度 3291.54km，耕地面积 628.13 万亩。

1995 年，省水利水电厅《湖南省洞庭湖区基本资料》洞庭湖区范围新增桃江县，共有千亩以上堤垸 226 个，耕地 858 万亩，一线大堤 3594km，二线大堤 1344km，主要间堤 832km。此后洞庭湖区范围未有大动。

1998 年 4 月，省水利水电勘测设计院、省洞庭湖水利工程管理局《湖南省洞庭湖区近期防洪蓄洪工程初步设计书》（据 1980 年资料）洞庭湖区范围辖常德、益阳、岳阳、长沙、湘潭、株洲 6 市的 29 个县（市）区以及 15 个国营农场。较 1955 年新增桃源、临澧、临湘、汨罗、长沙市城区、长沙县、宁乡、湘潭市城区、湘潭县、株洲市城区、株洲县及 15 个国营农场。共有千亩以上堤垸 221 个，耕地 868 万亩，一线防洪大堤 3471km，二线大堤 1509km，主要间堤 832km。

2004 年 2 月，省洞庭湖水利工程管理局《湖南省洞庭湖区堤垸图集》统计堤垸 254 个，一线堤防 3570km。（含部分千亩以下堤垸，部分千亩以上未列，部分大圈分小垸计数）。

2005 年 6 月，省洞庭湖水利工程管理局《防洪治涝工作手册》统计千亩以上堤垸 215 个，一线堤防 3740km。

❸ 引自《关于洞庭湖堤垸复核情况报告》（2021 年）。

续表

序号	堤垸名称	所在市	所在县（市、区）	一线堤防/km	保护面积/万亩	保护人口/万人	保护耕地/万亩
3	湘滨南湖	岳阳市	湘阴县	83.85	30.57	28.85	19.36
4	华容护城	岳阳市	华容县	110.57	54.75	37.80	39.40
5	松澧	常德市	临澧县、澧县、津市市	88.77	117.79	73.23	58.10
6	安保	常德市	安乡县	99.98	53.30	18.20	23.62
7	安造	常德市	安乡县	81.48	30.69	21.19	15.70
8	沅澧	常德市	武陵区、鼎城区、汉寿县、津市市	167.34	207.95	129.20	114.43
9	沅南	常德市	汉寿县、鼎城区	65.12	84.67	38.20	43.00
10	长春	益阳市、常德市	沅江市、资阳区、汉寿县	77.99	57.86	45.34	28.48
11	大通湖	益阳市	南县、沅江市、大通湖	186.68	169.03	61.99	91.84
合计				1221.25	989.52	563.16	534.44

表 1.1-9　　湖南省洞庭湖区蓄洪垸基本情况

序号	蓄洪垸名称	所在市	所在县（市、区）	一线堤防长度/km	保护面积/万亩	保护人口/万人	其中安全人口/万人	保护耕地/万亩	蓄洪容积/亿 m^3
1	江南陆城	岳阳市	云溪区、临湘市	47.06	34.83	10.63		11.85	10.41
2	君山	岳阳市	君山区	37.98	13.71	6.59		7.73	4.80
3	建新	岳阳市	君山区	34.66	7.54	1.03		3.59	1.96
4	建设	岳阳市	君山区	18.29	15.69	6.37		8.70	4.94
5	钱粮湖	岳阳市	君山区、华容县	146.39	68.11	28.21	0.28	40.26	22.20
6	屈原	岳阳市	汨罗市、湘阴县	43.28	35.86	13.78		25.07	11.96
7	城西	岳阳市	湘阴县	51.76	15.90	7.40	0.32	8.83	7.61
8	义合金鸡	岳阳市	湘阴县	9.93	2.98	1.62		1.48	1.21
9	北湖	岳阳市	湘阴县	10.80	7.25	3.51		2.93	2.59
10	集成安合	岳阳市	华容县	54.28	18.50	7.15		8.87	6.83
11	大通湖东	岳阳市、益阳市	华容县、南县	43.36	34.52	13.87	0.51	15.23	11.20
12	安澧	常德市	安乡县	69.66	18.41	6.16		9.20	9.20
13	安昌	常德市	安乡县	84.25	17.27	5.24		7.63	7.10
14	安化	常德市	安乡县	42.49	14.07	4.42		6.14	4.50
15	六角山	常德市	汉寿县	2.90	4.46	1.94		1.09	0.55
16	围堤湖	常德市	汉寿县	15.13	5.50	1.56	2.80	2.80	2.37
17	澧南	常德市	澧县	24.20	5.15	2.67	2.90	2.33	2.00
18	西官	常德市	澧县	59.00	10.44	1.90	1.80	5.50	4.44

续表

序号	蓄洪垸名称	所在市	所在县（市、区）	一线堤防长度/km	保护面积/万亩	保护人口/万人	其中安全人口/万人	保护耕地/万亩	蓄洪容积/亿 m^3
19	九垸	常德市	澧县	24.50	8.05	1.83		2.42	3.79
20	民主	益阳市	资阳区、沅江市	81.23	36.79	12.62	1.84	17.50	11.21
21	共双茶	益阳市	沅江市	119.10	43.95	16.86	0.64	23.64	18.51
22	南汉	益阳市	南县	67.36	14.57	6.85		7.80	5.66
23	和康	益阳市	南县	46.40	14.52	5.50		7.79	6.20
24	南鼎	益阳市	南县	40.24	6.98	2.49		3.46	2.57
合计				1174.25	455.05	170.20	11.09	231.84	163.81

1.7 洪旱灾害

由于洞庭湖区气候条件、地理位置等因素，洞庭湖区既面临“水多”带来的洪涝问题，又面临“水少”引起的干旱问题。洪水后往往紧跟旱灾，使湖区遭受巨大损失。

洞庭湖区调蓄、承泄三口和四水来水，每年从4月开始，四水流域进入汛期；6—9月则为长江流域的多雨季节，由长江三口分流入湖水量剧增，入湖洪水常常叠加遭遇，带来巨大洪量。据统计，洞庭湖多年平均入湖洪峰流量41500m^3/s，历年最大63100m^3/s，多年平均最大3d、7d、10d、15d、30d入湖洪量分别为96亿m^3、192亿m^3、250亿m^3、342亿m^3、573亿m^3；洞庭湖多年平均出湖洪峰流量27600m^3/s，历年最大43900m^3/s，多年平均最大3d、7d、10d、15d、30d出湖洪量分别为70亿m^3、156亿m^3、218亿m^3、307亿m^3、540亿m^3。洞庭湖区控制站水位、流量特征值见表1.1-10。

由于大量洪水在洞庭湖汇集、调蓄，给地区带来了频繁的洪涝灾害。1952年洞庭湖洪水遭遇南洞庭湖大风暴，导致浪头翻过堤顶掏刷堤内坡，几小时内湘阴、沅江、益阳共溃决20垸，淹田18万多亩，受灾9万多人，死亡2100多人；1954年长江流域洪水造成湖区溃垸356个，淹没耕地588万亩，受灾垸民256万人，其中溃口淹死470人。

1969年7月沅水中下游产生强降雨过程，桃源、常德受灾，受灾农田114.9万亩，成灾73.7万亩，受灾人口62万人，死亡93人。8月湘江沩水流域发生特大暴雨洪水，两岸大部分农田、房屋被冲毁，新民、群英、新康德国垸浸溃，淹死800多人。宁乡县城被淹，淹没耕地50万亩，冲毁桥梁1390座。

1991年7月，洞庭湖区洪水叠加大暴雨，湖区水位全面超警，多站水位接近新中国成立后历史最高水位，形成了外洪内涝的紧张局面，溃决小垸24个；1995年6月，洞庭湖区和四水流域遭受持续强降雨，湖区水位陡涨、长期超警。四水入湖总流量超1954年，洪灾造成溃垸11个，淹没耕地36万亩，受灾人口28.2万人；1996年7月，四水流域和洞庭湖区相继发生持续暴雨过程，湖区水位全面超警，湖区溃决或被迫蓄洪的大小堤垸145个，总面积229.5万亩，淹没农田122.9万亩，转移人口113.8万人，直接经济损失303亿元；1998年洪水是湖南省1954年以来最大洪水，城陵矶连续出现5次洪峰，4次超历史最高水位，洪水洪量、洪峰、持续时间空前。大洪水导致洞庭湖区外溃堤垸142个，溃灾总面积66.35万亩，受灾人口37.87万人，重点垸安造垸溃决，淹没耕地15.70万亩，受灾人口17.53万人。

表 1.1-10 洞庭湖区控制站水位、流量特征值表

河名	站名	历史最高水位		1954 年最高水位		二期治理设计水位		历史最大流量	
		水位/m	出现时间	水位/m	出现时间	水位/m	出现时间	流量/(m^3/s)	出现时间
长江干流	宜昌	55.73	1954 年 8 月	55.73	1954 年 8 月			70800	1981 年 7 月
	沙市	45.22	1998 年 8 月	44.67	1954 年 8 月	45.00			
	城陵矶（莲）	35.80	1998 年 8 月	33.95	1954 年 8 月	34.40			
	汉口	29.73	1954 年 8 月	29.73	1954 年 8 月	29.73	1954 年 8 月	76100	1954 年 8 月
四口水系	安乡	40.44	1998 年 7 月	38.10	1954 年 7 月	39.38	1983 年 7 月		
	南县	37.73	1998 年 8 月	36.50	1954 年 8 月	36.50	1954 年 8 月		
	官垸	42.88	1998 年 7 月			41.87	1991 年 7 月	3350	1981 年 7 月
	自治局	41.38	1998 年 7 月			40.34	1991 年 7 月	5100	1960 年 7 月
	大湖口	41.35	1998 年 7 月			40.32	1983 年 7 月	2530	1991 年 7 月
四水尾闾	湘潭	41.95	1994 年 6 月	40.73	1954 年 6 月	41.26	1976 年 7 月	26400	2019 年 6 月
	桃江	44.44	1996 年 7 月	42.91	1954 年 7 月	43.82	1955 年 8 月	14400	1955 年 8 月
	桃源	47.37	2014 年 7 月	44.39	1954 年 7 月	45.40	1969 年 7 月	29100	1996 年 7 月
	石门	62.66	1998 年 7 月			62.00	1980 年 8 月	19900	1998 年 7 月
洞庭湖	石龟山	41.89	1998 年 7 月	38.14	1954 年 7 月	40.82	1991 年 7 月	12300	1998 年 7 月
	小河咀	37.57	1996 年 7 月	35.72	1954 年 8 月	35.72	1954 年 8 月	23100	2003 年 7 月
	南嘴	37.62	1996 年 7 月	36.05	1954 年 7 月	36.05	1954 年 7 月	19000	2003 年 7 月
	沅江	37.09	1996 年 7 月	35.26	1954 年 8 月	35.28	1979 年 6 月		
	营田	36.54	1996 年 7 月	35.05	1954 年 8 月	35.05	1954 年 8 月		
	城陵矶（七）	35.94	1998 年 8 月	34.55	1954 年 8 月	34.55	1954 年 8 月	49400	2017 年 7 月

2003年6—7月，澧水全流域暴雨，支流渫水出现1935年以来最大洪水，导致澧县澧南垸、北民湖相继分洪，临澧关山、洞坪，澧县白马、毛坪、廖坪、彭坪、英溪等垸行洪。2017年6—7月，湘、资、沅水下游和东洞庭湖区发生长历时降雨，洪水同时在洞庭湖遭遇，洞庭湖组合最大入湖、出湖流量均排历史第一，多站超保证水位，其中城陵矶（七里山）洪峰水位34.63m，排历史实测第5位。

干旱灾害。受江湖关系变化、泥沙淤积和人类活动影响，荆江河段中枯流量时水位下降明显，长江四口分流减少、断流时间延长，特别是枯水期过境水量由80亿m^3减少至16亿m^3，四口水系除松滋西支全年通流外，其他河道年均断流达137～272d。此外，长江干流水位降低带来洞庭湖出流加快、水位快速消落，城陵矶多年9月平均水位较三峡工程建成前下降约2m，枯水期平均提前了30d，洞庭湖环湖及尾闾河道水位随之被拉低、枯水时间提前，导致部分地区取水困难、成本增加。

过境水资源量减少叠加外河外湖水位降低，洞庭湖区如遇伏秋连旱，常造成大面积旱灾。2001年洞庭湖区37县市受旱面积约320万亩，其中成灾面积270万亩，粮食减产50万t，经济损失7.3亿元。2006年洞庭湖区大部分蓄水工程无水可供，引水工程断流，提水工程几近瘫痪，旱灾面积在500万亩以上，成灾面积达300万亩，经济损失达数十亿元。2022年洞庭湖遭遇自1961年以来最严重的水文气象干旱，夏秋冬连旱4个月，累计受旱面积达200万亩，经水利部门采取垸内需水保水、引水通水提水、补水工程补水等多种手段持续救灾，仍成灾2万余亩。

第二章 形成与演变

2.1 远古时期的洞庭湖区

根据对洞庭湖区地层、构造、地史进行研究，洞庭湖湖盆发展可以划分为前湖盆期的隆起阶段（元古代至中生代侏罗纪末）、断裂形成内陆湖盆阶段（中生代白垩纪初至新生代第三纪末）和新构造期湖泊阶段❶。湖盆形成自1.4亿年前的燕山运动始，延续至3000万年前的喜马拉雅运动，白垩纪为盆地发展扩大时期，第四纪在新构造运动作用下，再次全面沉降，成为厚度最大、沉积层序最全的断坳盆地。距今10万～4万年前中更新世时期，古长江仍在松滋附近折转向东进入江汉盆地，部分分流至洞庭湖。而江汉盆地被古长江贯穿的大片水域，古人称为云梦泽❷。

2.2 江湖的历史演变

两千多年前，云梦泽已南连长江，北通汉水，方九百里❸，面积约20000km^2，长江出三峡后，入云梦泽，再下汉口。由于有云梦泽调洪，“洪水过程不明显，江患甚少”。先秦时期的洞庭湖还只是君山附近一小块水面，其余都是被湘、资、沅、澧“四水”河网切割的沼泽平原。洞庭湖与云梦泽之间有“华容隆起”分水岭相隔，不曾相连，仅于城陵矶一处与长江相汇❹。在长江和汉水大量泥沙被带到云梦泽，通过长时期的淤积之后，到魏晋南北朝时期，云梦泽萎缩，荆江江陵河段金堤兴建，同时华容隆起和洞庭湖平原沉降，长江有沦水、生江水穿越华容隆起的最低垭口进入洞庭湖平原，洞庭湖沼泽平原演变为湖泊景观。这一时期由于江水倒灌入洞庭湖，使洞庭湖与南面的青草湖在丰水时相连，湖泊方五百里❺。唐宋时期，洞庭湖区进一步沉降，湖面也进一步扩展，唐代元和年间李吉甫记载了洞庭湖与巴陵县的方位大小，此时洞庭湖周围二百六十里、青草湖周围二百六十五里，两湖合计500余里❻。宋真宗年间，统一的云梦泽演变成星罗棋布的小湖群，人称“千湖之国”。与

---

❶ 引自张修桂《洞庭湖演变的历史过程》。

❷ 据《左传》《国语》、司马相如的《子虚赋》记载，先秦时期楚国有一名叫“云梦”的楚王狩猎区。云梦地域相当广阔，东部在今武汉以东的大别山麓和幕阜山麓以至长江江岸一带，西部当指今宜昌、宜都一线以东，包括江南的松滋、公安县一带，北面大致到随州市、钟祥、京山一带、南面以大江长江为缘。其中有山林、川泽等各种地理形态，并有一名为“云梦泽”的湖泊。“云梦泽”因“云梦”而得名，二者并非指同一概念。春秋时，梦在楚方言中为“湖泽”之意，由于长江泥沙沉积，云梦泽分为南北两部分，长江以北成为沼泽地带，长江以南还保持着浩瀚的水面。

❸ 汉代司马相如在《子虚赋》中将云梦形容为“方九百里”：“楚有七泽，尝见其一……名曰云梦。云梦者，方九百里，其中有山焉”。

❹ 关于这一时期洞庭湖的水域范围及江湖相通关系学界尚未统一。水域范围有平原说、大湖说、沼泽说等，面积150～6000km^{2}不等。江湖相通关系一说长江主泓南注澧水，同入洞庭；二说长江沿今荆江流路，至城陵矶合洞庭四水；三说洞庭湖于东西两口，两路通江。其余说法不再赘述，此处取《洞庭湖志》中说法。

❺ 《水经注》，郦道元“湖水广园五百里，日月若出没其中”。

❻ 《元和郡县图志》李吉甫记载：“洞庭湖在县西南一百五十步，周回二百六十里”“青草湖在县南七十九里，周回二百六十五里”。

此同时，也形成了荆江河槽的雏形，并存有九穴十三口[1]作为洪水入湖的通道。荆江河段水位进一步抬升，使洞庭湖南连青草、西吞赤沙，横亘七、八百里[2]。

泥沙淤积使荆江北岸出现大面积洲滩后，人类在洲滩上从事生产活动，至东晋年间已有在江陵筑堤记载。在九穴十三口又被泥沙逐渐淤塞的时候，人们进行了堵口并垸，到明嘉靖二十一年（1542）江北九穴十三口中的最后一口郝穴堵口[3]，才形成了统一的荆江大堤、统一的荆江河槽和江汉平原。清顺治七年（1650）再堵位于荆江大堤下游的庞家渡口（监利西门渊），从此，江水被约束在单一的荆江河槽里，不能再向江汉平原分流（但仍然可以从洪湖倒灌，一直持续到1956年新滩口堵口），这就促使水位再抬升，荆江河床的不断淤高，在地势上为江水南侵进入洞庭湖创造了条件。

2.3 四口水系的形成与演变

长江四口的形成推动了江湖关系剧烈变化，四口水系格局演变是近代以来江湖演变的重要内容。

松滋口（松滋河）的形成与演变。松滋在同治九年（1870）溃口，当年堵口后在同治十二年（1873）再溃，冲成松滋河系。松滋溃口后，分若干支汊直趋中河口并抢占了虎渡河入湖通道，在现在的澧县添围垸附近入洞庭湖。由于藕池早于松滋溃口，三角洲迅速推进到南嘴，把沅、澧、松滋、虎渡各水系的洪水和泥沙卡在西洞庭湖区回旋。特别是在松滋、虎渡两水的泥沙作用下，至清光绪二十六年（1900），洲滩已推进至武圣宫、麻河口一带，到1950年基本填平了西洞庭湖区。1954年治湖工程实施后，入湖口从武圣宫再下延30km至柳林咀附近，而上游开展的堵支并流工程，合并了人和、大围、茱萸桥、安保、安丰等多个堤垸，形成了青龙窖以下大湖口、自治局、官垸三河分流的河网格局。

太平口（虎渡河）的形成与演变。太平口原本是引澬水山水入长江的通道，原名油口。由于长江水位抬升，江水南侵，河道改向南流，口门经多次堵闭、拆除，约在明末清初最终形成。虎渡河形成之初，经弥陀寺、黄金口、中河口（汇澬水）南下，再经南平、杨家垱在现在的安乡县中和垸附近入洞庭湖。后由于松滋溃口，夺虎渡河中河口以下河道，迫使虎渡河向东改道顺黄山头东麓南下，在陆家渡附近入洞庭湖。随着泥沙淤积、三角洲延伸，虎渡河逐渐下延至小河口与松滋河汇合，后又继续下延至肖家湾附近注入目平湖。1952年为控制虎渡河下泄流量，在黄山头建设南闸，由于闸底板高程高于河床，上游河道泥沙迅速淤积，虎渡河和与松滋河串通的沟汊逐渐淤塞、水流逆顺不定。后为改善水流条件，这些沟汊也大多被堵闭。

藕池口（藕池河）的形成与演变。藕池在咸丰二年（1852）溃口，因民力拮据未修复，咸丰十年（1860）大水，在原溃口下游冲成大河。藕池溃口后，先在藕池镇下游分为东、西两支，西支经康家岗、官垱至丁家渡附近入洞庭湖，东支经管家铺到黄金咀又分为东、中两支，东支由黄家咀到江波渡附近入洞庭湖；中支由黄金咀到团山寺附近入洞庭湖。藕池溃口初期，长江洪水大部分进入洞庭湖，由于泥沙淤积在下游河口扩散形成了宽50km的冲积扇，在扇面上形成了无数大小沙洲和分支汊

---

[1] 《重开古穴碑记》，林元“古有九穴十三口，沿江之南北以导荆水之流”，载于《荆州万城堤志》。《荆州万城堤志》称“九穴四口合为十三，非九穴之外别有十三口”。九穴十三口据《荆州万城堤志》《湖北通志》分别为：江陵郝穴、獐扑穴、监利赤剥穴、石首杨林穴、宋穴、调弦穴、小岳穴、松滋采穴、潜江里穴，虎渡口、油河口、柳子口、罗堰口。上述穴口中，向南分流五处、向北分流八处。

[2] “八百里”是古人常用于对距离长、范围广的一种概述，如“八百里秦川”“八百里加急”等。“八百里洞庭”始见于唐宋文人的诗词中，如五代可朋《赋洞庭》“周极八百里，凝眸望则劳”，《皇朝郡县志》，宋“洞庭湖在巴陵县西，南连青草亘赤沙，七八百里”。

[3] 郝穴堵口时间说法不一，清前楼《荆州府志》、光绪《湖北通志》和《嘉庆重修大清一统志》称为“明嘉靖初”，光绪《湘阴县志》《华容县志》记为“明嘉靖三年（1524年）”，雍正《湖广通志》江陵县堤考略则载为明嘉靖二十一年（1542年）。

道形成的河网。扇面扩展到茅草街时，受地形和松滋、虎渡、澧水、沅水的夹持，折转向东。再被湘、资、沅水组合水流夹持向北发展，最终形成了如今南县大通湖、大通湖东垸所在广袤洲滩。藕池河系是一个多支汊的河网，各支汊之间又有一些横向的相互连通流向不定的串河。由于泥沙落淤、河床抬高，使藕池河的分流量减小，加上荆江河段裁弯等变化，藕池河系在迅速发展壮大后又急剧萎缩，分流能力下降，部分河汊基本丧失通流能力。新中国成立后堵闭了藕池河系中大部分横向串河，保留了全部顺向的分支汊道，才形成了现在藕池口以下两分支，黄金咀以下三分支，殷家洲、陈家岭以下五分支的扇状河网。

调弦口（华容河）的形成与演变。调弦口演变成长江的分流洪道以前，早已存在一条汇集桃花山山水北入长江、南入洞庭的一条小溪。随着荆江南岸洲滩不断淤积，向北的小溪也被逐渐淤塞而转为南流。根据史料分析，约在明隆庆四年（1570）至清康熙二十三年（1684）间，调弦口时塞时开，给下游带来长期的洪水灾害，口门最终形成时间已不可考。从调弦口形成至藕池口溃口分流之前，洞庭湖水面北面在现华容县城、团山寺、安乡、津市一带，华容河过华容县城后向西南方向在现在的县河口入洞庭湖。藕池口溃口分流后，南县、大通湖等地迅速淤成高洲，堵塞了华容河原河口，迫使华容河改道并分为南北两支，形成现在的河道。1958 年，考虑华容河分流长江洪水对下游防洪排涝的影响和威胁，对调弦口建闸控制，后又在出口旗杆咀建设六门闸，华容河成为一条内河。调弦口虽建闸控制，但每年都由调弦闸引水灌溉，由于水体含沙量较大，华容河淤积严重，进一步降低了其分流能力。

2.4 洞庭湖面积容积变化

荆江四口分流以来，长江大量泥沙随水流南侵、沉积，洞庭湖区河网更加发育，三角洲不断向湖心前移，不断淤涨的洲滩是挤占洞庭湖面积、容积的主要因素。道光五年（1825），洞庭湖水面约 6000km^2，至 1949 年面积减少至 4350km^2、容积 293 亿 m^3。泥沙进一步淤积叠加人类活动影响，1995 年洞庭湖面积、容积减少至 2625km^2、167 亿 m^3。1998 年大水后，国家大力实行平垸行洪、退田还湖，加上三峡工程运行后长江进入洞庭湖泥沙量急剧减少，目前洞庭湖面积、容积已经稳定，见表 1.2-1 和图 1.2-1。

表 1.2-1 洞庭湖湖盆容积变化表[1]

年 份	湖泊面积 /km^2	年缩减率 /(km^2/a)	湖泊容积 /亿 m^3	年缩减率 /(亿 m^3/a)	备 注
1825	6000				湖泊容积为相应城陵矶（七里山）水位 31.50m（1985 国家高程基准）时的容积
1896	5400	8.54			
1932	4700	19.45			
1949	4350	20.6	293		
1954	3915	87.0	268	5	
1958	3141	193.5	228	10	
1971	2820	24.7	188	3.08	
1978	2691	18.4	174	2.0	
1995	2625	4.0	167	0.41	

[1] 20 世纪 50 年代初期，长江中游可调蓄长江洪水的通江湖泊面积有 12736km^2，其中湖南省洞庭湖面积 4350km^2，湖北省江汉湖群面积 8386km^2。目前，长江中游通江湖泊仅剩洞庭湖，面积减少至 2625km^2，江汉湖群全部变为围垸或内湖。

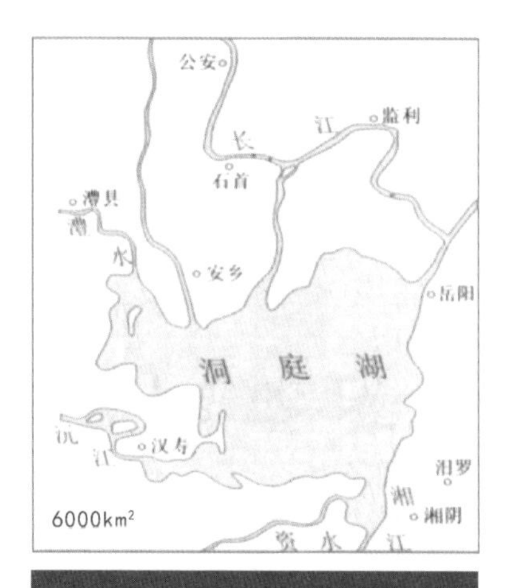

1825年的洞庭湖

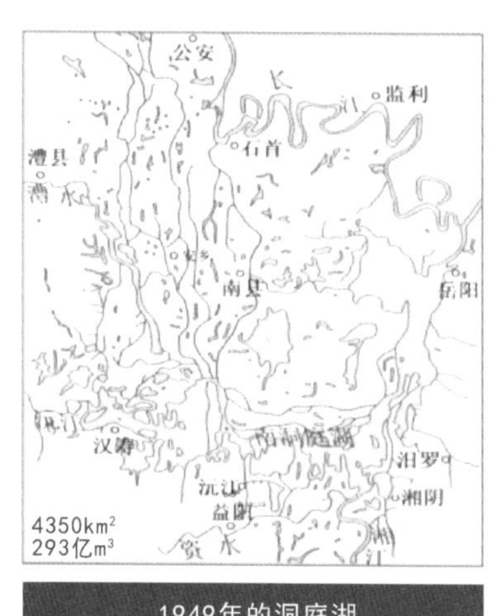

1949年的洞庭湖

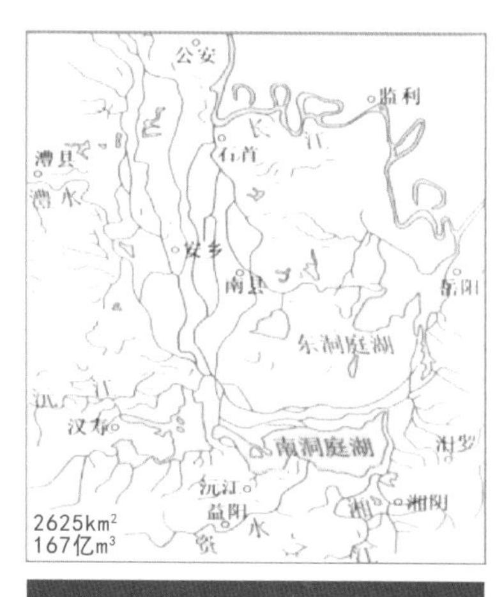

如今的洞庭湖

图 1.2－1　不同时期的洞庭湖

江湖演变史，实际上也是一部人与自然相处的关系史，人类从最初的依附自然，到后来的开发自然，最后做到人与自然和谐相处，既是与当时环境有关，也是一个认识不断深化的过程。目前江湖关系还在进一步调整，面临的新的问题和调整仍需持续研究。

第三章 地位与作用

3.1 洞庭湖是推动长江经济带高质量发展的重要阵地

2016年5月，国务院印发《长江经济带发展规划纲要》，从生态环境、交通走廊、创新驱动、城镇化建设等多方面描绘了长江经济带发展的宏伟蓝图，提出四大战略定位，确立了长江经济带“一轴，两翼，三极，多点”的发展格局。2016年、2018年、2020年、2023年，习近平总书记在重庆、武汉、南京、南昌四次主持召开长江经济带发展座谈会并发表系列重要讲话。总书记强调要完整、准确、全面贯彻新发展理念，坚持共抓大保护，不搞大开发，坚持生态优先、绿色发展，以科技创新为引领，统筹推进生态环境保护和经济社会发展，加强政策协同和工作协同，谋长远之势、行长久之策、建久安之基，进一步推动长江经济带高质量发展，更好支撑和服务中国式现代化。

洞庭湖区横跨长江经济带中的湖北、湖南两省，洞庭湖区的岳阳市、常德市、益阳市和荆州市是长江中游城市群重要节点城市，是长江经济带发展的重要增长极。洞庭湖区还具有“通长江、连四水”的独特区位优势，是江湖协同治理引领区、洞庭湖区绿色转型先行区、内陆港口型物流枢纽、山水文化旅游目的地[1]，在践行新发展理念、构建新发展格局，进一步推动长江经济带高质量发展、更好支撑和服务中国式现代化方面具有重要地位。

3.2 洞庭湖是长江洪水的重要调蓄场所

洞庭湖通过长江三口分流减少长江荆江河段的洪峰流量，调蓄湘、资、沅、澧“四水”和三口分流洪水，减轻城陵矶附近地区的防洪压力。长江干流城陵矶河段安全泄量约60000m^3/s，但20世纪城陵矶以上合成洪峰流量达100000m^3/s以上的年份就有1931年、1935年、1954年、1996年、1998年，合成流量大于60000m^3/s的年份数超过33年。由于洞庭湖对一次来水过程调蓄量最大可达200亿m^3以上，多年平均入湖、出湖洪峰削减比达30%，有效削缓了城陵矶河段洪水过程，才使长江干流和四水洪水洪峰出现时间得以错开。湖泊巨大调蓄能力的发挥，大大减轻了长江干流城陵矶以下河段的防洪压力，奠定了长江中下游防洪格局并发挥着不可替代的防洪作用。

3.3 洞庭湖是长江重要的水源地和生态屏障

洞庭湖是洞庭湖区的重要水源地，沿岸地区经济社会发展依靠洞庭湖区的湖泊、河道为其提供水源。与此同时，枯水期洞庭湖又将其蓄纳的洪水逐步下泄，对于长江中下游还有补水作用。洞庭湖独特的水文特征孕育了独特而丰富的生态系统，由于季节性淹水条件的长期作用，使其发育着丰富的湿地植被资源。根据调查统计，洞庭湖区有原生性陆生维管植物154科558属1092种，在洞庭

[1] 引自《新时代洞庭湖生态经济区规划》。

湖区生活的陆生脊椎动物有4纲29目90科390种，鱼类10目23科116种[1]，是生物物种的基因库，是珍稀水生生物及资源性鱼类的繁衍地和活动场，也是具有世界意义珍稀迁徙性鸟类的越冬场和栖息地。大面积的洞庭湖区湿地可提高区域空气湿度、增加降雨，可吸收、固定、转化土壤和水中营养物质含量、降解有毒和污染物质，在调节气候、涵养水源、净化水质、保障流域生态安全等方面发挥基础作用。

3.4 洞庭湖是长江"黄金水道"的重要组成

洞庭湖区主要通航河流包括洞庭湖区航道、四水尾闾以及三口河道，区域内水系汇集、河湖交叉，航道四通八达。2020年洞庭湖区1000t级及以上航道里程864km，占全省的71.3%，有长沙、湘潭、岳阳3个年吞吐量1000万t以上港口，还有常德、津市、桃源、益阳、沅江等地区重要港口。长江中下游沿江产业集聚，水运是沿江产业和经济社会发展的重要支撑，随着"一带一路"、长江经济带、国家水网、交通强国、国家综合立体交通网等国家重大战略深入推进，洞庭湖水网连南接北、东西贯通的区位优势更加显著，已成为长江流域水路交通的关键节点、长江"黄金水道"的重要组成。

3.5 洞庭湖区是全国重要商品粮和农产品生产基地

洞庭湖区是我国传统农业的发祥地之一，区域气候温暖湿润、光照充足、地势平坦、土地肥沃，是我国重要的双季稻产地和商品粮调出地，是棉花、油菜、苎麻等重要的大宗农产品生产基地，是著名的鱼米之乡。湖区充足的农业资源要素，为打造农业产业集群，支撑粮食供应体系，为维护和增强国家粮食和相关农产品产业链、供应链安全发挥了重要作用。

3.6 洞庭湖是湖湘文化的主要发源地和中华传统文化的重要组成

洞庭湖在中国文化史上有特殊的地位，创作内容丰富，特色突出，成为湖湘文化的重要板块，也是中华传统文化的重要组成。作为古往今来的重要交通节点，中华历史上具有较大影响的人物，几乎都到过洞庭湖。根植于湖区的一方水土和人文，成为洞庭湖人文创作的源泉。屈原放逐沅湘中的爱国主义、范仲淹倡导的先忧后乐精神、陶渊明的古代理想主义社会已成为湖湘文化的精髓和儒家文化积极用世的核心，二妃传说等构架了神话故事中浪漫主义的经典，其反映出湖乡水域多元文化因素已深入历代中华儿女的基因中。

---

[1] 引自《洞庭湖区综合规划》。

第二篇　洞庭湖保护与治理的历程

中华人民共和国成立后，洞庭湖的保护与治理百废待兴。各级党和政府把洞庭湖的保护与治理放在最重要的位置，先后经历了洞庭湖初期治理、洞庭湖一期治理、洞庭湖二期治理和新时代洞庭湖保护与治理4个阶段。洞庭湖初期治理重点实施整修洞庭湖、调整洞庭湖堤垸布局和改造垸内排灌体系；洞庭湖一期治理主要实施11个重点垸堤防加固、澧水尾闾和南洞庭湖洪道整治、蓄洪垸安全建设；洞庭湖二期治理主要实施二期治理三个单项、长江干堤湖南段加固工程、蓄洪安全建设、平垸行洪退田还湖、泵站更新改造、河湖疏浚等；新时代洞庭湖保护与治理主要实施蓄洪垸堤防加固、三大垸安全建设、血吸虫病综合治理水利专项、三峡后续工作、重点区域排涝能力建设、水环境综合治理、洞庭湖北部补水、山水林田湖草一体化保护与修复、洞庭湖生态修复等。

第一章 洞庭湖初期治理

1949年8月，湖南省和平解放，当时洞庭湖区共有大小堤垸993个，堤线总长6406km。其后，洞庭湖区发生了1949年、1952年、1954年大洪水，为了抗灾救灾和修复家园，党中央批准实施一系列防洪治涝工程规划。如1949年11月湖南省临时政府发布《关于洞庭湖修复溃垸之指示》和规划书；1952年兴建荆江分洪工程；1952年11月湖南省人民政府发出《关于整修南洞庭湖的决定》及南洞庭整治规划书；1954年省人民政府第26次委员会于当年10月作出“关于修复洞庭湖堤垸工程的决定”和合垸并流等规划设计；1964年起连续三年进行洞庭湖区电排“歼灭战”；1973年的电网改造；1974年开始的连续几年的大型排涝泵站建设和撇洪工程以及田园化等大规模建设。

洞庭湖区自1952年、1954年洪灾以后，经水利部和长江水利委员会批准，进行了以堵支并流并垸整治洪道为中心的大规模治湖工程。自此以后，由于江湖关系的复杂性，对于外江外湖基本上没有实施重大工程，但是由于泥沙淤积严重，加之江湖关系又有新的变化，以致水情演变日益剧烈，洪涝灾害不断加剧。20世纪50—70年代，湖南省水利部门曾多次制订《洞庭湖整治方案》。20世纪70年代以来，湖南省先后多次编写《湖南省洞庭湖区水利建设规划》，并报送水利部和长江水利委员会。

1.1 1952年整修南洞庭湖

1.1.1 整修背景及过程

1952年9月24日，洞庭湖区发生8～9级大风，南洞庭水面宽20～80km，当时风大浪高，风拥水涨，浪头翻过堤顶，仅几个小时，先后共溃决20垸，淹田18万多亩。使9万多人受灾。由于这些垸子大都是突然溃决，群众全无抗灾准备，以致死亡2100多人，灾情惨重。

为了使灾民重建家园、恢复生产，湖南省委和省人民政府报经中央人民政府和中南军政委员会批准，决定整修南洞庭湖工程。1952年11月10日省人民政府发出《关于整修南洞庭湖的决定》。本着目前利益与长远利益、局部利益与整体利益相结合的方针，决定南洞庭湖的整治工程，以改善湘、资洪道，使两水主流分离，减少顶托干扰，并有计划地结合修复溃垸，同时兼顾航运与排渍。主要工程措施包括整理洪道、修复溃垸、堵口、建闸等。整修工程实施后，湘资尾闾地区48个小垸并为3个大圈，湘、资两水尾闾洪道和堤垸基本定型。

1.1.2 湖南省人民政府《关于整修南洞庭湖的决定》

湖南省人民政府《关于整修南洞庭湖的决定》详见附录四，其主要内容包括：

（1）南洞庭湖整修工程，是改善湘、资洪道，使二水主流分离，减少顶托干扰；并有计划地结合修复溃垸，进行并垸堵流；同时兼顾航运与排渍。此项工程决定于当年12月15日全面开工，并限于1953年3月15日全部完成。

（2）全部工程动员185000民工，计分配湘潭专区105000人、常德专区75000人、劳改队5000人。长江水利委员会洞庭湖工程处须以全力投入这一工程。湘潭、常德两专区，须以全力动员组织群众，供应必需物资。

(3) 成立湖南省南洞庭湖整修工程委员会，以程潜为主任委员，金明、文年生、唐生智、谭余保为副主任委员。委员会下设立湖南省南洞庭湖整修工程指挥部。

1.2 1954年治理洞庭湖

1.2.1 治理背景及过程

1954年，洞庭湖区发生了百年罕见的特大洪水，共溃决大小堤垸356个。为了帮助280万灾民重建家园，使40万hm^2农田恢复生产，湖南省人民政府报经中央批准，于当年10月1日发布了《修复洞庭湖堤垸工程决定》。该决定本着目前利益与长远利益相结合、治标与治本相结合以及防洪与排涝并重的精神，确定修复方针为："重点整修，医治创伤，举一反三除隐患，加固险堤，有计划地并流堵口，合修大圈"。整个堤垸修复工程分为重点工程和一般堤垸两部分。大通湖和南洞庭湖区按重点垦区的不同标准进行整修加固。3个大垸以外的一般堤垸只要求堵复溃口、恢复生产。工程实施中并流堵口、合修大圈包括：西洞庭湖堵口24处，并成沅澧大圈，使沅、澧两水彻底分流；大通湖区堵口9处，修成南大重点垦区；南洞庭湖区堵水矶口1处，修成大众沙田重点垦区。

根据湖南省人民政府的决定，成立了湖南省洞庭湖堤垸修复工程委员会。这次大规模的治理洞庭湖，共动员湖区及附近山丘区17个县的群众83万人，抽调各级干部2万余人。1955年冬至1956年，又继续完成1954年治湖未完成工程；建明山头、大东口、赵家河等排水闸，黄茅洲船闸，罗家铺节制闸，沙河口、王家垱进水闸以及难工地段加修和洪道扫障疏浚等。通过1954年和1955年的治湖工程，形成了沅水和澧水独立入湖洪道，并200多个零乱的堤垸为沅澧大圈，使西洞庭湖区河流堤垸形式初具雏形。至1956年，洞庭湖区堤防总长3815km，保护耕地44.133万hm^2，人口297万人。

1.2.2 湖南省人民政府《关于修复洞庭湖堤垸工程的决定》

湖南省人民政府《关于修复洞庭湖堤垸工程的决定》详见附录四，其主要内容包括：

(1) 今冬明春洞庭湖堤垸修复工程的方针是：重点整修，医治创伤，清除隐患，险堤加固，有计划地并流堵口，合修大圈，争取农业丰收。此项工程决定于1954年11月开工，限于1955年春耕生产以前基本竣工。

(2) 成立湖南省洞庭湖堤垸修复委员会及修复工程指挥部。常德、湘潭两专区各成立区指挥部，在省指挥部统一领导、集中筹划的原则下，分别负责各个地区全部工程的施工任务。

(3) 全部工程动员民工约70万人，其中重点工程民工49万人，计分配常德专区44万人；湘潭专区5万人；另两专区一般堤垸培修部分20余万人。湖南省人民政府水利厅及长江水利委员会洞庭湖工程处均应全力投入这一工程。

1.3 电排"歼灭战"和大型泵站建设

1.3.1 1964年洞庭湖区电排"歼灭战"

(1) 规划背景。

洞庭湖区电力排灌工程进入有计划和大规模的兴建，始于1962年年底的民主垸永丰闸。随着湖南省农田基本建设高潮的到来，洞庭湖区电力排灌工程进入建设高峰。在此期间，湖南省水利水电勘测设计院先后就南洞庭湖、西洞庭湖和中洞庭湖（即南县、华容、安乡、沅江地区）编拟电力排灌

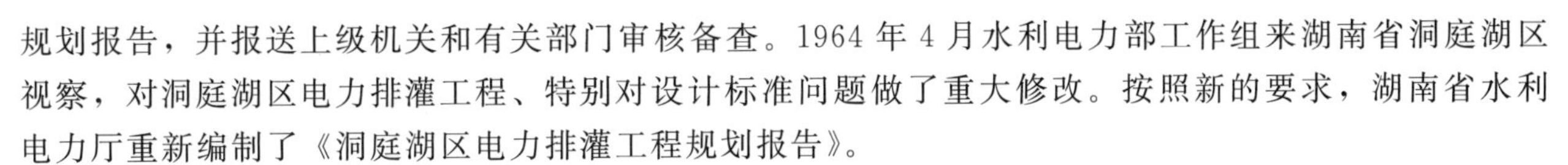

规划报告，并报送上级机关和有关部门审核备查。1964年4月水利电力部工作组来湖南省洞庭湖区视察，对洞庭湖区电力排灌工程、特别对设计标准问题做了重大修改。按照新的要求，湖南省水利电力厅重新编制了《洞庭湖区电力排灌工程规划报告》。

（2）规划范围。

洞庭湖区位于长江中游南岸，跨湘鄂两省，总面积17940km²，其中湖南省部分12200km²。在湖南省境内，系指洞庭湖冲积平原及受湖水倒灌影响的湘资沅澧四水尾闾地区，包括南县、安乡、沅江、华容（以上称中洞庭湖区），汉寿、澧县、常德、桃源、临澧（以上称西洞庭湖区），长沙、湘阴、益阳（以上称南洞庭湖区），岳阳、临湘（以上称东洞庭湖区）等15个县（市）及省属14个农场受堤垸保护的全部面积，共有大小堤垸157个，包括省属14个农场。

（3）规划原则和标准。

规划原则如下：① 先工程，后机械。以现有工程为基础，实行等高截流，凡能通过工程实现自流排灌的，则不用机械排灌，而在工程设施解决不了问题的地区，则考虑安装排灌机械提水排灌，保证农业正常生产；② 垸老田低地区，排灌站的任务确定多以排为主，排灌结合，偏坡傍山，丘陵区则以灌为主，灌排结合；③ 配用动力以电力为主，内燃为辅，边远死角地区及不需通电地区则以内燃机解决问题；④ 排水次序是先低后高、先田后湖、先近后远，灌水次序则先高后低、按需分配；⑤ 机埠布局原则是因地制宜，尽可能集中统一，但适当照顾管水方便；⑥ 排水出向根据自然水系分布情况，因地制宜，有大量客水和有大容蓄量内湖的地区，如沅南、冲天湖、烂泥湖区等以内排为主，其他地区原则上都以外排为主。

规划标准：统一采用10年一遇3日暴雨3天末排到田间水稻允许耐淹水深。设计扬程采用外江6月最高水位的多年平均值与集水池设计水位之差值，并用5—8月最高水位多年平均值中的最高值进行校核，要求在此水位下能够满足开机排水。

（4）规划项目。

规划在93个堤垸内，新建泵站520座1328台125827kW，其中纯灌及主排343座1024台106889kW、纯灌及主灌177座304台18937kW。

1.3.2 湖南省洞庭湖区大型电力排灌站及供电规划

（1）规划背景。

1973年9月，湖南省水利电力局曾报送了《湖南省洞庭湖区电力排灌规划补充报告》，根据当前湖区渍涝灾害情况和农业生产发展的需要，要求在已建电力排灌工程的基础上，增加电力排灌站806座1554台180412kW。由于认识水平的限制，规划补充增建的电力排灌站仍然是小型分散的，不能适应社会主义大农业迅猛发展的需要。

洞庭湖区电力排灌工程建设从1964年开始大规模地进行，共已建成电力排灌站1299座2207台188921kW，对农业生产起到了很大的促进作用，但因受到当时历史条件的限制，缺少大机大泵，因此所建电力排灌站全部是小型分散的（单机最大容量为155kW，排灌站总装机最大为10×130kW）。另外，也因为洞庭湖区水系众多，堤垸为大小河流所切割（大小堤垸共计298个），地形相对复杂，由于堤垸的分散性也就决定了排灌渠系和闸泵网络的分散性，较少大沟大渠、大闸大泵，总结十年来建成的小型分散电力排灌工程的经验教训，尽管有它的必要性和优越性的一面，即工期短、投资省、收效快，能够广泛动员群众大打人民战争，做到遍地开花，与农村电气化、农副产品加工结合也较紧密，而且工程量小、挖压少、能排能灌、排灌及时，管理和负担方面的矛盾较好解决等。然而它的根本性的弱点在于受小农经济思想的支配，受社队行政区辖的局限，排田不排湖，内湖不能充分发挥调蓄作用，渍水位无限制地抬高，带来社队之间、防洪排渍之间、灌溉排渍之间、上下游左右岸之间的种种矛盾，而且渍水转来转去，“腹水”始终没有得到根本消除，也加重了人民群众的负担。

通过参观学习江南平原各省区排涝方面的先进经验，水利电力部也一再指示洞庭湖区灌溉问题宜小型分散，排渍应该适当集中，洞庭湖区电动排水的根本出路必须统筹规划，广开深沟大渠，走统排统灌的道路。根据这个认识，提出在现有小型分散的电力排灌工程的基础上，改造电力站网，适当兴建一批大型电力排灌涝骨干工程，因地制宜，大小结合，共同解决洞庭湖渍涝灾害问题。

（2）排水站布局原则。

大型电力排涝站的布局选点原则主要遵循以下几点：① 垸内湖泊哑河沟港较多，有足够的控湖调渍能力，能充分发挥设备利用能力；② 田园化建设有了一定的基础，渠系沟港附属建筑物配套齐全，开挖工程量较小，挖压面积有限，排水站建成后能马上投入运行，很快见效；③ 距变电站所在地较近，电源供应有充分保证；④ 建站位置地势较低，能保证来水畅流，外江外湖与远景规划没有矛盾；⑤ 尽可能与地方工业用电要求相配合，在运行管理方面，不宜过多地打乱水利现状，亦应考虑避免由于行政区辖的不同所带来的矛盾。

（3）规划标准。

本次规划的排涝标准划分为两种类型。① 当内湖沟港面积较小时、调蓄能力有限时，仍按排田（抢排）标准进行装机容量的核算，属于此种类型的大型电排站共 15 座，其排涝标准仍然是根据水利部工作组 1964 年对湖南省湖区排涝所确定的标准，即采用 10 年一遇 3 日暴雨 3 天末排到田间水稻允许耐淹水深。② 当内湖哑河沟港等面积较大、有足够的挖湖调蓄能力时，则采用排湖（预排）标准进行装机容量计算。按排湖标准规划的电排站 11 座，标准是 10 年一遇 15 天暴雨 15 天排完。

（4）规划成果及实施计划。

根据上述规划原则和标准，洞庭湖区计划兴建大型电排站 26 座 100 台 111800kW，加上现有的小型泵站 326 座 794 台 86700kW，共 352 座 894 台 198500kW。规划需新增的电力排灌站 584 座 1022 台 206957kW，其中：小型分散装机 558 座 922 台 95157kW、大型骨干电排 26 座 100 台 111800kW。详见表 2.1-1。

表 2.1-1　　洞庭湖区大型电排站主要指标表

站名	装机容量			替代小电排/[处/(台・kW)]	第一期工程安排/(台・kW)	实施情况	
	台	单机/kW	总容量/kW			装机/(台・kW)	建设时间
马家吉	7	1600	11200	39/(82×8870)		4×800	2003 年 9 月
沙河口	4	800	3200	13/(43×4660)	4×800	4×800	1975 年 6 月
建设硚	2	800	1600	4/(12×1450)			
坡　头	2	3000	6000	23/(65×8285)	2×3000	2×1600	1976 年 10 月
岩汪湖	5	1600	8000	15/(22×2755)		8×800	1975 年 10 月
小渡口	4+3	800+3000	12200	25/(71×10375)	4×800		
石龟山	3	1600	4800	1/(14×2170)			
大鲸港	3	800	2400	9/(23×3165)			
六角尾	3	1600	4800	10/(35×4700)	3×1600	4×800	1976 年 9 月
华美剅	2	800	1600	7/(11×1385)			
岩剅口	5	800	4000	11/(23×3275)			
明山头	8	1600	12800	39/(75×6906)	6×1600	6×1600	1974 年 12 月
小河口	5	800	4000	14/(22×2035)		4×800	1978 年 10 月

续表

站名	装机容量			替代小电排 /[处/(台·kW)]	第一期工程安排 /(台·kW)	实施情况	
	台	单机 /kW	总容量 /kW			装机 /(台·kW)	建设时间
黄家湖	3	800	2400	10/(15×1990)	3×800		
疵湖口	2	800	1600	4/(9×1115)			
八形汊	3	800	2400	5/(18×2340)	3×800	4×800	1980年10月
锹板咀	2	800	1600	5/(13×1690)			
北港剅	5	800	4000	9/(26×3880)	3×800		
保安剅	3	800	2400				
花兰窖	8	800	6400	14/(24×3045)	4×800	4×800	1974年12月
天罗洲	2	800	1600	7/(11×1530)			
新　沟	3	800	2400	7/(14×1920)			
层　山	3	800	2400	5/(19×2400)	3×800		
木和铺	3	800	2400	3/(24×3570)	3×800	4×800	1978年12月
磊石山	5	800	4000	5/(24×3755)	3×800	4×800	1976年9月
保　合	2	800	1600	6/(12×1620)			
合　计	100		111800	290/(707×88886)	12/(41×44400)		

考虑内湖调蓄作用较大、渍涝灾害严重、工程量相对较小、对国家贡献较大、见效快等综合因素，拟于近一两年内优先建成12座41台44400kW。其余各站，则视设备货源情况，分别于1980年前建成投产。

（5）实施情况。

1963年冬，洞庭湖区开始连续3年的电排“歼灭战”，到1966年洞庭湖区电力排灌装机已达到17.6万kW。1974年开始新建单机容量800kW以上的大型泵站，至1987年年底，洞庭湖区共完成电力排灌站装机8800座11009台60.01万kW（其中纯排和排灌结合的2864座4713台45.43万kW），对洞庭湖区排涝抗旱起了显著的作用。至1989年，洞庭湖区装机容量在1000kW以上的电力排灌站共55座376台11.613万kW，其中单机在800kW以上的大型泵站有穆湖铺（4×800kW）、明山（6×1600kW）、花兰窖（4×800kW）、石山矶（3×800kW）、六角尾（4×800kW）、仙桃（2×1600kW）、岩汪湖（8×800kW）、官港（2×800kW）、靖港（3×800kW）、新河（4×800kW）、紫红洲（4×800kW）、育新（4×800kW）、小河口（4×800kW）、观音港（4×800kW）、谈家河（5×800kW）、沙河口（4×800kW）、东河坝（2×800kW）、磊石（4×800kW）、坡头（2×2800kW）等19座73台6.88万kW。

1.4 撇洪工程和田园化建设

洞庭湖区一些半山半湖地方的山水直入湖垸，是垸内洪渍灾害的主要来源，而且增加了湖垸的排渍负担，根据不同的地形条件兴建撇洪工程，是洞庭湖区治涝的重要工程措施之一。1958年在常德渐水、枉水兴建的撇洪工程，撇洪面积均在200km^2以上，保护了丹洲垸和善卷垸0.8万hm^2耕地和46万人口的生命财产安全，效益显著。1964年在汨罗江农场开挖了撇洪渠，撇洪面积82.09km^2，占农场总面积的31%，工程兴建后扩耕0.32万hm^2，占农场总耕地面积的48%，撇洪渠还可灌田

0.07 万 hm^2。1973 年以来，又陆续兴建了一批规模较大的撇洪工程：如长沙、宁乡、益阳、湘阴的烂泥湖，岳阳市的中洲以及华容河，常德市的冲柳、南湖、涔水，临湘市的冶湖等撇洪工程。此外，还陆续修建了一批小型的撇洪工程。通过撇洪工程撇走山洪，减少垸内洪水灾害，减轻低垸排渍负担，扩大了耕地面积，缩短垸内渍堤防汛堤线。在有条件的地段，还利用撇洪渠通航和引蓄水灌溉，在血吸虫疫区，结合围堤堵汊消灭钉螺。截至 2009 年，洞庭湖区共有撇洪渠 304 条。撇洪渠长 1299.3km，撇洪面积 $6406km^2$，撇洪流量 $14129m^3/s$。洞庭湖区各市、县（市、区）撇洪渠基本情况详见表 2.1-2。

表 2.1-2 洞庭湖区撇洪渠基本情况表

市、县（市、区）	撇洪渠条数/条	撇洪面积/km^2	撇洪渠长度/km	撇洪流量/(m^3/s)	撇洪标准/年
合计	304	6406	1299.3	14129.0	3～10
长沙市（小计）	76	664.5	292.6	1208.0	3～8
城区	17	85.9	55.8	110.3	
望城区	34	235.0	124.0	231.0	
长沙县	25	343.6	109.8	867.0	
株洲市（小计）	61	569.3	140.4	1158.0	3～5
湘潭市（小计）	43	1160.5	228.3	2679.0	3～5
雨湖区	5	71.3	20.5	178.0	
岳塘区	4	97.6	28.5	354.0	
湘潭县	34	991.6	179.3	2147.0	
岳阳市（小计）	58	1399.3	280.6	3010.5	3～5
云溪区	1	156.8	49.6	441.0	
君山区	1	15.2	4.0	5.0	
汨罗市	10	192.6	39.4	180.5	
临湘市	20	186.0	53.7	950.0	
岳阳县	1	250.8	8.0	300.0	
湘阴县	11	469.3	68.9	851.0	
华容县	14	128.6	57.0	283.0	
常德市（小计）	31	1475.0	167.0	3070.0	5～10
武陵区	1	288.0	16.3	702.0	
汉寿县	2	967.0	50.5	1665.0	
临澧县	17	151.5	54.8	624.0	
桃源县	11	68.7	45.4	79.0	
益阳市（小计）	35	1137.0	190.4	3003.0	3～5
资阳区	22	149.0	90.5	472.5	
赫山区	1	718.0	36.0	1130.0	
桃江县	7	181.0	26.7	165.0	
大通湖区	5	89.0	37.2	1235.0	

从1969年冬开始，洞庭湖区垸内掀起了轰轰烈烈的田园化建设高潮。田园建设推行山、水、田、林、路全面规划综合治理方针，新修干、支、斗、农、毛5级渠道5万多km，新建渠系水工程2万余处，植树造林5亿株。10年累计投工29亿个，完成垸内土方16.4亿m^3，经过10年的田园化建设，垸内原来脏、乱、差的落后面貌得到改变，基本实现沟渠、道路、树林相结合的直线网格式方块田园景观。

1.5 初期治理完成的主要项目

洞庭湖初期治理完成的主要项目包括：①20世纪50年代的堵口复堤、整治洪道，1949年修复溃损堤垸、1952年整修南洞庭湖、1954年治理洞庭湖；②20世纪70—80年代并小垸为防洪大圈、加高培厚防洪大堤，堤垸由1949年的993个合并为226个，一线防洪大堤长度由6406km减少到3471km；③20世纪60—70年代的垸内排涝工程建设，至1984年年底，洞庭湖区共有排涝泵站48.82万kW；④撇洪工程和田园化建设，至1980年，洞庭湖区共有撇洪工程304条，撇洪面积6406km^2。

第二章 洞庭湖一期治理

20 世纪 70 年代以来，湖南省水利厅（局）和湖南省水利电力勘测设计院于 1971 年 11 月、1973 年 8 月、1974 年 10 月、1975 年 10 月、1977 年 6 月、1979 年 6 月先后编写了《洞庭湖区水利建设规划》，报送水利电力部和长江水利委员会，要求加快洞庭湖区的整治建设。

关于洞庭湖区防洪蓄洪的专门性问题，湖南省于 1970 年 2 月、1972 年 8 月、1973 年 9 月和 1978 年 6 月先后报送《洞庭湖区防洪蓄洪建设规划报告》，在此期间，水利电力部及长江水利委员会于 1968 年 4 月在汉口召开长江中下游五省防洪会议，1969 年 1 月在北京召开了长江中下游五省防洪会议，1971 年 11 月至 1972 年元月在北京又召开了七省一市的长江中下游规划座谈会（72 年座谈会），1978 年 1 月至 3 月再次组织了四省查勘，前后历时 45 天，1980 年 6 月水利电力部召开了长江中下游防洪座谈会（80 年座谈会），对于洞庭湖的问题都进行了重点查勘调查和研究讨论。

2.1 洞庭湖区水利建设规划（1980—1990 年）

1979 年 6 月，湖南省水利电力局编制《湖南省洞庭湖区水利建设规划（1980—1990）》，规划包括近期（三峡大坝建成前）和远景（三峡大坝建成后）两部分。近期的规划主要内容有以下几个方面。

2.1.1 规划范围

洞庭湖区跨湘、鄂两省，总面积 18780km^2，其中湖南省 15200km^2，分属岳阳、益阳、常德三个地区，包括 15 个县（市）和 15 个国营农场以及四水尾闾受湖水顶托影响的 11 个县（市）有堤防保护的区域。

2.1.2 规划原则

本次规划遵循以下四条原则：以粮为纲、全面发展；要江湖两利；要以防洪排涝为中心；要远近结合，近期做的工程不要给长远规划增加困难，不要在长远规划中全部返工报废。

2.1.3 主要规划意见

三峡建库和上游各支流建库控制是解除荆江和洞庭湖洪水问题的根本途径，我们坚决拥护三峡大坝的兴建，也恳切要求五强溪、皂市、江垭等水库早日开工，早日拦洪受益，在此之前的过渡阶段内，只能依靠加固堤防，提高防洪控制水位；裁弯取直，扩大荆江泄量；整治洪道，束水攻沙；控湖调洪，发挥天然湖泊的调洪作用等措施来解决。以下为治理措施意见。

（1）积极进行洪道整治，适当堵支并流，缩短防洪堤线。

在不减少长江三口入湖流量的现状和不过多抬高湖北境内洪峰水位的前提下，适当堵闭一些分支汊道，挖深或展宽主洪道，缩短防洪堤线。

一是结合航运需要，疏挖几条主要洪道，逐步扩大泄洪流量。松滋河中支自治局河全线清淤扫障，自瓦窑河起至张九台全长 29km，开挖引洪深槽，束水攻沙；虎渡河分支陆家渡河重点移堤展宽，护坡护脚；藕池东支干流梅田湖至注滋口河段，全长 60km，大力进行砍矶扫障，退堤削坡，炸除仙人洞卡口，拆迁注滋口镇；赤磊洪道的黄土包河是松、虎、藕、沅等水由西洞庭湖转泄东洞庭湖的主洪道。自白沙河至鲇鱼口止，全长 80km，结合通航采用大型挖泥船逐年疏挖，以消除壅水阻流影响；草尾河上段搞好护坡护脚，下段适当疏挖清淤。

二是松滋东支大湖口河上下口门建闸控制。设计流量按 1974 年实际进流 1500m^3/s 考虑。当瓦窑河水位达到中华人民共和国成立以来最高水位 39.89m 时开闸泄洪，以控制瓦窑河水位不超过 39.89m 为原则，在不分洪年份，仍能起到缩短防洪堤线，减轻防汛负担的作用，也有利于两岸堤垸的排涝与灌溉，对上游湖北省境内堤垸不产生超历史洪水位的影响；西支官垸河维持现状不变。

三是藕池洪道堵支并流。计划堵闭鲇鱼须河、沱江、陈家岭河、安乡河（官垱河），保留东支扁担河和中支荷花咀河两条主洪道分泄洪水。

（2）加高加固防洪大堤，提高大堤抗洪能力。

所有防洪大堤，根据中央对稳产高产农田 20 年一遇的防洪标准。一般湖堤面宽 6.0m，河堤面宽 5.0m，外坡 1∶2.5，内坡 1∶3.0，培修堤线长 1742km。湖堤超当地 20 年一遇水位 2.0m，河堤超高 1.5m。防洪隔堤或重要间堤共 421km，培修标准与大堤相同；重要通江涵闸 321 处，整修加固；风险堤 138km，搞好护坡护脚，当冲堤 141km 块石护脚。

（3）搞好蓄洪安全建设。

采用民垸蓄洪，问题很多，代价很大，效果很差。就洞庭湖区本身来说，我们主张立足于防，以泄为主，而不能依靠民垸蓄洪（人为溃垸）的方式来处理防洪问题。但是为了解决荆北平原和武汉市的洪水威胁，遵照水利电力部 1969 年 1 月召开的长江中下游五省防洪座谈会议和 1971 年 11 月至 1972 年 1 月召开的长江中下游规划座谈会的决定，在 1954 年洪水重现的情况下，由湖南省洞庭湖区承担 160 亿 m^3 的蓄洪任务，对蓄洪的堤垸积极进行安全建设。

安全建设内容包括：①安全台，凡民垸蓄洪均沿防洪大堤和重要间堤顺堤筑台，高程与大堤齐平，蓄洪区共建筑台 826km，面积 826 万 m^2；②安全屋，按 10m^2/人标准，规划修建安全屋 415 万 m^2；③垸中安全屋（安全楼房），按 10m^2/人标准，规划修建安全楼房 22 万 m^2；④安全仓库，民垸蓄洪按 4 人/m^2 标准计算，共建仓库 29.5 万 m^2；⑤安全船，民垸蓄洪按 1t/10 人考虑；⑥进洪设施，计划横岭湖团林站、鹿湖黄花滩河口、大通湖北洲子东堤和乌嘴公社北堤建 4 处分洪闸，西洞庭湖建 4 处裹头。

（4）继续进行长江坍岸治理。

一是下荆江史家垸至楼西湾江堤全长 75km。其崩岸线长 27.9km。计划再守护史家垸、新沙洲、白洋套、天字一号、车湾新河、洪水港、荆江门等 7 处，共长 14.48km。二是临湘江堤自城陵矶至铁山咀全长 60.84km，崩岸段由上边洲至大清江全长 14.8km，规划新护岸 2.4km。以上总计 8 处崩岸段，共需守护长度 16.88km，可保护耕地 52.2 万亩，人口 21.4 万人。

（5）环湖山丘区撇洪。

规划环湖山丘区涔水北岸、西毛里湖、冲天湖、南湖、烂泥湖、冶湖、黄盖湖、汨罗江、中洲、渐水、华容河等地区采用一撇二挤的方式，大开撇洪渠，加高加固内湖渍堤，共可撇走山区来水面积 5483km^2，保护耕地 259 万亩，扩耕 40.1 万亩。其中已完撇洪工程 7 处。只有毛里湖、黄盖湖、涔北和华容河 4 处未开工兴建。

（6）电力排灌和电网改造。

按照 10 年一遇 3 日暴雨 3 日排干（排田）和 10 年一遇 15 日暴雨 15 日排完的标准，根据不同的地形水系条件，分别采取大型电排或小型分散装机的方式，洞庭湖区尚需增加电力排灌站 657 座 1590 台 240735kW，其中小型分散装机 644 座 1512 台 178600 kW，大型骨干电排站 13 座 78 台 62400kW。

（7）血防灭螺与湖洲开发利用。

洞庭湖区湖洲高程在28.00～30.00m之间的共约120万亩，其中芦苇面积105万亩，计划将现有基地稳定下来，开沟沥水提高产量，结合消灭钉螺；28.00m以下的76万亩，基本上是白泥洲或湖草地，因地势低洼，暂不开发；一些泥沙淤积不到的湖汊死角，引洪放淤，发展芦苇效果很好，计划从注滋口河出口处的新洲附近开挖引河，一支经望君洲出采桑湖，一支往南至舵杆洲，一支向东达君山附近，逐步淤高东洞庭湖各湖场死角。另外，扩大黄土包河五花洲至廖潭口的进洪量，加快万子湖的淤积，以促进芦苇生长，加快消灭钉螺。

（8）改善航运。

计划兴建华容北景港、三岔河，大通湖明山头、草尾、大东口，西洞庭湖马家吉、石龟山等7处中小型船闸和华容六门闸，南县南华渡，西洞庭湖伍甲拐、柳林咀、龙打吉，汉寿接港，烂泥湖大路坪等7处升船机，结合洪道整治和田园化建设，疏通外江外湖主要航运干线和垸内渠系，方便垸内外运输。

（9）内修配套和田园化建设。

挖湖抬田，加高加固渍堤1093条2982km，开挖排灌渠系8892条24820km，田园化建设553万亩，新建渠系建筑物75572处，造林5.2亿株，扩耕50万亩。

2.2 1980年6月长江中下游防洪座谈会

2.2.1 会议背景

（1）长江流域规划办公室技术人员给中央领导写信。

1979年7月11日，国家农业委员会组织召开长江中游防洪规划座谈会，国家农委、水利部、长办、湖南省、湖北省参加。

1980年5月18日，长办技术人员给中央有关领导写信，人民来信摘报《认为应居安思危，抓紧荆江防特大洪水的准备》。来信主要内容为：

“解放后，荆江兴建了不少防洪工程，大大减少了洪水灾害。但是，荆江堤防的防洪能力，与长江特大洪水相比，仍是不适应的。‘长江万里长，险段在荆江’的势态仍未彻底改变。再据长办汉口水文总站统计，洞庭湖的面积已由1954年的3913km^{2}缩小到1979年的1800km^2。如再出现1954年那样大的洪水，荆江两岸的灾情将比那时严重得多。

近20多年来，长江一直未出现特大洪水，但‘天时’不可久得，久旱必有大涝。近年来，太阳黑子活动加剧，气候异常现象不断出现。这些都提醒我们要做好荆江防特大洪水的必要准备。然而，原定今年年初召开的‘长江中游防洪会议’，不知何故无音无信了。我认为应居安思危，抓紧时机，迅速抉择荆江防洪方案，并付诸实现。”

（2）中央领导批示。

1980年5月29日，中央有关领导批示：长江防洪问题应切实加以研究，需要采用何种措施，应加以部署，不能等待上三峡解决（至少十年不能靠）。研究意见，望给国务院写一报告。

1980年6月，水利部召开长江中下游防洪座谈会，7月30日水利部向国务院报送了《关于长江中下游近十年防洪部署的报告》（水办字第80号）。

2.2.2 座谈会对洞庭湖防洪蓄洪的主要意见

1980年6月在北京召开的长江中下游防洪座谈会议，对于洞庭湖区近期防洪措施明确了如下主要几点：

(1) 为了扩大长江的泄量，长江干流重点堤防的防御水位比 1954 年实际最高水位略有提高：沙市 45.00m、城陵矶 34.40m、汉口 29.73m，对其余堤防，应按保护面积大小分等确定。

(2) 根据上述水位，洞庭湖区 1954 年洪水需要分洪量为 160 亿 m^3，由于堤垸分散可采取确保重点围垸的办法，使实际有效分蓄洪量不低于上述规定。希望做出相应规划，报长江流域规划办公室和水利部审定。对分蓄洪地区和可能淹没地区都要规划安全措施。

(3) 停止围垦湖泊。在目前情况下，为了保持长江的湖泊调蓄能力，贯彻多种经营的方针，应当保持现有湖泊水面，停止围垦。

(4) 继续有计划地整治上下荆江，以扩大泄洪能力。近十年，要巩固下荆江的整治成果，并适当发展。

根据上述意见，并考虑目前国家的经济能力，10 年内不能全部办到，有些工程得依靠地方，为了加快长江防洪治理的进程，打算选择一批最迫切需要的重点工程，报请国务院审核，可否由国家专款下达，逐年实施。初步考虑的项目：湖南洞庭湖有重点堤防，洪道整治，安全设施以及长江重点护岸。如国家财力允许，建议考虑修建澧水皂市水库。

为了进一步提高长江中下游防洪标准，建议长江流域规划办公室和有关单位继续研究荆北分洪和放淤、四口建闸、洞庭湖整治、城陵矶至武穴干流扩大泄量与再适当加高堤防的方案的可行性问题。为了适应新形势，解决新问题，希望长江流域规划办公室全面研究一下，如何在两三年内修订长江流域规划，并且作一个全面的工作部署，相应地加强科研工作。

2.3 1982 年 4 月洞庭湖区防洪蓄洪建设规划

根据 1980 年在北京召开的长江中下游防洪座谈会议精神，湖南省水利厅于 1982 年 4 月编制了《洞庭湖区防洪蓄洪建设规划》。

2.3.1 规划范围

洞庭湖区跨湘、鄂两省，总面积 18780km^2，其中湖南省 15200km^2，分属岳阳、益阳、常德三个地区，包括 15 个县（市）和 15 个国营农场以及四水尾闾受湖水顶托影响的 11 个县（市）有堤防保护的区域。

本次规划的洞庭湖区范围为：洞庭湖区位于东经 111°40′～113°10′，北纬 28°30′～30°20′，区辖范围系指长江中游荆江河段（枝城—城陵矶）以南、京广铁路（长沙—城陵矶路段）以西、长常桃公路（长沙—益阳—常德—桃源路段）以北和太阳山—凤凰山—嘉山以及枝柳铁路（枝城—石门路段）以东的广大平原湖泊水网地区。海拔高程变幅为 25.00～50.00m，分属湖南、湖北两省、总面积 18780km^2，其中湖南省 15200km^2、湖北省 3580km^2。按地类划分为：天然湖泊 2691km^2（东洞庭 1328km^2、南洞庭 920km^2、目平湖 349km^2、七里湖 94km^2），洪道 1307km^2（湖南省 1013km^2）。环湖低丘区 2173km^2，堤垸控制面积 12609km^2（湖南省 9323km^2，加上四水尾闾受堤防保护的面积 895km^2，合计 10218km^2）（表 2.2-1）。

表 2.2-1 洞庭湖区行政区划隶属关系

湖区	长沙市	株洲市	湘潭市	岳阳市	岳阳地区	常德地区	益阳地区
纯湖区 12 县 4 市	望城县			岳阳市郊、岳阳县	临湘县、华容县、湘阴县	常德市、常德县、汉寿县、安乡县、澧县、津市市	益阳县、益阳市、沅江市、南县

续表

湖区	长沙市	株洲市	湘潭市	岳阳市	岳阳地区	常德地区	益阳地区
纯湖区 15农场				君山、建新	黄盖湖、钱粮湖、屈原	贺家山、西湖、西洞庭、涔澹	金盆、北洲子、大通湖、千山红、南湾湖、茶盘洲
四水尾闾 7县3市郊	长沙县、宁乡县、长沙市郊	株洲县、株洲市郊	湘潭县、湘潭市郊		汨罗县	桃源县、临澧县	

2.3.2 规划主要内容

洞庭湖区的治理不可能等待三峡建坝和四水上游建库拦洪，也不可能等待荆江分洪道工程的实施。从现实情况出发，当务之急主要是提高防洪排涝能力，保证一般年份能够夺丰收争贡献。在特大洪水来临时，也能减少人民生命财产的损失，具体工程措施如下：

（1）加高加固大堤。计划加固大堤1742km，培修间堤421km，险堤护坡护脚和填塘固基279km。另外，继续进行长江塌岸治理8处16.9km。重点堤垸大通湖、沅澧、育乐、华钱、烂泥湖、湘滨南湖、安造、安保、澧阳、沅南等10大片共计532万亩耕地，人口357万人，防洪堤长1179km要求按50年一遇防洪标准加高加固，一般堤垸按20年一遇防洪标准加固。

（2）大力进行洪道整治。重点是澧水、沅水和南洞庭湖的清淤扫障和洪道疏挖，目前，特别是要彻底刨毁阻水巴垸，废堤残埂和行洪过水断面以内的芦苇杨柳，以畅洪流。

（3）搞好安全转移设施。1980年6月长江中下游防洪座谈会确定，在重现1954年特大洪水情况下，洞庭湖区可采取确保重点堤垸的办法，使实际有效分蓄洪量不低于160亿m^3的分蓄洪任务；初步推算一般堤垸20处，总面积2802km^2，计耕地238万亩，人口129万人，计划修建一定数量的安全台，安全屋，并置备一些安全船只等，在堤垸一旦溃决的情况下，便于临时转移，就近躲水。

（4）抓好内修配套，按10年一遇排涝标准，内湖留足一定比例，加高加固渍堤，渠系建筑物配套齐全，并适量增加电力排灌装机，提高排涝能力。

2.3.3 审查批复情况

1983年12月，水利电力部下发《关于洞庭湖近期治理工程安排的批复》(〔83〕水电水规字第65号)，主要批复意见为："①洞庭湖是长江中游重要的蓄滞洪区，又是我国重要的商品粮基地，但现在存在的水利问题较多，继续治理是完全必要的；②原则同意将洞庭湖现有的圩垸分为重点圩垸和一般圩垸两类，近期对重点圩垸主要进行垸堤的加高加固，提高防洪标准，使其在较大洪水时不至漫溃；对一般圩垸主要是加强蓄洪的安全建设和堤垸整理，使其能防御一般洪水，在遇到江湖较大洪水（如1954年型）时，可有计划地利用其分蓄洪水，尽量做到不死人；③重点圩垸的堤顶高程，按解放后最高水位加以下超高即：河堤1.5m、湖堤2.0m进行设计，一般圩垸的堤顶高程原则上应低于重点圩垸堤顶0.5m；④要抓紧洪道治理，扩大排洪通道；⑤由于洞庭湖出现了外河抬高、内湖面积缩小等一些新的情况，对现有电排站进行调整和改建，看来是需要的。"

按照水利电力部《关于洞庭湖区近期治理工程安排的批复》(〔83〕水电水规字第65号)中"近期先安排一些急办的垸堤加高加固、蓄洪安全建设和扩大洪道等工程"的工作要求，湖南省1984年10月编报了《湖南省洞庭湖区近期防洪蓄洪工程初步设计书》。1985年水利电力部批复通过了《湖南省洞庭湖区近期防洪蓄洪工程设计任务书》(〔85〕水电水规字第71号)。

1987年水利电力部以〔87〕水规规字第36号文对《湖南省洞庭湖区近期防洪蓄洪工程初步设计

书》提出了修改补充意见，修改补充的主要内容有：增列长春垸为重点堤垸、对部分一般堤垸进行调整（蓄洪垸由30个调整为24个）。

1987年国家计划委员会以计农〔1987〕19号《关于审批湖南省洞庭湖区近期防洪蓄洪工程设计任务书的请示》上报国务院，并得到国务院批准，该文件于同年以计农〔1987〕第246号文转发。

据此，湖南省编制了《湖南省洞庭湖区近期防洪蓄洪工程设计修改补充报告》，1988年水利部下发《关于湖南省洞庭湖近期防洪蓄洪工程初步设计任务书的审查意见的通知》（〔87〕水电水规字第103号），通过了对《湖南省洞庭湖区近期防洪蓄洪工程初步设计书》及《湖南省洞庭湖区近期防洪蓄洪工程设计修改补充报告》的审查。至此，湖南省洞庭湖区近期防洪蓄洪工程正式批准列入国家计划，为水利部直供重点工程。

2.3.4 建设任务

洞庭湖区近期防洪蓄洪建设（洞庭湖一期治理工程）范围为松澧、安造、安保、沅澧、沅南、长春、大通湖、育乐、烂泥湖、湘滨南湖、华容护城11个重点堤垸和共双茶、钱粮湖、建设、建新、君山、江南陆城、集成安合、屈原、北湖、城西、义合、大通湖东、民主、南鼎、南汉、和康、六角山、围堤湖、安化、安昌、安澧、西官、九垸、澧南24个蓄洪堤垸以及澧水、南洞庭湖2条洪道，行政区划涉及长沙、岳阳、常德、益阳四市的31个县（市、区、场）。主要建设内容包括堤防建设（含大堤培修、填塘固基、堤身灌浆、护坡护脚、涵闸整修接长）、安全转移设施（含植安全树、修筑顺堤安全台、安全公路、安全转移桥梁、安全楼房试点建设、安全仓库、安全转移船等）、洪道整治（含澧水洪道芦苇扫障、疏挖中心河槽，南洞庭湖疏刨高洲和阻水横埂、芦苇扫除等）、通信报警设备设施（含建立长沙至达摩岭、太阳山和桃花山三条有线通信干线及相关设备）建设等4项工程。

（1）堤防加高加固。

堤防加固项目包括：①大堤培修加固，其中重点堤垸大堤培修加固堤长1186.17km；②填塘固基；③堤身灌浆，灌浆总进尺388.12万m，灌浆堤长982.2km，钻孔32.71万个；④涵闸整修接长698处；⑤护坡护脚工程。护坡护堤长511km；混凝土预制块护坡长242km；抛石护脚堤长256km。

（2）蓄洪区安全转移设施建设。

①进行安全楼房试点建设；②沿堤修筑安全台、总土方2570.78万m^3；③培植安全树647.02万株；④安全船只9艘；⑤进洪口备用块石1.4万m^3。

（3）洪道整治。

①澧水洪道整治，按800～100m宽进行芦苇扫障，按平均流量927m^3/s疏挖中心河槽水面宽200m。扫障面积15.2万亩；②南洞庭湖洪道整治，按3000m宽度疏刨高洲和阻水横（废）堤，芦苇扫障面积2.48万亩。

（4）通信报警设施。

建立以长沙为指挥中心的通信干线，新建和改建地、县、堤垸和重要水域的防汛通信、报警和水文遥测的支干线网。

（5）其他项目。主要包括设备购置、科研、勘测设计、试验等。

2.3.5 概算调整及实施

根据国家计划委员会《关于核定大中型基本建设项目总投资的通知》（投资〔1992〕第382号）精神，湖南省于1993年对洞庭湖区近期防洪蓄洪工程进行了概算调整。调整概算的项目有：1984年年初设的未完工程、1987年国家计划委员会和水利电力部第〔87〕水规字第36号文批准同意增列的胡子口隔堤、重点垸长春垸、防汛通信报警系统及管理设施。国家计划委员会以计农经（1995）第119号文件对调整洞庭湖区近期防洪蓄洪工程投资概算进行批复，同意概算总投资调整为11.62亿元，至1992年年底，共完成投资7.07亿元，剩余工程所需投资4.55亿元，按照原概算中央补助投资的比例，由中央补助投资2.09亿元，地方负责安排投资2.46亿元。这样，整个洞庭湖近期防洪蓄洪工程概算投资中，中央投资为4.61亿元，地方投资为7.01亿元，概算总投资为11.62亿元。

2.4 洞庭湖一期治理完成的主要项目

洞庭湖一期治理工程于1986年开始实施，至1996年基本完成。一期治理完成的主要项目包括：①重点堤垸堤防加固，11个重点堤垸的1200km一线防洪大垸堤防已按设计标准完成加固达标堤防912.22km；②蓄洪垸蓄洪安全建设，完成顺堤安全台394处、安全面积17.39万m^2，新建安全楼598栋、安全面积3.83万m^2，加固安全楼1770栋、安全面积5.3万m^2，完成安全转移桥梁2处；③洪道清障疏浚工程，疏通澧水、南洞庭湖洪道和清除阻水横向堤、芦苇等，扫除芦苇4.07万hm^2，拆除阻水、违章建筑物562处。

第三章 洞庭湖二期治理

3.1 湖南省洞庭湖区近期（1994—2000年）防洪治涝规划

洞庭湖是承纳湘资沅澧四水和调蓄长江洪水的大型湖泊，素有“鱼米之乡”之称的洞庭湖区是我国重要的商品粮、棉基地。受自然条件的制约，历来洪涝灾害频繁。中华人民共和国成立以来，湖区人民艰苦奋斗，进行了大规模的水利建设，从1986年开始，实施了洞庭湖一期治理工程，使湖区防御洪水的能力有所提高，对保护湖区人民生命财产安全和工农业生产起到了很大的作用。但由于江湖关系的变化、泥沙淤积、洪道萎缩、湖面缩小，河湖水位不断抬高，高洪水位持续时间延长，而湖区防洪大堤长达3471km，堤身高度达7～12m，不少堤段堤身和地基时有险情和隐患，洪水威胁仍很严重，同时垸内排水设施不足，续建配套和设备老化的更新改造任务艰巨。

1993年4月，时任国务院副总理朱镕基在考察洞庭湖的现场办公会议上强调，不要等大水淹了洞庭湖再来治理，要把洞庭湖列为国家治理大江大河大湖的规划进行重点治理。之后，由国务院印发了《关于湖南省洞庭湖综合治理现场办公会议纪要》。5月中旬水利部领导来洞庭湖检查防汛工作时，又强调要尽快提出洞庭湖区治理的综合规划，然后在此基础上提出第二期治理计划，尽快使一期治理跟二期治理能够衔接上。为此，湖南省委、省政府多次开会研究，要求尽快提出洞庭湖治理规划。1993年5月省水利水电厅正式下达《湖南省洞庭湖区水利综合治理规划任务书》，据此开展规划工作。

3.1.1 规划范围

洞庭湖区位于东经111°40′～113°10′，北纬28°30′～30°20′，区域范围为长江中游荆江河段南岸，跨湘、鄂两省的广大平原和湖泊水网地区，总面积18780km^2，其中湖南省15200km^2、占80.9%，包括洞庭湖区湖南部分，以及湘、资、沅、澧四水尾闾堤垸保护区，其中天然湖泊2691km^2，洪道面积1013km^2，堤垸控制面积11653km^2。

洞庭湖区行政区划范围共辖5个地级市（长沙、株洲、湘潭、常德、岳阳），1个地区（益阳）所属的28个县（市、区），15个县级国营农场（表2.3-1）。

表2.3-1 洞庭湖区行政区划隶属关系明细表

湖区	长沙市	株洲市	湘潭市	常德市	岳阳市	益阳地区
纯湖区 17个县（市、区） 15个农场	望城县			武陵区、鼎城区、汉寿县、安乡县、澧县、津市市，贺家山农场、西湖农场、西洞庭农场、涔澹农场	郊区、北区、岳阳县、临湘市、湘阴县、华容县、黄盖湖农场、钱粮湖农场、屈原农场、君山农场、建新农场	益阳市、益阳县、沅江市、南县，金盆农场、北洲子农场、大通湖农场、千山红农场、南湾湖农场、茶盘洲农场
四水尾间 12个县（市、区）	郊区、长沙县、宁乡县	郊区、株洲县	雨湖区、岳塘区、湘潭县	桃源县、临澧县	汨罗市	桃江县

3.1.2 规划原则与标准

(1) 大堤加高加固。

大堤的防洪设计标准，以解放后最高水位为设计水位，西洞庭湖地区适当加高。工程规划以加固为主。

(2) 蓄滞洪区建设。

继续进行24个一般堤垸的安全建设。①蓄洪区规划人口按1992年调查人口数，年增长率按12‰考虑。个别堤垸考虑其特殊性，人口增长率计为零，如建新农场（劳改农场）。②安全楼、垸内安全台：离堤3km以外地区人均占有安全楼、垸内台的安全面积3m²。③顺堤安全台：顺堤安全台安置人口不同于安全楼，一般要搭棚居住，且要考虑简易生活设施和部分财产安置，规划人均占有安全面积5m²。④安全区：规划安全区一般人均拥有安置面积50～100m²，考虑安全区除了安置人员外，还有保障大中型企业防洪安全的任务，其规划标准还应根据各区实际情况分别拟定。⑤转移设施、转移道路：根据居民点分布情况和转移流向，尽量利用现有道路和渠堤进行布置。4～8km布置一条转移干道，以砂石路面为主，路面宽5～7m。转移桥梁：按转移道路跨越渠、河的宽度、处数而定。转移船只：每乡一只大船，吨位80～100t，每村一只小船，吨位10t。⑥通信报警设施：要做到报警、信息反馈、指挥调度、平战结合四功能俱全，全系统由6个信息网络构成。

(3) 洪道整治。

对澧水、南洞庭湖、藕池河和资水等洪道进行整治。贯彻“因势利导，全面规划，远近结合，分期实施”的洪道治理基本原则。近期洪道治理，应力争稳定现状河势，扫除行洪障碍、疏挖碍洪高洲、拓宽阻水卡口，增强泄洪能力。目前尚无统一的标准，根据规划河段实际存在的问题，应用典型大水年改善现状行洪能力为目标，分别拟定标准。

(4) 城镇防洪。

长沙及岳阳、益阳等5个城市，非农业人口超过20万人，防洪标准为防50～100年一遇洪水，其余城镇防洪标准为防20～50年一遇洪水。排涝标准则按不同的保护对象分区排水，一般中心城区采用排水闸闭闸期10年一遇24h暴雨24h排干。

(5) 防汛通信报警。

预报通信报警系统的现代化建设是洞庭湖区重要的非工程防洪措施之一。防汛通信报警系统的规划应遵照“报警、信息反馈、指挥调度、平战结合”的原则，“从实际出发，采用多种网络，多种信息传输途径，相互弥补”的原则，逐步达到预警、报警可靠度为100%，覆盖面为100%。

(6) 治涝规划。

撇洪标准：撇洪工程按10年一遇的洪水标准，也就是洞庭湖区已建撇洪工程的设计标准。

排涝标准：湖区电力排涝仍采用1964年水利电力部对洞庭湖区排涝审定的标准，即10年一遇3日暴雨3天末排到田间水稻允许耐淹水深。

控制内湖湖泊率10%～15%，不足部分以预备湖补充。

(7) 水利结合灭螺。

国务院《关于加强血吸虫病防治工作的决定》中已明确规定，疫区各级水利部门要把消灭血吸虫病的工程项目纳入大江、大河、大湖治理的整体规划。遵照水利结合灭螺与防洪治涝工程建设结合，与开拓水利部门综合经营相结合的原则。近期消灭垸内阳性钉螺，垸外易感地带逐步得到控制。

3.1.3 规划工程项目

本次规划的项目共8大项36子项，其中防洪工程6大项29子项、治涝1大项6子项，其他1项。

（1）堤防工程。培修大堤2255km，堤身堤基灌浆1438km、总进尺419万m，填塘固基与压浸617km，护坡护脚堤长804km，涵闸整修接长1008处，铺设砂石防汛公路1376km，防治白蚁堤长404km，防浪林453.7万株。

（2）蓄洪安全建设7项。①安全楼95万m^2；②安全台（垸内顺堤台）190万m^2；③安全转移路1886km，桥937座，船只1494条；④安全区18个；⑤进洪口44个；⑥加修横隔堤3条26km；⑦报警设施等。

（3）洪道整治8项。①澧水洪道（津市—南嘴）；②南洞洪道（含草尾河与黄土包河）；③藕池河东支注滋口河（含沱江）；④资水洪道（杨家洲—杨柳潭）；⑤汨罗江（南渡桥以下）整治；⑥其他河道重点扫障；⑦引洪放淤；⑧购置大型挖泥船4条等。

（4）防洪城市22个，其中地级市5个，县级市与县城17个。

（5）通信报警3项。①通信干线；②信息系统；③通信楼等。

（6）水利结合灭螺。

（7）治涝工程6项。①现有泵站更新改造18.4万kW；②现有渠系配套263km；③撇洪渠配套140km；④加修内湖渍堤269km；⑤整修接长涵闸577处；⑥新建电排站9.5万kW。

（8）管理设施建设。

3.1.4 审查与批复

水利部水利水电规划设计总院会同长江水利委员会于1993年12月对《湖南省洞庭湖区近期（1994—2000年）防洪治涝规划报告》（近期治理第二期工程）进行了审查，并上报国家计划委员会（水规计〔1994〕183号）。国家计划委员会1995年批复了该报告（计农经〔1995〕1432号）。

3.2 洞庭湖区综合治理近期规划

3.2.1 规划背景

洞庭湖是湘、鄂两省工农业生产基地，素有“鱼米之乡”之称，也是调蓄湘资沅澧和长江洪水的重要场所。历史上洞庭湖区洪涝灾害频繁、严重，束缚着工农业的发展。中华人民共和国成立以来，湖区人民在党和政府的领导下，艰苦奋斗，进行了大规模的水利建设，特别是湖南省从1986年开始实施的洞庭湖区近期防洪、蓄洪工程建设，在抗御1954年、1980年、1981年、1989年、1991年、1995年、1996年等大洪水，为保证洞庭湖区以及长江中游地区工农业生产和人民生命财产安全起了很大作用。但是，由于泥沙淤积、洪道萎缩，使洪水渲泄不畅，加上湖面缩小，调蓄能力日益降低。目前，洞庭湖区防洪标准不高，防洪战线长，防洪负担重，垸内排涝设施不足，工程老化，洪涝灾害频繁。此外，旱季水资源缺乏，供水、灌溉、航运、水产、水资源保护、血吸虫病防治等问题亦比较突出，制约着洞庭湖区工农业生产发展，威胁着人民生命财产安全，因此，洞庭湖区亟待整治。

1992年全国人大决定兴建三峡工程，1994年12月三峡工程正式开工。三峡工程建成后，能有效地控制长江上游的来水来沙，长江荆江河段的防洪形势将会有根本改观，也给洞庭湖区的全面综合治理创造了有利条件。

3.2.2 规划范围

本次规划的洞庭湖区范围为：洞庭湖区位于东经111°14′～113°10′，北纬28°30′～30°23′，即荆江河段以南，洞庭湖湘、资、沅、澧四水控制站以下，高程在50.00m以下跨湘、鄂两省的广大平原、湖泊水网地区，总面积 18780km²，其中湖南省 15200km²、湖北省 3580km²；天然湖泊 2625km²，皆在湖南省境内，洪道面积 1418km²，其中湖南省 1013km²、湖北省 405km²；受堤防保护面积 14641km²，其中湖南省 11094km²、湖北省 3547km²（表 2.3-2）。

表 2.3-2 洞庭湖区行政区划隶属关系明细表

湖区	长沙市	株洲市	湘潭市	岳阳地区	常德地区	益阳地区
纯湖区 17 个县（市、区）15 个农场	望城县			郊区、北区、岳阳县、临湘市、湘阴县、华容县，黄盖湖农场、钱粮湖农场、屈原农场、君山农场、建新农场	武陵区、鼎城区、汉寿县、安乡县、澧县、津市市，贺家山农场、西湖农场、西洞庭农场、涔澹农场	益阳市、益阳县、沅江市、南县，金盆农场、北洲子农场、大通湖农场、千山红农场、南湾湖农场、茶盘洲农场
四水尾闾 12 个县（市、区）	郊区、长沙县、宁乡县	郊区、株洲县	雨湖区、岳塘区、湘潭县	汨罗市	桃源县、临澧县	桃江县

3.2.3 规划水平年及规划目标

（1）近期水平年：2005 年（三峡工程防洪生效前）。

规划目标：湖区重点堤防全面达到 1980 年长江中下游防洪座谈会的要求，分蓄洪区有初步的安全措施，湖区洪道得到初步整治；遭遇特大洪水有对策措施，并有一定程度的安排。初步达到 10 年一遇的排涝标准，相应进行排涝设备的增容、更新配套及电网改造。广辟水源，初步解决城乡工农业用水。结合水利工程的兴建，改善航道，发展水产，改善水质，控制钉螺蔓延。加强水利工程管理，增强管理经费自筹能力。

（2）远期水平年：2020—2030 年（三峡工程正常运行初期）。

规划目标：荆江河段的防洪标准达到 100 年一遇，100 年一遇及以下洪水荆江分洪区不再分洪。1000 年一遇或类似 1870 年洪水有可靠的分蓄洪措施。遇类似 1954 年洪水，城陵矶附近区的分蓄洪量减少，分洪机遇降低，洞庭湖区重点堤防及城市的防洪标准达到国家规定的要求。分蓄洪区有较完善的安全措施。排涝达到 10 年一遇的标准。较好地解决群众生活用水及城乡工农业用水，结合工程治理，改善航道、发展水产、改善水质、大幅度减少有螺面积。继续加强水利工程管理，实现水利工程经济良性循环。

3.2.4 近期防洪治涝工程项目

（1）堤防加高加固。

按照拟定的设计水位、超高及设计断面进行重点垸和计划蓄洪垸及湖北省四河堤防的加固加高。包括：堤身加高培厚 2001.86km，堤身灌浆 1488km，填塘固基及压浸 743.6km，护坡护脚 636.05km，涵闸整修 1088 处，防治白蚁堤 178.39km，拆迁房屋 172 万 m²，挖压耕地 8.36 万亩，防汛公路 1796km，营造防浪林 620.2 万株。

（2）分蓄洪区安全建设。

按拟定的标准、原则分批完成 24 个蓄洪区的安全建设，具体内容有：兴建垸内安全区 33 处，96.71km²；兴建顺堤安全台安全面积 1843 万 m²；兴建安全楼 76.39 万 m²；保护机电设备 40 处，电机 265 台；分洪口门 44 处建裹头控制，口门宽累计 7391m。

（3）洪道整治。

① 澧水洪道疏挖扫障、津市扩卡；② 资水尾闾扩卡、疏浚；③ 沅水尾闾疏浚、德山、盐关扩卡；④ 草尾河进口段削矶及局部疏挖，南洞庭湖石竹岭、莲花坳台地疏挖及横岭湖废堤刨毁；⑤ 汨罗江周家垅卡口扩卡，削矶、疏浚；⑥ 注滋口河扩卡疏挖，梅田湖等河段疏挖，藕池河系沱江封堵；⑦ 松滋河系苏支河口护岸，松西、自治局河等河段疏挖，莲支河封堵；⑧黄土包河疏浚、整治。

（4）城镇防洪。

继续实施长沙市、岳阳市城市防洪工程；实施常德市、益阳市城市防洪工程，加快其他城镇防洪工程建设。

（5）防洪非工程措施。

健全、完善防汛通信设施，试行洪水保险制度，制定分蓄洪区各种法规条例。

（6）治涝工程。

新增排涝装机 11 万 kW；更新机埠 19.72 万 kW，配套大型泵站 73 处，12.95 万 kW；整修撇洪渠 140km，内湖渍堤 508.15km，整修各类涵闸 631 处，兴建及改造变电站 66 座。

（7）工程管理。

完善管理制度，按规划进行管理设施建设。

3.2.5 审查批复

水利部于 1998 年 4 月以水规计〔1998〕166 号对《洞庭湖区综合治理近期规划》进行了批复，批复规划工程总投资 150.18 亿元，其中湖南省 134.76 亿元。《湖南省洞庭湖区近期（1994—2000 年）防洪治涝规划报告》规划的 8 大项工程全部列入该规划。

3.3 水利部关于加强长江近期防洪建设的若干意见

为了贯彻落实《中共中央、国务院关于灾后重建、整治江湖、兴修水利的若干意见》（中发〔1998〕15 号），水利部于 1999 年 5 月提出了关于加强长江近期防洪建设的若干意见。1999 年 5 月，国务院批转《水利部关于加强长江近期防洪建设若干意见的通知（国发〔1999〕12 号）》，详见附录四。

根据长江流域的特性及其洪水特点，长江防洪应采取综合措施，逐步建成以堤防为基础，三峡工程为骨干，干支流水库、蓄滞洪区、河道整治相配套，结合封山植树、退耕还林、平垸行洪、退田还湖、水土保持等措施以及其他非工程防洪措施构成的综合防洪体系。

按照确定的防洪目标，《长江流域综合规划》中明确长江中下游干流主要控制断面设计洪水位为：沙市 45.00m，城陵矶 34.40m，汉口 29.73m，湖口 22.50m，南京 10.60m。

长江防洪建设应按统筹规划、突出重点、分步实施、分级负责、共同负担的原则组织实施。建议用 10 年左右的时间完成。该体系建成后可防御 1954 年洪水，荆江河段达到 100 年一遇防洪标准。

3.4 湖南省洞庭湖区“平垸行洪、退田还湖、移民建镇”规划

3.4.1 规划背景

由于泥沙淤积、人口增长和消灭血吸虫病害等原因，河道湖泊行洪、蓄洪能力下降，加剧了

洞庭湖区的洪涝灾害。进入20世纪90年代以来，特别是1995年、1996年、1998年的大洪水，洞庭湖区人民生命财产遭受了巨大损失。1998年党中央、国务院提出平垸行洪、退田还湖、移民建镇的治水方针，拿出大量资金支持洞庭湖区人民实施平垸行洪工程。湖南省认真贯彻中央文件精神，将平垸行洪工程作为治理洞庭湖水患的重大举措来抓，相继作出了一系列重大部署，采取了一系列得力措施，取得了较好的效果。

按照水利部水规计〔1999〕456号、457号文件及有关会议精神的要求，湖南省计划对洞庭湖区平垸行洪工程进行总体规划。湖南省水利厅组织编制了《湖南省洞庭湖区"平垸行洪、退田还湖、移民建镇"规划》。

3.4.2 规划范围和目标

《湖南省洞庭湖区"平垸行洪、退田还湖、移民建镇"规划》规划范围为：①承担50亿m^3蓄洪任务的部分蓄洪垸；②长江沿线巴垸；③四口洪道巴垸；④湘水干流长沙以下、资水干流桃江以下、沅水干流桃源以下、澧水干流滟洲电站以下，适当考虑少量支流尾闾段；⑤汨罗江干流京广铁路以下、新墙河干流107国道以下。

规划目标为：通过平垸行洪工程的实施，增加河道行洪、蓄洪能力，为有计划分蓄洪水、确保重点地区安全创造条件，使过去常年遭受水灾之苦的群众免除水患，确保洞庭湖区的长治久安，促进社会、经济可持续发展。

3.4.3 规划成果

本次规划实施平垸行洪堤垸314处，其中长江干流6处，四口河系地区149处，四水、汨罗江和新墙河尾闾地区120处，洞庭湖纯湖区37处。按行政区划统计，本次规划平垸行洪314处堤垸，涉及31个县（市、区、农场）176个乡（镇、分场）814个村，平退总面积236.8万亩、耕地面积113.8万亩，计划搬迁220549户815965人。

根据堤垸的平垸类型，平退堤垸可分为双退和单退两类。① 双退堤垸是指阻碍行洪严重，需要实施平垸行洪，刨毁堤防，退人又退田的堤垸、巴垸、江心洲等。规划双退堤垸210处，涉及24个县（市、区、农场）111个乡（镇）269个村，平退总面积34.1万亩、耕地面积19.9万亩，计划搬迁48081户174932人。其中在册堤垸14处，总面积9.3万亩、耕地面积6.4万亩，计划搬迁11427户39560人，巴垸、外洲196处，总面积24.7万亩、耕地面积13.5万亩，计划搬迁36654户135372人。② 单退堤垸包括列入规划的7处蓄洪垸以及97处阻洪不严重、具有利用价值和移民生产安置有较大难度的堤垸，涉及19个县（市、区、农场）92个乡（镇）545个村，平退总面积202.7万亩、耕地面积93.9万亩，计划搬迁172468户641033人。其中蓄洪垸7处，总面积128.5万亩、耕地面积66.8万亩，计划搬迁116894户433922人；在册坝垸32处，总面积20.6万亩、耕地面积12.5万亩，计划搬迁33587户127089人；不在册的巴垸、外洲65个，总面积53.6万亩、耕地面积14.5万亩，计划迁移21987户80022人。

3.4.4 规划审批及实施情况

以《湖南省洞庭湖区"平垸行洪、退田还湖、移民建镇"规划》为基础，长江水利委员会于2000年11月编制了《长江平垸行洪、退田还湖规划》，确定湖南省平垸行洪堤垸286处。2001年5月水利部水利水电规划设计总院审查了该报告，对报告中拟定的平垸行洪堤垸进行了调整，审定湖南省平垸行洪堤坝308处。在此基础上，湖南省水利厅根据平垸行洪实施过程中的具体情况，对第一、第二批实施计划进行了微调，同时在第四批实施计划中增加了少量堤垸，规划平垸行洪堤垸总数为338处，由于资金的限制，同时考虑实施的难度，有4处蓄洪垸只部分实施移民建镇、5处一般垸和巴垸暂缓实施移民建镇，共计实施平垸行洪堤垸333处（钱粮湖、大通湖东、共双茶、民主垸只部分实施），涉及长沙、湘潭、岳阳、常德、益阳5市29个县（市、区、农场），搬迁人口158333户，558522人。其中长沙市和湘潭市各7处、岳阳市151处、常德市83处、益阳市92处。

3.4.5 平垸行洪退田还湖移民建镇巩固工程

2002年3月，湖南省水利厅组织编制了《湖南省洞庭湖区平垸行洪退田还湖移民建镇巩固工程建设实施方案》并上报水利部。根据国家计划委员会农村经济司和水利部规划计划司的通知要求，水利部长江水利委员会对该报告进行了审查。审查确定的建设规模为：①双退堤垸：对147处已实施平退而且堤防完整的双退堤垸设置口门，对其中的小集成垸采取裹头措施，对另外146处堤垸采取堤防刨毁措施；洞庭湖区的堤垸设置1处进洪口门，四水及三口洪道的双退堤垸采用在上、下游分别设置进、出水口门。②对99处已平退的堤垸实施巩固工程，对除澧南垸、围堤湖垸、西官垸以外的96处进洪控制设施采用进洪堰型式。

同时，为了充分发挥平垸行洪、退田还湖工程的效益，巩固建设成果，先后建成了汉寿围堤湖垸、澧县澧南垸、澧县西官垸等3个大型分洪闸和5处单退堤垸的进退洪设施，并平废了全省112处双退垸的阻洪堤坝。

3.5 大型排涝泵站更新改造

2005年，中国灌溉排水发展中心编制了《中部四省大型排涝泵站更新改造规划》并上报水利部（中灌发计〔2005〕44号）。2005年9月，水利部水利水电规划设计总院对该报告进行了审查并上报水利部。本次更新改造大型排涝泵站的规模确定标准为：总装机功率达10000kW及以上，或总装机流量达50m³/s及以上的单座泵站；由多级或多座泵站联合组成的泵站工程，其整个系统的总装机功率达到10000kW及以上或整个系统总装机流量达到50m³/s及以上的，并属同一单位管理的泵站。对规划进行更新改造的排涝泵站工程项目的排涝区内的渠系工程以及其上的附属建筑物，隶属供电部门的输变电设施及线路改造等，已列入南水北调项目、承担城市防洪排涝和供水以及承担流域调水等内容的泵站不列入更新改造的范围。《中部四省大型排涝泵站更新改造规划》统计中部四省共有大型排涝泵站工程164处，总计855座、5233台套、总装机139.46万kW，规划对其中的139处、478座、3450台（套）、总装机110.69万kW的大型排涝泵站进行更新改造，其中湖南省的牛鼻滩、坡头、观音港、六角尾、仙桃、五七、明山、育新、紫红洲、新河、小河口、永丰、花兰窖、石山矶、南岳庙、铁山嘴、官港、城西、沙河口、谷花洲、黄沙湾、磊石、岩汪湖、广兴洲、穆湖铺、南硝、王家河、悦来河、木鱼湖等29处排涝工程列入其中，共155座1037台总装机28.7万kW，排涝水流量2483m³/s。

2009年，国家安排中央预算内专项资金启动实施全国大型灌溉排水泵站更新改造，2011年，国家发展改革委、水利部印发《全国大型灌溉排水泵站更新改造方案》，更新改造泵站的范围为：用于农业灌溉、排水的大型泵站。总装机功率10000kW以上，或总装机流量达到50m³/s及以上的单座泵站。由多级或多座泵站联合组成的泵站工程，其整个系统的总装机功率达到10000kW及以上的，或整个系统总装机流量达到50m³/s及以上，也可列入更新改造范围，此次更新改造只限于泵站工程本身，不涉及渠系及配套工程。洞庭湖区明山（二期）、许家台、大丰、鱼尾洲、南门桥、王家湖、沈家湾、竹埠港、蒋家嘴、中洲、东保、马井和天井硝等13处176座泵站纳入更新改造范围，装机16.49万kW，设计流量1483m³/s。

3.6 全国血吸虫病综合治理水利专项规划

3.6.1 全国血吸虫病综合治理水利专项规划（2004—2008 年）

近年来，由于各种因素，我国血吸虫病的疫情回升明显，对人民健康、经济发展和社会进步构成威胁。党中央、国务院十分重视当前血吸虫病防治工作的严峻形势。2004 年 2 月，国务院成立了血吸虫病防治工作领导小组，5 月召开了全国血吸虫病防治工作会议，要求有关部门和地区尽快确定并实施综合治理重点项目。

根据国务院关于血防工作的总体部署，水利部认真落实各项水利血防工作。《全国血吸虫病综合治理水利专项规划（2004—2008 年）》是根据国务院血吸虫病防治工作领导小组办公室编制的《血吸虫病综合治理重点项目规划纲要（2004—2008 年）》的要求，长江水利委员会在各省提出的水利血防规划成果的基础上编制的。2004 年 8 月通过了水利部水利水电规划设计总院的审查。2005 年 6 月，中国国际工程咨询公司对报告进行了评估。2006 年 7 月，国家发展改革委对水利部上报的《全国血吸虫病综合治理水利专项规划报告（2004—2008 年）》（发改农经〔2006〕1274 号）进行了批复。

根据该规划报告，截至 2003 年，湖南省血吸虫病流行区涉及长沙、株洲、岳阳、常德、益阳 5 个地级市的 34 个县（市、区），其中 27 个为未控制县、1 个为达到传播控制的县、6 个为达到传播阻断的县。流行乡人数 902 万人，血吸虫病人 20.5 万人（居全国第二），钉螺面积 175252 万 m^2（居全国第一）。据卫生部 2003 年资料，有 2 个已达到传播阻断的县疫情出现了回升。列入本次规划的县（市、区）共 30 个，27 个为未控制县（天心区、岳麓区、望城县、长沙县、荷塘区、石峰区、芦淞区、岳阳楼区、云溪区、君山区（含建新农场）、屈原管理区、汨罗市、临湘市、岳阳县、湘阴县、华容县、鼎城区（含贺家山农场）、津市市、安乡县、汉寿县、澧县、桃源县、资阳区、赫山区、大通湖管理区、沅江市、南县），1 个为传播控制县（西湖管理区），2 个为疫情回升县（涔澹农场、宁乡县）。

《全国血吸虫病综合治理水利专项规划报告（2004—2008 年）》中湖南省水利血防灭螺专项治理工程项目包括：护坡 891km，隔离沟 142km，涵闸改造 233 个，抬洲降滩 271 万 m^2，修建人畜饮水工程 3477 处，渠道硬化 894km，涵闸改建 195 个。

3.6.2 全国血吸虫病防治水利二期规划

自《全国血吸虫病综合治理水利专项规划（2004—2008 年）》项目实施以来，全国血吸虫病综合防治取得了较大成绩，血吸虫病人数、急感病人数都有明显下降，每年的灭螺面积不断增加。但从全国血吸虫病防治工作年报资料看，2004 年以来虽然通过药物、环境改造等措施，消灭了部分钉螺面积，但每年均有新的钉螺面积出现。新发现的钉螺面积基本都分布在湖北、湖南、江西、安徽、江苏 5 省。因此，从全国整体血防形势看，疫情虽然下降明显，但螺情下降趋势不明显，全国血防工作面临的形势依然严峻，继续开展血吸虫病综合治理，仍然是血吸虫病防治的主要方向。

为进一步指导全国水利血防工程建设，国家发展改革委、水利部、国家卫生计生委组织编制了《全国血吸虫病防治水利二期规划》（发改农经〔2014〕216 号），并于 2014 年印发该规划。湖南省列入本次规划的县（市、区）共 34 个，其中 20 个为疫情控制县［岳阳楼区、云溪区、君山区（含建新农场）、汨罗市、临湘市、岳阳县、湘阴县、华容县、南湖风景区、屈原管理区、鼎城区（含贺家山农场、西洞庭管理区）、津市市、安乡县、汉寿县、澧县、临澧县、大通湖管理区、资阳区、沅江市、南县］，14 个为传播控制县（天心区、岳麓区、开福区、望城县、长沙县、宁乡县、荷塘区、石峰区、芦淞区、岳阳市经济开发区、西湖管理区、桃源县、涔澹农场、赫山区）。湖南省列入该规划的血吸虫病防治水利二期规划项目包括：河道治理长度 208.9km，灌区硬化渠长 277.6km，涵闸改建 49 个，抬洲降滩 18.2 万 m^2，防螺平台 1.2km。

3.7 洞庭湖二期治理完成的主要项目

洞庭湖二期治理工程于 1996 年开工建设，至 2008 年基本建成，这一时期完成的主要工程项目包括：①洞庭湖二期治理三个单项。11 个重点垸大堤培修 398.36km，藕池河洪道整治，南洞庭湖洪道整治；②长江干堤湖南段堤防加固。加固培修长江干堤 136.14km，新修大堤 5.65km；③安全建设应急工程。城西、民主、安澧、大通湖东、共双茶和钱粮湖垸安全台 45 处、安全面积 380 万 m^2，转移道路 50 条、总长 250km，转移桥梁 24 座；④平垸行洪、退田还湖及巩固工程。平退堤垸 333 处，迁移 158333 户 558552 人，建设围堤湖、澧南、西官 3 处分洪闸，112 处双退垸的阻洪废堤；⑤泵站新建和更新改造。新建大东口、苏家吉、马家吉等大中型泵站，更新改造 42 处排涝泵站；⑥水利血防灭螺。白石港、华容河、湘水、涔水等 9 处河流综合治理、节水灌溉结合血防灭螺工程；⑦河湖疏浚。186 处河湖疏浚，总土方 4500.38 万 m^3；⑧城市防洪工程。长沙、株洲、湘潭、岳阳、常德、益阳等 6 市和汨罗、桃源、桃江等 19 县（市）城市防洪的 51 个防洪圈，加高加固堤防 1190.70km。

第四章 新时代洞庭湖保护与治理

经过洞庭湖初期、一期和二期的综合治理，洞庭湖保护和治理取得了明显的成效，同时，洞庭湖区发展仍然面临着湖泊生态水域治理任务艰巨、产业结构亟待优化、民生保障能力还需要提高等困难问题。

洞庭湖保护与治理存在的问题，引起了党中央的高度重视。2018 年 4 月，习近平总书记视察洞庭湖时指出，必须从中华民族长远利益考虑，把修复长江生态环境摆在压倒性位置，共抓大保护，不搞大开发，努力把长江经济带建设成为生态更优美、交通更顺畅、经济更协调、市场更统一、机制更科学的黄金经济带，探索出一条生态优先、绿色发展新路子。由此，洞庭湖的保护和治理进入了全新的时代。

4.1 洞庭湖区治理近期实施方案

4.1.1 方案编制背景

2007 年 10 月 29 日，湖南省与水利部长江水利委员会在长沙共同举办洞庭湖开发与保护汇报会，就洞庭湖区保护与治理工作进行了专题座谈和研讨。会上，全国政协原副主席、中国工程院院士钱正英同志指出三峡工程即将建成，为全面治理洞庭湖创造了条件，当前长江防洪的重点在中游，中游防洪必须要解决好洞庭湖的问题。2007 年 11 月，湖南省人民政府致函水利部请求将洞庭湖区综合治理作为下阶段国家水利建设重点，同时，以湘政〔2007〕24 号向国务院上报了《关于将洞庭湖综合治理列入国家水利建设重点项目的请示》。与此同时，水利部向国务院上报了《水利部关于进一步加强洞庭湖治理开发与保护的报告》（水规计〔2007〕544 号），提出了近期要做好洞庭湖合理开发与保护的有关工作。2007 年 12 月，国务院领导明确要求：应将洞庭湖综合治理作为水利建设重点项目列入规划。

为加快洞庭湖保护与治理步伐，保障洞庭湖区治理建设顺利进行。依据《洞庭湖区综合治理近期规划报告》，针对洞庭湖区目前存在的突出问题，2008 年 2 月，水利部长江水利委员会在湖南、湖北两省的配合下，编制了《洞庭湖区治理近期实施方案》，并于 2008 年 4 月以《关于审批洞庭湖区治理近期实施方案的请示》（长规计〔2008〕114 号）报送水利部。2008 年 4 月，水利部水利水电规划设计总院在北京主持召开会议，对《洞庭湖区治理近期实施方案》进行了审查。根据审查意见，按照轻重缓急、突出重点、需要和可能的原则，对《洞庭湖区治理近期实施方案》进行了修改完善。2008 年 7 月，水利部向国家发展改革委报送了《关于报送洞庭湖区治理近期实施方案及审查意见的函》（水规计〔2008〕254 号）。受国家发展改革委委托，2008 年 10 月，中国国际工程咨询公司向国家发展改革委报送了咨询评估意见（咨农水〔2008〕1189 号）。2009 年，国家发展改革委向国务院报送了《关于加快洞庭湖区近期治理工作的请示》（发改农经〔2009〕1182 号）。将该方案作为近期实施洞庭湖综合治理的依据。

4.1.2 规划总体布局

（1）根据国发〔1999〕12 号的要求，优先实施属于城陵矶附近 100 亿 m^3 项目的钱粮湖垸，共双茶垸、大通湖东垸堤防加固工程；同时通过实施围堤湖、西官垸等 19 个蓄洪垸堤防（建设垸与江南陆城垸堤防为长江干堤，目前已达标，未计入)，荆南四河堤防，保障这些圩垸内人民生命和财产的安全。

(2) 根据国发〔1999〕12号的要求，需优先实施属于城陵矶附近100亿m^3项目的钱粮湖垸、共双茶垸，大通湖东垸安全建设工程，同时实施对保障流域和区域整体防洪安全地位和作用突出且运用概率较高的围堤湖垸、澧南垸、西官垸、民主垸、城西垸等5个重要蓄滞洪区安全建设工程，为及时、有效运用蓄滞洪区创造条件。

(3) 通过实施南洞庭湖黄土包河疏浚工程，四水尾闾疏浚工程和汨罗江尾闾疏浚工程，增加河道行洪能力；通过治理华容河，减轻防洪压力，改善用水条件和水环境；实施松滋河疏浚工程，解决松滋县城居民生活饮水问题。

4.1.3 近期总体建设方案

根据总体布局，近期总体建设方案是实施钱粮湖垸、共双茶垸、大通湖东垸3个城陵矶附近100亿m^3蓄洪工程范围内的蓄滞洪区及西官垸、澧南垸、围堤湖垸、城西垸、民主垸5个重要蓄滞洪区的围堤和安全建设；实施洞庭湖区其他14个蓄洪垸围堤加固工程、湖北省荆南四河堤防加固工程；华容河治理工程、松滋河疏浚工程、黄土包河及四水尾闾疏浚工程和汨罗江尾闾疏浚工程。其余未列入本总体建设方案的防洪减灾项目仍按照长江流域防洪规划的具体布局和水利工程基本建设程序逐年安排实施。

上述近期总体建设方案的规模为：加固堤防总长1653.0km。其中钱粮湖垸、共双茶垸、大通湖东垸等22个蓄洪垸加固围堤长947.0km。湖北省荆南四河加固堤防长706.0km。钱粮湖垸、共双茶垸、大通湖东垸、围堤湖垸、西官垸、澧南垸、民主垸、城西垸等8个蓄滞洪区安全建设工程共新建安全区15个，总面积52.7km^2；安全台32座，总台面面积9.11km^2；转移道路49条，总长226.3km；桥梁103座；分洪口门3处。河(洪)道治理工程：加固华容河两岸堤防长41km，对华容河进出口进行治理。疏浚河道长度192.15km，其中华容河疏浚河道长37.4km，松滋河疏浚河道长14km，黄土包河疏浚河道长度26.71km，四水尾闾疏浚河道长94.8km，汨罗江尾闾疏浚河道长19.24km。

4.2 三峡后续工作规划

4.2.1 规划背景

三峡工程控制流域面积100万km^2，正常蓄水位以下库容393亿m^3，其中防洪库容221.5亿m^3，与其他防洪措施相结合，形成了以三峡工程为骨干的长江中下游防洪保障体系，使荆江河段防洪能力由10年一遇提高到100年一遇，遇类似1870年最大洪水可避免发生毁灭性灾害。

三峡工程是一个多目标、多效益的系统工程，涉及因素复杂。在发挥其巨大综合效益的同时，水库蓄水运行也对库区、中下游地区经济社会发展和生态环境产生一定影响，但总体上有利有弊，利大于弊。同时，由于库区移民安稳致富、生态环境保护、地质灾害防治与该地区自然条件、经济发展方式，以及历史原因形成的矛盾和问题，相互交织、相互影响，具有复杂性、长期性和累积性。这些问题有的是论证和设计中已预见到需要在运行后加以解决的；有的是工程建设期已经认识到、但受当时条件限制难以有效解决的；有的是随着经济社会发展提出的新要求。上述问题直接影响到库区社会和谐稳定、三峡工程长期安全运行和综合效益的可持续发挥，必须妥善解决。

4.2.2 主要规划内容

长江勘测规划设计研究有限责任公司于2010年5月编制完成《三峡工程后续工作总体规划——

三峡工程对长江中下游重点影响区影响处理分项规划报告》。该规划以2008年为基准，规划实施准备期为2009—2010年，规划近期为2011—2015年、远期为2016—2020年。规划内容包括移民安稳致富和促进库区经济社会发展、生态环境建设与保护、地质灾害防治、三峡工程运行对长江中下游重点影响区影响处理、综合管理能力建设、综合效益拓展研究等6个方面，规划总投资1238亿元。

湖南省纳入本次规划的行政范围包括：岳阳市华容县、君山区、岳阳楼区、云溪区、临湘市，常德市澧县、安乡县，益阳市南县、沅江市。规划的主要工程项目分为三部分：① 城镇供水及灌溉影响处理，主要分为灌溉和供水两类工程。其中，灌溉影响处理，主要建设内容为改、新建涵闸43处，建设内湖水源工程3处，改善灌溉面积86.21万亩；供水影响处理主要建设内容为改建25处供水工程，解决引水安全人口67.02万人。② 河势及岸坡影响处理，主要建设内容为崩岸治理68处100.76km，其中，长江干流崩岸整治15处53.02km，三口河系崩岸治理53处47.743km。③ 生态与环境影响处理，主要建设内容为增殖放流以“四大家鱼”为主的3cm以上规格的鱼类苗种（长江中下游总体目标为放流3～5cm的鱼种5亿尾，10～15cm的鱼种4亿kg，估算湖南放流任务约10亿尾）、6处水产种质资源保护区建设与管护、4处重要湿地自然保护区能力建设与管护。

4.2.3 批复及项目优化

2011年6月，国务院对《三峡后续工作规划》进行了批复（国函〔2011〕69号）。2014年12月，国务院批复同意了《三峡后续规划优化完善意见》，作为对原规划的调整和补充，与规划一并实施。2020年，为了在“十四五”期间继续做好三峡后续工作，水利部组织开展了三峡后续工作2020年修编。2022年10月，水利部印发了《三峡后续工作规划“十四五”实施方案》（水三峡〔2022〕376号），对2021—2025年继续开展三峡后续工作进行了统筹谋划。

根据国务院批复的《三峡后续工作规划优化意见》（国函〔2014〕161号），湖南省按照规划总体目标不变、投资总规模不变的原则，结合项目实际情况，对《三峡工程对长江中下游重点影响区影响处理分项规划报告》提出的项目进行了优化调整，作为对规划的调整和补充，与规划一并实施。优化调整后共计39个项目，包括供水及灌溉项目17个、河势及岸坡影响处理项目7个、生态与环境影响处理项目15个。另外，2018年新增管理类项目1个，即湖南省三峡后续工作规划实施情况评估。

2020年，水利部召开三峡后续工作推进会，部署开展三峡后续工作规划修编工作，由长江水利委员会承担规划修编任务，湖南省水利厅等单位参与，共同编制完成《三峡后续工作2021—2025年实施方案》。为继续支持三峡后续工作，用好三峡后续工作规划剩余投资，经国务院同意，2019年财政部批准将国家重大水利工程建设基金期限延长至2025年年底，按照明确的分省投资规模，分年度实施，其中湖南省“十四五”期间专项投资为57151万元。2020年后，湖南省三年计划项目库共新增8个项目。其中，城镇供水及灌溉影响处理5个：分别为君山区集中供水工程、沅江市大通湖垸区域性集中供水工程、澧县毛家山集中供水工程、安乡县第二水厂城乡管网延伸工程、南县城乡供水一体化工程；长江干流河势及岸坡影响处理项目1个：湖南段三期河道整治工程；生态与环境影响处理项目2个：分别为洞庭湖区湿地生态保护与修复和长江四口、洞庭湖区河道地形测量及冲淤监测。

4.3 洞庭湖区重点区域排涝能力建设

4.3.1 编制背景

洞庭湖区暴雨洪水频发，其中2016年、2017年等年份出现的暴雨强度大、洪水水位高、持续时间长，局部地区内涝十分严重，给人民群众生产生活造成了极大影响，暴露了洞庭湖区现有排涝能力仍然严重不足的问题。2016年8月，湖南省水利厅组织编制了《湖南省加快灾后水利薄弱环节建

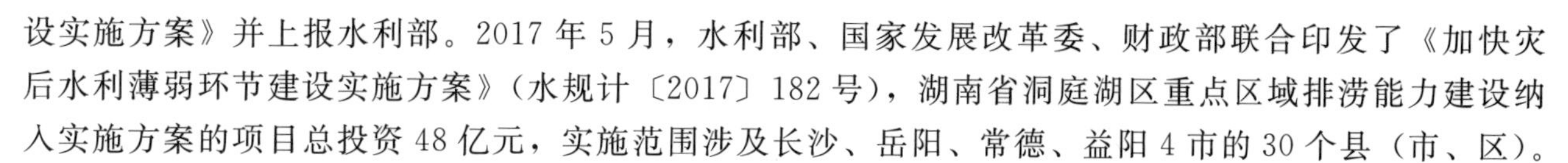

设实施方案》并上报水利部。2017年5月，水利部、国家发展改革委、财政部联合印发了《加快灾后水利薄弱环节建设实施方案》（水规计〔2017〕182号），湖南省洞庭湖区重点区域排涝能力建设纳入实施方案的项目总投资48亿元，实施范围涉及长沙、岳阳、常德、益阳4市的30个县（市、区）。

2021年8月，湖南省水利厅、省发展改革委下发《关于印发〈湖南省"十四五"水安全保障规划〉的通知》（湘水发〔2021〕20号），在已完成上一批实施方案的基础上，继续提升洞庭湖区重点易涝区排涝能力为规划重要内容之一。同年12月，湖南省水利厅、省发展改革委下发《关于组织编制〈湖南省洞庭湖区重点区域排涝能力建设"十四五"实施方案〉的通知》（湘水发〔2021〕392号），湖南省水利厅组织编制了《湖南省洞庭湖区重点区域排涝能力建设"十四五"实施方案》，并于2022年5月由省水利厅、省发展和改革委员会印发实施（湘水发〔2022〕23号）。

4.3.2 实施范围

列入实施方案的重点区域排涝能力建设涝区总面积14321km²，按涝区分布及水系情况合并调整为15个涝片，涉及长沙、株洲、湘潭、岳阳、常德、益阳6市的38个县（市、区）。

实施方案将洞庭湖区6市38县（市、区）根据涝区分布、河流水系等因素考虑，将面积较小的涝片进行调整合并，调整合并后洞庭湖区分为15个涝片，分别为：烂泥湖、沅澧、大通湖及大通湖东、松澧、长春垸、沅南垸、育乐垸、安保安造、湘滨南湖、华容护城、湘江尾闾、资水尾闾、岳阳长江段、汨罗江尾闾涝片和共双茶等涝片。

4.3.3 治理目标

洞庭湖区排涝能力建设总体目标：通过排涝能力建设使洞庭湖区重点区域达到相应的排涝标准。实施方案针对重点区域，尤其是受灾严重、人口相对集中、保护对象重要的区域进行整治，加强洞庭湖区重点区域排涝能力薄弱环节建设，使洞庭湖区整体排水能力得到明显提升，进一步完善洞庭湖区"撇洪、闸排、滞涝、电排"相结合的治涝工程体系。

4.3.4 治理标准

（1）排涝泵站。

①农田排涝标准：10年一遇3日暴雨3日末排干至水稻的耐淹水深（50mm）。②城镇排涝标准：重要城市（地级城市），20年一遇24小时暴雨24小时排干；一般城市（县级城市和县城），10年一遇24小时暴雨24小时排干；重要集镇及重要经济作物区，10年一遇24小时暴雨24小时排干。③调蓄区排涝标准：10年一遇15日暴雨控制内湖水位不超过最高调蓄水位。

（2）排涝水系配套工程。

①撇洪：10年一遇设计标准；②排涝渠道及排水闸：设计流量取10年一遇洪峰流量；③内湖堤防：堤防设计水位取当地实际出现最高洪水位或按排涝标准演算所得最高洪水位。

4.3.5 建设规模

新建泵站设计流量1076.4m³/s；更新改造泵站1885座41.83万kW；涵闸整治1199座；撇洪渠118条，堤防总长725.2km；排涝渠道整治1619条，堤防总长5514km；内湖堤防整治1533.8km。

4.3.6 "十四五"实施方案建设规模

（1）泵站。

新建泵站44座，装机容量65814kW，设计流量693.77m³/s；扩建泵站45座，现有装机容量18703kW，增加装机容量25228kW，新增排涝流量280.31m³/s；更新改造现有泵站726

座 145208kW。

（2）配套工程。

加固改造现有排水闸 301 座；整治现有撇洪渠 44 条，总长度 225km；整治现有排涝渠 78 条，总长度 352km；加固现有内湖哑河堤防 34 处，总长度 216.5km。

4.3.7 智慧泵站

（1）试点选取。

选取冲柳撇洪河片、大通湖片、烂泥湖水系赫山片、湘资尾闾湘阴片和长江城螺河段片 5 个区域进行试点。

（2）初步建设方案。

1）总体方案。在充分利用现有成果基础上，对各站点进行优化完善，使其能够顺利接入智慧调度系统。实现为调度中心提供必要的数据支撑，并能接受并执行调度中心的远程启停控制指令。在试点区域内建设智慧调度中心，智慧调度中心建设集控平台功能，可以采集、呈现上述泵闸站的关键运行数据，并能对上述泵闸站进行远程启停控制。同时在调度中心建立初步的管控平台，实现数字孪生应用、标准化管理应用等。采用租赁营运商专线，将调度中心以及各接入泵闸站进行网络联通，实现区域调度与控制。

2）总体架构。总体架构拟按五层四体系建设，即：物联感知层、通信网络层、数据资源层、应用支撑层、业务应用层；各层遵循建设管理体系、系统运行实体环境、标准规范体系和安全体系。

4.4 湖南省洞庭湖区水环境综合治理规划实施方案

为贯彻落实习近平新时代中国特色社会主义思想和党的十九大和十九届二中、三中全会精神，加强对洞庭湖水环境综合治理的指导支持，2018 年 12 月 3 日，经国务院同意，国家发展改革委等部委联合印发了《洞庭湖水环境综合治理规划》（以下简称《规划》）。根据《规划》确定的目标、分区、任务措施和要求，2019 年 10 月，湖南省人民政府印发了《湖南省洞庭湖水环境综合治理规划实施方案（2018—2025 年）》。

本方案实施范围为洞庭湖流域湖南省部分，覆盖湖南省 97%以上的国土面积，其中洞庭湖区 4.64 万 km^2，包括岳阳、常德、益阳 3 市及望城区。基准年为 2017 年，规划期限为 2018—2025 年，其中近期为 2018—2020 年，远期至 2025 年。

本方案以习近平生态文明思想为指导，以《规划》为依据，按照高质量发展要求，以“共抓大保护、不搞大开发”为总遵循，坚持“生态优先、绿色发展”“全民共治、源头防治”“水陆并重、河湖共治”“空间管控、分区施策”等基本原则，扎实推进重点区域治理，有效保障洞庭湖区供水安全，加强生活、工业、农业水污染治理，系统保护和修复洞庭湖流域水生态环境，切实守护好一湖清水。到 2020 年，洞庭湖区城乡饮水安全能力进一步提高，富营养化程度下降，水生态环境质量恶化趋势得到遏制，生态系统功能有所改善。到 2025 年，洞庭湖区供水安全全面保障，实施范围内水生态环境质量显著提高，生态系统良性发展。

方案提出的主要建设内容如下。

（1）供水安全保障，重点任务为：①合理配置水资源；②强化水源地保护；③巩固提升农村饮用水安全水平；④完善城市供水设施体系。

（2）水污染防治，重点任务为：①加强生活污染治理；②防治工业点源污染；③严格控制农业面源污染。

（3）水生态保护与修复，重点任务为：①强化河湖和湿地生态系统保护；②加快生态水网建设；

③维护生物多样性；④推进森林生态系统建设。实施方案共储备和谋划项目 396 个，估算总投资 591.8 亿元。

4.5 洞庭湖北部补水工程

湖南省洞庭湖北部地区是指澧水洪道以东、南洞庭湖以北、东洞庭湖以西的区域，行政区划辖湖南省岳阳、常德、益阳 3 市 8 县（市、区），区域内共有堤垸 22 个，总面积 5018km²，其中耕地面积 300 万亩，总人口 280 万人，生产生活用水以四口水系为主要水源。

三峡及长江上游水库群陆续建成运行后，长江和洞庭湖的水位流量关系发生新变化，一定程度上减轻了洞庭湖区的防洪压力，但长江经松滋、太平、藕池、调弦四口分流入洞庭湖的水量锐减、断流持续时间延长等问题凸显，给洞庭湖区特别是北部地区水资源、水生态带来了影响。一是洞庭湖北部地区干旱缺水问题突出。枯水期提前，垸内无水可补，守着“水窝子”没水喝，“三生”用水（即生态需水、生产用水、生活用水）问题十分突出，已经逐步演变为新的旱区。二是洞庭湖区生态保护压力增大。四口水系断流，枯期水量减少、水位偏低，四口水系及洞庭湖河湖环境容量降低、自净能力减弱，水生生物多样性下降，湿地生态系统失衡，水生态保护压力增大。

为贯彻落实习近平新时代治水新思路，湖南省委、省政府把洞庭湖北部地区补水工程视为一项重要的政治任务、民生工程，作为洞庭湖生态经济区生态文明建设的重要举措，在洞庭湖四口水系综合整治工程不能正式启动的情况下，2018 年开始，按照“澧水东调，北连长江，南引草尾，分区配置，分散补水”的分片补水方案，先期实施洞庭湖北部补水一期工程，包括澧县西官垸补水工程、安乡县珊珀湖补水工程、安乡县东部补水工程、安乡县城补水工程、益阳市大通湖垸五七运河补水工程、南县沱江补水工程、沅江市大通湖垸东南片补水工程、岳阳市华洪运河补水工程等 8 个项目，初步打通以长江干流、松滋河及澧水、草尾河为水源的 3 条补水动脉，有力提升大通湖、珊珀湖等水域水质。

2020 年 4 月，启动洞庭湖北部补水二期工程。二期工程包括安乡县安造安昌安化垸补水工程、澧县梦溪补水工程、益阳市大通湖垸明山补水工程、益阳市大通湖南部水系连通工程、华容县护城垸补水工程、君山区君山垸补水工程等 6 个项目。

4.6 山水林田湖草沙一体化保护和修复工程

4.6.1 湘江流域和洞庭湖生态保护修复工程试点

“十三五”期间，国家自然资源部、生态环境部、财政部三部委启动山水林田湖草生态保护修复工程试点，在重点生态地区分三批遴选了试点项目。2018 年，湖南省人民政府组织有关部门和地方政府，编制申报《湖南省湘江流域和洞庭湖山水林田湖草生态修复工程试点方案（2018—2020 年）》，入围国家第三批山水林田湖草生态保护工程试点项目。2018 年 12 月 11 日，湖南省人民政府印发《关于〈湖南省湘江流域和洞庭湖生态保护修复工程试点方案（2018—2020 年）〉的批复》（湘政函〔2018〕124 号）同意试点方案，明确开展“水环境治理与生态修复”工程。2019 年 7 月 12 日，湖南省水利厅下发《关于明确山水林田湖草生态保护修复工程试点水利项目有关审批事宜的通知》，要求按照 2019 年 9 月前开工建设目标，由各市水利局对照省级试点方案，组织各县区科学编制实施方案。

试点工程涉及大通湖流域生态修复与治理工程、安乡县珊珀湖流域河湖水系连通补水调枯工程 2 个洞庭湖区水利子项目。工程总投资 21465.28 万元。

4.6.2 洞庭湖区域山水林田湖草沙一体化保护和修复工程

2021 年 9 月 24 日，财政部、自然资源部、生态环境部联合印发《关于组织申报“十四五”期间第二批山水林田湖草沙一体化保护和修复工程项目的通知》（财办资环〔2021〕51 号），启动 2022 年山水林田湖草沙一体化保护和修复工程项目组织申报工作。2022 年 4 月 25—26 日，国家财政部、自然资源部、生态环境部召开国家竞争性评审会议。6 月 7 日，三部委发布竞争性选拔结果公示，拟将 9 个项目确定为第二批山水工程项目，湖南省“湖南长江经济带重点生态区洞庭湖区域山水林田湖草沙一体化保护和修复工程项目”成功入选。2022 年 7 月 18 日，三部委下发《关于修改完善“十四五”第二批山水林田湖草沙一体化保护和修复工程项目实施方案的通知》，要求各省按照项目总投资和绩效目标不降低的原则，根据专家组评审意见修改完善项目实施方案。湖南省由省自然资源厅牵头完成修改后，各相关厅局于 8 月上旬联合报送三部委。2022 年 11 月，省水利厅按照要求批复了鹤龙湖水系连通项目、中洲垸水系连通项目、西湖管理区河湖连通项目、西毛里湖水系连通项目、烂泥湖水系连通项目 5 个水系连通项目实施方案。

洞庭湖区域山水林田湖草沙一体化保护和修复工程涉及湖南省 7 个水利项目的 11 个分项，包括：君山区君山垸补水工程、华容县护城垸补水工程、鹤龙湖水系连通项目、中洲垸水系连通项目、松-虎-藕水系连通项目（安乡县安造安昌安化垸补水工程）、澧县梦溪补水工程、西毛里湖水系连通工程、西湖管理区河湖连通工程、大通湖垸明山补水工程、大通湖南部水系连通工程、烂泥湖水系连通工程，项目涉及岳阳、常德、益阳 3 市 12 县（市、区），总投资 18.04 亿元，其中中央资金 5.00 亿元、省级资金 4.25 亿元，市、县（市、区）和社会资金 8.79 亿元。

4.7 洞庭湖四口水系综合整治工程

三峡等长江上游干支流水库运用后，长江中游正在面临且将长期面临“清水”下泄，长江干流荆江河道正在发生且长历时的发生大范围、大幅度冲刷，荆江河段大部分河段的中枯水位下降明显且将进一步降低。枯水期三口分流进一步减少、断流时间进一步延长，调弦口闸自流引水时段进一步缩短，四口水系地区的水资源、水环境问题将更趋严重、亟待解决。汛期，三口河道分流长江干流荆江河段洪水流量的比例总体呈现减少情况，且未来将进一步减少，进而抬升荆江河段的洪水位，影响长江中游的防洪形势。另外，四口分流入湖的泥沙大幅度减少，四口水系河道总体由淤转冲，洞庭湖整体进入微冲微淤的状态，泥沙问题对于四口水系治理的影响大幅减小，四口水系河道扩挖的实施难度将大幅减少，效果持续时长将明显增长；另外，长江上游水库群调控长江上游径流的年内分配，调洪补枯作用明显。以上这些建设条件的变化，为洞庭湖四口水系综合整治创造了有利条件。

2015 年，水利部安排长江水利委员会组织湖北、湖南两省开展了《洞庭湖四口水系综合整治工程方案论证报告》的编制工作。2016 年 7 月，水利部办公厅印发了《洞庭湖四口水系综合整治工程方案论证报告审查意见》（办规计〔2016〕135 号）。2019 年长江水利委员会组织编制了《洞庭湖四口水系综合整治工程项目建议书》。2020 年，长江委组织开始编制《洞庭湖四口水系综合整治工程可行性研究报告》。

根据 2024 年 1 月的《洞庭湖四口水系综合整治工程可行性研究报告》，洞庭湖四口水系综合整治工程总体布局为：在维持现状水系格局的基础上，按照“疏～控～引～蓄”相结合的总体布局思路，即通过四口主干河道扩挖（“疏”），松滋口建闸控洪、南闸重建控洪、岸坡防护控险（“控”），调弦河引水、堤垸引水恢复引水、垸内水系连通引水（“引”），支汊水源蓄水、垸内水系连通蓄水（“蓄”）等综合整治措施，系统解决四口水系区域防洪、水资源、水生态环境等问题。①防洪。通过扩挖四口水系主干河道（“疏”），维持洪水期长江三口的分流比；新建松滋口闸（“控”），配合澧水流域水库、蓄滞洪区建设运用，将松澧地区防洪标准提升至50年一遇，对类似1935年洪水具有应对措施；重建荆江分洪工程节制闸（南闸）（“控”），与南线大堤共同组成防洪屏障，保护荆江分洪区分洪期间洞庭湖区的防洪安全；对四口水系河道322段岸坡进行防护，保护38个堤垸的防洪安全。②水资源。通过扩挖四口水系主干河道（“疏”），增加灌溉期四口水系河道过流能力和水量，改善水源条件，提高灌溉供水保障能力；重建调弦口闸、改造沿岸堤垸引水闸站、连通垸内水系（“引”），恢复其引水能力，解决堤垸引水的工程性缺水问题；在淤积严重的支汊河段新建支汊水源，疏挖堤垸内湖哑河（“蓄”），增加水体调蓄能力。③水生态环境。通过扩挖四口水系主干河道（“疏”），恢复松滋东河、虎渡河、藕池东支等主干河道的连通性，以维系四口水系重要生态通道功能；连通垸内水系（“引”）为垸内重要湖泊的引水提供主要通道，为其生态水位维持提供重要手段。主要建设内容包括：河道扩挖、新建松滋口闸、南闸保护与重建、新建2处支汊水源、引水补水（调弦口闸、堤垸引水恢复）、垸内水系连通、护岸等7类。

4.8 洞庭湖生态修复工程

4.8.1 工程背景

由于江湖关系变化和人类活动影响，洞庭湖存在如下主要问题：①泥沙淤积严重，河湖面积、容积缩小。洞庭湖湖泊面积由17—19世纪的6000km^{2}减少为20世纪50年代的4350km^2，再到1995年的2625km^2，湖泊容积由20世纪50年代的293亿m^{3}减少至1995年的167亿m^3。②洞庭湖淤积萎缩制约湖泊调蓄及生态服务功能发挥。三口口门、河道淤塞导致河流分流功能退化，三口汛期分流比从20世纪50—60年代的37%衰退至三峡工程建成前的21%，三峡建成后进一步减少至17%，增加了荆江河段防洪压力。洞庭湖调蓄容积减小，调蓄洪水功能减弱，行洪通道被泥沙挤占，河道泄洪能力不足，较20世纪50年代，东、南、西洞庭湖最高洪水位在同流量条件下分别抬高2.08m、2.64m、1.78m，堤防抵御洪水风险增大。③湿地生态系统退化。洞庭湖洲滩过度发育，枯水期水面减少、水深变浅，洞庭湖12月平均水面面积由20世纪50年代的1030km^{2}减小至现在的475km^2，减少了555 km^2。枯水期水域空间变小，大量洲滩长时间裸露，导致洲滩旱化，湿地生态功能呈退化态势。④水资源需求难以保障。江湖关系变化带来的泥沙大量淤积在四口河系，河道分流量逐年减少。三口年均分流量由20世纪50—60年代的1416亿m^{3}降至三峡水库建成前的685亿m^3，减少了731亿m^3，2003年后进一步降至476亿m^3，减少了209亿m^3，2022年仅为274亿m^3。除松滋西支全年通流外，松滋东支、虎渡、藕池东支、藕池西支年均断流天数达202d、146d、266d、188d。⑤通航条件恶化。受河湖淤积影响，大部分河道（洪道）水深条件不够导致无法常年通航，能常年通航的500t级以上航道仅有727km，其中2000t级航道只有220km、1000t级航道481km，制约着水运高质量发展。

三峡工程运行后，洞庭湖区防洪形势得到改善，水库发挥的拦洪削峰作用使洞庭湖区抵御了2017年、2020年大洪水，保障了人民生命财产安全。另外，水库蓄水拦沙、清水下泄，入湖泥沙大幅减少，洞庭湖基本冲淤平衡，为系统推进洞庭湖保护与治理创造了有利条件，解决泥沙存量问题迎来历史机遇。

4.8.2 洞庭湖生态修复总体构想和目标

总体构想：为系统解决泥沙淤积带来的问题，湖南省提出了洞庭湖生态修复工程总体构想。通过对湖盆“增蓄”、四口“引流”、四水尾闾“扩卡”、内湖水系“活水”，以疏浚降洲、垸内河湖水系清淤连通为主要手段，合理配置植物修复模式，最终整体恢复洞庭湖水生态空间和行蓄洪能力，扭转湖泊河道化趋势和湖泊型水生态系统退化态势，实现防洪、生态、补水、航运综合效益。

总体目标：通过生态疏浚恢复淤积型河湖生态水域空间，从而促进洞庭湖行蓄洪、水源涵养、生态维护、航运等生态服务功能的全面复苏。①防洪减灾。四水尾闾洪道行洪条件得到改善，没有明显碍洪、壅水现象；分叉散流、主槽不稳、顶冲堤坝等不利河势条件得到有效改善。设计水平年四口分流洪水入洞庭湖调蓄的能力不降低。现状湖盆区调蓄容积基本恢复至20世纪50年代水平。内湖水系蓄、排、泄等功能得以恢复。重现典型洪水时洞庭湖河湖主要断面水位降低0.1～0.3m；②水生态环境。湖盆区中枯水期生态水面达到1000km^2左右。洞庭湖湿地生态系统结构进一步优化，生态系统稳定性得到进一步增强，湿地生物多样性维护、湿地水污染净化等生态服务功能得到显著提升，江豚等珍稀水生动物生存空间有效扩大。主要内湖水系连通性明显增强，水环境质量明显好转；③水资源保障。恢复四口水系枯季通流能力，满足洞庭湖北部区供水保证率达到95%、灌溉保证率达到85%的引流需求，保障四口水系最小生态流量需求。洞庭湖湖盆水源涵养能力进一步增强，湖盆区中枯水期增蓄水量达到28亿m^3左右；内湖水系灌溉供水“最后一公里”问题得以解决；④航运。结合航道整治要求实施生态疏浚，主要碍航险滩得到整治，洞庭湖区及四水、四口安全通航条件全面改善，各航道尺度满足《湖南省“一江一湖四水”水运发展规划》等级要求。

4.8.3 洞庭湖生态修复工程布局与技术路线

1. 工程布局、规模

洞庭湖生态修复工程统筹洞庭湖湖盆、四口水系、四水尾闾、内湖水系“四域”，因地制宜、分区施策，一体推进河道、洪道、鱼道、航道“四道”治理保护。具体为洞庭湖湖盆“增蓄”、四口水系“引流”、四水尾闾“扩卡”、内湖水系“活水”，共修复河道航道1141km、湖泊930km^2。“四域”分区布局为：

（1）洞庭湖湖盆“增蓄”。修复湖泊578km^2、航道115km，增大蓄洪保水能力，提升湿地整体质量，改善湖泊内航道通航条件。以南洞庭湖为重点区域，降低台地高程、修复旱化高洲，形成实竹岭生态补水湖，改善行洪条件，实现降台扩容、畅洪扩域；西洞庭湖扩大中枯水生态水域面积，实现降洲增蓄、洪枯两利；东洞庭湖考虑出湖口门保水的关键作用，远期结合城陵矶综合枢纽调控水位，近期修复3条淤积航道。

（2）四口水系“引流”。修复河道330km，引流补水、江湖连通，实现主干河道常年通流，结合“建闸错峰防洪、控支建库蓄水、引流活水连通”等措施，系统解决四口水系地区水安全问题。

（3）四水及汨罗江、新墙河尾闾“扩卡”。修复河道268km，扩卡73处碍洪坎滩、碍航险滩并修复淤塞河槽，扩卡顺流、畅通航道。

（4）内湖水系“活水”。对烂泥湖等26处内湖及水系清淤修复，计划清淤内湖352km^2、修复渠道428km，促进水体流动和优化配置水资源，解决内湖水进不来、水流不动、水体黑臭等问题。工程总疏浚规模为31.2亿m^3。

2. 总体技术路线

（1）工程方案方面：对于淤积严重、旱化趋势明显和阻洪碍洪洲滩，总体考虑降低洲滩高程至多年平均最低水位附近，并辅以种植湿地植物、鱼类龟鳖增殖放流、生物栖息地恢复修复等手段，使河湖洲滩旱化趋势得以扭转、水流流态得以稳定、枯水期流量得到保障、生物生存空间得到扩展。对于淤塞内湖及附属水系，通过生态环保方式清除淤泥并妥善处置，增强供水保障、强化水系连通、改善垸内水质。

（2）施工技术方面：通过探索适应不同地质地形、修复深度及生态要求的生态修复施工工艺，包括河道湖盆深层修复、浅层修复、内湖清淤、渠道疏洗并固结淤泥等工法。疏浚物处理利用坚持资源化、无害化、生态化原则，针对砂、土、泥的不同特性，分离后分类用于制造绿色建材、生态砖、有机肥土、路基及堤防建设填筑材料等，尽量减少弃料占压用地。

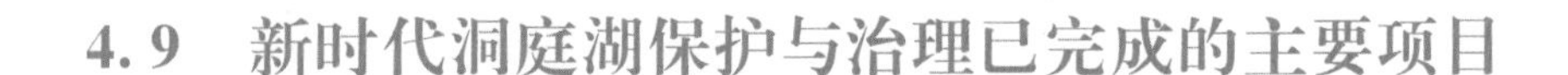

4.9 新时代洞庭湖保护与治理已完成的主要项目

新时代洞庭湖保护与治理工程于2008年开工建设，目前已经完成的主要工程项目包括：①钱粮湖、共双茶、大通湖东3个蓄洪垸围堤加固工程，大堤加培139.08km；②围堤湖等10个蓄洪垸堤防加固工程，大堤加培251.734km；③安化等9个蓄洪垸堤防加固工程，大堤加培320.82km，其中一线大堤286.01km、隔堤34.81km；④黄盖湖综合治理工程，大堤加培90.97km，护岸12.09km；⑤水系连通工程，实施了沅江市城区五湖连通和澧县县城河湖连通工程；⑥钱粮湖、共双茶、大通湖东垸蓄洪安全建设一期工程，包括11个安全区、2个安全台和穿堤建筑物、临时分洪口门及转移道路；⑦洞庭湖北部补水工程，一期实施了澧县西官垸等8个补水工程，二期实施了安乡县安造安昌安化垸等6个补水工程；⑧正在实施的项目有重点垸堤防加固一期工程、山水林田湖草沙一体化保护修复、洞庭湖生态修复试点工程、洞庭湖区重点区域排涝能力建设等。

第三篇　洞庭湖保护与治理的重点工程建设

中华人民共和国成立以来，洞庭湖保护与治理经历了4个阶段，不同阶段的保护与治理各有侧重，主要工程措施包括堤防工程、排涝工程（排涝泵站、水闸、撇洪工程）、城市防洪工程、蓄洪安全建设（安全区、安全台、安全楼）、平垸行洪与移民建镇及巩固工程、洪道整治、生态修复工程、灌溉供水等。本篇根据工程规模及重要程度，从各阶段、各类型的工程中选取部分重点工程进行介绍。

第一章 堤防工程建设

1949年，洞庭湖区共有堤垸993个、堤防6405.95km[1]。中华人民共和国成立后，在党和政府的领导下，为治理洪涝灾害，对洞庭湖区堤垸进行新的整治，在1949年冬修复溃损堤垸时将有碍泄洪的43个溃垸放弃，对垸小堤长的则予以合修并垸。1952年冬整修南洞庭湖，将南洞庭湖地区的48垸并为3个大垸。1954年结合洪道整理，适当并垸并流，建成沅澧、沅南等几个大垸。1955年5月，洞庭湖区堤垸数为292个、堤防4067.74km。1955—1961年的6年间，湖区堤垸进一步向合转大垸发展，堤垸数目减少为220个、堤防3368.26km。至1979年，洞庭湖区堤垸数为227个、堤防3471.04km。[2] 1998年大水后实施平垸行洪、退田还湖工程。至2022年，洞庭湖区堤垸226个，包括重点垸11个、蓄洪垸24个、一般垸191个，堤防3829.32km。保护总面积1844.39万亩，保护耕地面积950.60万亩，保护人口1401.46万人（表3.1-1）。

至2022年年底，洞庭湖堤防建设完成主要工程量包括：填筑土方14.80亿m^3，石方5463.48万m^3，混凝土及钢筋混凝土584.61万m^3。如果堤防设计断面为高5m、宽5m，填筑土方所建堤防可绕地球赤道1.5圈。

表3.1-1 堤防工程量汇总表

项 目	单 位	数 量	项 目	单 位	数 量
防洪大堤	km	3829.32	保护耕地面积	万亩	950.60
堤垸	个	226	保护人口	万人	1401.46
其中：重点垸	个	11	填筑土方	亿m^3	14.80
蓄洪垸	个	24	石方	万m^3	5463.48
一般垸	个	191	混凝土及钢筋混凝土	万m^3	584.61
保护总面积	万亩	1844.39			

1.1 1949年以前的堤防工程

魏晋南北朝时期，洞庭湖区开始有筑堤防洪的记载。最早记载见于《南齐书·刘悛传》[3]："郡南江古堤久废不缉，悛修治未毕，而江水忽至，百姓弃役奔走，悛亲率厉之，于是乃立。"[4] 唐宋时期，随着荆江南岸分流入湖泥沙逐步增多，湖区逐渐淤积并开始筑矮堤防洪水[5]。

[1] 引自《湖南农村基本情况·水利之部》。

[2] 《湖南省水利志·洞庭湖篇》湖南省水利志编纂办公室。

[3] 《南齐书》南朝梁代萧子显（489—537年）著。刘悛，字士操，彭城安上里人，时任武陵内史。

[4] 洞庭湖区修堤最早一说法为常德县宿朗堰，《武陵县》载："古宿朗堰，县东九十里，内护江陂、广德二村，周九十七里百八十步"，"创修自唐，增修于宋"，"隆庆五年（1571年）洞庭浪激成渊，不能修"。另一说法宋、元两代洞庭湖区开始有筑堤的记载，《湖南通志》载："在县东华容河侧，宋至和间（1054—1056）县令黄照筑，旋绕城郭十五里。"

[5] 《湘阴县志》清光绪六年（1880）："侵占湖地为田，盖自宋始矣。"

明嘉靖年间荆江北岸穴口堵塞后，水沙南倾更盛、淤洲日见增长，湖区沅江、华容、汉寿等县先后筑垸防洪，堤垸时兴时废。到清代康熙、雍正年间，在政府的支持下出现了较大规模的围垸。至咸丰、同治年间藕池、松滋相继溃口成河，四口南流带来的泥沙进一步充填洞庭湖，在淤洲上筑堤围垦亦随之兴起。清代围垸总数，据光绪《湖南通志》载："滨湖十洲县共官围百五十五，民围二百九十八，刨毁私围六十七，存留私围九十一。"

民国时期四口与四水来沙不断，围垸再次兴起。"由省政府拨款修筑数垸如沅江、澧县之官垸，以资示范。自后，常德、汉寿、沅江、益阳、湘阴、岳阳、华容、南县、安乡及澧县等十县农民争相围垦，其他附近各县亦移民湖乡，开垦洲地。不及四十年而洞庭湖北部及西部一带，已相继筑成堤垸。"❶ 据1935年大水后湖南省建设厅统计，湖区10县（常德、澧县、汉寿、安乡、益阳、南县、沅江、岳阳、湘阴、华容）共有堤垸1475处；《湖南省三十一年度经济年鉴》（民国）所公布1942年数字，增加临湘县湖区11县共有堤垸613个❷。至民国三十八年（1949），东洞庭湖三分之二已淤积成洲，经当时的国民政府批准堤垸610余处，私围55处；大通湖四周均挽修成垸；西湖洞庭四美堂以南已淤成陆，汉寿目平湖仅留数里之水道，余则已挽修成垸或芦林丛生，皆成陆地❸。至1949年，洞庭湖区共有堤垸993个，堤防6405.95km。

1.2 1949年冬修复溃损堤垸

1948年及1949年洞庭湖区连续两年大水，堤垸溃损严重，堤防残破。1949年8月湖南省和平解放后，当年冬即以修复溃损堤垸作为湖区的中心工作。1949年11月湖南临时省政府发布《关于洞庭湖修复溃损堤垸之指示》，各县成立堤垸修复工程委员会，各垸成立堤务委员会，明确各自的权责与任务，纠正和废除了历史上旧堤务局修堤的弊端。复堤标准为：堤顶高度比1949年高洪水位高出0.50m；堤顶宽度湖堤为4～6m、河堤3～4m。

修复工程于1949年11月动工，1950年春进入高潮，4月底基本竣工。动员群众27.16万人，修复溃垸347个，渍垸380个，溃口709处，溃口总长54613m，培修大堤3210.7km，完成土方3143.34万m^3，工日1509.6万个，耗用工粮8611.8万斤（其中政府贷给4055万斤，其余为自筹与以工抵费）。使广大湖区群众迅速恢复了生产，生活安定，粮食丰收（表3.1-2）。

表3.1-2 1949年冬修复溃损堤垸工程量表

类　型	单　位	数　量	类　型	单　位	数　量
修复溃垸	个	347	培修大堤	km	3210.70
修复渍垸	个	380	填筑土方	万m^3	3143.34
修复溃口	处	709	工日	万个	1509.60
溃口总长	m	54613	工粮	万斤	8611.80

1.3 1954年洞庭湖堤垸修复工程

1954年夏季洞庭湖发生百年罕见的大洪水，洞庭湖溃决大小堤垸356个，被淹耕地384.95万

❶ 引自《湖南水利建设》王恢先。

❷ 1935年大水后，部分堤垸已废弃，部分则合修并垸，因此1942年堤垸数量较1935年减少。

❸ 民国三十五年（1946）10月，当时的国民政府派遣滨湖洲土视察团对岳阳、临湘等11个县的洲土分布、水利、堤务等工作进行考察，历时72天，形成《湖南省滨湖洲土视察团报告书》。

亩，受灾人口 164.6 万人。湖南省人民政府于 1954 年 10 月作出《关于修复洞庭湖堤垸工程的决定》。根据决定，湖南省成立了洞庭湖堤垸修复委员会及修复工程指挥部。

修复洞庭湖堤垸工程分为重点工程和一般堤垸两部分。重点工程是把西洞庭湖区、大通湖区、南洞庭湖区三个工区，分别按重点垦区和一般垦区的不同标准进行整修加固。重点垦区要求抗御 1949 年洪水量和六级风力，争取紧张渡过 1954 年同高水位；一般垦区要求抗御 1949 年洪水位和六级风力。一般堤垸部分是指对三个工区以外的一般堤垸进行堵复溃口，恢复生产，同时选择了岳阳建设，沅江共和，湘阴城西，南县育才、乐新、和康、新民，汉寿联兴、护城、瑞福，华容护城、禹磐、隆西，澧县澧西，常德护城、丹洲、成城，安乡安康、安永、安澧等共 20 个重点民垸进行培修加固，要求抗御 1949 年洪水位（图 3.1-1）。

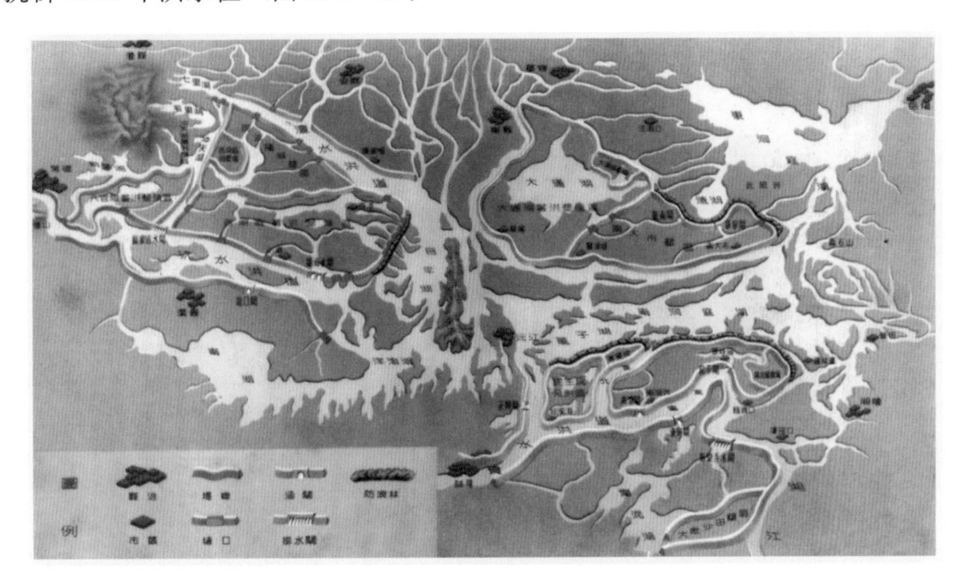

图 3.1-1 1954 年洞庭湖堤垸修复工程全貌图
（图片来源：《修复富饶的祖国粮仓——洞庭湖堤垸修复工程图片集》，湖南省洞庭湖堤垸修复工程指挥部政治部编，1955 年）

重点工程有大小堵口 31 处，其中：西洞庭湖区有澧水洪道的保和堤、上凌家滩、下凌家滩、上麻河、下麻河、蒿子港、柳林嘴、新河口等 8 处；沅水洪道有马家吉、小河口，苏家吉、龙打吉、小港、坡头、南堤、岩汪湖等 8 处；目平湖有赵家河、砥柱北、砥柱南、两护垸、牛角尖等 5 处；冲天湖有黑山庙湾、崇河、泥港口等 3 处。这 24 处堵口，并成沅澧大垸，使沅、澧水尾闾彻底分家，建立民主阳城重点垦区。沅澧水洪道尾闾一律展宽，沅水尾闾废太极垸北角、七荆垸、灰步垸、切永丰垸的旋嘴和瑞福垸的麻庄，坡头以下废毛连、枫紫、羊角、永安、镇安、长兴、镇兴等垸；澧水洪道废瑞民、新民、切安康垸，废六安、泰岳、得意、鼎新等垸。大通湖区有双穗垸、北河头、南河头、增嘉垸、金南垸北及金南垸南柳树坪 6 处，并建立南大市重点垦区。南洞庭湖区有水矶口 1 处，并建立大众沙田重点垦区。

为了解决垸内排渍问题，在西洞庭湖区苏家吉及坡头各建设钢筋混凝土冲天式大型水闸 1 座，为洞庭湖区采用弧形闸门之始，苏家吉为 5 孔，坡头为 2 孔，每孔均为净宽 10m，净高 4.74m。此外还在汉寿县龙口，沅江县康宁、义南，益阳县永兴坝，湘阴东河坝建设小型排水闸 5 座。

除重点工程外，一般堤垸堵口 31 处，其中：安乡 18 处，有安全楚王庙、董家垱、金龟堡、小河坝；安障小河口、团头尖；安猷八方楼、祝家渡；安造松荫尖、高杨树；安丰黄沙湾、大鲸港；安裕裴家嘴、黄金窖、同庆下、安生鄢家洲、护安码头、合兴尖。使安利和安屏、安仁和附仁，安生和安昌分别合成一垸。华容县堵六合垸砚溪渡小河上、下口和马蹄窖 3 处，并六合、天人合、安济为一垸，改名安合垸。南县堵浪拔湖小河上、下口 2 处，使两泰垸并入育才大垸。

工程从洞庭湖区及附近山丘区 17 个县（市）组织民工 82.9 万余人、各地各行各业调集技术工人 2814 人、各级干部 2 万多人，自 1954 年 12 月正式开工，至 1955 年 4 月完工，历时四个半月。共计完成新筑堤长 130km（重点工区），培修堤长 4579km，清除隐患 30428 处，堵口 62 处；重点工程还有开河 17.11km，渠道 6.5km，刨堤 53.3km，疏浚 4.5km，建设大型水闸 2 处，小型水闸 5 处；共完成土方 8611.68 万 m^3，防浪林 350 万株，建闸混凝土 19549m^3，石方 15881m^3。以上工程的完成，使洞庭湖区扩大有效蓄洪量 62.60 亿 m^3，缩短防汛堤线 950km，增加耕地 30 万亩。堤垸一般都能抗御 1949 年洪水位，重点垦区及重点堤垸可以抗御 1954 年同高洪水位，也可争取 220 余万亩垸田不渍或少渍，获得丰收。

表 3.1-3　　1954 年洞庭湖堤垸修复工程量

类　型	单　位	数　量	类　型	单　位	数　量
新建堤防	km	130	疏浚河道	km	4.5
加高培厚堤防	km	4579	新建水闸	处	7
清除隐患	处	30428	土方	万 m^3	8611.68
堵口	处	62	石方	m^3	15881
新开河道	km	17.11	混凝土	m^3	19549
新开渠道	km	6.5	防浪林	万株	350
刨堤	km	53.3			

由于 1954 年冬治湖工程重点在重建家园、恢复生产、有计划地并垸堵流和洪道整理方面，因此在 1955 年冬又继续未完工程。兴建明山头、大东口、赵家河 3 处中型排水闸，黄茅洲船闸，罗家铺节制闸，沙河口、王家垱进水闸，并在沅、澧水洪道刨堤及开挖引河（沅水洪道开引河 6.5km、刨堤 15km，澧水洪道开引河 14.3km、刨堤 25km），完成块石护坡 26 万余 m^3，大堤加固土方 3007 万 m^3（图 3.1-2）。

图 3.1-2　洞庭湖区第一座船闸——黄茅洲船闸
（图片来源：湖南省水利水电勘测设计规划研究总院有限公司）

1.4 洞庭湖一期治理堤防工程

按照1983年水利电力部“近期先安排一些急办的垸堤加高加固、蓄洪安全建设和扩大洪道等工程”[1]的工作要求，湖南省1984年10月编报了《湖南省洞庭湖区近期防洪蓄洪工程初步设计书》。水利部1988年批复《关于湖南省洞庭湖近期防洪蓄洪工程初步设计任务书的审查意见的通知》（水电水规字〔1987〕103号），通过了对《湖南省洞庭湖区近期防洪蓄洪工程初步设计书》及《湖南省洞庭湖区近期防洪蓄洪工程设计修改补充报告》的审查。1987年国家计划委员会以计农〔1987〕19号《关于审批湖南省洞庭湖区近期防洪蓄洪工程设计任务书的请示》上报国务院，国务院于同年以计农〔1987〕第246号转发批准。至此，湖南省洞庭湖区近期防洪蓄洪工程正式批准列入国家计划，为水利部直供重点工程。

洞庭湖区近期防洪蓄洪建设（简称洞庭湖一期治理工程）范围为松澧、安造、安保、沅澧、沅南、长春、大通湖、育乐、烂泥湖、湘滨南湖、华容护城11个重点堤垸和共双茶、钱粮湖、建设、建新、君山、江南陆城、集成安合、屈原、北湖、城西、义合、大通湖东、民主、南汉、和康、南鼎、六角山、围堤湖、安化、安昌、西官、九垸、澧南、安澧24个蓄洪堤垸以及澧水、南洞庭湖2条洪道，行政区划涉及长沙、岳阳、常德、益阳4个市的31个县（市、区、场），主要建设内容包括堤防建设（含大堤培修、填塘固基、堤身灌浆、护坡护脚、涵闸整修接长）、安全转移设施（含植安全树、修筑顺堤安全台、安全公路、安全转移桥梁、安全楼房试点建设、安全仓库、安全转移船等）、洪道整治（含澧水洪道芦苇扫障、疏挖中心河槽，南洞庭湖疏刨高洲和阻水横埂、芦苇扫除等）、通信报警设备设施（含长沙至达摩岭、太阳山和桃花山三条有线通信干线及相关设备）建设等4项工程。

洞庭湖一期治理工程建设标准为：重点垸的堤顶高程按中华人民共和国成立后最高水位再加超高，即河堤1.5m、湖堤2.0m进行设计，一般堤垸堤顶高程原则上应低于重点垸堤0.5～1.0m，考虑现实情况，除个别标准较低、质量较差的堤段可适当加高加固外，大部分一般垸可维持现状。澧水洪道疏挖扫障的设计标准为在最高下游起始水位与上游最大来流碰头时推算的控制站设计水位不超过实测最高水位，沙河口以上扫障宽度800m、以下为1000m，并按平均流量927m^3/s疏挖中心河槽水面宽200m；南洞庭湖扫障和疏刨设计标准为遇1969年洪水重现时，南洞庭湖洪水位不再抬高，即按3000m宽度疏刨高洲和阻水横（废）堤（表3.1-4）。

表3.1-4　洞庭湖一期治理工程控制点设计水位表

水　系	控制点	设计水位（冻结高程）/m	日期/（年．月）
东洞庭湖	城陵矶（七里山）	34.55	1954.08
	岳阳	34.82	1954.08
	鹿角	35.00	1954.08
	磊石山	35.04	1954.08
南洞庭湖	营田	35.05	1954.08
	杨柳潭	35.10	1979.06
	黄土包（东南湖）	35.37	1954.08
	小河咀	35.72	1954.08

[1] 1983年水电水规字第65号《关于洞庭湖近期治理工程安排的批复》。

续表

水　系	控 制 点	设计水位（冻结高程）/m	日期/（年．月）
西洞庭湖	南嘴	36.05	1954.07
	石龟山	40.43	1983.07
	津市	43.32	1980.08
四口水系	注滋口	34.85	1954.08
	明山	36.03	1954.08
	肖家湾	36.76	1969.07
	安乡	39.38	1983.07
	自治局	40.28	1983.07
	瓦窑河	41.34	1983.07

洞庭湖一期治理工程于1986年正式开工，1995年年底完成。工程主要对11个重点垸堤防进行了加高加固、对部分蓄洪安全设施进行改善。工程完成大堤培修加固1682.74km，土方11128.85万m^3；填塘固基280.05km，土方6136.72万m^3；堤身灌浆571.77km，进尺185万m；护坡446.3km，石方155.66万m^3，混凝土31.74万m^3；护脚219.7km，石方148.43万m^3。堤防工程共完成土方17265.57万m^3，石方304.09万m^3，混凝土31.74万m^3。洞庭湖一期治理工程完成投资11.62亿元，其中国家投资4.61亿元（表3.1-5）。[1]

表3.1-5　　洞庭湖一期治理堤防工程量表

类　型	单　位	数　量	类　型	单　位	数　量
堤防加高培厚	km	1682.74	新建水闸	处	7
填塘固基	km	280.05	土方	万m^3	17265.57
堤身灌浆	km	571.77	石方	万m^3	304.09
护坡	km	446.3	混凝土	万m^3	31.74
护脚	km	219.7	防浪林	万株	350

1997年11月，由水利部、长江水利委员会组成验收委员会，对洞庭湖一期治理工程进行了正式验收。经过10年建设，11个重点垸堤防得到加高加固，险工险段明显减少。在1991年、1994年、1995年几次大洪水的考验下，湘水长沙站、资水益阳站、沅水常德站、澧水津市站洪峰水位分别超过历史最高水位0.56m、0.72m、0.82m和0.70m，工程范围内的防洪大堤经受住了考验；洪道整治抑制了水位上涨速度，改善了环境；减少了血吸虫易感地带，发挥了显著的综合效益。

1.5　洞庭湖二期治理11个重点垸堤防加固工程

1995年，国家计划委员会以计农经〔1995〕1432号批准了《湖南省洞庭湖区近期（1994—2000年）防洪治涝规划报告》。据此，湖南省提出了先期安排重点垸堤防加固、南洞庭湖洪道整治、藕池

[1] 引自《湖南省洞庭湖区近期防洪蓄洪工程竣工决算报告》。

河水系洪道整治3个单项工程。1997年，《湖南省洞庭湖区二期治理三个单项工程可行性研究报告》获国务院批准通过。同年12月，水利部以水规计〔1997〕536号批复《湖南省洞庭湖区二期治理三个单项工程初步设计报告》。2001年，水利部审查通过了《洞庭湖区二期治理三个单项工程补充项目可行性研究报告》并报国家计委。

1996年起，湖南省洞庭湖二期治理工程开始实施。其中重点垸堤防加固包括松澧、安保、安造、沅澧、沅南、大通湖、育乐、长春、烂泥湖、湘滨南湖、华容护城垸等11个重点垸，分布在长沙、岳阳、常德、益阳4个市的17个县（市、区）。11个重点堤垸一线防洪大堤总长1215.57km，保护总面积6698.1km^2，其中耕地面积521万亩，总人口455万人。❶

11个重点垸堤防加固工程设计标准为：东、南洞庭湖区按1954年实测最高洪水位，西洞庭湖区按1991年实测最高洪水位作为设计洪水位。以多年平均枯水位加0.3m作为设计枯水位（表3.1-6）。堤防工程级别为2级，松澧、沅澧、沅南、大通湖、育乐、长春、烂泥湖7个重点垸主要建筑物级别为2级；安保、安造、湘滨南湖、华容护城4垸主要建筑物级别为4级。

表3.1-6　　洞庭湖二期治理工程控制点设计水位

水系	控制点	设计水位（冻结高程）/m	日期/（年．月）	水系	控制点	设计水位（冻结高程）/m	日期/（年．月）
长江	莲花塘	34.40		资水	桃江	43.82	1955.08
西洞庭湖	石龟山	40.82	1991.07		益阳	38.32	1955.08
	小河咀	35.72	1954.08	沅水	桃源	45.40	1969.07
南洞庭湖	沅江（二）	35.28	1979.06		常德（二）	40.68	1969.07
	杨柳潭	35.10	1979.06	澧水	石门	62.00	1980.08
	营田	35.05	1954.08		津市（二）	44.01	1991.07
	南嘴	36.05	1954.07	松滋河	自治局	40.34	1991.07
东洞庭湖	鹿角	35.00	1954.08		安乡	39.38	1983.07
	岳阳	34.82	1954.08		肖家湾（二）	36.58	1983.07
	七里山	34.55	1954.08		瓦窑河（二）	41.59	1991.07
湘水	湘潭	41.26	1976.07		官垸	41.87	1991.07
	长沙（三）	38.37	1976.07	藕池河	三岔河	36.05	1983.07

二期治理11个重点垸堤防加固工程完成大堤加培398.36km，土方2821.96万m^3；堤身防渗841.52km，灌浆进尺593.18万m；堤基防渗597.49km，土方9016.82万m^3；新修堤顶公路913.89km，砂石186.88万m^3；护坡护脚737.78km，完成土方868.56万m^3，石方259.08万m^3，混凝土332.98万m^3；涵闸改造666处，完成土方1335.16万m^3，石方34.22万m^3，混凝土31.46万m^3；征地4636.29亩；防浪林339.64万株；拆迁房屋面积142.28万m^2；新建碑卡583个，管理站房8.53万m^2。❷

洞庭湖二期治理11个重点垸堤防加固工程1997年开始实施，至2004年全部完工，历时6年8个月。总计完成土方14042.5万m^3，石方480.18万m^3，混凝土及钢筋混凝土364.44万m^3。完成工程总投资30.49亿元（表3.1-7）。

---

❶ 该指标为洞庭湖二期治理时数据。

❷ 引自《湖南省洞庭湖区二期治理三个单项工程竣工验收鉴定书》。

表 3.1－7　洞庭湖二期治理 11 个重点垸堤防加固工程量

项　目	单　位	工程量	项　目	单　位	工程量
堤身加高培厚	km	398.36	涵闸	处	666
堤身防渗	km	841.52	防浪林	万株	339.64
灌浆进尺	万 m^3	593.18	土方	万 m^3	14042.5
堤基防渗	km	597.49	石方	万 m^3	480.18
堤顶公路	km	913.89	混凝土及钢筋混凝土	万 m^3	364.44
护坡护脚	km	737.78			

洞庭湖区二期治理 11 个重点垸堤防加固的实施和陆续投入运行，提高了洞庭湖区堤垸堤防的防汛抗洪能力，经历了 1996 年、1998 年、1999 年等多次洞庭湖区特大洪水的考验。特别是在 1998 年的长江及洞庭湖区全流域性特大洪水中发挥了重大作用，1998 年洪峰水位、洪峰流量和高水位维持时间均高于 1996 年，1998 年洞庭湖口城陵矶（七里山）站的最高洪水位分别比 1954 年、1996 年高出 1.39m 和 0.63m，达到历史的最高水位，工程未发生重大险情。由于实施了两个年度的二期治理工程建设，1998 年洞庭湖区因洪灾造成的财产损失约为 300 亿元，不到 1996 年洪灾损失的 60%。2003 年、2017 年、2020 年等年份洞庭湖区发生较大洪水，重点垸未发生重大险情，为保障人民的生命财产安全发挥了重要的作用。

1.6　麻塘垸堤防加固工程

麻塘垸位于东洞庭湖畔与新墙河尾闾交汇处，保护总面积 30.5km^2，人口 3.2 万人，耕地面积 3.8 万亩，防洪大堤长 12.02km，11km 京广铁路横穿全垸。1996 年、1998 年、1999 年洞庭湖连续发生大洪水，为保障京广铁路正常运行，当地政府和人民群众经连续奋战，通过全线抢筑子堤保住了麻塘垸，但麻塘垸沿线堤防出现管涌 80 多处，滑坡 23 处，累计滑坡长达 8km。

在国家发展改革委、水利部的高度重视下，1998 年湖南省人民政府将麻塘垸列为首批综合治理的重点工程之一。1998 年 12 月，长江水利委员会审查通过《湖南省岳阳市岳阳县麻塘垸堤防加固工程可行性研究报告》，确定麻塘垸按 2 级堤防标准进行加固，设计洪水位 34.82m（吴淞高程），堤顶高程 36.82m，堤面宽 8m，内外坡比 1∶3.0，外坡采用浆砌石护砌防浪，堤身以复合土工膜防渗，部分堤段用灌浆处理，部分堤基渗漏段作防渗铺盖，并对原有穿堤建筑物进行拆除重建。

1998 年和 1999 年湖南省人民政府分两批共投入 2950 万元对麻塘垸大堤进行了应急除险加固，对所有穿堤建筑物进行拆除重建，使大堤土方断面达标堤段达到了 4km，大堤的抗洪能力得到了较大提高，但未全面实施堤身堤基防渗、浆砌石护坡工程。

2011 年 10 月，湖南省水利厅批复《洞庭湖区麻塘垸堤防加固工程初步设计报告》。2012 年 9 月麻塘垸堤防加固工程开工，2014 年 3 月完工，2019 年 12 月完成竣工验收。工程总投资 9942.42 万元，其中中央投资 4800 万元。工程主要建设内容为：堤身防渗处理 8.0km，堤基防渗处理 5.4km，堤防临湖侧迎水面硬护坡 12.02km，蚁穴堤段充填灌浆处理 2km，新建沉螺池 2 座，堤顶路面硬化 12.02km，上堤道路硬化 1.2km。堤防和穿堤建筑物级别为 2 级。麻塘垸堤防加固工程竣工后，堤防标准和抵御高洪水位的能力得到有效提升。

1.7　长江干堤湖南段加固工程

长江干流湖南段上起华容县五马口，于城陵矶汇入洞庭湖来流，下至临湘市铁山嘴，右岸岸线长163km，其中城陵矶以上属下荆江河段，长95km，城陵矶以下河段长68km；左岸岸线长11.35km。湖南省管辖的岸线长度159.85km。沿江一线防洪大堤142km，直接保护135万亩耕地、158万人、376亿元固定资产及京广铁路、京珠高速、京深高铁、重要港口和岳阳城区的防洪安全。长江干堤典型段见图3.1-3。

图3.1-3 长江干堤君山瓦湾段（图片来源：湖南省水利厅）

2000年9月，国家发展计划委员会以计农经〔2000〕1495号文批复《湖南省长江干堤加固工程可行性研究报告》。2002年2月，水利部以《关于对长江干堤湖南段湖南省实施部分初步设计报告的批复》（水总〔2002〕56号）批复该工程初步设计，核定工程总投资为18.09亿元。

长江干堤湖南段湖南省实施部分工程以《长江流域综合利用规划简要报告》（1990年修订）确定的长江中游主要水文站的设计洪水位作为控制。五马口、荆江门、螺山的设计洪水位（1985国家基面高程）分别为35.84m、33.90m、32.07m。长江干堤湖南段分3个堤段，其中保护岳阳城区的中段莲花塘至道仁矶码头长12.18km为1级堤防，华容县五马口至君山区的穆湖铺长76.80km，道仁矶铁山嘴长53.07km，两堤段总长129.87km为2级堤防。

长江干堤湖南段湖南省实施部分工程于1998年10月开工建设，至2005年12月完成，总工期87个月。工程完成加高扩建堤防142.06km，其中土堤加高培厚133.73km，新修土堤6.93km，新建防洪墙1.40km，堤身防渗处理121.59km，堤基防渗处理69.69km，混凝土预制块等护坡92.11km，内外坡草皮护坡190.60km，修建堤顶防汛公路140.66km，新建、加固护岸工程21.95km，整修加固穿堤建筑物66处。

堤身加固工程完成的主要工程量：堤身加培2847.2万m^3，堤基处理土方2192.3万m^3，浆砌石14.0083万m^3，混凝土及钢筋混凝土29.1542万m^3，堤顶路面硬化136.78km，减压井267口，渗控灌浆18.07万m，锥探灌浆41万m，防渗墙16995.0m，涵闸整修土方181.37万m^3。护岸工程完成的主要工程量：土方开挖405.04万m^3，混凝土9.25万m^3，浆砌石及干砌石17.20万m^3，水下抛石262.30万m^3，四面透水框架0.25万m^3，钢筋石笼7.66万m^3。工程累计完成投资18.10亿元，其中含世界银行贷款2900万美元（折合人民币2.4亿元）。[1]

在长江干堤湖南段堤身加固工程启动后，又实施了由长江水利委员会负责实施的隐蔽工程。湖南段的隐蔽工程包括民生垸、建设垸、陆城垸、永济垸4个堤段长60.32km的堤防防渗处理、加高

[1] 引自《长江干堤湖南段湖南实施部分竣工验收鉴定书》。

加固和保岸护脚，以及荆江门段、新沙洲段、天字一号段、陆城段 4 个堤段长 12.20km 的护岸工程，这两批工程分别于 2000 年、2002 年开工，均为当年完工，总投资 4011 万元。两批工程完成的主要工程量为：土方开挖 81.43 万 m^3，压浸平台 169.76 万 m^3，锥探灌浆 161.77 万 m，抛石 72.36 万 m^3，干砌石护坡 6.70 万 m^2，工程总投资 1.52 亿元。❶

护岸工程由湖南省、长江水利委员会分别实施。其中湖南省实施部分 1998 年 10 月开工，2004 年 5 月竣工。新建岸坡整治工程 3 处，总长 4330m；对新沙洲、天字一号、洪水港、荆江门等 4 个河段，改造损坏严重护坡 8570m，加固整治水下抛石流失段 17209m。累计完成新建、加固护岸工程 21950m，抛石 262.30 万 m^3，总投资 3.5 亿元（表 3.1－8～表 3.1－10）。

表 3.1－8　堤身加固工程完成的主要工程量表

项　目	单位	完成量	项　目	单位	完成量
堤身加培	万 m^3	2847.2	减压井	口	267
堤基处理土方	万 m^3	2192.3	渗控灌浆	万 m	18.07
浆砌石	万 m^3	14.0083	锥探灌浆	万 m	41
混凝土及钢筋混凝土	万 m^3	29.1542	防渗墙	m	16995.0
堤顶路面硬化	km	136.78（混凝土）	涵闸整修土方	万 m^3	181.37

表 3.1－9　护岸工程完成的主要工程量表

项　目	单位	完成量	项　目	单位	完成量
土方开挖	万 m^3	405.04	水下抛石	万 m^3	262.30
混凝土	万 m^3	9.25	四面透水框架	万 m^3	0.25
浆砌石及干砌石	万 m^3	17.20	钢筋石笼	万 m^3	7.66

表 3.1－10　隐蔽工程完成的主要工程量表

项　目	单位	完成量	项　目	单位	完成量
土方开挖	万 m^3	81.43	抛石	万 m^3	72.36
压浸平台	万 m^3	169.76	干砌石护坡	万 m^2	6.70
锥探灌浆	万 m	161.77			

长江干堤湖南段加固工程自 1998 年开工以来，堤防工程处于边建设边运行状态，经受住了历年汛期洪水的考验，并成功抵御了 2002 年、2016 年、2017 年大洪水。加固后的长江干堤面宽 8～12m，堤顶高程平均超历史最高洪水位 2m 左右，大大提高了长江干堤的抗洪能力，汛期险情大为减少，降低了防汛成本，防洪效益显著；较好地改善了地方生产、生活条件和投资环境，为经济发展提供了防洪安全保障。

1.8　钱粮湖、共双茶、大通湖东三个蓄洪垸围堤加固工程

1999 年 5 月，国务院以国发〔1999〕12 号文转发水利部《关于加强长江近期防洪建设的若干意见》，明确先行建设城陵矶附近的钱粮湖、共双茶、大通湖东三个蓄洪垸。2009 年 4 月，国家发展改

❶　引自《长江重要堤防隐蔽工程岳阳长江干堤加固工程单位工程投入使用验收鉴定书》《长江重要堤防隐蔽工程 2001—2002 岳阳长江干堤单位工程投入使用验收鉴定书》。

革委以发改农经〔2009〕2734号批复了《钱粮湖、共双茶、大通湖东三个蓄洪垸围堤加固工程可行性研究报告》。2010年9月，水利部以水总〔2010〕345号批复《钱粮湖、共双茶、大通湖东三个蓄洪垸围堤加固工程初步设计报告》。钱粮湖、共双茶和大通湖东垸三个蓄洪垸总面积977.2km^2，蓄洪总容积51.91亿m^3，蓄洪区内总人口52.65万人，耕地面积78.12万亩，一线围堤311.48km。

钱粮湖、共双茶、大通湖东三个蓄洪垸围堤加固长度为193.48km，其中钱粮湖垸106.30km、共双茶垸67.12km、大通湖东垸20.06km。

钱粮湖垸蓄洪设计水位采用1954年二门闸水位33.06m控制（1985国家高程基准，下同）；共双茶垸蓄洪设计水位采用八形汊处水位33.65m；大通湖东垸蓄洪设计水位采用德胜实测水位33.68m。东南洞庭湖区外河设计洪水位按1954年实测最高洪水位；穿堤建筑物的设计水位按所在堤段设计洪水位加0.5m确定。蓄洪垸围堤设计水位采用外河设计洪水位与蓄洪设计水位的外包线确定。各蓄洪垸围堤及穿堤建筑物级别为3级。三大垸围堤加固工程共完成大堤加培长度139.08km，堤身护坡64.03km，草皮护坡151.73km，抛石护脚23.62km，水泥土防渗墙81.89km，堤身灌浆47.59km，压浸平台18.85km，填塘固基47.42km，防鼠墙24.69km，穿堤建筑物（改、重建、整修、挖废）124处，混凝土路面117.69km，泥结石路面70.35km，坡道及踏步131处，防护林33.79km，管理房屋58处，碑牌路卡827处。完成的主要工程量：土方清基57.68万m^3，土方开挖128.4万m^3，土方填筑479.51万m^3，浆、干砌石14.66万m^3，抛石14.29万m^3，砂石垫层22.45万m^3，混凝土及钢筋混凝土17.91万m^3，砌石拆除8.86万m^3，混凝土拆除1.74万m^3，草皮护坡220.33m^2，灌浆进尺61.65万m；防渗墙123.41万m^2，粉喷桩3.75万m，混凝土路面32.43万m^2，泥结石路面34.93万m^2，钢筋2279t，钢闸门367t，启闭机154台（套），管理房屋8520m^2，防护林54380株。完成工程总投资9.24亿元，交付总资产9.24亿元，其中建筑工程9.08亿元、机电设备及金属结构0.16亿元。

钱粮湖垸围堤加固工程2009年11月开工，2020年12月完工；共双茶垸围堤加固工程2010年11月开工，2016年1月完工；大通湖东垸围堤加固工程2010年11月开工，2019年4月完工（表3.1-11）。

表3.1-11　钱粮湖等三垸围堤加固工程量表

项　目	单位	数量	项　目	单位	数量
大堤加培	km	139.08	浆、干砌石	万m^3	14.66
穿堤建筑物改建	处	124	抛石	万m^3	14.29
土方清基	万m^3	57.68	混凝土及钢筋混凝土	万m^3	17.91
土方开挖	万m^3	128.4	钢筋	t	2279
土方填筑	万m^3	479.51	防护林	株	54380

1.9　围堤湖等10个蓄洪垸堤防加高加固工程

2010年6月，国家发展改革委以发改农经〔2010〕1352号批复《湖南省洞庭湖区围堤湖等10个蓄洪垸堤防加固工程可行性研究报告》。2011年，水利部以水规计〔2011〕558号批复《湖南省洞庭湖区围堤湖等10个蓄洪垸堤防加高加固工程初步设计》。10个蓄洪垸分别为：围堤湖、西官、澧南、城西、民主、屈原、九垸、建新、安澧、安昌，保护总面积1072.7km^2，耕地面积84.87万亩，总人口59.81万人（2005年）。围堤湖等10个蓄洪垸一线防洪大堤总长为490.46km，加固堤线长度为469.57m。

蓄洪垸围堤设计洪水位采用外河（湖）设计洪水位与蓄洪水位的外包线。外河（湖）设计洪水位，东、南洞庭湖及藕池河系按1954年实测最高水位确定，西洞庭湖及松滋、太平水系以1949—1991年中实测最高水位确定；各垸蓄洪水位分别为：民主垸33.26m（1985国家高程基准，下同）、安昌垸36.45m、安澧垸37.92m、城西垸33.42m、屈原垸33.10m、九垸39.59m、西官垸38.78m、澧南垸42.87m、围堤湖垸36.25m、建新垸32.82m。枯水位采用控制站多年平均最低水位加0.3m。穿堤建筑物的设计水位按所在堤段设计洪水位加0.5m确定。各垸堤防均为3级堤防，堤防及穿堤建筑物均按3级建筑物设计，沉螺池按4级建筑物设计。

围堤湖等10个蓄洪垸堤防加固工程2010年开始实施，2015年完工，2022年12月通过验收。工程建设内容和规模为：堤防加培182.17km；堤身隐患处理103.43km，其中锥探灌浆70.74km，充填灌浆32.69km；水泥土防渗墙113.55km；填塘固基77.70km，硬护坡堤防长度148.20km，草皮护坡325.41km，水下护脚堤防长度78.05km；穿堤建筑物加固45座、重建42座、改建51座、挖废7座；堤顶防汛公路硬化共计383.98km，其中混凝土路面318.39km，泥结石路面65.60km，上堤坡道72处。主要工程量为土方开挖654.54万m^3，土方回填1926.17万m^3，草皮护坡516.12万m，泥结石路面47.71万m，混凝土路面面层120.38万m^3，生态砖护坡1.63万m，雷诺护坡4.73万m，混凝土及钢筋混凝土57.19万m^3，浆砌石51.8万m^3，充填（锥探）灌浆596.43万m，水泥土防渗墙168.79万m，抛石97.81万m^3，粉喷桩88.22万m。工程完成投资19.9亿元（表3.1-12）。[1]

表3.1-12 围堤湖等10个蓄洪垸堤防加高加固工程量表

项　目	单　位	数　量	项　目	单　位	数　量
大堤加培	km	182.17	土方回填	万m^3	1926.17
堤身隐患处理及防渗堤防	km	103.43	浆砌石	万m^3	51.8
更新改造穿堤建筑物	处	138	抛石	万m^3	97.81
土方开挖	万m^3	654.54	混凝土及钢筋混凝土	万m^3	57.19

工程投入运行以后，有效提升了10个蓄洪垸的堤防防洪抗洪能力。工程开工建设并陆续运行至今，洞庭湖区发生了多次较大洪水，特别是2020年，城陵矶超警戒水位60天，10个蓄洪垸堤防工程未出现较大以上险情，一般险情也明显减少，大大减轻了防汛人员的劳动强度，节省了防汛开支和处置险情的物质消耗。同时，堤顶路面硬化、涵闸改造与水利血防灭螺工程等，有效地改善了垸区群众的生活环境、交通条件、生产条件。

1.10 安化等9个蓄洪垸堤防加固工程

2013年10月，国家发展改革委以发改农经〔2013〕1967号对《湖南省洞庭湖区安化等9个蓄洪垸堤防加固工程可行性研究报告》进行了批复。2014年5月，湖南省发展和改革委员会以湘发改农〔2014〕542号对《湖南省洞庭湖区安化等9个蓄洪垸堤防加固工程初步设计报告》进行了批复。

安化等9个蓄洪垸包括安化、南汉、和康、集成安合、南鼎、君山、义合金鸡、北湖、六角山等9个堤垸，一线大堤长310.31km，隔堤长48.08km，堤防保护面积647km^2，保护耕地47.29万亩，保护人口41.23万人（2008年），保护固定资产114.65亿元，有效蓄洪容积34.92亿m^3。

安化等9个蓄洪垸堤防加固工程2015年开始实施，至2020年完工，2022年12月通过竣工验收。

[1] 引自《湖南省洞庭湖区围堤湖等10个蓄洪垸堤防加固工程竣工验收鉴定书》。

工程完成建设内容为：堤身加培 119.22km，水泥土防渗墙 197.86km，压浸平台 3.09km，锥探灌浆 58.53km，黏土固化剂灌浆 1.5km，抛石护脚 56.99km，硬护坡 129.72km，草皮护坡 71.82km，填塘固基 73.47 万 m，混凝土路面 269.61km，穿堤建筑物改（扩、重）建 140 座等。完成的主要工程量：土方开挖 398.02 万 m^3，土方回填 643.96 万 m^3，草皮护坡 146.52 万 m，混凝土及钢筋混凝土 30.06 万 m^3，浆（干）砌石 31.49 万 m^3，砂垫层 22.4 万 m^3，灌浆进尺 221.1 万 m，水泥土防渗墙 267.35 万 m，黏土固化剂灌浆进尺 1.69 万 m，抛石 51.35 万 m^3，粉喷桩 12.01 万 m，泥结石路面 2.96 万 m，混凝土路面 105.37 万 m，钢筋制安 4049.79t，浆砌石拆除 16.74 万 m^3，混凝土拆除 1.92 万 m^3，闸门 372.56t，启闭机 152 台等。工程完成投资 14.4 亿元（表 3.1－13）。[1]

表 3.1－13　　安化等 9 个蓄洪垸堤防加高加固工程量表

项　目	单　位	数　量	项　目	单　位	数　量
大堤加培	km	119.22	浆（干）砌石	万 m^3	31.49
穿堤建筑物改建	座	140	抛石	万 m^3	51.35
土方开挖	万 m^3	398.02	混凝土及钢筋混凝土	万 m^3	30.06
土方填筑	万 m^3	643.96			

工程自实施并逐步投入运行以来，经历了 2016 年、2017 年、2020 年的较大洪水考验。堤防防洪抗洪能力得到有效提升，特别是 2020 年超警戒水位 60 天，9 个蓄洪垸堤防工程未出现较大以上险情，一般险情也明显减少，大大减轻了防汛人员的劳动强度，节省了防汛开支和处置险情的物资消耗。工程同时还改善交通条件、降低了垸区群众被感染的风险、提高了农田排渍、抗旱能力。

1.11　黄盖湖防洪治理工程

2017 年 8 月，国家发展改革委以发改农经〔2017〕1569 号批复同意《黄盖湖防洪治理工程可行性研究报告》，同意黄盖湖防洪治理工程正式立项。2018 年 6 月水利部以水许可决〔2018〕30 号《黄盖湖防洪治理工程初步设计报告准予行政许可决定书》批复同意黄盖湖防洪治理工程初步设计内容。批复初步设计概算为 15.32 亿元，其中湖南部分 10.05 亿元。

黄盖湖防洪治理工程的治理范围为黄盖湖湖区、黄盖湖出口鸭棚口河至铁山嘴泵站及支流新店河左岸、源潭河、内渍湖，其中新店河羊楼司镇羊楼司村至入黄盖湖口河道长 54km、源潭河聂市镇菜业村至入黄盖湖口河道长 12km、黄盖湖湖区 15km、出口鸭棚口河至铁山嘴泵站 9km 以及内湖 17.7km，治理河（湖）总长 107.7km。涉及湖南省临湘市的 8 个乡（镇）以及湖北省赤壁市的 5 个乡（镇）。

项目自 2017 年先期启动黄盖垸堤防整治工程和杨花咀垸、中山湖垸及冶湖堤防整治工程 2 个标段，2022 年 2 月最后一个合同工程完工。2022 年 12 月竣工验收，工程实际完成投资 8.09 亿元。

工程完成大堤加培长度 90.97km，新建护岸工程长度 12.09km（其中黄盖垸 1.64km 护岸工程与堤防加固工程重合）；迎水侧硬护坡 29.62km；新建草皮护坡 149.20km，其中迎水侧草皮护坡 58.23km，背水侧草皮护坡 90.97km；堤身隐患锥探灌浆处理 41.142km，充填灌浆 7.7km，高喷灌浆 0.85km；白蚁防治 41.142km；填塘固基长度为 52.08km；堤顶防汛道路 99.48km，其中混凝土路面 6.44km、泥结石路面 93.04km；恢复上堤坡道 173 处；重（改）建穿堤建筑物 94 座，闸门 90 扇。完成土方清基 68.14 万 m^3，土方开挖 88.44 万 m^3，土方填筑 416.65 万 m^3，填塘固基 109.42 万

[1] 引自《湖南省洞庭湖区安化等 9 个蓄洪垸堤防加固工程竣工验收鉴定书》。

m^3，草皮护坡 153.03 万 m^2，浆砌石脚槽 2.54 万 m^3，联锁块 0.89 万 m^3，砂石垫层 2.69 万 m^3，干砌石 5.67 万 m^3，抛石 12.78 万 m^3，混凝土路面 2.57 万 m^2，灌浆进尺 110.52 万 m，雷诺护坡 7.02 万 m^3，格宾石笼 3.48 万 m^3，防渗墙 1.0 万 m^2，白蚁防治 41.142km，模袋混凝土 0.81 万 m^3，新建管理用房 1070m^2（表 3.1-14）。

表 3.1-14 黄盖湖综合治理工程量表

项 目	单 位	数 量	项 目	单 位	数 量
大堤加培	km	90.97	土方填筑	万 m^3	416.65
穿堤建筑物改建	座	94	填塘固基	万 m^3	109.42
土方清基	万 m^3	68.14	干砌石	万 m^3	5.67
土方开挖	万 m^3	88.44	抛石	万 m^3	12.78

工程实施后，流域防洪标准由建设前的 3～5 年一遇提高到 10～20 年一遇。工程可以有效地保护本地区的人民生命财产安全，还能起到维护社会稳定、促进经济发展的作用。同时，工程的实施还产生较大的社会和环境效益。

1.12 洞庭湖区重点垸堤防加固一期工程

2022 年 9 月，国家发展改革委以发改农经〔2022〕1513 号批复了《洞庭湖区重点垸堤防加固一期工程可行性研究报告》，2022 年 11 月，湖南省水利厅以湘水函〔2022〕303 号批复《洞庭湖区重点垸堤防加固一期工程初步设计》。湖南省洞庭湖区重点垸堤防加固一期工程地跨长沙、岳阳、常德、益阳 4 个市 15 个县（市、区），主要任务是对洞庭湖区松澧、安造、沅澧、长春、烂泥湖、华容护城等 6 个重点垸一线防洪堤防进行达标加固。工程直接保护常德、益阳 2 个市，津市市、沅江市 2 个县级市以及澧县、安乡县和华容县 3 个县城，总保护面积 3976.34km^2（图 3.1-4）。

图 3.1-4 重点垸（松澧垸）堤防加固一期工程施工现场
（图片来源：湖南省水利水电勘测设计规划研究总院有限公司）

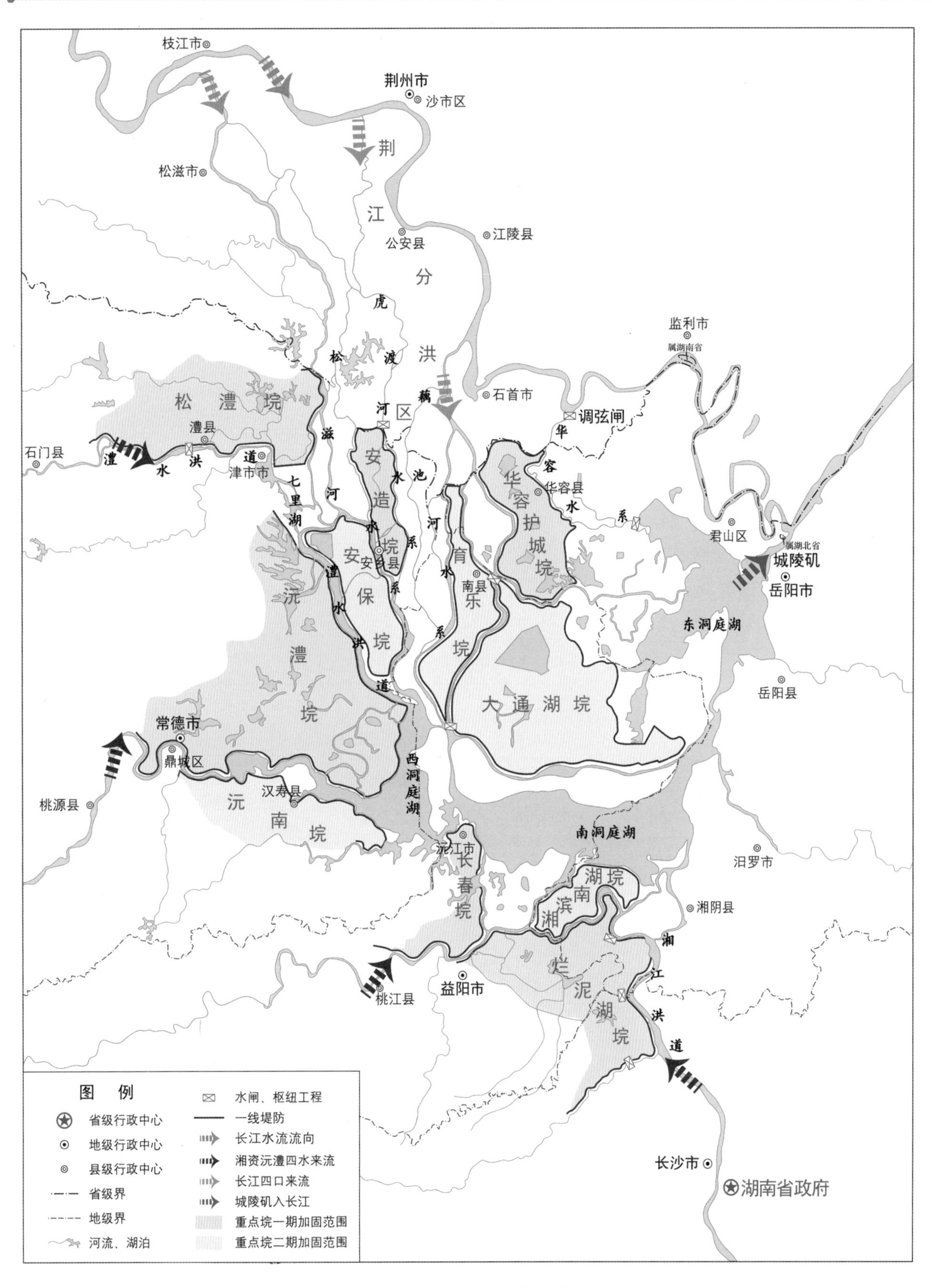

图 3.1-5 洞庭湖 11 处重点垸示意图

（图片来源：湖南省水利水电勘测设计规划研究总院有限公司）

洞庭湖区重点垸一线防洪大堤设计水位标准为：东、南洞庭湖及藕池河系按1954年实测最高洪水位确定，西洞庭湖及松滋、太平水系以中华人民共和国成立以来至1991年实测最高洪水位确定。根据国务院批复的《长江流域综合规划（2012—2030）》，考虑到城陵矶附近的防洪形势在上游干支流水库建成前还不能完全改善，城陵矶附近长江干堤和东、南洞庭湖区堤防的超高在原湖堤2.0m、河堤1.5m标准的基础上增加0.5m，即6个重点垸中松澧、安造、沅澧3个重点垸采用河堤超高1.5m，湖堤超高2.0m；长春、烂泥湖和华容护城3个重点垸位于东南洞庭湖区，堤顶超高增加0.5m，采用河堤超高2.0m，湖堤超高2.5m。各垸一线防洪大堤及穿堤建筑物等级确定为2级（图3.1-5）。

工程建设内容和总规模：一线防洪大堤总长658.46km。其中，堤防加高培厚23.78km；护坡总堤长53.63km，护脚总堤长97.67km；边坡加固及软基处理36.66km；堤身防渗及隐患处理257.16km（其中堤身防渗187.10km，白蚁蚁穴处理159.85km）；堤基防渗处理219.53km；建筑物重（改）建及加固202座（其中拆除重建及改建93座，加固73座，拆除复堤36座）；堤顶路面改造456.38km，修建上堤坡道320处、上堤踏步522处；影响处理工程包括堤顶路面恢复111.06km，护坡恢复27.93km等（表3.1-15）。

洞庭湖区重点垸堤防加固一期工程设计主要工程量：清基及开挖土方250.84万m^3、填筑土方199.83万m^3、现浇混凝土24.82万m^3、混凝土预制块护坡7.92万m^3、联锁式植草砖93.49万m^2、抛石57.15万m^3、钢丝网石笼126.17万m^3、水泥土防渗墙326.14万m^2、TRD工法水泥土防渗墙33.63万m^2、塑性薄壁混凝土防渗墙356.60万m^2、锥探灌浆819.15万m等。工程于2022年9月开工，计划总工期45个月，概算总投资73.60亿元（表3.1-15和表3.1-16）。

表3.1-15　洞庭湖区重点垸堤防加固一期工程规模表

项　目	单　位	数　量	项　目	单　位	数　量
堤防加培	km	23.78	堤身防渗及隐患处理	km	257.16
护坡	km	53.63	堤基防渗处理	km	219.53
护脚	km	97.67	穿堤建筑物重建及加固	座	215
边坡加固及软基处理	km	36.66	堤顶路面	km	460.313

表3.1-16　洞庭湖区重点垸堤防加固一期工程主要工程量表

项　目	单　位	合　计	项　目	单　位	合　计
清基、开挖土方	万m^3	250.84	砂石垫层	万m^3	19.05
填筑土方	万m^3	199.83	混凝土浇筑	万m^3	24.82
置换开挖土方	万m^3	5.00	混凝土预制块护坡	万m^3	7.92
置换回填土方	万m^3	5.00	联锁式植草砖护坡	万m^2	93.49
浆砌石	万m^3	3.66	喷植草皮护坡	万m^2	52.95
抛石	万m^3	57.15	水泥土防渗墙	万m^2	326.14
铁丝网石笼	万m^3	126.17			

第二章 城市防洪工程

湖南省洞庭湖近期防洪蓄洪工程实施后，重点堤垸的抗洪能力有了显著提高，但城市防洪工程并未纳入洞庭湖一期治理，防洪体系还不够完善，抗洪标准仍未达到城市防洪的标准。水利部审查通过的《湖南省洞庭湖区1994—2000年防洪治涝规划报告》，将城镇防洪作为七大项重点治理工程之一纳入。

1998年湖南省开始实施“四水治理”城市防洪建设。同年8月，湖南省水利厅组织编制了《洞庭湖区城市防洪工程利用外资可行性研究报告》，并于1999年通过了水利部的技术审查。国家计委以计农经〔2000〕1742号批准《湖南省洞庭湖区城市防洪工程可行性研究报告》。2000年8月湖南省水利水电勘测设计研究总院编制完成《湖南省洞庭湖区城市防洪初步设计报告》，湖南省水利厅以湘水计〔2002〕31号进行了批复。该报告中确定的范围包括长沙、岳阳、常德、益阳4个市的望城、长沙、宁乡、汨罗、临湘、岳阳、湘阴、华容、津市、安乡、汉寿、澧县、桃源、沅江、南县、桃江16个县（市、区）。时有城市人口457万人（其中4个市人口309万人），已建城区面积897.5km^2。

防洪标准为：长沙市中心城区河东片、河西片200年一遇，捞霞片100年一遇，非中心城区30年一遇；岳阳市、常德市、益阳市3市均为100年一遇（中心城区），其余长沙县等16个县及县级市为20年一遇。

除以上洞庭湖区范围内的4市、16县（市、区）外，洞庭湖区同属县级及以上防洪保护圈的还有：株洲市、渌口区[1]、湘潭市、湘潭县、临澧县、石门县。洞庭湖区县级及以上城市防洪保护圈共6市、19县（市、区），总计51个防洪保护圈（表3.2-1），堤防总长1190.70km。

表3.2-1 洞庭湖区城市防洪保护圈统计表[2]

序号	市	县（市、区）	防洪保护圈数量/个	堤防总长/km
一	长沙市		15	327.66
1		长沙市区	10	195.82
2		望城区	1	35.67
3		长沙县	2	45.17
4		宁乡市	2	51.00
二	株洲市		7	107.43
1		株洲市区	4	84.34
2		渌口区	3	23.09
三	湘潭市		4	79.79
1		湘潭市区	3	66.88
2		湘潭县	1	12.91

[1] 原株洲县，故单列。

[2] 引自《湖南省县级以上城市防洪保护圈现状情况核查报告》。

续表

序号	市	县（市、区）	防洪保护圈数量/个	堤防总长/km
四	岳阳市		7	83.14
1		岳阳市区	1	27.84
2		汨罗市	1	10.80
3		临湘市	2	8.30
4		岳阳县	1	2.00
5		湘阴县	1	18.26
6		华容县	1	15.94
五	常德市		12	379.83
1		常德市区	3	119.34
2		津市市	1	29.03
3		安乡县	1	32.50
4		汉寿县	1	95.28
5		澧县	1	30.90
6		临澧县	1	13.51
7		桃源县	2	33.92
8		石门县	2	25.35
六	益阳市		6	212.85
1		益阳市区	3	32.43
2		沅江市	1	43.08
3		南县	1	110.96
4		桃江县	1	26.38
合　计			51	1190.70

与此同时，湖南省又相继启动了主要支流、中小河流治理工程，尾闾地区的城镇防洪工程得以进一步完善。2015 年，湖南省人民政府针对县级以上城市防洪能力仍然薄弱的问题，提出了加快城市防洪工程建设的要求，各地积极推进城市防洪建设，这些工程投入均较大，也取得了较大成效。

2.1 长沙市城市防洪工程

2.1.1 长沙市中心城区防洪工程

长沙地处洞庭湖尾闾地区，湘水穿城而过，河流水系众多，1987 年长沙市被列为全国 25 个重点防洪城市之一。2000 年，湖南省水利厅以湘水计〔2002〕31 号批复《湖南省洞庭湖区城市防洪工程初步设计报告》，为确保重点并根据自然地理条件及经济地位进行了防洪工程布局，主要形成三个中心城区保护片和一个非中心城区保护片。

中心城区河东片以湘水右堤、浏阳河左堤、圭塘河左堤构成 1 个防洪保护圈。中心城区河西片以湘水左堤、龙王港左右堤、靳江左堤构成 2 个防洪保护圈。中心城区捞霞片以湘水右堤、浏阳河右堤、捞刀河左右堤、桃花港左堤构成 2 个防洪保护圈。非中心城区以浏阳河右堤、花园港左右堤、梨江港左右堤构成5个防洪保护圈。中心城区河东片、河西片设计防洪标准为200年一遇，捞霞片为100年一遇，非中心城区为30年一遇（表3.2-2）。

表3.2-2　　长沙市中心城区防洪保护圈基本情况表

序号	所在区	防洪保护圈名称	保护面积/km²	堤防长度/km
1	芙蓉区、天心区、开福区	中心城区河东片长善垸、福安垸、新河垸、旧城片防洪圈	61	27.57
2	岳麓区	中心城区河西片岳华垸、茶山垸、岳北垸防洪圈	18	7.00
3	岳麓区	中心城区河西片麓山垸、湘麓垸、丰顺垸防洪圈	9	14.92
4	开福区	中心城区捞霞片霞凝垸等12个堤垸防洪圈	31	23.46
5	开福区	中心城区捞霞片捞湖垸五合垸防洪圈	15	11.54
6	芙蓉区、开福区	中心城区东岸垸朝正垸防洪圈（原非中心城区东岸垸朝正垸防洪圈）	22	12.00
7	雨花区	中心城区高铁新城浏阳河西岸防洪圈	35	26.10
8	天心区	非中心城区暮云防洪圈	32	28.90
9	岳麓区	非中心城区洋湖高桥垸防洪圈	37	42.44
10	雨花区	非中心城区梨江垸花园垸防洪圈（原非中心城区花园垸防洪圈、梨江垸防洪圈、榔梨镇防洪圈）	2	1.89
合　计			262	195.82

随着城市不断发展、城区范围的不断扩大，防洪保护圈范围、堤防长度也随之增加。至2023年，长沙市共有10个防洪保护圈，防洪保护圈保护面积262km²、堤防总长195.82km。

1994年前，长沙城市防洪工程建设主要是进行了维修和养护。1994年11月龙王港大堤整治工程拉开了长沙市城市防洪建设的序幕，长沙市城市防洪工程全面启动。1994年以来，长沙市积极利用城市建设资金，结合日元贷款，相继实施了潇湘大道防洪工程、金霞片区防洪工程、合丰垸浏阳河防洪大堤整治工程、湘水东岸防洪综合改造工程等一批防洪大堤整治工程，同时还结合城市景观建设，对堤防进行综合整治。2017年7月3日，长沙迎来超历史特大洪水39.51m，超1998年洪水0.33m，但长沙城区秩序井然，防洪工程建设成效显著（图3.2-1）。

图3.2-1　长沙城市防洪工程迎战湘水洪水
（图片来源：湖南省水利厅）

2.1.2 望城区城市防洪工程

望城区位于湘水尾闾，主要防洪河流为湘水，沩水、八曲河自湘水西岸汇入。2000年《湖南省洞庭湖区城市防洪工程初步设计报告》批复，明确望城区城市防洪以马桥河为界分成胜利垸和同福垸2个防洪保护圈。胜利垸防洪保护圈由八曲河右堤、沩水右堤、湘水左堤、马桥河左堤构成，同福垸防洪保护圈由湘水左堤、新管子间堤构成，设计防洪标准均为20年一遇。后随城市发展与防洪工程建设，由胜利垸、同福垸和联合垸合成望城中心城区防洪保护圈，从西北自然高地接八曲河地，直至北二环，全长35.67km。

1988—1998年，望城区政府投入大量人力、物力对大众垸、洋湖垸等堤垸堤防加高加固。1998年特大洪水重创望城县大小堤垸堤防后，望城区再次加大了堤防建设投入。2003年，望城区城市防洪日元贷款启动，先后实施了大众垸水利防洪综合整治、沩水流域综合治理工程、湘水东岸及翻身垸堤防工程。至2023年，望城区中心城区防洪标准已达100年一遇。

2.1.3 长沙县城市防洪工程

长沙县位于长沙城区东北部，湘江支流捞刀河、浏阳河自东向西穿过境内。2000年《湖南省洞庭湖区城市防洪工程初步设计报告》批复，明确长沙县城市防洪以捞刀河堤结合自然地势分别构成高沙垸与团结垸两个独立防洪保护圈，设计防洪标准为20年一遇。后随城市发展与防洪工程建设，由回龙垸、团结垸、水塘垸、高沙垸组成星沙保护防洪圈防御捞刀河洪水，堤防总长23.17km，保护面积30km^2；由杨梅垸、大桥垸、敢胜垸、化田垸、跃丰垸组成高铁新城浏阳河东岸防洪圈防御浏阳河洪水。

近年来，长沙县相继启动了榔梨街道城市防洪和水环境综合治理工程、花园垸及梨江垸堤防培修加固整治工程、捞刀河南岸生态治理工程、浏阳河江背段防洪保护圈治理工程、草塘勘河江背镇项目等。至2023年，长沙县2个城市防洪保护圈已建堤防总长45.17km，保护面积44km^2。

2.1.4 宁乡市城市防洪工程

沩水河自西向东穿宁乡市城区而过，是宁乡市的主要防洪河流。2000年《湖南省洞庭湖区城市防洪工程初步设计报告》批复，宁乡县的防洪保护圈以沩水为界分东区、西区两个。西区防洪保护圈分为两段，一段从回龙垸龙江公路隔堤由北至南经沩水左岸、邱家屋场张家港至滨江新外滩，二段从彭桥里至筒车坝，总长18.90km；东区防洪保护圈自大水坑沿沩水由南向北至沙河右岸经平水河河口而后平水河左岸至岳宁大道后再沿平水河右岸至沩水四清洲，全长32.10km。两个城市防洪保护圈设计防洪标准均为20年一遇。至2023年，两个城市防洪保护圈合计堤防51.00km，保护面积41km^2。

2.2 株洲市城市防洪工程

2.2.1 株洲市中心城区防洪工程

株洲位于湘水下游，湘水从株洲市区穿越而过，将市区分为河西、河东两部分。同时又沿途接纳了枫溪港、建宁港、白石港、铜塘港、霞湾港等5条由山沟自然形成的小河流，较为开放的水系通道给株洲城市防洪带来了较大的压力。

1994年之前，株洲市的城市防洪工程尚未形成完全的防洪体系，堤线零碎、堤身单薄，1994年特大洪水大水后，株洲市迅速开展了城市防洪工程建设。1995 年 1 月，《株洲城市防洪工程规划报告》通过审查，其后完成了可行性研究、初步设计等工作。株洲市积极利用“四水治理”、世界银行贷款、亚洲开发银行贷款等资金开展城市防洪工程建设。

至 2023 年，株洲市共有 4 个防洪保护圈，这 4 个防洪保护圈是以湘水、枫溪港、白石港为界，依次为河西防洪保护圈、清响田防洪保护圈（清水塘、响石岭）、荷明防洪保护圈（荷塘、明照）、曲建防洪保护圈（曲尺、建宁），堤防总长 84.34km，总保护面积 $227km^2$。其中：清响田保护圈防洪堤北起华晨藏龙湾，经沿栗江右岸，湘江右岸西至隧坑里，防洪堤全长 19.83km，荷明保护圈防洪堤自彭家滩经沿栗江左岸，湘江右岸至嘉洲大厦，全长 22.08km。曲建保护圈防洪堤自枫溪港南岸的南华橡胶厂开始，经燎原、黎家园、樟树湾至曲尺乡的吴家祠堂，全长 11.28km；河西保护圈防洪堤自南边中屋湾群丰镇的横山岭经金家园、皂角园、错石、徐家港、李家码头、渡口、易家港、上棚、龙家祠堂、南塘坪、石子塘至麻围子，全长 31.15km（表 3.2－3）。

至 2023 年，株洲市中心城区已基本达到 100 年一遇设防标准（图 3.2－2）。

表 3.2－3　　株洲市城市防洪保护圈基本情况表

序号	所在区	防洪保护圈名称	保护面积/km^2	堤防长度/km
1	云龙示范区、石峰区	清响田	97	19.83
2	芦淞区、荷塘区、云龙示范区	荷明	51	22.08
3	芦淞区	曲建	20	11.28
4	天元区	河西	59	31.15
合计			227	84.34

图 3.2－2　湘水画卷株洲段（图片来源：湖南省水利厅）

2.2.2 渌口区城市防洪工程

渌口区原为株洲县，2018 年改为渌口区，位于湘水与渌江交汇口。渌口区城市防洪工程均位于湘水东岸，渌江自东岸汇入，将渌口区城市防洪划分为 3 个保护圈，即渌江右岸城市防洪保护圈、湘水堤城市防洪保护圈、渌江左岸城市防洪保护圈。湘水堤城市防洪保护圈自甘家园沿渌江右岸、湘江右岸至王竹坡。渌江右岸城市防洪保护圈自西塘村沿渌江右岸与湘江堤连接。渌江左岸城市防洪保护圈自株洲航电枢纽沿湘江右岸、渌江左岸至南山村。2018 年，湖南省人民政府以湘政函〔2018〕55 号批复《株洲县城市总体规划（2001—2020）》，明确渌口区城市防洪标准为 20 年一遇。至 2023 年，渌口区 3 个城市防洪保护圈堤防总长 23.09km，保护面积 $9km^2$。

2.3 湘潭市城市防洪工程

2.3.1 湘潭市中心城区防洪工程

湘潭市地处位于湘水下游，湘水自南向北呈现“C”形流经市区。2018年，湘潭市人民政府以潭政函〔2018〕58号批复《湖南省湘潭市城市水利规划（2016—2030年）》，明确湘潭市区城市防洪由河西、河东、仰天湖3个防洪保护圈组成。河西防洪保护圈上起于涟水河口，沿湘江干流向北至银界塘的白泥冲高地，由姜畲堤、十万垅堤、河西堤、文星堤、天星堤、和平堤等6处堤防组成，全长29.32km；河东防洪保护圈起于湘江干流的马家河半边山，止于沪昆高速桥，由建设堤、河东大堤等2处堤防组成，全长31.81km；仰天湖防洪保护圈由仰天湖大堤组成，起于湘江干流沪昆高速桥止于与长沙市暮云交界的易家坪，全长5.75km。规划城市防洪标准为100年一遇（表3.2-4）。

表3.2-4 湘潭市城市防洪保护圈基本情况表

序号	所 在 区	防洪保护圈名称	保护面积/km²	堤防长度/km
1	雨湖区	河西防洪保护圈	230.00	29.32
2	岳塘区	河东防洪保护圈	206.3	31.81
3	岳塘区	仰天湖防洪保护圈	19.16	5.75
合 计			455.46	66.88

1991年前，湘潭市多次组织实施了沿河防洪堤的加高加固工程，但仍未能满足城市发展的需要。1992年后，湘潭市不断加大城市防洪的投资力度，积极利用主要支流治理、四水治理、亚行贷款等资金，实施了十万垅堤防加固工程、河东大堤堤防加固工程、河西大堤治理工程等项目。至2023年，湘潭市3个城市防洪保护圈已建堤防总长66.88km，保护面积455.46km²。

2.3.2 湘潭县城市防洪工程

湘潭县城区位于湘水左岸与涓水汇合口处。2018年，《湖南省湘潭市城市水利规划（2016—2030年）》获批，明确湘潭县城市防洪范围为向东渠以西、涓水以东、滨江堤以南构成的滨江防洪保护圈，设计防洪标准为20年一遇。多年来，湘潭县滨江防洪保护圈先后投入0.32亿元，启动堤防加固及风光带建设。至2023年，湘潭县建成滨江防洪保护圈堤线12.91km，保护面积17.3km²。

2.4 岳阳市城市防洪工程

2.4.1 岳阳市中心城区防洪工程

岳阳市位于湖南省北部，长江与洞庭湖交汇处。中心城区呈带状，三面环水，城区防洪堤南起湖滨月形湖，北至长江东岸道仁矶，沿线有湖滨、南津港、东风湖、吉家湖、永济垸5条一线防洪堤。其中湖滨、南津港堤防御东洞庭湖洪水，东风湖、吉家湖堤防御洞庭湖出口洪水和长江洪水，永济垸堤防御长江洪水（图3.2-3）。

1988年，岳阳市开始城市防洪工程建设。1992年岳阳市被列入全国重点防洪城市后，加快了城市防洪工程建设的步伐。1994年《岳阳市城市防洪规划》获批，1995年审查通过可行性研究报告。此后，相继启动东风湖和吉家湖堤加固工程、南津港堤防加固工程、关门湖堤加高加固工程等。2002

图 3.2-3 岳阳市中心城区防洪工程南津港堤段
（图片来源：湖南省水利水电勘测设计规划研究总院有限公司）

年，《湖南省洞庭湖区城市防洪工程初步设计报告》获湖南省水利厅批复，明确岳阳市总体防洪治涝范围南起月形湖，北至莲花塘水位站，总防洪线长 15.69km，为市区防洪保护圈，设计防洪标准为 100 年一遇。

由此，岳阳市再次加大城市防洪工程建设投入，至 2023 年岳阳市投入中心城区城市防洪资金 3.54 亿元，形成了湖滨堤、南津港堤、韩家湾堤、东风湖堤、吉家湖堤、城陵矶堤、永济垸长江堤组成的岳阳市中心城区防洪保护圈，建成防洪保护圈堤防 27.84km，保护面积 158.33km²。

2.4.2 临湘市城市防洪工程

长安河穿临湘而过，将临湘市城市防洪工程划分为河东保护圈与河西保护圈。2002 年《湖南省洞庭湖区城市防洪工程初步设计报告》获批，明确河东保护圈由铁路桥至二桥的长安河右堤接自然高地构成；河西保护圈由铁路桥至三湾机耕桥的长安河左堤接自然高地构成，设计防洪标准为 20 年一遇。

1995 年，临湘市将长安河沿河 3.8km、东西纵深各 300m，作为城市防洪区进行建设。1997 年年底，第一期工程河道裁弯取直、导墙护砌、大坝修筑等项目竣工。第二期防洪工程纳入日元贷款项目，总投资 0.96 亿元。至 2023 年，临湘市 2 个保护圈已建成堤防总长 9.3km，保护面积 3.8km²。

2.4.3 湘阴县城市防洪工程

湘阴县城位于湘水尾闾东岸、三面临水，白水江由东向西贯穿城区。2002 年《湖南省洞庭湖区城市防洪工程初步设计报告》获批，明确防洪保护圈以白水江为界分为左右两片，共同构成城市防洪圈。以湘水右堤城关渡口处向上游接白水江右堤至张拱桥构成白水江右片防洪保护圈，其中城关渡口下游至县党校以自然地形挡水；以白水江左堤接湘水右岸高地构成白水江左片防洪保护圈，设计防洪标准为 20 年一遇。

湘阴县的防洪工程建设，分为三期施工：第一期 1996—2004 年主要建设内容分为防洪带开发工程、防洪及纯公益工程，共计投入资金 1.07 亿元；第二期为 2019 年开展建设的白水江—东湖—湘水河湖连通工程，共计投入资金 0.37 亿元；第三期为东湖垸白水江堤防整治工程，于 2020 年开工，2021 年完工，工程总造价 0.15 亿元。至 2023 年，湘阴县城关镇防洪保护圈已建成堤防总长

18.26km，保护面积 37.77km²。

2.4.4 华容县城市防洪工程

华容县城位于洞庭湖区北部，华容河穿城区而过。2002 年 4 月，省水利厅明确华容县防洪保护圈以华容河为界分为左右两片，共同构成 1 个县城保护圈。左片为非主城区，防洪保护圈由华容河左堤接自然高地构成；右片为主城区，防洪保护圈由华容河右堤、新建堤接自然高地构成，规划防洪堤长 14.35km，设计防洪标准为 20 年一遇。

2005 年华容县城市防洪日元贷款工程启动，总投资为 0.38 亿元，重点加固华容一桥至石山矶段防洪堤及城区排涝设施建设。工程于 2005 年 1 月动工，2007 年 1 月工程基本竣工。至 2023 年，华容县城市防洪保护圈已建成堤防 15.94km。

2.4.5 岳阳县城市防洪工程

岳阳县城位于新墙河入东洞庭湖河口处，城市防洪工程既防御洞庭湖洪水，也防御新墙河洪水。2002 年《湖南省洞庭湖区城市防洪工程初步设计报告》获批，明确岳阳县城市防洪保护圈东起东方水库，沿白羊水库间堤至泥家湖北侧，跨京广铁路接小毛家湖间堤至荣湾水库北侧，然后沿自然高地至岳武，设计防洪标准为 20 年一遇。

2016 年岳阳县开始实施小毛家湖防洪大堤除险加固工程，工程于 2018 年 9 月完工。工程主要建设内容包括新修小毛家湖防洪大堤 2km，完成总投资 1.09 亿元。至 2023 年，岳阳县城市防洪保护圈已建成堤防 2km，保护面积 37.77km²。

2.4.6 汨罗市城市防洪工程

汨罗市城区北临汨罗江、东靠友谊河。2002 年《湖南省洞庭湖区城市防洪工程初步设计报告》获批，明确汨罗市城市防洪采用整体保护方式，在友谊河口建闸以控制洪水时汨罗江水进入友谊河，以汨罗江左堤接百丈口至红旗水库排水渠堤防构成汨罗江高泉防洪保护圈，规划防洪堤长 9.53km，设计防洪标准为 20 年一遇。

2000 年 9 月国家计委批复汨罗城市防洪日元贷款工程设计。2001 年 4 月汨罗市政府在日元贷款未到位的情况下对项目提前实施，项目主要包括友谊河综合治理工程与沿江大道防洪工程。至 2023 年，汨罗市已建成城市防洪圈堤防 10.80km，保护面积 24.54km²。

2.5 常德市城市防洪工程

2.5.1 常德市中心城区防洪工程

常德市中心城区地处沅水尾闾，沅水穿中心城区而入洞庭湖。2002 年《湖南省洞庭湖区城市防洪工程初步设计报告》获批，明确常德市城市防洪利用现有堤防结合地形修筑隔堤，分片构成 3 个独立的防洪保护圈：江北防洪保护圈、江南防洪保护圈和德山防洪保护圈，其中，江北防洪保护圈防洪标准为 100 年一遇，江南和德山防洪保护圈为 50 年一遇。

江北防洪保护圈位于沅澧垸西端，东起马家吉河、南临沅水、西抵渐水河、北靠白合山丘岗。江北防洪保护圈工程以沅水左大堤、夹街市至熊家湾隔堤、马家吉河右堤构成，堤防总长 68.08km，其中 36.36km 防洪标准为 100 年一遇，31.72km 防洪标准为 50 年一遇，保护面积 180km²。江南防洪堤防由沅水右堤、新堤至雷家潭隔堤组成，总长 35.50km，保护面积 91km²。常德防洪保护圈以沅水右大堤、三合垸隔堤、枉水右堤构成，堤防总长 15.76km，保护面积 40km²（表 3.2-5)。

表 3.2-5　　常德市中心城区防洪保护圈基本情况表

序号	所在区	防洪圈名称	保护面积/km²	堤防长度/km
1	武陵区	江北	180	68.08
2	鼎城区	江南	91	35.50
3	武陵区（德山经开区）	德山	40	15.76
合　计			311	119.34

常德市自 1995 年起，利用日元贷款、沅水主要支流治理项目等资金，先后开展江北城区防洪工程、江南城区城市防洪工程、善卷垸城市防洪工程、德山区城市防洪工程等。至 2023 年，常德市 3 个防洪保护圈已建成堤防总长 119.34km，保护面积 311km²（图 3.2-4）。

2.5.2　津市市城市防洪工程

津市市位于澧水尾闾，澧水穿城而过将津市市分为南北两片，北岸为主城区，属护市垸，南岸为工矿区，属阳由垸。2002 年《湖南省洞庭湖区城市防洪工程初步设计报告》获批，明确津市市城市防洪保护圈包括护市垸和阳由垸，护市垸防洪保护圈由澧水左岸防洪墙、涔澹河右堤、澹水右堤、澧津间堤构成。设计防洪标准为 20 年一遇。

图 3.2-4　常德诗墙❶（常德市中心城区沅水防洪大堤；图片来源：常德市水利局）

2003 年津市市耗资 400 万元实施城北护市垸堤防加固工程。2004 年 10 月，津市市政府利用日元贷款 3000 多万元修筑窑坡渡工区防洪堤，全长 2.00km。2017 年，津市市自筹资金 5000 万元，对城北护市垸澧水 4.45km 堤防进行整治。至 2023 年，津市市已建成城市防洪圈堤防总长 29.03km，保护面积 32.8km²。

2.5.3　安乡县城市防洪工程

安乡县城位于重点垸安造垸南部，东临虎渡河、西临松滋河。2002 年《湖南省洞庭湖区城市防洪工程初步设计报告》获水利厅批复，明确安乡县城市防洪保护圈由安造垸大堤、安障东间堤、安障南间堤而构成，设计防洪标准为 20 年一遇。

1996—2001 年年底，安乡县发动全县干部职工捐资 915.44 万元用于防洪保护圈建设。2005 年，安乡县日元贷款城市防洪工程开工，2007 年 2 月完工，工程总投资 6180.42 万元。至 2023 年，安乡县已建成县城防洪圈堤防总长 32.50km，保护面积 68.03km²。

2.5.4　澧县城市防洪工程

澧县县城位于澧水北岸，洞庭湖 11 个重点垸松澧垸内。2002 年《湖南省洞庭湖区城市防洪工程初步设计报告》获水利厅批复，澧县城市防洪保护圈由澧水左堤（乔家河—黄沙湾）、澹水左堤（黄

❶ 常德诗墙是以城区沅江防洪大堤为载体，历时 10 年修建的一座具有鲜明艺术特色的大型文化工程。选刻自先秦以来有关常德的诗作和中外名诗 1530 首，被称为世界最长的诗、书、画、刻艺术墙。

沙湾—十回港)、大平干堤右堤(十回港—马堰)、乔涔南干左堤(马堰—乔家河)构成,防洪标准为20年一遇。

2005年澧县纳入城市防洪利用日元贷款项目,工程于2005年3月组织动工,至2007年年底工程完工,共完成投资0.26亿元。2008—2009年,澧县筹资近1.1亿元,完成了6.00km澧水大堤县城区段压浸除险加固工程建设任务。至2023年,澧县已建成城市防洪圈堤防总长30.90km,保护面积490km^2。

2.5.5 汉寿县城市防洪工程

汉寿县城位于沅水洪道南岸,洞庭湖11个重点垸沅南垸内。2002年《湖南省洞庭湖区城市防洪工程初步设计报告》获水利厅批复,明确汉寿县防洪保护圈由东北及北部的沅南垸大堤、西部的新兴隔堤、南湖撇洪河左堤构成,城市防洪标准为20年一遇。

2005年,汉寿县城市防洪工程启动,工程总投资8185万元,其中日元贷款资金折合人民币约2500万元。主要工程项目有南阳嘴闸、翻水口船闸改建和新堤拐至阁金口长13.5km大堤培修等。2011年以后,汉寿县加快了城市防洪保护圈建设。至2023年,汉寿县已建成城市防洪圈堤防95.28km,保护面积479.04km^2。

2.5.6 桃源县城市防洪工程

桃源县位于沅水下游,1995年大水以后,桃源县决定按照近期20年一遇、远期50年一遇的标准设计,重新修建桃源保护圈、桃花源防洪圈两个县城防洪圈。1995年8月,桃源县城市防洪工程开工,1996年5月前建成了封闭的县城防洪圈,在1996年洪水中发挥重要作用。2002年《湖南省洞庭湖区城市防洪工程初步设计报告》获水利厅批复,明确桃源县防洪保护圈以沅江为界分左右两片,左片为漳江垸(主城区)、右片(非主城区)为浔阳垸,城市防洪标准为20年一遇。

桃源县城市防洪工程纳入了省日元贷款项目,工程总投资4868万元。2011—2022年,桃源县开展了"四水治理"工程,完成投资1.66亿元。2022年,桃源县完成了沅水桃源县漳江垸河段治理工程年度任务,堤防加高加固长度4.4km,完成投资0.60亿元。至2023年,桃源县桃源保护圈、桃花源防洪圈已建成堤防总长33.92km,保护面积78.68km^2。

2.5.7 临澧县城市防洪工程

临澧县位于澧水一级支流道水河畔,县城中心位于道水中下游平原地区,由于道水上游暴雨强度大、水流快,容易发生洪涝灾害。《湖南省湘资沅澧四水重要河段治理工程可行性研究报告》获批,县城保护圈自省道125由西往东至省道517止,长13.51km,设计防洪标准为20年一遇。

2001年临澧县在道水左岸修建一条长1.72km,宽4m的防洪堤。2011—2015年连续对堤防进行加修,建成防洪大堤4.60km,完成投资4411万元,形成小范围的城市防洪保护圈,但未形成封闭。2019年7月继续对安福垸堤防进行加修,新建堤防7.45km,加高加固未达标堤防1.46km,完成投资1.35亿元。至2023年,临澧县已建成城市防洪圈堤防长13.51km,保护面积13.8km^2。

2.5.8 石门县城市防洪工程

石门县城位于澧水干流,澧水自西向东将城区分为南北两片。20世纪90年代以前,县城基本上无防洪设施。1991年8月石门县城市防洪建设指挥部成立,1991—1998年,共修筑北岸老城区堤防3.4km,完成投资1669.22万元。1998—2003年利用国家"四水治理"资金,共培修加固堤防5.35km,完成总投资2703.21万元。

2006年,《湖南省石门县城市防洪报告》获省水利厅批复,明确石门县城市防洪工程由宝峰区

（南岸）和东城区（北岸）2个防洪保护圈组成，南岸保护圈自梨子园至牌楼村，堤长13.25km，北岸保护圈为老城区，自三江口至申家溪，堤长12.1km。设计防洪标准为20年一遇。2004年，石门县城市防洪建设纳入了亚洲银行贷款项目，兴建了9.49km防洪堤，工程建设完成项目投资约1.00亿元。此后又多次对防洪大堤进行加高培厚，至2023年，石门县北岸防洪保护圈、南岸防洪保护圈已建成堤防25.35km，保护面积13.25km^2。

2.6 益阳市城市防洪工程

2.6.1 益阳市中心城区防洪工程

益阳市中心城区位于资水尾闾地区，资水穿中心城区而过。2002年，湖南省水利厅批复《湖南省洞庭湖区城市防洪工程初步设计报告》，明确益阳市防洪工程以资水为界分江左、江右两区，各以资水大堤结合自然高地或隔堤形成3个独立的防洪保护圈（图3.2-5）。江右中心城区以志溪河右堤、资水右堤（至益阳二桥）、常长高速公路防洪堤（至烂泥湖撇洪河桥）构成河南防洪保护圈；江左资阳区以资水左堤、常长高速公路防洪堤、钟塘湾隔堤构成河北防洪保护圈；永申垸为永申保护圈（非中心城区），中心城区防洪标准为100年一遇，非中心城区永申垸为20年一遇。

图3.2-5 益阳市中心城区资水大堤（图片来源：湖南省水利厅）

2002年，益阳市城市防洪工程初步设计批复总投资6.46亿元，益阳市利用日元贷款资金、城市建设资金，相继实施了益阳城市防洪防洪工程、益阳市资阳区枫树塘治理工程等。至2023年，益阳市3个城市防洪保护圈已建成堤防总长32.43km，保护面积140.41km^2（表3.2-6）。

表3.2-6 益阳市中心城区防洪保护圈基本情况表

序号	所在区	防洪保护圈名称	保护面积/km^2	堤防长度/km
1	资阳区	河北	64.46	9.22
2	赫山区	河南	63.28	6.29
3	赫山区	永申	12.67	16.92
合计			140.41	32.43

2.6.2 沅江市城市防洪工程

沅江市城区地处重点垸长春垸内，北临南洞庭湖，东、南为资水。2002 年，湖南省水利厅批复《湖南省洞庭湖区城市防洪工程初步设计报告》，明确沅江市防洪保护圈由东、北、西北的长春垸大堤、新建隔堤构成，防洪标准为 20 年一遇。

沅江市城市防洪工程始于 1996 年。1996 年的特大洪水使得沅江市城区沦为泽国，沅江市在灾后举全市之力加修培厚长春垸堤防 12.03km、新修堤防 19.37km。工程历经 4 年，总投资 0.36 亿元。2003 年，沅江市城市防洪工程利用日元贷款资金进一步加强防洪堤建设，工程总投资为 0.65 亿元。至 2023 年，沅江市已建成城市防洪圈堤防总长 43.08km，保护面积 128km^2。

2.6.3 南县城市防洪工程

南县县城地处重点垸育乐大垸北部，为藕池中支、东支所环绕。2002 年，湖南省水利厅批复《湖南省洞庭湖区城市防洪工程初步设计报告》，明确其防洪保护圈利用育乐大堤，并在育乐垸内的华容与南县交界线上加修北间堤构成，防洪标准为 20 年一遇。

考虑到南县整个城市防洪工程投资数额大，而且日元贷款有限，因此南县先期利用日贷资金实施 3 个建设项目：北间堤加高加固、南洲城区堤段加修、鱼尾洲电排建设，2006 年 6 月，3 个项目全面竣工。至 2023 年，南县城市防洪保护圈已建成堤防总长 110.96km，保护面积 366.44km^2。

2.6.4 桃江县城市防洪工程

桃江县地处资水尾闾，由于桃江县临近安化梅城暴雨中心，多年来常受洪水暴雨袭击。2002 年，湖南省水利厅批复《湖南省洞庭湖区城市防洪工程初步设计报告》，明确桃江县防洪保护圈以桃花江为界分为左右两片，左片由七星河右堤（县东肉厂—河口）、资水右堤（七星河口—桃花江口）、桃花江左堤（桃花江口—杨矮子屋场）构成；右片由资水右堤（曾家坪—桃花江口）、桃花江右堤（桃花江口—金华桥—张家湾）构成，设计防洪标准为 20 年一遇。

2003 年，桃江县城市防洪工程纳入日贷资金项目，2005 年 10 月开工，2011 年基本完成。在成功抵御了 2014 年、2016 年和 2017 年 3 次特大洪水后，桃江县于 2017 年再次启动城市防洪工程。桃江县城市防洪工程 PPP 项目 2017 年 11 月开工，2021 年 10 月完工，工程总投资 4.59 亿元。至 2023 年，桃江县城市防洪保护圈已建成堤防总长 26.38km。

第三章　排　灌　工　程

“洞庭熟、天下足”，洞庭湖区自古以来即是我国的粮食主产区。中华人民共和国成立前，由于排涝设施匮乏，洞庭湖区“十年九涝”，湖区人民不仅“房屋浸没水中”，还因“渍水过深而至颗粒无收”。

20世纪50—70年代，湖南省水利部门曾多次编制《洞庭湖区治涝规划》，并开展了排涝泵站、撇洪、水闸、排涝渠道等工程建设，洞庭湖区排涝、灌溉能力大幅提高。20世纪50年代湖区开始建蒸汽机和内燃机排水站，60年代开展洞庭湖区电排歼灭战并编制《洞庭湖区电排建设规划书》，70年代实施了大、中型泵站建设及撇山洪、改造低产田和田园化农田基本建设。傍山堤垸撇洪工程格局也是在这时期初步形成。

20世纪80年代后湖南省先后三次编制《湖南省洞庭湖区排涝规划》。1995年《湖南省洞庭湖区1994—2000年防洪治涝规划报告（近期治理第二期工程）》获批，治涝工程是该规划的主要内容之一。1993—2007年，湖南省实施以工代赈电排更新改造项目。2005年，国家实施中部四省大型排涝泵站更新改造项目。2009年湖南省按照《全国大型灌溉排水泵站更新改造方案》开展灌溉排水泵站更新改造。2017年，水利部、国家发展改革委、财政部联合印发了《加快灾后水利薄弱环节建设实施方案》，湖南省据此组织开展洞庭湖区重点区域排涝能力建设。

中华人民共和国成立以来，洞庭湖区排涝能力不断加强、灌溉体系不断完善，排涝标准已达到5～10年一遇，已建成大型灌区10处，形成了我国最大的水稻生产区，基本建成了“撇洪、闸排、滞涝、泵站”相结合的治涝工程体系、“蓄、引、提”水源工程与灌排渠系组成的灌溉体系。

3.1　泵站工程

中华人民共和国成立之初，洞庭湖区“十年九涝”，垸内农作物频频受到内涝侵袭，湖区人民常说“保命靠大堤、吃饭靠电排”。排灌泵站为促进农业产业结构调整和农业稳产、高产，促进农民增收，保障粮食安全及农村社会稳定方面发挥了巨大的作用。

中华人民共和国成立初期洞庭湖区只有原农复会[1]留下来的少数破旧的小型汽油机，分散在各地，但均未作用。20世纪50年代发展以木炭或白煤作燃料的煤气机，1953年冬在沅江县乐成下垸（现益阳市资阳区民主垸）刘家湖兴建第一个蒸汽机站，1954年3月竣工投产，采用150马力蒸汽机2台。同时随着我国石油工业的发展，在洞庭湖区兴起了以柴油机为动力的排灌机械。1955年后曾在长沙、常德、津市等地开始试行小型电力排灌站，1958年常德电厂增容，在八官障芷湾兴建8台共600kW的第一处湖区较大的电力排灌机埠；1962年柘溪水库第一台机组投产后，给洞庭湖区电力排灌提供了先决条件；1963年冬开始了由柘溪至武圣宫的大型输变电网站建设和连续3年的洞庭湖区“电排歼灭战”；1973年为解决电网送电“卡脖子”现象开始电网升压改造工程，1974年开始兴建大型泵站。

随着泵站运行时间的不断延长，机电设备和水工建筑物的老化损坏、功能衰减、效益下降、故

[1] 农复会，全称中国农村复兴联合委员会，于1948年10月1日在南京成立，由美国政府代表及国民党政府代表组成。

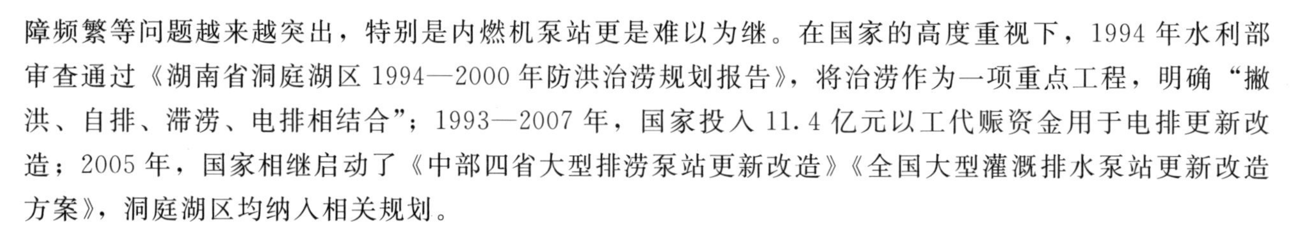
障频繁等问题越来越突出，特别是内燃机泵站更是难以为继。在国家的高度重视下，1994年水利部审查通过《湖南省洞庭湖区1994—2000年防洪治涝规划报告》，将治涝作为一项重点工程，明确“撇洪、自排、滞涝、电排相结合”；1993—2007年，国家投入11.4亿元以工代赈资金用于电排更新改造；2005年，国家相继启动了《中部四省大型排涝泵站更新改造》《全国大型灌溉排水泵站更新改造方案》，洞庭湖区均纳入相关规划。

2017年5月，水利部、国家发展改革委、财政部联合印发了《加快灾后水利薄弱环节建设实施方案》，湖南省洞庭湖区重点区域排涝能力建设纳入实施方案的共18个涝片，总投资48亿元。新建泵站90座，装机容量12.67万kW，更新改造泵站529座，装机容量20.55万kW，整治撇洪沟及渠系684km，加固内湖堤防221km，新增、改善除涝面积926.1万亩。

至2021年，洞庭湖区共有排灌泵站12009座15525台133.21万kW（见表3.3-1），其中大中型泵站252座1596台59.2万kW，小型泵站11757座13929台74万kW（见表3.3-2）。

表3.3-1　　不同时期洞庭湖区泵站装机容量表

年　份	座　数	台	装机容量/万kW	流量/(m^3/s)
1954	1	2	150马力	
1963			3.75	
1966			17.60	
1973	1299	2207	23.03	2201.6
1987	2864	4713	45.43	4343.1
1992			53.44	5108.8
1996	2457	4510	55.61	5316.2
2003	3422		70.20	6711.0
2021	12009	15525	133.21	12734.7

注：空格处数据缺失。

表3.3-2　　洞庭湖区泵站基本情况汇总表

序　号	市　别	座　数	装机容量		流量/(m^3/s)
			台数	功率/kW	
1	长沙市	484	939	159127	1469
	大中型	37	243	87243	770
	小型	447	696	71884	699
2	株洲市	226	443	46497	349
	大中型	9	70	19256	187
	小型	217	373	27241	162
3	湘潭市	67	250	71325	641
	大中型	12	85	35025	326
	小型	55	165	36300	315

续表

序号	市别	座数	装机容量		流量/(m³/s)
			台数	功率/kW	
4	岳阳市	7579	8458	385430	3509
	大中型	65	387	142665	1453
	小型	7514	8071	242765	2056
5	常德市	2509	3446	381719	3745
	大中型	74	455	195354	2055
	小型	2435	2991	186365	1690
6	益阳市	1144	1989	287989	3021
	大中型	55	356	112002	1015
	小型	1089	1633	175987	2005
总计		12009	15525	1332087	12734
	大中型	252	1596	591545	5806
	小型	11757	13929	740542	6928

3.1.1 “电排歼灭战”

1963年，湖南省水利电力厅向省委的报告中提出了“有重点地积极发展电力排灌，三年内基本完成湖区电力排灌网”的意见。当年冬开始了连续三年的洞庭湖区“电排歼灭战”。1963年冬至1964年春增加装机22129kW，1964年冬至1965年春增加装机54395kW，1965年冬至1966年春增加装机61578kW。三年总共增加电排装机138102kW，为洞庭湖区1963年春电排装机37875kW的3.6倍。

3.1.2 洞庭湖区排涝建设以工代赈项目

1993—2007年，国家安排以工代赈资金用于洞庭湖区排涝工程更新改造，对大东口、马家吉、苏家吉等48处279台90075kW大中型排涝泵站进行新建续建，对89座612台168677kW大中型排涝泵站进行更新改造，总计完成大中型泵站137座891台258752kW。完成的主要工程内容包括：恢复或改造输电线路265.1km、更换变压器418台、整修机电设备等3814台套、更换电机水泵2798台套、改造闸门262张、建设桥梁1座、渠道开挖14.35km、新建泵房38处（表3.3-3）。洞庭湖区排涝建设以工代赈项目共投入资金8.80亿元。

表3.3-3 洞庭湖区排涝建设以工代赈项目分布情况表

所在市	新、续建	装机台数/台	装机容量/kW	更新改造	装机台数/台	装机容量/kW
长沙市	3	15	3650	3	21	5285
株洲市	0	0	0	2	15	2185
湘潭市	1	10	1150	2	8	4240
岳阳市	16	90	27040	30	211	52265

续表

所在市	新、续建	装机台数/台	装机容量/kW	更新改造	装机台数/台	装机容量/kW
常德市	16	80	35685	33	233	64660
益阳市	12	84	22550	19	124	40042
合计	48	279	90075	89	612	168677

其中规模较大的大型泵站有：大东口、明山、羊湖口、仙桃、蒋家嘴、坡头、苏家吉、牛鼻滩、铁山嘴9处，总投资1.16亿元。投资规模最大的是大东口电排，在1999—2003年共安排资金3470万元。

3.1.3 泵站更新改造

1. 中部四省大型排涝泵站更新改造

2005年9月，水利部对《中部四省大型排涝泵站更新改造规划》进行了批复（水规计〔2005〕483号），国家正式启动了中部四省大型排涝泵站更新改造项目。项目主要是为了解决我国中部粮食主产区大型排涝泵站存在的水工建筑物和机电设备老化、机泵效率下降、故障频繁发生、安全运行无保证等问题。

更新改造大型排涝泵站的规模确定标准为：总装机功率达10000kW及以上，或总装机流量达50m³/s及以上的单座泵站；由多级或多座泵站联合组成的泵站工程，其整个系统的总装机功率达到10000kW及以上或整个系统总装机流量达到50m³/s及以上的，并属同一单位管理的泵站；对规划进行更新改造的排涝泵站工程项目的排涝区内的渠系工程以及其上的附属建筑物，隶属供电部门的输变电设施及线路改造等，以及已列入南水北调项目、承担城市防洪排涝和供水以及承担流域调水等内容的泵站不列入更新改造的范围。

中部四省大型排涝泵站更新改造项目共规划改造湖南省、湖北省、江西省、安徽省共139处478座、总装机3450台110.69万kW、流量11421m³/s，规划总投资64亿元。其中湖南省纳入更新改造规划的大型排涝泵站有牛鼻滩、坡头、观音港、六角尾、仙桃、五七、明山、育新、紫红洲、新河、小河口、永丰、花兰窖、石山矶、南岳庙、铁山嘴、官港、城西、沙河口、谷花洲、黄沙湾、磊石、岩汪湖、广兴洲、穆湖铺、南硒、王家河、悦来河、木鱼湖等共29处155座1037台，装机容量28.7万kW，排涝水流量2483m³/s，规划总投资15.65亿元，项目于2006年启动，分三批实施完成。

2. 全国大型灌溉排水泵站更新改造

2009年，国家安排中央预算内专项资金启动实施全国大型灌溉排水泵站更新改造；2011年，国家发展改革委、水利部印发《全国大型灌溉排水泵站更新改造方案》，范围为用于农业灌溉、排水的大型泵站。此次更新改造只限于泵站工程本身，不涉及渠系及配套工程。洞庭湖区木鱼湖、许家台、大丰、鱼尾洲、南门桥、王家湖、沈家湾、竹埠港、蒋家嘴、中洲、东保、马井和天井硒等13处176座泵站纳入更新改造范围，装机容量16.49万kW，设计流量1483m³/s。工程于2019年实施完成，完成投资7.78亿元，新建、更新改造泵站177座948台，装机容量15.20万kW。

3.1.4 大型灌排泵站名录

至2021年年底，洞庭湖区共有大中型排涝泵站252座1596台59.2万kW（图3.3-1）。此处将满足流量大于50m³/s、单机800kW、总装机5000kW条件之一的泵站列举，共47座264台装机28.2万kW，流量3165m³/s，具体参数见表3.3-4。

表 3.3-4　洞庭湖区大型泵站基本情况表

序号	泵站名称	所在市	所在县（市、区）	所在堤垸	排入水系	功能	兴建/改造年份	装机台数/台	装机容量/kW	流量/(m^3/s)	受益面积/万亩		
											集雨面积	其中：耕地	其中：内湖
1	中心	长沙市	芙蓉区	长善垸	浏阳河	排涝	2005	11	7240	71.30	1.36		
2	杉木港	长沙市	芙蓉区	东岸垸	浏阳河	排涝	2013	10	5160	50.16	0.67		
3	王家咀	长沙市	雨花区	合丰垸	圭塘河	排涝	2006	16	5800	44.87	0.86		
4	月湖	长沙市	开福区	朝正垸	浏阳河	排水	2008/2015	8	5360	54.00	1.90		
5	汤阳桥	长沙市	长沙县	敢胜垸	浏阳河	排水	2016	12	9600	62.00	48.93		
6	靖港	长沙市	望城县	大众垸	湘水	排涝	1976/2018	3	2400	22.50	12.00	4.00	
7	白石港	株洲市	石峰区	湘水大堤	湘水	排涝	2023	5	11500	180.00	246.00		
8	建宁闸	株洲市	芦淞区	湘水大堤	湘水	排涝	1984/2005/2016	7	5800	64.00	38.00		
9	金江	湘潭市	岳塘区	仰天湖	湘水	排水	2005	18	11400	104.00	9.00		
10	南湖	岳阳市	岳阳楼区	南湖涝区	东洞庭湖	排涝	2019	7	7000	66.50	23.18	1.90	2.15
11	永济	岳阳市	云溪区	永济垸	长江	排涝	2020	4	3400	21.06	10.92	1.18	
12	悦来河	岳阳市	君山区	钱南垸	东洞庭湖	排涝	1990	4	3200	32.00	10.41	5.77	0.95
13	穆湖铺	岳阳市	君山区	君山垸	东洞庭湖	排涝	2008	4	3200	29.24	8.32	8.00	0.53
14	广兴洲	岳阳市	君山区	建设垸	东洞庭湖	排涝	1993	4	3200	32.00		7.32	0.40
15	磊石	岳阳市	屈原区	屈原垸	南洞庭湖	排涝	1978	4	3200	28.00	7.28	3.70	0.18
16	铁山嘴	岳阳市	临湘市	黄盖垸	长江	排涝	1989/2008/2021	5	12000	180.00	230.70	19.60	10.50
17	六门闸	岳阳市	岳阳县	中洲垸	东洞庭湖	排涝	2002	4	3200	37.60	13.00	6.00	2.03
18	官港	岳阳市	湘阴县	烂泥湖大垸	湘水	排涝	1978	2	2000	15.60	4.30	4.25	0.25
19	东河坝	岳阳市	湘阴县	烂泥湖大垸	资水	排涝	1978	2	2000	15.10	9.00	4.50	0.27
20	洋沙湖	岳阳市	湘阴县	洋沙湖垸	湘水	排涝	2018	5	5000	64.00	30.75		
21	花兰窖	岳阳市	华容县	护城垸	藕池河	灌排	1976/2009	4	3200	31.20	30.23	14.20	2.22
22	石山矶	岳阳市	华容县	护城垸	华容河	排涝	1981/2009	3	2400	23.40	34.60	14.00	1.88
23	六门闸	岳阳市	华容县	钱南垸	东洞庭湖	排涝	2023	6	8400	190.00			

续表

序号	泵站名称	所在市	所在县（市、区）	所在堤垸	排入水系	功能	兴建/改造年份	装机台数/台	装机容量/kW	流量/(m^3/s)	受益面积/万亩		
											集雨面积	其中：耕地	其中：内湖
24	花山	常德市	武陵区	江北城区	花山河	排涝	2014	8	2800	65.90	8.87	2.37	0.00
25	苏家吉	常德市	鼎城区	八官垸	沅水	排涝	2003	4	6400	156.40	83.12	67.30	19.65
26	牛鼻滩	常德市	鼎城区	八官垸	沅水	排涝	1993	4	5000	54.00	11.56	6.32	0.15
27	谈家河	常德市	鼎城区	八官垸	冲柳高水	灌排	1977	5	4000	35.00	9.25	5.06	0.50
28	大沙河口	常德市	鼎城区	民主阳城垸	澧水	灌排	1974	4	4000	28.00	18.48	10.22	1.50
29	南硚	常德市	鼎城区	江北城区	沅水	排涝	1991/2007	7	7000	56.50	4.74	0.00	0.00
30	马家吉	常德市	鼎城区	江北城区	沅水	排涝	2003/2019	12	11000	86.60	42.26	23.86	4.72
31	毛里湖	常德市	津市市	西湖垸	澧水	排涝	2018	4	5600	50.00	55.00	18.00	6.00
32	仙桃	常德市	安乡县	安保垸	淞虎	排涝	1976/2009	2	4400	43.00	31.50	18.63	3.14
33	六角尾	常德市	安乡县	安保垸	淞虎	排涝	1977/2008	4	3200	28.00	17.98	14.00	0.15
34	岩汪湖	常德市	汉寿县	沅南垸	目平湖	灌排	1975	8	10000	58.40	36.50	17.60	3.36
35	蒋家嘴	常德市	汉寿县	沅南垸	目平湖	排涝	1992	5	6250	192.00	84.60	30.20	3.85
36	坡头	常德市	汉寿县	西湖垸	目平湖	灌排	1976	2	7600	55.20	40.78	26.10	2.03
37	新赵家河	常德市	汉寿县	西湖垸	目平湖	排涝	2018	3	2400	27.00	2.68	25.40	3.70
38	马家铺	常德市	汉寿县	沅南垸	沅水洪道	排涝	2021	4	5000	30.82	34.16	15.80	2.50
39	羊湖口	常德市	澧县	澧阳垸	澧水	排涝	1995	4	6400	82.00	53.70	23.80	3.06
40	观音港	常德市	澧县	澧淞垸	澧水	排涝	1980	4	4000	32.00	34.40	17.20	0.30
41	小渡口	常德市	澧县	澧松垸	澧水	排涝	2022	6	20700	294.00	171.63	58.10	
42	新河	益阳市	赫山区	烂泥湖垸	撇洪新河	排涝	1976	4	4000	34.00	33.35	13.40	2.46
43	小河口	益阳市	赫山区	烂泥湖垸	资水	排涝	1979	4	4400	34.00	33.58	12.34	0.85
44	紫红洲	益阳市	沅江市	共双茶垸	草尾河	排涝	2008	4	4000	32.00	18.15	12.50	0.70
45	明山	益阳市	南县	大通湖垸	藕池河东支	排涝	1977	6	13800	150.00	150.00	109.60	12.40
46	育新	益阳市	南县	育乐垸	藕池河中支	排涝	1978/2009	4	4000	32.00	50.00	27.20	3.85
47	大东口	益阳市	南县	大通湖垸	东洞庭湖	排涝	2003	4	10000	90.00	150.00	109.60	12.40

图 3.3-1　六门闸排水闸和排涝泵站（图片来源：湖南省水利水电勘测设计规划研究总院有限公司）

3.2　撇洪工程

在傍山傍湖的堤垸，山区洪水直入湖垸，成为垸内洪涝灾害的主要来源。为防止山洪直接进入堤垸成灾，根据不同地形条件兴建撇洪河，拦截坡地或河道上游的洪水，使其直接排往外河、外湖。如烂泥湖撇洪河建设以前，烂泥湖垸 1969 年因山洪暴发，尽管一线防洪大堤完好无损，但上游山区洪水直泻入下游平原湖区，造成 15.91 万亩农田被淹、10 万余人受灾、4.52 万间房屋倒塌、475 人死亡，损失惨重。1958 年湖南省洞庭湖区于常德市修建了渐水撇洪河和枉水撇洪河，通过撇走山水免除垸内山洪灾害、保护大片耕地，取得了显著的效果。20 世纪 60—70 年代，洞庭湖区建成了屈原撇洪河、冲柳撇洪河、南湖撇洪河、烂泥湖撇洪河（图 3.3-2）、冶湖撇洪河、中洲撇洪河等多条规模较大的撇洪河。

图 3.3-2　烂泥湖撇洪河（图片来源：湖南省水利水电勘测设计规划研究总院有限公司）

洞庭湖区共有撇洪渠 304 条，干渠总长度 1299.3km，总撇洪面积 6406km^2，撇洪流量 14129m^3/s（表 3.3-5）。洞庭湖区大中型（撇洪流量大于 50m^3/s）撇洪渠 40 条，长度 521.5km，撇洪面积 6730km^2，撇洪流量 10578m^3/s。[1] 以下对洞庭湖区内较大的撇洪河作简要介绍（表 3.3-6）。

[1] 数据来源于《湖南省洞庭湖区内湖撇洪河治理规划》。

表 3.3-5 撇洪工程现状表

项目	单位	数量	项目	单位	数量
撇洪渠数量	条	304	撇洪面积	km^2	6406
干渠长度	km	1299.3	撇洪流量	m^3/s	14129

表 3.3-6 洞庭湖区大中型撇洪渠基本情况表

序号	名称	所在堤垸	所在县（市、区）	干渠长度/km	撇洪面积/km^2	撇洪标准/年一遇	撇洪流量/(m^3/s)	撇入河流	建设年份
1	荷塘	联合	望城区	2.8	14.5	10	60	湘水	1968
2	黄苗咀	翻身	望城区	8		50	60	沙河	1974
3	曙光	曙光	长沙县	6.5	74	10	271	浏阳河	1975
4	石灰咀	回龙	长沙县	6.7	20.5	10	88.7	湘捞刀河	1959
5	万明	团结	长沙县	12.75	27	10	105	捞刀河	1973
6	桃花港	苏托	开福区	3.66	24	10	72	捞刀河	
7	漂沙井	漂沙井	渌口区	5.5	89	10	162	渌水	1960
8	胜利	雷打石	渌口区	3.3	90	20	147	湘水	
9	万丰	马家河	天元区	4	15	10	80	湘水	1970年代
10	高塘	马家河	天元区	5	10	10	50	湘水	1970年代
11	中路	马家河	天元区	5	15	10	50	湘水	1970年代
12	立雨	马家河	天元区	6	12	10	50	湘水	1970年代
13	南塘	马家河	天元区	4	15	10	50	湘水	1970年代
14	湘水	马家河	天元区	3	8	10	50	湘水	1970年代
15	护潭一级	天星	雨湖区	6.2	45	10	111	湘水	1967
16	王家赛	仰天湖	岳塘区	14.75	79.8	10	269	湘水	1964
17	群英	古城	湘潭县	4.6	37	10	58.1	涟水	1972
18	烈雁金河	同伏	湘潭县	13	146	10	335	涟水	1975
19	团结	姜畲	湘潭县	6.5	41.7	5	61.2	涟水	1969
20	向东	湾东港	湘潭县	13.91	247	10	672	湘水	1972
21	屈原	屈原	屈原管理区	17.51	92	10	132	南洞庭湖	1964—1965
22	华洪运河	钱粮湖	华容县/君山区	16.6	728	10		东洞庭湖	1958
23	双楚	楚塘	汨罗市	2	46	10	64	汨罗江	1958
24	冶湖❶	江南陆城	临湘市	29.82	188	10	441	长江	1975—1978
25	中洲	中洲	岳阳县	6.5	252	10	525	东洞庭湖	1977—1979

❶ 亦称“野湖”。

续表

序号	名称	所在堤垸	所在县（市、区）	干渠长度/km	撇洪面积/km²	撇洪标准/年一遇	撇洪流量/(m³/s)	撇入河流	建设年份
26	团结	洋沙湖	湘阴县	7.97	75	10	100	湘水	1972
27	东湖	东湖	湘阴县	1.53	190	10	500	湘水	1977
28	板桥湖	人民大	华容县	13.39	31.9	10	87	东洞庭湖	
29	渐水	沅澧	武陵区	17.3	284	20	702	沅水	1976—1978
30	冲柳	沅澧	鼎城区	55.4	554	10	620	沅水	1973—1978
31	肖家湖	三合	鼎城区	10.8	63	10	140	沅水	1973—1974
32	茅坪	善卷	鼎城区	13	299	10	282	沅水	1978
33	南湖	沅南	汉寿县	50.5	968	10	1665	目平湖	1974—1978
34	涔水	松澧	澧县	72.43	1144	10	724	七里湖	1973
35	南撇	松澧	临澧县	9.63	22.9	50	207	澧水	
36	陈家桥	安福	临澧县	2.8	55.6	10	178	道水	
37	新河	长春	资阳区	5	76	10	120	资水	1968
38	拦截山水	长春	资阳区	10.25	17.6	10	82	资水	
39	白马仑	长春	资阳区	6.5	16	10	78	资水	
40	烂泥湖	烂泥湖	赫山区/望城区	37.49	690	10	1200	湘水	1974—1982

注：空格处为数据缺失。

3.2.1 冲柳撇洪河

冲柳撇洪河位于常德市鼎城区沅澧垸内，冲柳撇洪河将沅澧垸北部太阳山的来水从苏家吉撇入沅水，干渠总长55.4km，撇洪面积554km²，撇洪流量620m³/s。

在冲柳撇洪河建成以前，沅澧垸北部山水主要依靠冲天湖、柳叶湖调蓄，当内湖不能满足调蓄要求时，只能任其溢溃。1969年夏，因暴雨致使内湖水位快速上涨，渍水无法抢排出外河，5万多亩农田遭受严重损失。

为治理冲天湖、柳叶湖，经多方案比较，最终决定沿太阳山东麓、西麓开渠，将山水撇入苏家吉河，然后从苏家吉挤出沅水。同时，在唐家嘴堵口，将河、湖分开。并在五甲拐建闸，以备万一情况下调洪蓄水。工程由湖南省水利水电设计院主持规划，常德县水电局设计，常德县统调全县劳动力修建，1973年冬开工，1978年春基本建成。整个工程共动土4461万m³，用工3070万个，国家投资586.4万元。

整个工程共开挖和疏通冲柳、田溪、凡溪、南河、北河、同心及渐河、群英、黄古溶、关山垭、古堤坪等11条总长百余公里的撇洪河渠；修筑沿河及沿湖125.6km的防洪堤；新建双福校、柘树嘴、仙仁、林家汊、吉堤口、杨家洲、朱家湾、柳堤、柳垱、窑嘴头、朱家坝、三港子、罗家湖、青合等14座，装机3365kW的电力排灌站，建成冲柳、同心、凡溪等26座涵闸和丁家坝、龙子岗、韩公渡、贺家山、南河、凡溪、仙仁、园艺场、西洋陂、四陂堰、高桥、黄古等12座主要桥梁，以及渡槽、涵管、人行桥等附属建筑物99处，还转建和改建了张家阵等电力排灌站。

冲柳撇洪河于冲柳垸五甲拐建有分洪闸，当冲柳高水水位超过34.30m时，开启五甲拐闸向马家吉河泄洪，并经马家吉泵站（闸）排往沅水，当水位继续上涨时，运用土硝湖分洪。高水撇洪河口建有苏家吉泵站和苏家吉闸，马家吉河出口建有马家吉泵站和马家吉闸。冲柳撇洪河建成后，使沅澧垸内的山水和垸内渍水能够及时排出垸内，避免垸内人民的财产和农田因山洪和渍水造成灾害，减轻了内湖的压力。

3.2.2 南湖撇洪河

南湖撇洪河位于常德市汉寿县沅南垸内，南湖撇洪河将沅南垸南部7条溪河的来水从蒋家嘴撇入目平湖，干渠总长50.5km，撇洪面积968km^2，撇洪流量1665m^3/s。

自1957年形成封闭的沅南垸以后，南湖成为汉寿县沅南垸的内湖，也是汉寿县最大的内湖。每当汛期，外河涨水，蒋家嘴关闸，谢家铺、沧水、严家河、太子庙、崔家桥、龙潭桥和纸料洲7条溪河的来水直入南湖，南湖水位迅速上涨。1969年外河沅水涨水，内湖洪水泛滥，南湖沿岸60多个子垸溃决，淹没耕地近5万亩，冲毁房屋2700多间，洪渍灾害影响17个乡（镇）。

1974年汉寿县成立治理南湖工程指挥部，实施南湖撇洪河治理工程。工程由湖南省水利水电设计院设计，本着“高水高排、山湖分家、山水不入南湖”的指导思想，以撇洪排渍为主，结合灌溉、航运。从谢家铺起，经牛路滩、严家河、笑田港、翻水口、文步桥、三板桥、中桥，沿南湖的山咀湖汉小塘、东仓铺、南阳咀、甘长，再顺老河道至关门洲到蒋家嘴入目平湖，沿河拦截谢家铺、沧水等7条溪流的来水，由蒋家嘴撇挤出沅水。

工程于1974年11月10日正式动工，全县12万名干部、群众参加，劳力最多时曾达到15万人。经过4个冬春的紧张施工，完成了从黄土坡至关门洲全长41.1km的撇洪新河。新修堤长35.10km、培修堤长10.80km、新修支渠63.37km、堵口8处，建蒋家嘴新排水闸等建筑物77处。经过4年时间艰苦战斗，共完成土方4597万m^3、石方7514m^3、砌石42264m^3、钢筋混凝土32000m^3、混凝土3600m^3，累计工日4398万个，耗用经费3916万元，其中国家投资1016万元、地区财政自筹40万元、县财政自筹300万元。工程完成后，受益范围有12个乡（镇）、4个农场及1个渔场、撇洪面积968km^2，保护耕地33万余亩，灌溉3万亩，扩耕5万亩。

1988年继续实施未完工程，将撇洪河自黄土坡向上延伸至谢家铺桥下，可增撇面积47.63km^{2}的山洪。继修新河长4510m，土方共计107.5万m^3，附属建筑物20处。汉寿县动员劳力共6万余人、干部200余人，耗用经费共800.04万元（包括劳力折资），其中国家投资153万元，地、县筹集17万元。

2009年后，利用中小河流治理、排涝能力建设等资金，先后完成了三个中央专项资金项目，对南湖撇洪河9.18km干流进行了治理。

3.2.3 涔水撇洪河

涔水撇洪河位于常德市澧县松澧垸内，将松澧垸东部、北部的来水从小渡口撇入澧水，干渠总长72.43km，撇洪面积1144km^2，撇洪流量724m^3/s。

涔水源出石门县黑天坑，流经刘家湾、连花堰、王家厂、大堰垱、梦溪、伍公咀、从小渡口注入澧水。全长114km，流域面积1188km^2，沿途有余家河、梦溪等11条支流注入。涔水流域为暴雨区，下游河面狭窄、弯曲，1952年治涔以前下游有九曲涔河之称，上游虽有王家厂大型水库及山门、太青等中型水库，但库容较小，一遇暴雨必须泄洪。

1952年，澧县修建起车家溪至洪家垸抵涔水大堤的横堤，将以东53km^{2}划为涔澹蓄洪区，并以涔水袁家港39m水位为分洪水位。同年冬，于涔澹蓄洪区上游的涔康上垸开挖放马峪撇洪渠，全长985m，拦截集雨面积17.23km^2，最大泄洪流量28 m^3/s，可使垸内3200亩耕地减轻渍灾。1957年冬，涔康下垸开挖赵家峪至千官峪撇洪渠，长7.54km，拦截集雨面积24.25km^2，最大泄洪流量 12m³/s。1978 年又开挖赵家峪向东经石牛当、顺林驿、大踪堰至横堤口撇洪渠，流入涔河，全长 14.76km，拦截集雨面积 16.8km²，最大泄洪流量 30.13m³/s，渠尾建有节制闸。1973 年堵澧水多安桥，在涔水出口建小渡口排水闸，汛期中防止澧水倒灌入涔，从而使涔水成为松澧大垸的内河。

近年来涔水河开展了多期河道整治工作，主要措施包括岸坡防护、堤防加培、病险水利工程除险等。涔水撇洪河现状堤防总长 175.89km，其中干堤总长 102.17km，东撇支渠堤防长度 9km，直接保护耕地 39 万亩，人口 36.3 万人。

3.2.4 冶湖撇洪工程

冶湖（亦称野湖）撇洪河位于岳阳临湘市江南陆城垸内，将江南垸东南部的山区来水从鸭栏闸撇入长江，干渠总长 3.45km，撇洪面积 206.86km²，撇洪流量 441m³/s。

江南陆城垸位于长江南岸，垸内有冶湖、白泥湖、洋溪湖、涓田湖等可调蓄东南部丘陵山区的来水。1973 年 5 月，突发暴雨以致山洪暴发，内湖水位由 24.5m 急剧上升到 26.8m，江南陆城垸遭受严重的渍涝灾害。

1975 年开展整体规划，为根治水旱灾害，将山丘区来水排入长江，修建冶湖撇洪工程。冶湖撇洪工程历时 18 个月，分为三期，自 1975 年动工，直至 1980 年方完成全部工程。冶湖撇洪工程总干渠长 3.45km，总干渠洪峰流量为 441m³/s。西干渠长 17.50km，底宽 7～38m，南干渠长 7km，底宽 18～32m。支渠 16 条，总长 22.70km。于出口建有鸭栏泄洪闸，为钢筋混凝土箱涵，共 4 孔，每孔净高 6m，净宽 5m，设计流量 441m³/s。撇洪工程完成土方 1278.6 万 m³，石方 345.3 万 m³，浆砌石 8.43 万 m³，混凝土 0.25 万 m³，钢筋混凝土 1.32 万 m³，累计投工 1188.35 万个工日，耗用经费 1329.95 万元（含以劳折资），其中国家投资 331 万元。保护耕地 13 万～23 万亩，灌溉 12 万亩，扩耕 3.25 万亩，减少白泥湖、洋溪湖和冶湖渍水约 1.1 亿 m³。

2010 年，又对冶湖撇洪工程进行治理，工程总投资 1231 万元，完成大堤护坡护脚 4km，大堤内外坡草皮护坡 3.1km，劈裂灌浆及冲抓回填 6.83km，河道疏浚 11.6km。2014 年完成大堤临河面护脚护坡 6.51km，堤身防渗堤总长 0.79km，河道疏浚 2.95km，8 处灌溉涵（管）进口改造，3 处堰坝修复，主要工程量包括土方开挖 1.66 万 m³、土方回填 0.66 万 m³、碎石 0.92 万 m³、清淤 4.59 万 m³、冲抓回填 0.85 万 m³。工程完成后，使得垸内现有 9.1 万亩农田免除渍涝灾害；扩耕湖田 3.18 万亩，解决 25 万亩耕地灌溉，有利于根治大垸 1.4 万亩残螺，免除湖区人民和耕畜血吸虫病危害。

2023 年 10 月，冶湖泵站开工建设，批复总投资 1.1 亿元，总装机 4800kW，设计排涝流量 48.26m³/s。建设完成后，冶湖泵站与鸭栏泄洪闸共同承担冶湖撇洪河的泄洪功能。

3.2.5 屈原撇洪河

屈原撇洪河位于岳阳市屈原管理区屈原垸内，将屈原垸东部的来水从营田闸撇入南洞庭湖，干渠总长 17.51km，撇洪面积 92km²，撇洪流量 132m³/s。

屈原管理区南伴山丘，与湘阴、汨罗两县接壤，东部山水通过三道撇洪工程梯级流入湘水。屈原撇洪河一般是指一撇洪渠工程。

一撇洪渠工程既是一项撇泄山洪工程，又是屈原管理区与湘阴、汨罗两县（市）的自然分界线。由于当时设计方案不统一，施工线路长，移动土方工程量大，沿线拆迁移民、土地补偿问题复杂，施工过程前后共延续了 18 年才配套完善。工程共完成土方 182.61 万 m³，投工 300 余万个，省级投资 133 万元，自筹经费 15 万元。分三期完成。

（1）第一期工程。

1958年屈原农场建设时，规划从盘龙桥至乌塘坪长12.35km，开挖一条撇洪渠，导引南部82.6km^{2}降雨所产生的径流直接流入南洞庭湖。第一期工程在规划撇洪渠的中下游，从乌塘坪至彭家江9km，累计开挖土方76.61万m^3。由于狮子山工程量大、土质坚硬，加之东大堤溃决和投资压缩，工程中途被迫停建。

（2）第二期工程。

1963年，屈原撇洪渠与上游九雁水库、下游三汊港防洪堤同时被湖南省水利电力厅规划列入洞庭湖综合治理工程。二期工程包括续开撇洪渠道，兴建首尾节制闸和沿线桥梁、引水涵管。工程由湖南省水利水电设计院设计，撇洪渠东自蟠龙桥始，西至营田闸入南洞庭湖，按10年一遇24h暴雨153mm设计，设计最大泄洪流量132.6m^3/s。但实际施工只按5年一遇标准开挖，最大泄洪流量减少至100.46m^3/s。兴建李公塘和营田节制闸两座，沿撇洪渠建桥梁7座，引水灌溉管14道。狮子山段因土质坚硬，由省水利电力厅水利机械施工队承修，营田闸及桥梁、涵闸工程由省水利电力厅水利施工队承建。其余工程由农场雇请民工2000人完成。该工程于1964年8月开工，经7个月奋战，至1965年4月结束，共完成土方88万m^3、石方2000m^3、投工269万个，由省水利电力厅投资133万元。

（3）第三期工程。

由于二期工程只修至蟠龙桥，其上游至红旗水库，包括汨罗、城关两公社一带3400多hm^{2}耕地的渍涝仍未解决。1975年12月第三期工程启动，自蟠龙桥岭家段起，又向上游延伸直至红旗水库大坝，全长3060m。工程按10年一遇暴雨设计，最大泄洪流量15.2m^3/s。施工期间，屈原农场总场组织4000多劳力，分段包干、全线铺开，1976年元月全线竣工。第三期工程共完成土方18万m^3、投工8万个，自筹经费15万元。全长19.5km的一撇洪渠修筑任务至此全部完成。目前一撇洪渠沿岸穿堤建筑物34座，其中泵站10处，涵闸24处。

3.2.6 渐水撇洪河

渐水撇洪河位于常德市城区护城丹洲垸内，拦截灵泉寺以上集雨面积284hm^2，干渠总长17.30km，撇洪流量702m^3/s。渐水撇洪河地跨蔡家岗、石板滩、灌溪、河洑4个乡（镇），与冲柳撇洪河经柳叶湖相通，是护城丹洲垸的撇洪、灌溉工程。

渐水撇洪河建于1958年，由省水利水电局设计，地、县水利局主持施工。渐水撇洪河工程于灵泉寺筑坝，腰斩渐水，然后沿渐水西岸山麓开新河，撇渐水至河洑注入沅水。并在沅水入口处建河洑闸，用以旱时闭闸蓄水，洪时开闸排水，大汛沅水倒灌时关闸拦洪。整个工程包括灵泉寺河坝、新渐河、河洑闸及岗南渠、飞龙、岗市、白合、洪流、毛湖港6座灌溉闸和苏公溪、北家坪2座潜水管等项目。工程共动员民工4万人，于1958年冬开工，1959年夏建成，完成土方346万m^3、投工320万个，国家投资155万元。主要工程包括：

（1）灵泉寺河坝。灵泉寺河坝位于石板滩镇北部的渐水河上，控制面积190km^2。河坝属混凝土结构的滚水坝，长50m，坝高3m，坝顶高程40.25m，装24扇钢筋混凝土转向闸门。1959年兴建，1967年改建。平时可截渐水入新渐河，以减轻下游垸区渍水；遇大汛沅水顶托，渐河不能外排时，可泄水至沾天湖、柳叶湖，再由南碈泵站或牛鼻滩泵站排入沅水。

（2）新渐河。新渐河是渐水撇洪河的主体工程。新渐河自灵泉寺起，由北而南，经青山庵、古堤坪、灌溪寺、岗市，至河洑注沅水，全长17.3km。其中开挖河段3.6km，筑河12.4km，开挖河段底宽30～50m，堤顶高程44.5～46.5m。

（3）河洑闸。1958年冬破土，1959年夏建成。全闸为10孔（1963年冬闭塞4孔），每孔净宽4.5m，净高5m。闸身为条石和混凝土结构，闸门初为钢木结构，1963年改建为钢板闸门，配15t启闭力的手摇式启闭机。2007年，于其下游150m处，按100年一遇防洪标准兴建河洑防洪闸。河洑防

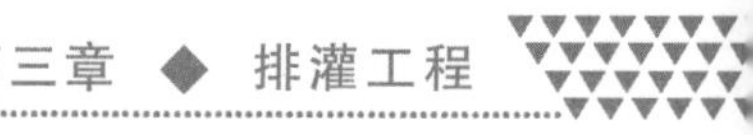

洪闸于2009年竣工并投入使用，其建设规模为3孔箱涵，每孔高8m、宽8m，设计泄流量600 m^3/s，采用平板钢闸门电动卷扬机启闭，完成投资1800万元。

3.2.7 中洲垸撇洪河

中洲垸撇洪河位于岳阳市岳阳县中洲垸内，将中洲垸东部的来水从六门闸撇入东洞庭湖，干渠总长6.50km，撇洪面积252km^2，撇洪流量525m^3/s。

中洲垸西北濒临东洞庭湖，垸内耕地面积41.89km^2，总集雨面积329.71km^2。为了减轻内涝渍灾压力，减少排涝费用，根据傍山客水面积大及其地理特点，对客水规划撇洪采取撇蓄结合方案。1978年由湖南省水利电力勘测设计院进行了撇洪规划设计。撇洪枢纽工程包括一座4m×7m六孔闸，一条过流能力525m^3/s撇洪干渠，以及蓄洪区的多条重要干渠。工程共分为两期实施。

一期工程于1978年冬动工，当年即完成过流能力525m^3/s、总长6.75km的干渠以及长700m的支渠。同期动工兴建的六门闸，次年5月竣工，并建成跨渠底低涵3处，公路桥2座，人行桥1处。一期工程共完成土方128.7万m^3、浆砌石3358.2m^3、干砌石155m^3、混凝土及钢筋混凝土4001m^3，耗经费350万元。

1983年7月7—9日连降三日暴雨326mm，使干渠上游坪桥垸、费家河水位急剧上涨，致使干渠部分堤垸产生严重滑坡崩溃，部分区域管涌造成溃堤。

1983年，经省水利水电厅、市水电局、铁山工程总部及县水电局等有关人员反复研究，确定将原填方为主的撇洪干渠改为挖方为主，并修改原渠道走向。新撇洪渠在保留原线路起点100m后，改经白沙湖、义合村的12、13队，铜盆湖、宝塔村的6队与费家湖连通，总长6150m。洪峰流量按经过坪桥河、费家演调峰后的洪峰流量，由省水利水电勘测设计院取值300m^3/s。二期工程于1983年12月正式破土动工，动员70余台大型土方施工机械及5000劳力，完成土方183.5万m^3，至1984年工程竣工。

3.2.8 烂泥湖撇洪河

烂泥湖撇洪河位于烂泥湖垸内，跨长沙市宁乡市、望城区，岳阳市湘阴县，益阳市赫山区，干渠总长37.49km，撇洪面积690km^2，撇洪流量1200m^3/s。

烂泥湖原名“来仪湖”，1952年前湘水、资水及附近山丘区溪河均汇入湖内，水道纵横交错，互相顶托，渍涝灾害频繁。1952年整修南洞庭湖工程与1957年沩水治理后，烂泥湖区内益阳、湘阴、望城、宁乡4县30余垸合成为烂泥湖防洪大垸，使得湘水、资水不再流入烂泥湖，南部山丘区溪水及部分垸区水流入烂泥、凤凰两湖，再从1953年春建成的新泉寺水闸排出。烂泥湖大垸总集雨面积1584 km^2，其中山丘区客水面积734.6km^2，具体溪河控制面积见表3.3-7。

表3.3-7 烂泥湖各水系控制面积表

各支流名称	集雨面积/km^2	长度/km	各支流名称	集雨面积/km^2	长度/km
大海塘	7.22	4.35	泉交河	221.60	42.83
梓山冲	13.68	6.24	侍郎桥	186.30	46.32
羊舞岭	5.02	3.46	朱良桥	72.50	25.60
宁家铺	46.20	14.60	胡棚桥	48.80	14.95
花门桥	15.25	5.32	合计	734.57	189.72
沧水铺	118.00	26.05			

烂泥湖垸区耕地面积 59.2 万亩，人口 43 万多人，由于山丘区客水量大，垸内的防洪排涝有极大影响。为了解决防洪排涝的问题，湖南省水利电力厅于 1964 年提出治理烂泥湖的设想，1974 年春由省水利电力勘测设计院配合长沙、湘阴、益阳等地共同查勘规划。撇洪干渠原规划从益阳三里桥起经大海塘、羊舞岭、罗家嘴、笔架山、泉交河、侍郎桥、大路坪、闸坝湖、水矶口至乔口出湘水，但实际只从罗家嘴起，罗家嘴以上未动工。

1974 年冬，益阳县组织全县劳力 18 万人，率先动工，苦战 3 年，1977 年宁乡、湘阴、望城 3 县也相继动工，于 1979 年基本完成（零星工程到 1982 年完成）。撇洪渠实际长 37.39km，上游渠底宽度 16m，至乔口出口渠底宽度 90m。共有支渠 13 条，总长 49.6km。1975 年在大路坪建节制闸，共 8 孔，每孔净高 5m，净宽 8m，设计流量 1250m^3/s。1976 年冬与撇洪河入湘江处，兴建乔口防洪闸，共 8 孔，每孔净高 7.5m、净宽 8m，设计流量 1360 m^3/s。同时建有新河、小河口、东河坝、靖港等泵站，另有大小建筑物 368 处，其中益阳县 302 处、望城县 29 处、宁乡县 32 处、湘阴县 5 处。

工程完成土方 4868.85 万 m^3、石方 11700m^3、砌石 13800m^3、钢筋混凝土 25950m^3、混凝土 47800m^3，累计工日 5035.72 万个。工程完成后，将 708.57km^2 客水从撇洪河直接泄入湘水，不再流入烂泥湖，同时撇洪河干渠能蓄水 2400 万 m^3，流入干渠的大小溪河共 12 条，复蓄量大，缩短了烂泥湖内湖防汛堤线 295km，新增耕地面积 2.3 万亩。

3.3 内湖

根据 2010—2012 年开展的全国第一次水利普查工作成果，湖南省洞庭湖区常年水面面积 1km^2 以上内湖共 155 处（表 3.3-8），其中长沙市 2 处、岳阳市 57 处、常德市 61 处、益阳市 30 处，跨市湖泊 3 处，包括烂泥湖及鹿角湖跨益阳市和岳阳市，胭包山湖跨常德市和益阳市；跨省湖泊 2 处，包括黄盖湖跨湖南省临湘市及湖北省赤壁市，牛奶湖跨常德澧县及湖北公安。155 处内湖总面积为 765.6km^2，其中湖南省 723.8km^2、湖北省 41.8km^2（表 3.3-9）。全省湖泊面积长沙市 9.1km^2、岳阳市 262.6km^2、常德市 266.0km^2、益阳市 157.7km^2、跨市 28.4km^2。

由于全国第一次水利普查未开展湖泊水下地形测量，因此未获取内湖的水深、容积等基础数据。2023 年，湖南省洞庭湖中心选取毛里湖、西湖（与毛里湖相连）、北民湖、烂泥湖开展了洞庭湖区重要内湖地形测量，得到了各湖 1∶5000 地形图和水位-面积-容积关系成果，建立了 DEM 数字高程模型。结果显示，最高蓄水位下毛里湖湖泊面积 26.08km^2、蓄水容积 1.09 亿 m^3，西湖湖泊面积 9.60km^2、蓄水容积 0.39 亿 m^3，北民湖湖泊面积 19.22km^2、蓄水容积 0.58 亿 m^3，烂泥湖湖泊面积 12.49km^2、蓄水容积 0.81 亿 m^3。

表 3.3-8 洞庭湖区内湖面积分市域统计

所在地	全国第一次水利普查数据		2019—2021 年遥感影像调查面积			
			内湖		其中主体水域 1km^2 以上	
	个数/处	面积/km^2	个数/处	面积/km^2	个数/处	面积/km^2
长沙市	2	9.13	3	8.73	2	8.73
岳阳市	58	262.73	74	271.93	45	237.87
常德市	62	214.53	99	216.27	29	116.47
益阳市	30	157.73	50	155.33	15	121.40
跨市	3	91.87	5	81.40	3	76.47
合计	155	735.93	233	733.73	94	561.00

表 3.3-9 洞庭湖区内湖基本情况表

序号	湖泊名称	所在市	所在县（市、区）	所在堤垸	湖泊面积 /km²
1	梅溪湖	长沙市	岳麓区	梅溪	1.09
2	团头湖	长沙市	望城区，宁乡市	烂泥湖	8.03
3	吉家湖	岳阳市	岳阳楼区	吉家湖	1.29
4	南湖	岳阳市	岳阳楼区	南湖	13.80
5	东风湖	岳阳市	岳阳楼区	东风湖	2.69
6	黄泥湖	岳阳市	云溪区	永济	1.44
7	白泥湖	岳阳市	云溪区	江南陆城	9.40
8	松阳湖	岳阳市	云溪区	永济	4.05
9	肖家湖	岳阳市	云溪区	江南陆城	2.42
10	芭蕉湖	岳阳市	岳阳楼区，云溪区	永济	10.40
11	洋溪湖	岳阳市	云溪区，临湘市	江南陆城	3.26
12	黄家湖	益阳市	资阳区，沅江市	长春	12.60
13	悦来湖	岳阳市	君山区	钱粮湖	1.09
14	方台湖	岳阳市	君山区	钱粮湖	1.41
15	团湖	岳阳市	君山区	建设	3.58
16	白浪湖	岳阳市	君山区	钱粮湖	1.10
17	横垱湖	岳阳市	君山区	钱粮湖	1.00
18	七星湖	岳阳市	君山区	钱粮湖	1.93
19	北湖	岳阳市	君山区	钱粮湖	2.62
20	上采桑湖	岳阳市	君山区	钱粮湖	2.12
21	下采桑湖	岳阳市	君山区	钱粮湖	3.42
22	涓田湖	岳阳市	临湘市	江南陆城	4.01
23	冶湖	岳阳市	临湘市	江南陆城	10.60
24	陈家湖	岳阳市	临湘市	江南陆城	1.22
25	定子湖	岳阳市	临湘市	黄盖湖	1.52
26	中山湖	岳阳市	临湘市	黄盖湖	3.83
27	北套湖	岳阳市	岳阳县	中洲磊石	1.51
28	大明外湖	岳阳市	岳阳县	中洲磊石	6.64
29	南套湖	岳阳市	岳阳县	中洲磊石	2.32
30	上宝塔湖	岳阳市	岳阳县	中洲磊石	1.42
31	下宝塔湖	岳阳市	岳阳县	中洲磊石	3.05

续表

序号	湖泊名称	所在市	所在县（市、区）	所在堤垸	湖泊面积/km^2
32	蓄水湖	岳阳市	岳阳县	麻塘	1.06
33	万石湖	岳阳市	岳阳县	万石湖	1.47
34	坪桥湖	岳阳市	岳阳县	中洲磊石	11.30
35	白洋湖	岳阳市	湘阴县	湘滨南湖	1.20
36	酬塘湖	岳阳市	湘阴县	湘滨南湖	2.21
37	夹洲哑河湖	岳阳市	湘阴县	烂泥湖	1.07
38	下荆湖	岳阳市	湘阴县	烂泥湖	1.14
39	义合金鸡垸哑湖	岳阳市	湘阴县	义合金鸡	1.27
40	长大湖	岳阳市	湘阴县	城西	1.63
41	白泥湖	岳阳市	湘阴县	北湖	2.77
42	范家坝湖	岳阳市	湘阴县	北湖	2.49
43	三叉港湖	岳阳市	湘阴县	屈原	2.69
44	洋沙湖	岳阳市	湘阴县	洋沙湖	3.75
45	东湖	岳阳市	湘阴县	东湖	3.20
46	黄土上湖	岳阳市	湘阴县	湘滨南湖	1.61
47	鼻湖	岳阳市	湘阴县	烂泥湖	4.69
48	鹅公湖	岳阳市	湘阴县	烂泥湖	2.12
49	鹤龙湖	岳阳市	湘阴县	城西	5.24
50	蔡田湖	岳阳市	华容县	华容护城	2.51
51	罗帐湖	岳阳市	华容县	华容护城	2.84
52	西湖	岳阳市	华容县	华容护城	8.48
53	牛氏湖	岳阳市	华容县	华容护城	4.17
54	东湾湖	岳阳市	华容县	集成安合	1.63
55	东湖	岳阳市	华容县	钱粮湖	24.20
56	大荆湖	岳阳市	华容县	民生大	9.93
57	沉塌湖	岳阳市	华容县	民生大	3.91
58	塌西湖	岳阳市	华容县	华容护城	9.24
59	赤眼湖	岳阳市	华容县	华容护城	2.16
60	板桥湖	岳阳市	华容县	钱粮湖	3.88
61	烂泥湖	岳阳市，益阳市	湘阴县，赫山区	烂泥湖	12.30
62	鹿角湖	岳阳市，益阳市	湘阴县，赫山区	烂泥湖	4.88

续表

序号	湖泊名称	所在市	所在县（市、区）	所在堤垸	湖泊面积/km²
63	黄盖湖	岳阳市，咸宁市	临湘市，赤壁市	黄盖湖	65.70
64	柳叶湖	常德市	武陵区	沅澧	9.07
65	沾天湖	常德市	武陵区	沅澧	7.12
66	盘塘湖	常德市	武陵区，鼎城区	沅澧	1.86
67	土硝湖	常德市	鼎城区	沅澧	4.47
68	牛屎湖	常德市	鼎城区	沅澧	8.18
69	樊溪湖	常德市	鼎城区	沅澧	1.34
70	谢家湖	常德市	鼎城区	沅南	1.66
71	冲天湖	常德市	鼎城区	沅澧	3.89
72	白芷湖	常德市	鼎城区	沅澧	6.84
73	黄花湖	常德市	鼎城区	沅澧	1.81
74	枉赤湖	常德市	鼎城区		1.82
75	南通湖	常德市	鼎城区		2.02
76	泥港口湖	常德市	鼎城区	沅澧	1.26
77	鹰湖	常德市	鼎城区	沅澧	21.60
78	肖家湖	常德市	鼎城区，汉寿县	沅南	2.47
79	外八宝湖	常德市	鼎城区，津市市	沅澧	1.28
80	西湖	常德市	津市市	沅澧	9.52
81	毛里湖	常德市	津市市	沅澧	25.70
82	田珍湖	常德市	津市市	沅澧	1.37
83	杨坝垱	常德市	津市市	沅澧	2.18
84	胥家湖	常德市	津市市	新洲上	1.19
85	内八宝湖	常德市	津市市	沅澧	1.45
86	南湖汊	常德市	津市市，澧县	新洲下	1.25
87	蔡家湖	常德市	安乡县	安造	1.31
88	珊珀湖	常德市	安乡县	安保	18.90
89	黄田湖	常德市	安乡县	安澧	6.65
90	李公堰	常德市	安乡县	安造	2.90
91	大溶湖	常德市	安乡县	安保	2.99
92	大兴湖	常德市	安乡县	安昌	3.33
93	鸭踏湖	常德市	安乡县	安昌	1.56

续表

序号	湖泊名称	所在市	所在县（市、区）	所在堤垸	湖泊面积/km^2
94	城北湖	常德市	汉寿县	沅南	2.15
95	滑泥湖	常德市	汉寿县	沅南	1.77
96	龙池湖	常德市	汉寿县	六角山	8.22
97	青泥湖	常德市	汉寿县	沅南	4.32
98	刘家湖	常德市	汉寿县	沅南	1.13
99	刘家河湖	常德市	汉寿县		1.03
100	太白湖	常德市	汉寿县	沅澧	5.61
101	大溪湖	常德市	汉寿县		1.18
102	车厢湖	常德市	汉寿县		1.16
103	过水湖	常德市	汉寿县	沅南	3.53
104	南湖撇洪湖	常德市	汉寿县	沅南	4.18
105	盘湖	常德市	汉寿县	沅南	2.56
106	调蓄湖	常德市	汉寿县	沅南	1.97
107	余家桥湖	常德市	汉寿县		1.34
108	安乐湖	常德市	汉寿县	沅南	11.20
109	李家障湖	常德市	汉寿县	沅南	2.60
110	洋淘湖	常德市	汉寿县	沅南	3.92
111	西湖	常德市	汉寿县	沅澧	2.96
112	红心垸湖	常德市	汉寿县		1.34
113	南赶湖	常德市	汉寿县	沅澧	2.93
114	太北湖	常德市	汉寿县	沅澧	2.99
115	大南湖	常德市	汉寿县	沅南	3.60
116	新障湖	常德市	汉寿县	沅澧	1.54
117	西脑湖	常德市	汉寿县	沅澧	3.65
118	蒋家山湖	常德市	汉寿县	沅南	2.07
119	筲箕湖	常德市	汉寿县	围堤湖	1.27
120	北民湖	常德市	澧县	松澧	13.3
121	宋鲁湖	常德市	澧县	松澧	2.70
122	马公湖	常德市	澧县	松澧	3.76
123	杨家湖	常德市	澧县	松澧	4.02
124	水沫堰	常德市	澧县	松澧	1.15

续表

序号	湖泊名称	所在市	所在县（市、区）	所在堤垸	湖泊面积/km^2
125	胭包山湖	常德市，益阳市	沅江市，汉寿县	长春	11.20
126	牛奶湖	常德市，荆州市	澧县，公安县	松澧	15.50
127	此湖口湖	益阳市	资阳区	民主	1.40
128	洪合湖	益阳市	资阳区	民主	1.61
129	南门湖	益阳市	资阳区	长春	2.27
130	刘家湖	益阳市	资阳区	民主	1.58
131	注南湖	益阳市	资阳区	民主	1.58
132	长白湖	益阳市	资阳区	民主	3.46
133	黄金湖	益阳市	资阳区	民主	2.48
134	德兴湖	益阳市	资阳区	民主	3.60
135	团湖	益阳市	资阳区	民主	1.27
136	北萍湖	益阳市	赫山区	烂泥湖	1.99
137	瓦缸湖	益阳市	沅江市	大通湖	2.95
138	浩江湖	益阳市	沅江市	长春	5.78
139	花荣汊湖	益阳市	沅江市	长春	1.04
140	上琼湖	益阳市	沅江市	长春	1.88
141	八形汊内湖	益阳市	沅江市	共双茶	3.94
142	大榨栏湖	益阳市	沅江市	长春	2.61
143	下琼湖	益阳市	沅江市	长春	1.05
144	北港长湖	益阳市	沅江市	共双茶	3.13
145	鸟子湖	益阳市	沅江市	民主	1.24
146	麻阳湖	益阳市	沅江市	共双茶	1.29
147	鹭鸶湖	益阳市	沅江市	大通湖	3.32
148	三联湖	益阳市	沅江市		1.39
149	光复湖	益阳市	南县	大通湖东	4.34
150	上莲湖	益阳市	南县	育乐	2.82
151	下莲湖	益阳市	南县	育乐	1.41
152	调蓄湖	益阳市	南县	育乐	3.15
153	百万湖	益阳市	南县	南汉	1.55
154	白洋湖	益阳市	南县	和康	1.60
155	大通湖	益阳市	南县，沅江市	大通湖	79.4
总面积 765.6km^2，其中湖南省 723.8km^2					

3.3.1 大通湖

大通湖位于大通湖垸，跨益阳市南县、沅江市，湖泊面积 79.4km²，蓄水量 10373 万 m³，灌溉面积 83.54 万亩，是湖南省最大的内湖。

大通湖原为洞庭湖的一部分，清代时湖面广阔、四通八达，界限不甚分明，至民国时期其南、西、北三面已围垦成田。1916 年扁担河冲开后，江水挟泥沙由胡子口哑河、隆庆河入湖，大通湖东部逐渐淤为高阜。1950 年大通湖蓄洪垦殖工程竣工，大通湖变为内湖。

大通湖主要入湖河流有 4 条，即大新河、老河（塞阳）、五七运河和苏河。流域内又有胡子口哑河、金盆运河及四兴河与入湖河流相连，其余大小沟渠与周边河流相连，最终流入大通湖（图 3.3-3）。大通湖主要通过位于金盆河口的五门闸和位于胡子口哑河口的向东闸向东洞庭湖排水，在雨季来临之前空湖防汛。

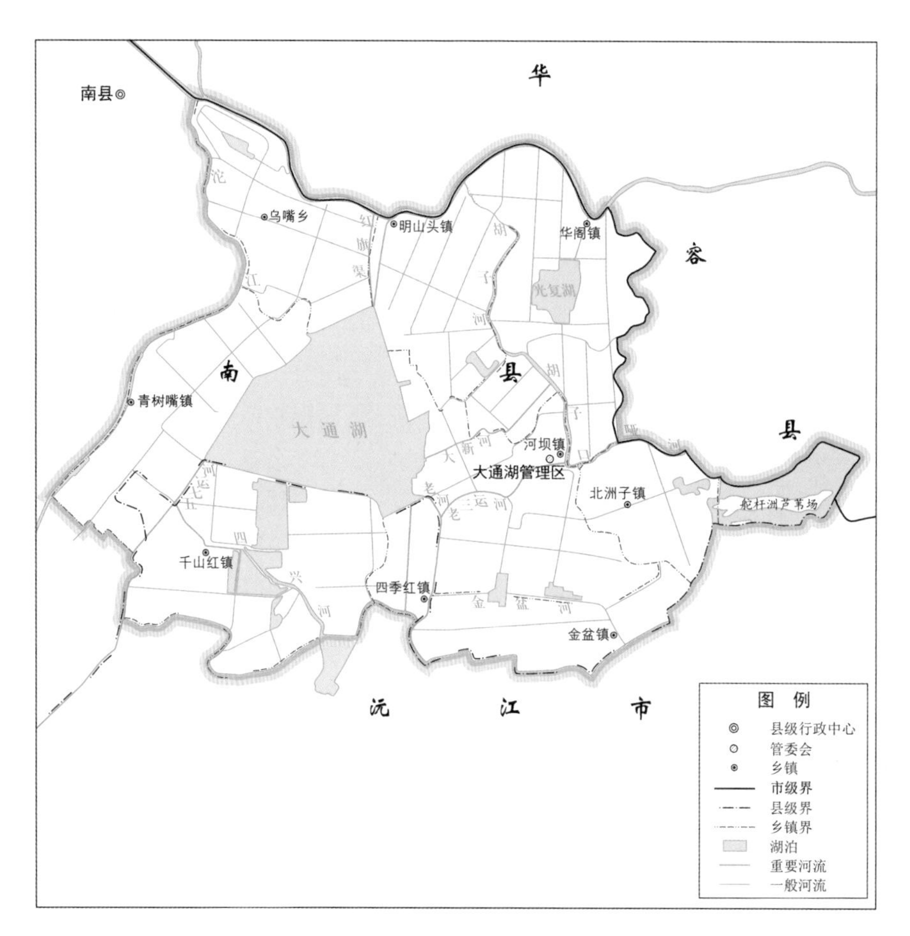

图 3.3-3 大通湖水系概况图
（图片来源：湖南省水利水电勘测设计规划研究总院有限公司）

由于水系连通阻塞与过度开发，大通湖水质不断恶化，至 2015 年 10 月大通湖水质已恶化为劣Ⅴ类。为此，2019 年 10 月湖南省签发第 6 号省总河长令，开展大通湖流域水环境综合治理工作。此后，益阳市多渠道利用洞庭湖区域山水林田湖草沙一体化保护和修复工程、三峡后续工程、北部补水工程等资金，相继实施了大通湖流域生态修复与治理工程、大通湖垸明山补水工程、大通湖南部水系连通工程等水环境治理项目。项目实施后，大通湖水质实现了从劣Ⅴ类到Ⅳ类的转变，改善了大通湖乃至整个流域水生态环境。

大通湖现状堤防长度为 44km，堤顶高程 29.90m，堤顶宽度 3～5m，内外坡比 1∶2.0～1∶2.5，沿湖穿堤建筑物76处。

3.3.2 西毛里湖

西毛里湖为西湖和毛里湖的统称，位于沅澧垸津市市域范围内，湖泊面积35.2km^2，蓄水量6527万m^3，灌溉面积12.4万亩。

两湖毗邻并通过渠道相互连通，并往南依次串联杨坝垱、陈家汊等小型湖泊水面，在杨坝垱通过渠道与哑河连通。此外，南端的内八宝湖亦通过渠道与哑河连通。西毛里湖总集雨面积363.68km^2，直接容纳津市市、鼎城区、临澧县等多方来水。西毛里湖南面通过新民闸与冲柳撇洪河相连，冲柳撇洪河出口为沅水。

“十四五”期间，西毛里湖水系连通工程纳入湖南长江经济带重点生态区洞庭湖区域山水林田湖草沙一体化保护和修复工程项目。2022年12月，西毛里湖水系连通工程开工，通过渠道清淤、拓宽、生态护岸等工程建设，扩大湖区面积、增加沿岸生态湿地建设，改善西毛里湖沿岸的生态与景观，促进经济的可持续发展。

西毛里湖现有内湖渍堤堤长23.45km，现状堤顶高程35.00～35.90m。西毛里湖现状堤防堤顶宽度4m，内外坡比1∶1.5，沿湖穿堤建筑物13处。

3.3.3 黄盖湖

黄盖湖地处长江中游南岸，临湘市境东北角，与湖北省赤壁市共有，是湖南省临湘市、湖北省赤壁市界湖。湖泊面积为65.7km^2，蓄水量6160万m^3，灌溉面积1.6万亩。黄盖湖为省级湿地自然保护区，邻长江洪湖新螺段为白鳍豚自然保护区，物种资源丰富。

1951年，湖北省公安厅在新店河出口的马家湖围堤垦殖；1958年，临湘、蒲圻两县为消灭钉螺，扩大耕地，协同修筑北堤拐至铁山嘴防洪大堤，隔断长江，分别围垦倒都湖和沧湖，两省各建一个黄盖湖农场；1960年后，两县沿湖社队又利用湖汊围垦小垸20余处。

黄盖湖流域面积1538km^2，其中湖南省临湘市1106km^2、湖北省赤壁市432km^2，是地区流域洪水主要的调蓄场所，主要水系由新店河（又名皤河）和源潭河水系组成。新店河是湘鄂两省的界河，河流全长60.5km，流域面积436km^2；源潭河全长48.9km，流域面积386km^2。新店河、源潭河以及湖周地区来水经黄盖湖调蓄后，向北由鸭棚口河（又名太平河）经铁山嘴闸站排入长江。

2002年，黄盖湖沿湖的上马蹄垸、新长源垸、同德垸、叶家桥垸和中山湖垸等5处堤垸作为“单退”垸，纳入平垸行洪范围，投入资金465万元，将垸内居民搬迁至高地，上述5垸增加黄盖湖调蓄容量6898万m^3。

2010年黄盖湖发生特大暴雨，水位达30.15m，沿湖堤垸岌岌可危。为了确保交通要道畅通和主要堤垸安全，对下马蹄湖、太阳湖等堤垸实施了破堤蓄洪，降低了灾害损失。汛后，国家及地方安排黄盖湖水毁工程资金1300万元用于堵口恢复和险工处理，完成土方27万m^3、浆砌石6000m^3，水毁工程全面恢复。

2013年，水利部批复《黄盖湖综合治理规划》后黄盖湖防洪治理工程先后通过可行性研究与初步设计批复。工程于2017年启动，2022年12月竣工验收，实际完成投资8.09亿元。工程完成大堤加培长度90.97km，新建护岸工程长度12.09km。工程实施后，流域防洪标准由建设前的3～5年一遇提高到10～20年一遇。

黄盖湖岸线均为堤防，堤防长度37.21m，堤顶高程27.10m，堤顶宽度2m，内外坡比均为1∶1.5～1∶2.0，沿湖穿堤建筑物29处。

3.3.4 柳叶湖

柳叶湖位于湖南省常德市沅澧垸，湖泊面积为9.1km^2，蓄水量1154万m^3，灌溉面积7.1万亩。

柳叶湖北靠太阳山，南临常德市城区，西有花山河汇入，东与冲柳撇洪河的马家吉河相通，是常德市城区最大的调蓄内湖。1993 年常德市成立柳叶湖景区，此后不断加大柳叶湖治理建设投入。1993—2008 年 15 年期间累计投入超 2 亿元，建成了 5km 环湖走廊。

《湖南省洞庭湖区常德市城市防洪工程初步设计报告》（1999 年）将柳叶湖南部常德市城区段 16km 堤防纳入城市防洪工程范围进行加高加固，设计堤顶高程为 34.09m，堤顶宽度 5m，外坡比 1∶2.5，内坡比 1∶3.0，堤高超过 6m，堤顶 5m 以下设置 5m 宽内平台，目前工程已经实施完成。

2008 年，湖南省人民政府审批通过《常德市柳叶湖旅游度假区总体规划》，常德市柳叶湖水利综合整治工程列入其中。通过柳叶湖生态水利工程和旅游景观及配套设施的建设，基本上完成了“六水工程”（水安、水净、水活、水亲、水游、水城），实现了水利工程与旅游的融合发展（图 3.3－4）。柳叶湖生态水利工程建设主要包括：生态堤防工程、退垸还湖、河湖连通，其中退垸还湖工程使得湖面面积由原来的 2.54 万亩增至 3.29 万亩，水系连通使得常德市西城区水系新河、花山河都能与柳叶湖、沾天湖和马家吉河形成一个完整的城区水系。通过柳叶湖的两个排水通道，使水系连沅水、入洞庭湖。

图 3.3－4　柳叶湖（图片来源：湖南省水利厅）

随着城市的发展，目前柳叶湖已全部属于常德市城区范围，柳叶湖岸线为堤防，现状堤防长度 45.14km，堤顶高程 35.20m，堤顶宽度 5m，内外坡比均为 1∶1.5～1∶2.0（城市防洪堤除外），沿湖穿堤建筑物 3 处。

3.3.5　南湖

南湖位于岳阳市岳阳楼区，湖泊面积为 13.8km^2，蓄水量 1596 万 m^3，灌溉面积 0.3 万亩。

南湖位于岳阳市城区南部，古称“湛湖”，又称“大桥湖”，《岳阳风土记》以此湖为洞庭湖之角，又称“角子湖”。原系洞庭湖东岸一大湖湾，北面白鹤山与南面的六龟山对峙，南津港大堤把二山连接起来，南湖成为内湖。南湖集雨面积 150km^2，主要支流有王家河与北港河，水面面积约 15.64km^2。通过六龟山低涵闸、南津港低排闸、南津港进水闸和南津港泵站与东洞庭湖相连。

南湖风光秀丽，沿湖有建于明代的三眼桥、明尚书方纯墓和天灯咀、牛轭石等名胜古迹等，1979 年被辟为南湖公园（图 3.3－5）。1992 年 10 月由湖南省政府批准建立湖南省首个省级旅游度假区，为岳阳市委、市政府的派驻机构。

南湖是岳阳市城区南部主要调蓄湖泊，岸线长度38.85km，其中堤防长度8.73km，南津港大堤堤顶高程33.75m，堤顶宽度16m，内外坡比1∶3.0，内湖渍堤堤顶高程32.10m，堤顶宽度3～5m，内外坡比均为1∶2.0，沿湖穿堤建筑物有12处，均建于20世纪90年代。

图3.3-5 南湖（图片来源：岳阳市水利局）

3.4 排水涵闸

洞庭湖区的排水涵闸是随着堤防的修建而发展起来的，1949年洞庭湖区共有堤垸993个，长6406km的堤防上共有各式涵、闸11191座，但其涵洞多为砖、瓦、木管，木质叠梁填土闸门，孔径小，启闭困难，1949年以后逐步改造为浆砌石、混凝土、钢筋混凝土涵洞，及钢筋混凝土或钢质闸门。通过合堤并垸以后，至1987年洞庭湖区一线防洪大堤上尚有涵闸1697座。至1996年有涵闸1122处1491孔。根据226个堤垸统计，洞庭湖区大中型涵闸共计118处299孔，其中重点垸71处201孔、蓄洪垸23处49孔、其他垸24处46孔，部分洞庭湖区大中型排水涵闸基本情况详见表3.3-10。

3.4.1 小渡口闸

小渡口闸在澧水北岸，位于澧县松澧大垸和津市护市垸交界涔水入澧水小渡口，故名小渡口排水闸。闸门为8孔，其中2孔尺寸为4m×7m（宽×高）、6孔尺寸为4m×5m，闸身为钢筋混凝土结构，闸门为钢平板形式，设计流量674m^3/s。

1973年冬澧县继续澧阳平原建设工程，堵多安桥及小渡口，并在小渡口建闸，由澧县水电局自行设计，自行施工。排水闸为混凝土预制块拼砌的拱涵，共8孔，每孔净宽4m，西边2孔，底板高程为31.00m，每孔净高7m，其余6孔底板高程为33.00m，每孔净高5m，设计流量574m^3/s。闸底板及消力池均为混凝土及钢筋混凝土结构。闸身长39m，消力池长21m，在深水孔与高水孔之间闸墩向上下游引长，形成通航导墙。导墙宽1.5m，墙顶高程34.50m，上游导墙长19.7m，下游导墙长29m，均为水泥砂浆砌条石。每孔安装钢板平面闸门一张，用手摇电动两用蜗轮式启闭机，每台启闭力为15t（深水孔为20t）。工程于1973年9月动工，1974年4月竣工，整体造价95.05万元，其中国家投资85万元。

表 3.3-10 洞庭湖区大中型排水涵闸基本情况表

序号	闸名	类别	所在堤垸	所在河流	地点	孔数	孔径/m 宽×高	高程/m		闸身结构	闸门型式	设计流量/(m³/s)	建设时间
								底板	堤顶				
1	小渡口	排水	松澧	澧水	澧县	2/6	4×7/4×5	31/33	46.3	钢筋混凝土	钢平板	674	1973年，2015年改建
2	乔口	排水	烂泥湖	湘水	望城区	8	8×7	28	37	混凝土、钢筋混凝土	钢平板	1200	1978年，2019年改建
3	营田	撇洪	屈原	南洞庭湖	汨罗市	4	4×4	28.5	38	钢筋混凝土	钢平板	132	1964年
4	六门（旗杆嘴）	排水	钱粮湖	东洞庭湖	君山区	2	6×9	25	36	浆砌石拱	钢平板	286	1958年，2020重印
5	鸭栏	泄洪	江南陆城	长江	临湘市	4	5×6	24.5	36.6	钢筋混凝土	钢平板	440	1959年
6	铁山嘴	低排	江南陆城	长江	临湘市	4	4×5	21	36.6	浆砌石拱		250	1958年
7	新泉寺	排水	烂泥湖	湘水	湘阴县	8	4×5	25	37	钢筋混凝土敞开	钢平板	450	1953年，2015改建
8	河洑	节制	沅澧	沅水	武陵区	6	4.50×6.25	33.75	47.1	混凝土条石拱	钢平板	860	1959年，2000年改建
9	南碚	排水	沅澧	沅水	武陵区	4	3.1×4.0	30	45	钢筋混凝土	钢平板	670	1952年，2019年
10	苏家吉	排水	沅澧	沅水	鼎城区	5	10.00×4.74	28	41.5	钢筋混凝土	钢弧形	987	1955年，2000年改建
11	伍甲拐（老）	排水	沅澧	冲天湖	鼎城区	3	4.50×6.25	28	38	钢筋混凝土	钢筋混凝土平板	160	1965年，1990年整修
12	东风	节制	沅南	沅水	鼎城区	4	4.0×4.5	33.5	43	钢筋混凝土	钢平板	147	1974年，2000年改建
13	赵家河	排水	沅澧	目平湖	汉寿县	3	4×5	26.5	39.5	钢筋混凝土拱涵	钢平板	45.6	1956年，1992年内接
14	蒋家嘴（老）	排水	沅南	目平湖	汉寿县	7	4.5×4.5	27	39.5	钢筋混凝土箱涵	钢平板	583	1958年，2017年改建
15	蒋家嘴（新）	排水	沅南	目平湖	汉寿县	3/1	10×9/8×9	25.1	39.5	钢筋混凝土箱涵 钢筋混凝土开敞	钢弧形 双向人字	1062	1976年
16	大路坪	节制	烂泥湖	烂泥湖撇洪河	赫山区	8	8×5	30.5	38.5	钢筋混凝土	钢平板	1130	1976年，1995—1999年加固
17	五门南	排水	大通湖	东洞庭湖	沅江市	5	4×5	24.5	37.5	钢筋混凝土箱涵	钢平板	100	1955年，1991年外接
18	沱江下堵口	排水	育乐	藕池东支	南县	3/1	3.0×3.2/8.0×11.6	27.78 24.2	38.19 38.18	钢筋混凝土	钢平板	100	2001年

工程完成后，1977年冬启闭机换蜗轮蜗杆，1979年消力池溜坡处理，用钢筋笼子装块石115m^3。1981年加高挡土墙，闸门安装滚轮共52个，1982年改供电线路，1983年处理消力池下游溜坡，填块石及预制混凝土块共105m^3。[1] 2005年完成除险加固，概算投资1270.43万元。

2015年9月再次启动除险加固改造，2017年12月竣工验收。改造后的水闸闸室和闸门段（原水闸保留部分）组成，闸室段总长41.02m，宽80.33m，共6孔，其中浅孔3孔、深孔3孔，浅孔底板高程33.0m，闸室净宽尺寸8.54m，深孔底板高程31.0m，闸室净宽9.5m（1孔）、10m（2孔），原水闸闸门段（保留段）共8孔（每2孔对应新建闸室1孔），其中浅孔段6孔，孔口尺寸4m×5m（宽×高），深孔段2孔，孔口尺寸4m×7m（宽×高），扩建深孔闸门段共2孔，孔口尺寸10m×6m（宽×高），闸室墩顶高程46.40m，闸室外河挡水墙顶高程47.30m，闸室上设9m宽预制T型桥梁，桥面高程46.40m，启闭机平台高程为48.20m。工程总投资4350.64万元。

小渡口排水闸完建后能有效防御澧水洪水，可提高涔澹两水抢排能力，在抗旱期间抬高涔澹水水位，保护着松澧大垸100万亩耕地及76万人民的生命财产安全。

为进一步解决涔澹两水防洪排涝问题，2019年10月，澧县小渡口泵站开工建设，2022年10月建成。该工程位于澧县小渡口镇与津市交界的涔水、澧水汇流处。泵站设计总排水流量294m^3/s，装机6台、单机3450kW，总装机容量2.07万kW，工程概算投资3.43亿元。主要建设内容为前池、主泵房及安装场、副厂房及GIS楼、连接坝段、消力池、公路桥、金结设备、水力机械设备、电气设备安装、输配电线路等，目前为全省已建总装机容量和单机容量最大的排涝泵站（图3.3-6）。

图3.3-6 小渡口排水闸与泵站

（图片来源：湖南省水利水电勘测设计规划研究总院有限公司）

3.4.2 苏家吉闸

苏家吉闸位于常德县东，冲天湖间堤与沅水北堤交汇处，南临围堤湖、北从苏家吉河与冲天湖相

[1] 引自1983年编写的《小渡口排水闸工程三查三定成果》。

接，因位于苏家吉河口而得名。闸门为5孔，尺寸为10.00m×4.74m（宽×高），闸身为钢筋混凝土结构，闸门为钢弧形形式，设计流量987m³/s。

苏家吉闸是1954年冬湖南省洞庭湖堤垸修复工程的一部分，是沅澧垸的主要排水闸，可泄水集雨面积1600km²。工程由当时洞庭湖堤防修复工程湖南省指挥部工程部组织技术力量设计，报经水利部以设审字88183号文件批准。设计最大流量为987m³/s，相应水位闸内33.7m，闸外为31.5m。全闸为钢筋混凝土冲天式结构，分5孔，每孔净宽10m，连同两端交通桥墩总宽为106m。闸孔净高4.74m，上设有6m高的钢筋混凝土胸墙以御洪水，下设钢质弧形闸门，用电动手摇两用卷扬机启闭，闸身两岸均以土填成蝴蝶形平台与大堤相接，并以干砌块石护坡。

工程由苏家吉建闸指挥部主持施工，负责土建部分，闸门及启闭机分别由株洲铁路机车修配厂及长沙机械厂承制，安装工程由湖南有色金属安装公司承包。共组织省、地、县等各级干部476人，抽调各种技工1480人，常德县二总队民工10333人。1955年1月围水堤及渠道正式开工，同年4月工程竣工。共完成钢筋混凝土及混凝土12007m³，排扎钢筋519t，砌石9889m³，闸塘开挖还填及围水堤等土方27.82万m³，渠道土方33.04万m³，累计工日531828个（其中技工日79159个），共用水泥3125t、钢筋555t、块石12094m³、卵石14674m³、黄砂8197m³、条石878m³，国家投资249.5万元。

由于河湖逐年淤高，1980年将闸墩、胸墙和下游高导墙全面加高至40.00m高程，共完成钢筋混凝土75万m³、浆砌石264m³、土方1584m³。[1] 此后至1989年，水闸又进行了加高改造，外河挡水胸墙加高至41.30m。闸后的工作桥和交通桥均加高1.2m，工作桥面高程达到40.00m，而水闸两头大堤堤顶高程为42.50m。

2013年实施除险加固工程，主要建设内容有：不稳定闸室拆除、新闸室修建、新建内河消力池、内河护地但损毁部分除险加固、内外河导水墙拆除重建、重建公路桥、平面钢闸门制作安装、水闸新管理站房修建等。项目于2014年建设完成，全闸设5扇平板钢闸门，单闸净高4.74m，净宽10m，闸顶高程为38.80m，全长106m，闸顶交通桥宽4m，启闭台工作桥宽3m，安装5组2×15T双吊点卷扬式启闭机，电动启闭。

3.4.3 蒋家嘴闸

蒋家嘴闸位于汉寿县城东南32km的蒋家嘴镇，是南湖撇洪工程的主要设施。老闸为7孔，尺寸为4.5m×4.5m（宽×高），闸身为钢筋混凝土箱涵结构，闸门为钢平板形式，设计流量583m³/s。老闸为4孔，其中1孔尺寸为10m×9m、3孔为8m×9m，闸身为钢筋混凝土箱涵结构，闸门为钢弧形双向人字形式，设计流量1062m³/s。

1957年汉寿县围垦洋淘湖后，在蒋家嘴兴建排水闸1座，净宽13m，两边各3孔为箱涵。中间1孔冲天兼作船闸，7孔连成一体，左右对称。箱涵高宽均为4.5m，底板高程27.00m（吴淞）闸门采用提升式钢制闸门。1957年11月动工，次年4月建成，共浇混凝土5970m³，投工19.46万个工日，投资320万元。设计流量583m³/s。

1974年治理南湖，在距老闸东南200m处增建一座新闸。新闸包括排水闸、船闸两个部分，排水闸于11月开工，次年7月完成；船闸于1975年9月开工，1976年5月竣工。附属工程及房建任务于1977年2月全部结束。

排水闸系3孔敞开式钢筋混凝结构，每孔净宽10m、高9m，最大泄洪量1062m³/s，设计闸底板高程25.10m（黄海），采用钢质弧形闸门，电动卷扬机启闭。船闸系双向人字门，闸室长75m，宽10.6m，门宽8m，最高通航水位36.5m，每次能容60t船只，设计年吞吐量为100万t。船闸上下游

---

[1] 数据来源于《苏家吉水闸工程技术初步总结》和《苏家吉水闸三查三定报告》。

出口，修有起卸码头和起卸吊装平台各一个。新排水闸及船闸共计完成土方 88.2 万 m^3、混凝土 1.82 万 m^3、砌石 2.9 万 m^3，耗用水泥 5950t、钢材 487t、木材 $1406m^3$、工日 100 万个，投资 490 万。[1] 2001 年，在船闸闸首增建 1 座防洪闸，宽 8m，闸室 10.6m，提高了防洪通航功能。

2015 年 6 月，国家发展改革委、水利部以发改投资〔2015〕1317 号文下达工程投资计划，总投资 9666 万元，其中中央投资 5800 万元，配套资金 3866 万元。除险加固主要建设内容为：蒋家嘴 1 号闸、2 号闸及船闸拆除重建；根据新建闸室重新布置内、外河导水墙、消力池及护坦；根据新闸室结构形式，闸门为平面钢闸门，并更换启闭设施；新建公路桥；新建观测设施相应的配套设施。

蒋家嘴水闸运行效益显著，担负南湖、安乐湖及山丘区 $967.56km^2$ 集雨面积山洪排泄与沅南垸防洪任务，保护 15 个乡镇和 38 万亩耕地面积，保障南湖撇洪河两岸人民生命财产安全。

3.4.4 新泉寺闸

新泉寺闸位于湘水、资水两水尾闾地区的湘阴县烂泥湖垸，是南洞庭湖整修工程的一部分。闸为 8 孔，尺寸为 4m×5m（宽×高），闸身为钢筋混凝土敞开结构，闸门为钢平板形式，设计流量 $450m^3/s$。

1952 年冬整修南洞庭湖工程时将烂泥湖区与湘资两水相通的乔口、西林港、小河口、三里桥四个河口堵塞，同时在湘江西支左岸，湘阴县第十六区的荆塘垸新泉寺附近建排水闸一座，并以地名命名为“新泉寺水闸”。新泉寺水闸工程分为水闸和渠道。

水闸全长 41m，高 10.5m，底板宽 13m，底板高程 25.0m，分 8 孔，每孔净宽 4m，高 5m，采用提升式平面钢闸门，人力（后改为电力）操纵启闭。闸顶上部用胸墙连结，墩上架设人行桥及工作桥，两端为空箱式岸，上下游导水建筑物均采用悬臂式直墙，闸下游阻滑板下设消力池，辅以消力齿、消力墩及副坝等消力设备，下游再接以 62m 长的混凝土护坦，护坦下游抛填块石做成布可夫槽。上游阻滑板及倒滤层以上也采用混凝土护坦，长 23m，上下游临水面均用块石护坡。水闸全部采用钢筋混凝土结构，设计最大流量 $450m^3/s$。当时称为洞庭湖区有史以来的第一座现代化大水闸。

整个工程由湖南省水利局于 1952 年 12 月组织力量设计，1953 年 1 月 19 日成立新泉寺闸指挥所，有干部 375 人，湘潭、宁乡、湘阴、常德、益阳、桃江、安化等地民工 26007 人，技术工 815 人。工程于 1953 年 1 月 22 日开工，当年 5 月基本完成。共计完成土方 141.13 万 m^3、混凝土 $7159m^3$、干砌石 $2671m^3$、浆砌石 $837m^3$、抛石 $484m^3$，工日 77.8 万个，耗用钢材 221t、水泥 2176t、木材 14145 根、木板 1286 m^2、块石 4895 m^3。投资 209.7 万元。

1968 年 3 月由湖南省水利厅设计院对新泉寺闸进行加固设计，措施是在闸墩上加 1.5 m 厚的钢筋混凝土 U 形填沙砾石的公路桥，每孔加重 60t，桥面按通行 8t 汽车计算。同年 6 月由湘阴县湘资垸修防会施工，加高公路桥 1.5m 后，使桥面高程由 35.50m 达到 37.00m，同时提高了抗洪能力，耗用经费 32829 元。

1970 年为了解决烂泥湖区的通航问题，由湖南省航运设计院设计 15t 级的升船机，主机为 63kW，牵引力 6130kg，于 1971 年由管理所主持施工。共完成土方 $2700m^3$、浆砌石 $2100m^3$，工日 3.5 万个，耗用经费 25 万元，其中国家投资 21.5 万元。

为了解决外河水位引水抗旱问题，1985 年冬利用国家投资 3.5 万元将第 5 孔（从南边算起）改为排灌两用闸门，于 1986 年春完成。1987 年冬又更新钢闸门，投资 32 万元。1999 年又进行了 1 次维修加固。

2015 年 6 月，新泉寺闸除险加固工程纳入 2015 年大中型病险水库除险加固等水利工程中央预算内投资计划，投资额 2025 万元。2015 年 12 月工程正式开工建设，2019 年 12 月 22 日全面完工。工

[1] 数据来源于《汉寿县志・水利编》。

程主要建设内容包括：闸室底板及闸墩接长、胸墙加固，加宽加固交通桥，新建启闭机房，升船机相关设施完善，上游连接段护坡，拆除重建下游翼墙、消力池、护坦及护坡，新建海漫及抛石防冲槽，水闸基础处理及两侧防洪堤防渗处理，观测工程，机电设备及安装，金结设备及安装、管理房改造、升船机操作室改造等。共完成土方 0.2 万 m^3，石方 0.72 万 m^3，混凝土 0.4 万 m^3，累计共投入 6000 多个工日。

新泉寺闸工程排涝区涉及镜明河河流沿岸湘阴县湘资垸、岭北垸、沙田垸及益阳市四合垸、红洲垸共 5 个堤垸，保护总人口 16.86 万人，耕地面积 13.26 万亩。

3.4.5 乔口闸

乔口闸位于湘江下游西岸长江市望城区乔口镇，东临湘江，北为湘阴县沙田垸，南为望城县大众垸，是烂泥湖撇洪的枢纽工程——新河的出口（图 3.3-7）。闸为 8 孔，尺寸为 4m×7m（宽×高），闸身为混凝土、钢筋混凝土结构，闸门为钢平板形式，设计流量 1200m^3/s。

图 3.3-7 乔口闸（图片来源：湖南省水利水电勘测设计规划研究总院有限公司）

乔口闸由防洪闸、电站、升船机 3 大部分组成，闸轴线在乔口堵坝处，主体为混凝土及钢筋混凝土结构，过闸流量按 10 年一遇洪水 1200m^3/s 设计，20 年一遇洪水 1560m^3/s 校核。全闸共分 8 孔，每孔净宽 8m、净高 7m，两岸岸墩间总宽 82.4m，总长 164m。坝顶上设 8 扇平面钢闸门，门顶高程 35.00m，门上设 2m 高的混凝土及钢筋混凝土胸墙。闸墩共 10 个，其中岸墩 2 个、缝墩 2 个（每个宽 1.6m）、中墩 6 个（每个宽 1.2m），中间 3 孔连在一起，墩顶高程均为 38.00m。

电站及底孔总宽 8m，底孔净宽 2m，净高 3m，底孔高程 25.50m，设平面钢闸门 1 扇。小水电站进水口底部高程为 28.00m（即水轮机安装高程），孔口 2 个，均为 2m×2m，电站装机 2 台、每台 125kW。

升船机在闸的南端，轨道全长 234.4m（外河 121.2m，内河 113.2m）。承船车采用高低轮车，单向运行一次时间 4～6min，最大可过 30t 船只，设计过闸量 20 万 t。升船机运行采用手控、自控、遥控三套设备，以自控为主。为了不影响交通，在峰顶下处设有活动式钢板吊桥，长 7.2m，宽 7m，桥面高 38.00m，桥面最大起吊角为 60°（与地面夹角）。

乔口闸是一项边设计边施工的工程，1976 年 9 月 20 日湖南省水利电力局以〔76〕湘革水电水字第 157 号文件批复省水利水电设计院《关于乔口防洪闸设计规模的报告》，1977 年 2 月长沙市农林水利局完成技术设计，并经省水利电力局于 1977 年 2 月以〔77〕湘革水电水字第 18 号文件审批同意。

1976年11月长沙县[1]成立乔口防洪闸工程指挥部，组织靖港区民工3000余人，并由省水电建设公司二处负责主体工程施工，1978年9月工程竣工。共完成土方25.3万m^3、混凝土及钢筋混凝土1.60万m^3、浆砌石7100m^3、干砌石4300m^3，耗用水泥5250t、钢材509t、木材1250m^3。累计共投工54.87万个工日，国家投资252.98万元。

为了解决船只过闸问题，委托省交通规划勘察设计院设计升船机，1979年8月经长沙市农林水电局以长革农水〔79〕第65号文件批复工程预算。1980年元月正式动工，1981年元月竣工，共完成混凝土及钢筋混凝土600m^3，砌石4000 m^3，土方2万m^3，共投工5.13万个工日，耗用钢材62.4t、木材5m^3、水泥450t，国家投资47万元。

防洪闸工程竣工运行后，1979年冬对一级消力池集中渗水冒砂问题，用松疏性混凝土柱进行了处理。1982年7月进行上、下游护坡整修加固并延长下游左岸护坡80m。1983年11月用钢纤维混凝土修补底孔、底板。

2015年，湖南省水利厅以湘水建管〔2015〕4号批复乔口防洪闸处险加固工程初步设计。批复确定乔口防洪闸是以灌溉为主，兼顾防洪、泄洪、排涝、抗旱、发电等综合利用的大（2）型水闸，主要建筑物级别为二级，次要建筑物级别为三级。乔口水闸除险加固工程主要内容为：闸室段加固处理；闸基及两岸绕闸高压旋喷灌浆；上、下游消力池及护坦改建，海漫段改造；上、下游浆砌石翼墙修补加固处理、护坡拆除重建；电站厂房拆除及进水流道封堵；新建电气用房（新增1台250kV电压器）；新增观测及信息自动采集系统；金属结构更新改造（闸门更新改造，更换8张8m×7m平板钢闸门，1张2m×3m冲砂闸门及相应启闭机设备）；升船机控制房拆除及管理房翻新。

乔口闸工程不仅可泄710km^2的山洪和渍水；同时可以防止湘江100年一遇的洪水倒灌入烂泥湖区，保证40万亩耕地和30万人民的安全。

3.4.6 铁山嘴闸

铁山嘴闸又名“群英跃进闸”，位于临湘县黄盖湖北端之铁山嘴，距黄盖湖出长江口边2.2km，是排泄黄盖湖流域1538km^2集雨面积降水，并防止长江汛期洪水倒灌入黄盖湖的排水闸。闸西岸为湖南省黄盖湖农场，东岸为湖北省赤壁市，因此该工程由临湘、赤壁两市共建共管。闸为4孔，尺寸为4m×5m（宽×高），闸身为浆砌石拱结构，设计流量250m^3/s。

铁山嘴闸为黄盖湖围垦工程中的一个部分，1958年4月由湘鄂两省共同协商查助后，决定围垦黄盖湖；1958年11月湖南省财政厅及水利水电局联合通知拨给投资38万元，由临湘县包干完成。

铁山嘴闸为4孔污工拱涵，每孔净宽4m，净高5m，底板高21.00m，设计流量250m^3/s。中墩及边墩为浆砌块石，墩面及闸室拱圈均为浆砌条石，护坦、上下游翼墙及扭曲面均为水泥砂浆砌块石。启闭机台桥面板及梁为钢筋混凝土结构。闸门由于受当时钢材、经费等条件的限制，系采用钢架木面的钢木混合结构平面闸门。1963年冬改装为钢板平面闸门，并更换丝杆及启闭设备、加厚加固钢筋混凝土工作桥面板等。

1958年10月由临湘县成立铁山嘴建闸工程指挥部，同时从各单位抽调46名干部，从当时江南、聂市2个大公社调民工1032人、石工55人，于1959年4月竣工。随后在堵口截流时又增调修建京广铁路复线的民工1400多人，4月26日全部合拢死水，从此黄盖湖水经铁山嘴闸流入长江。

1999年铁山嘴闸纳入长江干堤加固工程范围。新建低排闸全长139.7m，为4孔连续钢筋混凝土箱涵结构，闸孔口尺寸4×4m×5m（孔数×宽×高），设计排涝流量120m^3/s，安装4扇平板钢闸门。采用螺杆式启闭机，工程于1999年10月动工，2000年3月竣工，总投资为383万元。主要建设内容有：原闸拆除、钢筋混凝土箱涵、闸室、启闭台、进出口浆砌石、出口消力池、基础处理、土方

[1] 当时望城县（区）尚未从长沙县分出。

开挖与回填等。参照长江干堤工程等级，低排闸属Ⅲ等、中型水利工程，主要建筑物级别二级，次要建筑物级别三级。

3.5 渠系建设

洞庭湖区在20世纪50年代和60年代以堤防整修和泵站建设为主，防洪排涝初具规模，同时也开展了一系列内渠系的建设，如华洪运河、五七运河等，但垸内居民生产生活条件仍较差。为了改善面貌，为垸内居民创造良好的生产生活环境，从1969年开始，洞庭湖区掀起了轰轰烈烈的垸内田园化建设高潮，大搞渠网化和田园化建设，并提出了“山、水、田、林、路”全面规划的综合治理大针。

1969—1979年，洞庭湖区“田园化”建设共开通干、支渠道2万多km；新建节制闸与跨渠桥、涵3万余处，结合铺设乡村公路6739km，机耕道约1万km。开通人工运河18条，开辟垸内包括内湖、内河、运河通航里程1551km，完成土方16.4亿m^3；结合渠堤、道路、屋旁种植树木常年保有量为5亿株，折算为绿化面积330万亩，形成垸内方格形田园面积近600万亩，为现代化大农业生产创造了良好的条件。

其后，洞庭湖区渠系建设不断，形成如今沟渠纵横的湖区渠系格局，洞庭湖区有大小沟渠16.05万km，塘坝21.47万口。其中规模较大的内河（或哑河）共计33处，水面面积15.512万亩，可调蓄水量30413万m^3。但由于长期未开展系统性清淤工程，洞庭湖区沟渠塘坝淤积、淤塞较为严重。据2015年统计，淤塞沟渠长度达10.78万km，塘坝13.46万口。

2016年3月，湖南省启动洞庭湖水环境综合整治五大专项行动，沟渠塘坝清淤增蓄作为专项行动之一。2016年3月，湖南省水利厅印发《洞庭湖区沟渠塘坝清淤增蓄专项行动实施方案》，分2016年、2017年两个年度实施。2017年湖南省政府又印发了《洞庭湖生态环境专项整治三年行动计划（2018—2020年）》。2018年7月，湖南省水利厅组织实施了洞庭湖生态环境专项整治三年行动，取得明显成效。2016—2020年，洞庭湖区各地共完成10.78万km沟渠疏浚和13.64万口塘坝清淤。2021年，湖南省水利厅、湖南省财政厅又启动农村小水源工程供水能力恢复三年行动。截至2022年年底，已累计完成山塘等清淤整治农村小水源2万处，新增蓄水能力7000万m^3。

3.5.1 南茅运河

南茅运河位于南县育乐垸，是现今除京杭运河之外的中国第二大人工运河，素有“南县红旗渠”之称，集雨面积166km^2，最大水面面积0.533万亩，最高蓄水位28.21m，总蓄水量1334万m^3，可调蓄水量356万m^3，是连接南县南北两端的一条百里人工运河（图3.3-8）。

20世纪70年代，为解决南县育乐大垸旱涝成灾、交通闭塞等问题，南县决定在育乐大垸重新开挖一条新河，北起南县县城南洲镇，南接茅草街镇赤磊洪道，命名“南茅运河”。1975年冬，南茅运河开工建设，1976年春节前如期完成主体工程建设任务。南茅运河分主干支渠，全长53km，配套工程103处，投工1150万个，土方1600万m^3，总造价2500万元（包括群众劳力投资、自筹、国家投资）。整个工程由大成、疏河两条哑河和陶家、产子坪、大洋虾德星等内湖疏浚，开挖串连而成。沿河配套工程有茅草街船闸、育新电排渠、倒虹吸渠、节制闸、泻水闸和9处涵管以及南洲、班嘴、红旗、万元、文明等5座桥梁。

1994年，南县在41.3km南茅运河主干渠的基础上，向北延伸2.62km、拓宽1.88km，以彻底打通南县南北水陆交通。工程于1995年完工，其综合功能、经济效益和社会效益同步提升。2010年，南县提出了“湘北明珠、生态南县”的发展定位，并将“南茅运河生态走廊”建设作为第一大生态工程。“南茅运河生态走廊”工程按照“还河于民、生态辐射、文化旅游”等三大目标，通过实施

图 3.3-8 南茅运河（图片来源：湖南省水利厅）

清淤护坡、景观建设、桥梁改造等六大工程，全面提升南茅运河的生态旅游、文化休闲、航运排灌、商贸居住等综合功能。

3.5.2 华洪运河

华洪运河位于岳阳市西北部的华容县，是控制调弦口、围垦钱粮湖的配套工程。华洪运河集雨面积 155.46km^2，其中华容县 52.74km^2、君山区 102.72km^2，全长 32.0km。

华洪运河于 1958 年人工开挖而成，是为了使华容县三封寺和君山区许市等乡（镇）的山洪不入钱粮湖农场境内，从潘家渡排入华容河而兴建的一条兼顾撇洪、调洪和灌溉的运河。沿河流经华容县东山、三封寺和君山区采桑湖、许市、广兴洲及岳阳建新农场等五镇一场。运河西北侧为桃花山脉，沿河道方向自东北至西南还有狮子山、云雾山、香炉山相连，山腰林场密布，溪流条条，山脚梯田层层，湖泊诸多，运河则串诸多湖泊为一体，汇数百山溪为一流。

1962 年 2 月湖南省水利电力厅对华洪运河重新进行了规划：扩运河以利通航、撇洪，建洪水港闸以泄洪，兴尺八咀闸以防洪和分区排涝，筑肖家垱溢流堰以“免除华容县三封、胜峰两乡（镇）与岳阳许市、黄金两乡在 28.28m 高程以上田亩的渍灾”，并于当年年底实施。以后陆续兴建了团结闸、友谊渠堤、友谊闸、许市电排和肖家垱溢流堰等水利工程。

2010 年后，华洪运河又纳入中小河流治理，实施了三期工程。2010 年 3 月，岳阳市水利水电勘测设计院编制了《湖南省岳阳市君山区华洪运河流域治理工程初步设计报告》，2011 年 9 月 29 日获湖南省水利厅批复。第一期工程首先实施了君山区华洪运河流域治理部分，下达资金 1462.89 万元，其中中央投资 792 万元，省配套资金 158 万元，市县资金 512.89 万元。君山区华洪运河流域治理工程的防洪标准采用 10 年一遇洪水设计标准，综合治理长度 8.46km。工程建成后基本解决华洪运河君山（广兴洲、采桑湖）和华容（涂家垱）河段存在的问题。第二期工程建设于 2012 年 10 月 10 日获湖南省水利厅批复，下达中央计划资金 960 万元、省级配套资金 192 万元，共计下达建设资金 1152 万元。综合治理长度 6.21km，改造穿堤建筑物 9 处（3 处拆除重建、6 处改造）。第三期工程建设于 2013 年 12 月 31 日获湖南省水利厅批复，同意建设内容堤防培厚 6.1km，护岸护脚 3.94km，堤身防渗 0.73km，新建及重建穿堤建筑物 7 处，工程总投资为 1600 万元（中央投资 900 万元、地方配套资金 600 万元）。

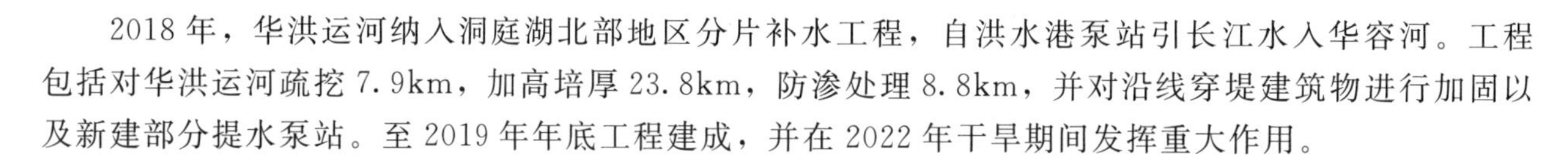

2018年，华洪运河纳入洞庭湖北部地区分片补水工程，自洪水港泵站引长江水入华容河。工程包括对华洪运河疏挖7.9km，加高培厚23.8km，防渗处理8.8km，并对沿线穿堤建筑物进行加固以及新建部分提水泵站。至2019年年底工程建成，并在2022年干旱期间发挥重大作用。

3.5.3 五七运河

五七运河南起沅江、南县交界处的沅江市草尾镇胜天小垸，北至千山红农场的利贞院北与大通湖连接，长18km，集雨面积166km^2，最大水面面积0.45万亩，总蓄水量1500万m^3，可调蓄水量400万m^3。

1968年冬，南县、沅江两县各动员民工1万人，和当地驻军共同开挖五七运河。河底宽15m，河底高程26m，边坡1∶2.0。10月下旬开工，12月中旬完工，完成土方113万m^3，耗资68万元，全部由国家投资。五七运河跨沅江、南县及大通湖区三个行政区域，流经茅草街、草尾、千山红、青树嘴，汇入大通湖，干流平均坡降0.05‰，主要支流有胜利渠、五分场支流、均五支流。

因河堤土质松散，逐渐崩塌，河内水草丛生，八百弓乡回民村航段还有一浅滩，严重碍航。20世纪70年代，乌嘴乡船队的客班机船曾从明山码头开胜天码头，枯水期，只能航行到八百弓乡丰产村，离胜天码头尚有6km。航行困难，商旅不便。

由于受当时的条件限制，五七运河未能与草尾河连通，加之运行近60年，河岸垮塌、河床清淤、水草茂盛、人为侵占河道等现象严重，导致河道功能不能充分发挥，灌溉、排涝功能逐年衰退。特别是近年来大通湖垸内缺水严重，水生态环境恶化。

2016年大通湖管理区建设交通环境保护局对五七运河桩号K0+000～K10+080河段10.08km进行表层腐殖质清淤处理，工程投资720万元。同年，五七运河还纳入洞庭湖区沟渠塘坝清淤增蓄专项行动的计划安排，工程投资1600万元，对9.02km河渠进行清淤增蓄处理，对1.89km岸坡进行加固处理。

2017年益阳市水利局组织实施了《益阳市五七河一期治理工程》，工程投资6100万元，在五七运河起点位置新建五七闸与草尾河相通，补水设计流量28.92m^3/s，清淤1.18km、生态护岸3.221km。工程引洞庭湖水入大通湖，水系过流条件改善明显，基本解决了大通湖缺水问题。2019年，五七运河纳入洞庭湖北部补水工程，河道清淤8.9km、岸坡整治32.4km、堤防达标建设13.9km，工程总投资1.56亿元，工程现已全部完工。

3.6 洞庭湖区农场建设

洞庭湖淤泥肥沃，垸民形容洲土为“五金六银七铜八铁”，种湖田三年不用施肥。在20世纪50—60年代缺化肥的情况下，为了多产粮，从中央到地方，从干部到群众都重视洞庭湖区的农场建设。为了落实农业以粮为纲，解决人民吃饭问题，党中央十分重视洞庭湖区的粮食增产。1954—1959年国家农垦部王震部长及水利部领导多次亲临洞庭湖指导治理洪灾和扩建国营农场。1958—1959年兴起建农扩耕增粮运动，累计建设农场15处，扩大了耕地100多万亩。洞庭湖区1955年耕地为622万亩，1986年扩大到860多万亩，为洞庭湖区成为国家商品粮基地创造了基本条件。

洞庭湖区农场建设有三种情况：一是原有老垸改建农场。如金盆农场由原有的增福垸、南金湖、玉成垸、有成垸及金盆北洲等组成；千山红农场由原有的种福垸、利贞垸、原生垸等组成；涔澹农场为古老的涔澹大垸；君山农场由原有的自成、永兴、五沟等垸及永成废垸等组成。这4个农场的原有各垸大都为官僚地主所有或属地方豪绅强占盗挽，有的为当时政府挽修（如永成垸由善救总署湖南分署于1947年挽修）。中华人民共和国成立后，由湖南省公安部门接收并分别改建为劳改农场。二是1950年、1952年、1954年的三次治湖中因堵支并流合建大垸作为蓄洪垦殖区农场，如大通湖农场、西洞庭农场、西湖农场和贺家山农场等。三是1955—1958年进行建设的，如建新（1955年）、北洲子（1957年）、南湾湖

(1957年)、黄盖湖(1958年)、茶盘洲(1958年)、屈原(1958年)、钱粮湖(1958年)等7处农场。在围垦的1163km² 湖洲中，其中原有零星古垸约500km²，单一新围垦的面积617km²。

2000年，湖南省委、省政府启动国有大中型农场体制改革，出台《关于国有大中型农场体制改革的意见》(湘发〔2000〕4号)，区分不同情况，建立健全行政管理体制。在规模较大的农场设立管理区，规模较小且地理位置毗邻的合并设立。管理区设管理委员会，作为上一级人民政府的派出机构，比照县政府赋予职能职权，全面负责管理区域内的经济社会事务，管理区比照县一级建立分税制财政体制。规模较小又单个存在的农场改为乡镇建制，并入所在县(市、区)。此后洞庭湖区的国有大中型农场体制改革逐步实施。

3.7 灌区建设

洞庭湖区稻作农业历史悠久，其凭借得天独厚的资源优势在明清时期发展成为“天下粮仓”。20世纪80年代以前，为了落实农业以粮为纲，解决人民吃饭问题，党中央十分重视洞庭湖区的粮食增产，建设了大量的蓄洪垦殖场，开展了大规模的排涝工程建设。1998年，国家开始实施大中型灌区续建配套与节水改造项目，灌区发展进入黄金时期。党的十八大以后，各大灌区开始根据实际情况转型发展，从单一的农业灌溉逐步向城镇供水、生态、景观转变，更好地为湖南经济社会发展服务。

湖南省洞庭湖区共有耕地950.6万亩，已建成大型灌区10个、重点中型灌区52个、一般中型灌区90个，其中纯湖区的大型灌区有汉寿县的岩马、西湖2个；跨山丘区和湖区的有黄材、铁山、枉水、澧阳平原、沩水(湖南、湖北共有)、青山水轮泵、黄石、桃花江等8个。大中型灌区耕地面积913万亩，总设计灌溉面积885万亩，有效灌溉面积696万亩。其中10个大型灌区设计灌溉面积168万亩，有效灌溉面积132万亩；52个重点中型灌区设计灌溉面积521万亩，有效灌溉面积398万亩；90个一般中型灌区，设计灌溉面积196万亩，有效灌溉面积166万亩(表3.3-11)。洞庭湖区大中型灌区主要分布在长沙、岳阳、常德、益阳等4个市23个县(市、区)(图3.3-9)。洞庭湖区灌溉体系由蓄、引、提水源工程与灌排渠系组成，多为泵站提水、辅以水库和涵闸引水灌溉，共有各类水源工程1494处，其中灌溉水库550座、引水涵闸418处、提水泵站526处。

表3.3-11　　洞庭湖大中型灌区主要指标表

指标值	8处大型(跨丘陵区、湖区)	2处大型(纯湖区)	52处重点中型	90处一般中型	合计
设计灌溉面积/万亩	168		521	196	885
有效灌溉面积/万亩	132		398	166	696
灌溉保证率/%	83.17	70.00	83.85	—	—
灌溉水利用系数	0.51	0.49	0.49	0.48	
两费落实率/%	92.08	85	79.64	65.48	
渠道完好率/%	67.26	47.64	47.92	44.75	
建筑物完好率/%	64.26	67.30	50	48.77	

3.7.1 西湖灌区

西湖灌区位于洞庭湖区沅水尾闾北岸，灌区范围为汉寿县和西湖管理区5镇1乡156个行政村。设计灌溉面积45.9万亩，其中水田36.64万亩、旱地9.26万亩，有效灌溉面积42万亩。

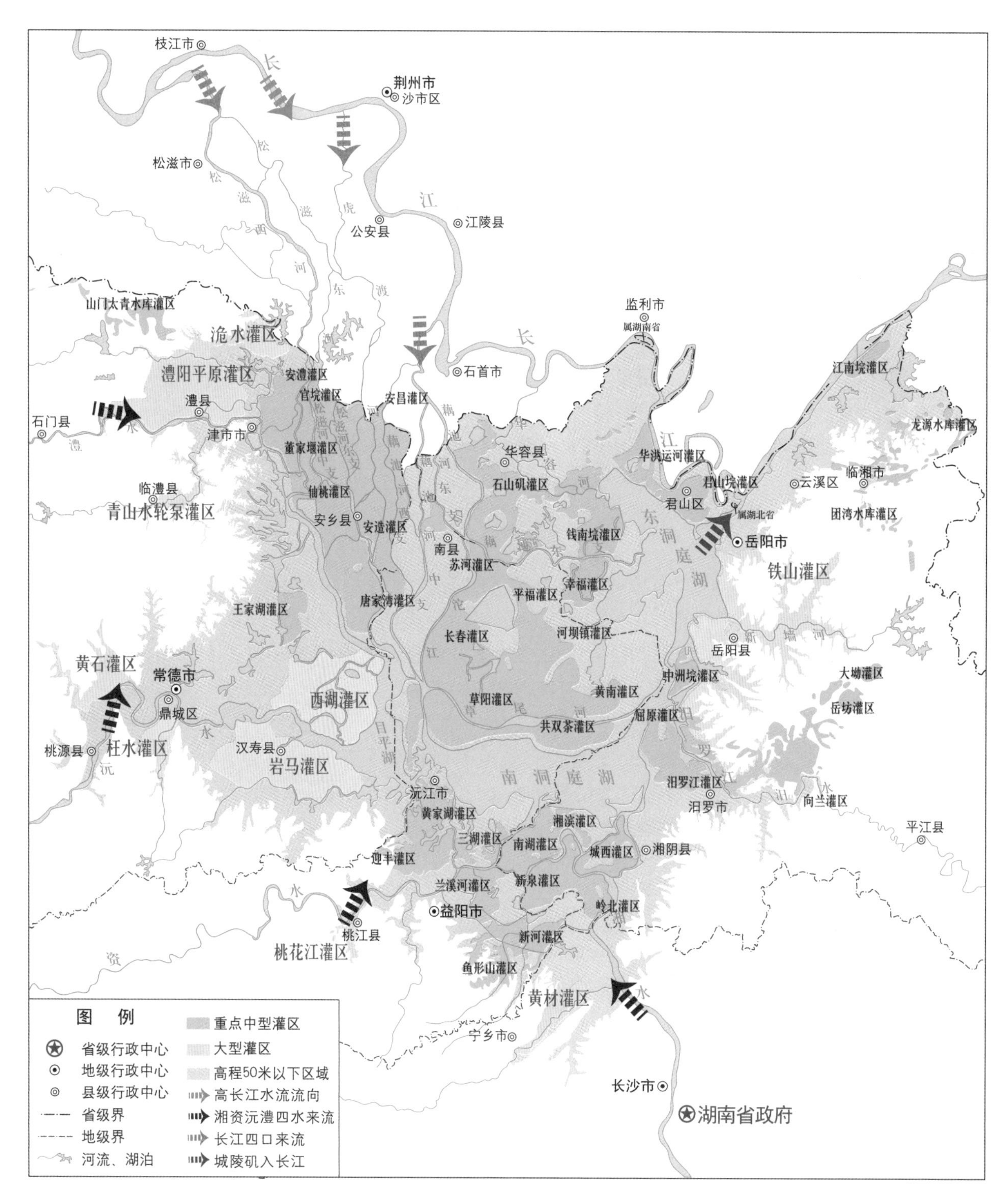

图 3.3-9 洞庭湖区大中型灌区位置图

（图片来源：湖南省水利水电勘测设计规划研究总院有限公司）

西湖灌区是国家级的现代农业试验示范区、重要商品粮和农产品生产基地，平均每年生产粮食40多万t，商品率高达70%，生产蔬菜和水产品100万kg，是长沙等大城市的菜园子。西湖灌区位于洞庭湖核心、紧邻西洞庭湖国家级自然保护区，对保证洞庭湖区生态环境发挥重要作用。西湖灌区还承接了大型水库异地搬迁移民5万多人。

西湖灌区以西湖内江为主要水源，以沅水、澧水和目平湖水为补充，通过内江沿岸泵站提水灌溉。现有灌排泵站 391 座 508 台总容量 45752kW，其中大型泵站 1 座装机 2 台总容量 7600kW，中型泵站 6 座装机 42 台总容量 9865kW，小型泵站 384 座装机 464 台总容量 28287kW。

现有干支渠道 473 条总长 542.41km。其中干渠 109 条总长 231.89km，支渠 364 条总长 310.52km；上述渠道中设计流量大于等于 $1m^3/s$ 的骨干渠道共 109 条总长 227.04km。现有干支排水沟 176 条总长 548.39km，其中设计流量 $3m^3/s$ 以上的骨干排水沟 67 条 233.82km。

近年来，西湖灌区实施了环洞庭湖基本农田建设、土地综合整治、农业综合开发、泵站更新改造、沟渠疏浚、农业水价综合改革、高标准农田建设等重大工程项目。截至 2019 年年底，共改造斗渠及以上渠道 651km，疏浚排水沟田间渠道及排水沟 1000 多条 1220km。除险加固和更新改造灌排泵站 90 座 208 台 2500kW。目前，西湖灌区已列入湖南省"十四五"大型灌区续建配套与现代化改造计划并正在实施，估算投资 2.55 亿元，可改善和恢复灌溉面积 25 万亩，新增灌溉面积 5 万余亩。

3.7.2 岩马灌区

岩马灌区于 2012 年被水利部核定为大型灌区，是湖南省 23 个大型灌区之一，位于洞庭湖区 11 个重点垸之一的沅南垸内，属西洞庭湖冲积平原区。灌区范围涵盖了汉寿县洋淘湖镇等 8 个乡（镇、街道）的 91 个行政村，耕地总面积 37.0 万亩，其中水田 30.52 万亩、旱土 6.48 万亩。灌区有效灌溉面积为 30.85 万亩，设计灌溉面积 36.50 万亩、高效节水面积 14.0 万亩，粮食总产量为 22.64 万 t，其中稻谷占 98.9%。目前，正在开展灌区续建配套和现代化改造项目。

灌区现有干渠 41 条，总长 224.98km；支渠 127 条，总长 237.68km。现有干、支灌溉渠系在总体布局上较完善。暗涵、渡槽、倒吸虹共 698 处，渠系附属建筑物 1722 处。其中干渠渠系建筑物有涵洞 222 处，长 10.89km；附属建筑物 781 处；支渠主要建筑物有渡槽 5 座、倒虹吸 2 处、涵洞 469 处、附属建筑物 941 处；基础水利设施有 62 座。

灌区现有大型泵站 1 座、中型泵站 3 座、骨干小型泵站 32 座，总装机容量 16548kW，设计提水流量 $127.22m^3/s$；有进水闸 12 座，设计引水流量 $155.64m^3/s$；有小型水库 8 座，其中小（1）型水库 1 座，总集雨面积 $3.7km^2$，有效库容 197 万 m^3，设计灌溉面积 0.8 万亩；小（2）型水库 7 座，总集雨面积 $8.93km^2$，有效库容 221 万 m^3，设计灌溉面积 0.88 万亩；水库总库容 578.3 万 m^3，兴利库容 417.6 万 m^3。

第四章　蓄洪安全建设工程

20 世纪 50—60 年代，洞庭湖区除明确荆江分洪区为蓄滞洪区，开展了安全设施建设外，还实施了一批蓄洪垦殖工程。1955—1969 年，每年都考虑将一部分堤垸作为临时分洪区；由于这些年湖区水位不高，均未执行分蓄洪任务。

围绕长江中下游防洪问题，水利部于 1968 年、1969 年、1971 年、1978 年多次组织召开长江中下游五省防洪座谈会议、长江中下游规划座谈会，对洞庭湖的问题进行了重点查勘调查和研究讨论。1980 年 6 月，长江中下游防洪座谈会上明确在重现 1954 年洪水的情况下，由湖南、湖北各承担 160 亿 m^3 的蓄洪任务。1987 年，《湖南洞庭湖区近期防洪蓄洪工程初步设计书》经水利部审查通过，确定：钱粮湖、君山、建新、建设、屈原、城西、江南陆城、集成安合、南汉、民主、和康、共双茶、围堤湖、澧南、九垸、西官、安澧、安昌、安化、北湖、义合、南鼎、六角山及大通湖东 24 个堤垸为蓄滞洪区，开展了蓄洪安全建设。

1998 年长江特大洪水后，国家启动蓄洪安全建设应急工程并提出在城陵矶附近区域先行建设 100 亿 m^3 的蓄滞洪区，由湖南、湖北各承担 50 亿 m^3 的蓄洪任务，湖南省选择钱粮湖、共双茶、大通湖东三垸先行建设。2003—2007 年实施了西官、澧南、围堤湖、城西、民主、大通湖东、钱粮湖、共双茶垸等蓄洪安全建设应急工程。2007 年起实施了钱粮湖层山安全区试点工程，建成了层山安全区，面积 1424 万 m^2，搬迁居民 12786 户 26761 人。2013 年钱粮湖、大通湖东、共双茶三大垸蓄洪安全建设一期工程启动。

经过多年建设，截至 2023 年，湖南省洞庭湖蓄洪安全建设工程共建成安全台 292.76 万 m^2、安全区 1624 万 m^2、分洪闸 6 座，建成堤防 1218.93km（其中一线临洪堤 1169.50km，重要隔堤 49.43km)，现有安全设施可安置人口 12.76 万人。

4.1　大通湖蓄洪垦殖工程

大通湖位于洞庭湖中部，民国时期其南、西、北三面已围垦成田，东部出口与东洞庭湖相连但口门已逐年淤高。1950 年 1 月中央人民政府水利部批准其作为“蓄洪垦殖试验区”。大通湖蓄洪垦殖工程包括横堤、堵塞、排水等：东口横堤从增福垸的莫公庙起，经丁家团湖、金盆北洲、再淤洲、农乐垸、河心洲，抵三才垸以南的三吉河坝，全长 16.8km；堵塞工程为增福垸与积庆垸、普丰垸与宝三垸两处河口，共 526m；排水工程为开挖南金湖、甘港子、武岗洲渠道，全长 10527m❶；植防浪林 22898 株。全部工程动员民工 5.5 万多人❷，完成土方 133.69 万 m^3，工日 103.2 万个，国家投资大米 838 万斤。工程于 1950 年 1 月开工，当年 7 月基本竣工。

大通湖蓄洪垦殖工程完成后，将大通湖环湖 103 垸❸并成现在的大通湖垸，同时建立了湖南省第一个国营农场——大通湖农场，设大通湖特别行政区。大通湖农场建场时总面积为 2.19 万亩，后经

❶ 另有南金湖、甘港子两条渠道全长 2476m 的说法，此处采用《湖南省水利志》中的表述。

❷ 另有 3 万多人的说法，此处采用《湖南省水利志》中的表述。

❸ 另有 108 垸的说法，此处采用《湖南省洞庭湖区基本资料汇编（第四分册）》中的表述。

多次扩建、合并、拆分。1987 年，国家计委批复同意将大通湖垸等 10 个大垸作为重点堤垸进行建设。发展至今，大通湖垸堤防全长 186.68km，堤顶高程 36.50～38.50m，临湖堤顶高程 37.20～38.20m，保护人口 61.99 万人，保护面积 169.03 万亩，其中耕地 91.84 万亩。2000 年 8 月，根据湖南省委、省政府《关于国有大中型农场体制改革的意见》（湘发〔2000〕4 号）精神，在原大通湖、北洲子、金盆、千山红等四大国营农场的基础上，组建益阳市大通湖管理区（大通湖渔场 2002 年划归大通湖区管理），辖 4 镇 1 个办事处、27 个行政村和 11 个社区，总面积 57.6 万亩，人口 11.2 万人。

4.2 荆江分洪工程

1951 年 3 月，中央人民政府政务院发布《关于荆江分洪工程的规定》（图 3.4－1）。按照“团结治水、江湖两利”的方针，北岸加固荆江大堤，南岸在荆江以西、安乡河以北、虎渡河以东，建设一处面积为 921.34km^2、有效容积为 60 亿 m^3 的分洪区。整个工程包括加固荆江大堤和加修荆江分洪区围堤，修建太平口分洪闸（北闸）与黄山头节制闸（南闸）（图 3.4－2）。

荆江分洪区围堤全长 208.4km，其中荆江大堤从太平口分洪闸至倪家塔长 97.8km，南线大堤从倪家塔至黄山头节制闸长 20km，虎东堤从太平口分洪闸至黄山头节制闸长 90.6km。北闸位于太平口附近，是荆江分洪区的进洪闸，共 54 孔，每孔净宽 18m，净高 5.5m，闸身全长 1054m，设计进洪流量 8000m^3/s。南闸共 32 孔，每孔净高 9m，闸身全长 336.83m，设计泄洪流量 3800m^3/s。

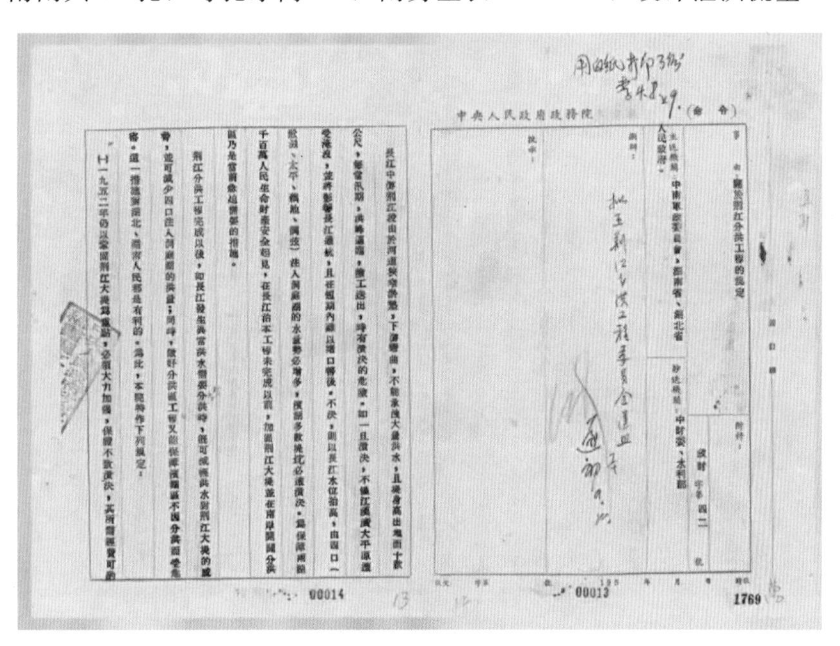
中央人民政府政務院
事由：關於荊江分洪工程的規定

長江中游荊江段由於河道異常彎曲，[illegible]，不能承洩大量洪水，且堤身高出地面十數公尺，每當汛期，洪峰逼臨，險工迭出，時有潰決的危險。如一旦潰決，不僅江漢廣大平原盡受淹沒，並將影響長江通航，[illegible]，由調弦口一帶（松滋、太平、藕池、調弦）注入洞庭湖的水量勢必增多，濱湖多數垸圩必遭潰決。爲保障兩湖千百萬人民生命財產安全起見，在長江治本工程未完成以前，加固荊江大堤並在南岸開闢分洪區乃是當前急迫需要的措施。

荊江分洪工程完成以後，如長江發生異常洪水需要分洪時，既可減輕洪水對荊江大堤的威脅，並可減少四口注入洞庭湖的洪量；同時，做好分洪區工程又能保障洞庭湖區不因分洪而受危害。這一措施對湖北、湖南人民都是有利的。爲此，本院特作下列規定：

一、一九五二年[illegible]荊江大堤[illegible]，必須大力加強，保證不致潰決，[illegible]

00014　00013　1769

图 3.4－1　《关于荆江分洪工程的规定》影印片

（图片来源：湖北省水利厅）

1952 年 4 月，荆江分洪工程动工。参与建设的有 30 万人，其中工人 4 万人，农民 16 万人，中国人民解放军 6 个师和 12 个独立团共 10 万人。湖南省主要承担南线工程任务，南线工程包括：黄山头节制闸、黄天湖新堤、虎渡河拦河坝及培修虎渡河西堤和安乡河北堤。湖南省调集长沙、常德、益阳以及零陵、衡阳、邵阳、郴州等专区共同承担，其中长沙、益阳两专区民工各 5000 人、石工各 1000 人，常德专区民工 20000 人、石工 500 人，其他 4 个专区只承担石工各 500～1000 人。整个南线工程调集军工 7.1 万（其中湖南 1.2 万）人、民工 7.1 万（其中湖南 3.0 万）人、技工 5300（其中湖南 2500）人，此外还有数千名行政、技术、医务，文化、政工干部，总共人数近 16 万人。南线工程自 1952 年 4 月上旬开工，6 月 20 日基本完成。[1]

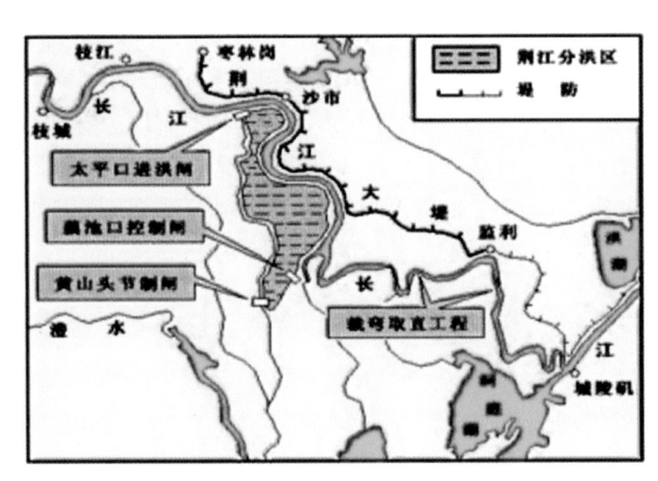

图 3.4-2　荆江分洪工程示意图
（图片来源：湖北省水利厅）

通过 1954 年特大洪水的考验后，1954 年冬对蓄洪区南线大堤进行加固，成立湖南省荆江南堤工程指挥部，抽调安乡、南县、宁乡 3 个县干部民工共 1 万余人，担负从南闸至藕池口全长 20km 的南线大堤加高培厚和块石护坡，大堤高程由原来的 43.00m 加高到 44.00m。1954 年 12 月开工，至 1955 年 11 月完成，共计土方 80 余万 m^3，砌护块石 20 多万 m^3。

1968 年冬，成立了湖南省荆江分洪南线大堤整修工程指挥部，参加这项工程的有安乡、澧县、常德、汉寿、沅江、南县、益阳 7 县干部、民工共 56300 人，于 1968 年 11 月下旬开工，1969 年 1 月完工，南线大堤堤顶高程加高到 45.17m。南线大堤整修工程完成之后，1969 年 3 月开始对南线大堤进行块石护坡和黄天湖排水闸加固，参加施工的有常德、安乡、汉寿、澧县等县干部 195 人，民工 6840 人，完成块石护坡 3 万多 m^3。黄天湖排水闸底板高程由 31.0m 加高到 31.6m，共浇灌混凝土 2063m^3。

作为中华人民共和国第一个大型水利工程（图 3.4-3），毛泽东主席为荆江分洪工程题词：“为广大人民的利益，争取荆江分洪工程的胜利”，周恩来总理题词：“要使江湖都对人民有利”。

图 3.4-3　荆江分洪工程虎渡河（南闸）（图片来源：湖南省水利水电勘测设计规划研究总院有限公司）

4.3　安全楼、台、转移道路等应急工程建设

4.3.1　20 世纪 70 年代

1968 年起，围绕长江中下游防洪问题水利部多次组织讨论。至 1980 年 6 月明确在 1954 年洪水

[1] 引自《荆江分洪南闸指挥部工作总结报告》。

重现的情况下，由湖南、湖北各承担城陵矶附近 160 亿 m^3 的蓄洪任务。

1970 年，湖南省防汛指挥部以湘防 18 号文件通知，将湖南省革委会决定的 11 个县 37 个堤垸作为蓄洪堤垸，并进行蓄洪建设。当时提出的蓄洪原则是“五先五后”，即先蓄国营农场后蓄民垸，先蓄防洪标准低的后蓄防洪标准高的堤垸，先蓄老垸后新垸，先蓄小垸后大垸，先蓄距城陵矶近后远的堤垸。湖南由此选定了蓄洪堤垸 37 个（表 3.4－1）。

表 3.4－1　　1970 年湖南省洞庭湖区 37 个蓄洪堤垸名录

所在县（农场）	垸　名[1]	所在县（农场）	垸　名[1]
常德县	八官崇孝垸	南县	南鸿垸、汉泰垸、和康垸、南鼎垸、乐新垸
汉寿县	西湖垸	临湘县	陆城垸、江南垸
安乡县	安猷垸、安生垸、安昌垸、安金垸、安文垸、安化垸	湘阴县	白泥湖垸、城西垸
		岳阳县	大桥湖垸
澧县	大围垸、九垸、西洲垸、官垸	华容县	新太垸、集成大垸、安合垸、新生垸、集成垸
益阳县	民主垸	农场	涔澹、茶盘洲、君山、钱粮湖、黄盖湖、汨罗江、西湖
沅江县	共华垸、双华垸		

1970—1975 年，建成安全仓库面积 18 万 m^2，永久性民房面积 46 万 m^2，并有 3 万多社员转移至安全台定居，共完成蓄洪安全建设土方 2809 万 m^3，国家先后投资 1191 万元。

4.3.2　20 世纪 80—90 年代

1987 年，水利部《关于“湖南洞庭湖区近期防洪蓄洪工程初步设计书”审查意见的通知》中确定钱粮湖等 24 个蓄滞洪区，作为近期重点进行垸内安全建设，并就蓄滞洪区安全建设提出了以下 8 个方面：

（1）安全台。以顺堤筑台为主，垸内安全台为辅。顺堤台面宽 4～7m，坡比 1∶3.0，临洪大堤筑台 450.13 万 m^2，土方为 3518.78 万 m^3。可安置 91.08 万人，占蓄洪区总人口的 63%。蓄洪临时外迁人口 37.26 万，占总人口的 26%。还有 15.31 万人已居住在安全地带，占总人数的 11%。

（2）安全仓库。平时作为防汛物资仓库，蓄洪时作指挥机构和转移安置仓库，可减少损失、方便群众。总规划建设 48 栋安全仓库，面积 15480m^2。

（3）机电设备的安全保护。在堤垸蓄洪前，对垸内的机电设备进行转移，以免遭浸水损坏。规划增添 3～5t 绞车 450 台。

（4）安全转移道路及桥梁。为使群众及生产生活资料能有计划地转移，规划按宽 5m 铺筑 0.15～0.20m 厚砂石路面。共新建、改造加宽原有公路 914.33km，并有附属建筑 242 处、桥梁 163 座。

（5）安全楼房。对离堤较远、四周无靠、地势低洼的蓄滞洪区群众，由于在有限的时间转移相当困难，故将普通房屋改造成每栋面积 150～200m^2、设二、三层平顶的安全楼房。对于有资金建造房

[1] 部分堤垸合并、调整，名称发生变化。八官崇孝垸、西湖垸、西湖农场为今沅澧垸的一部分，安猷为今安造垸的一部分，安生、安昌为今安昌垸，安金为今安澧垸的一部分，安文、安化为今安化垸，大围为今松澧垸的一部分，西洲、官垸为今西官垸，共华垸、双华垸、茶盘洲农场为今共双茶垸，南鸿、汉泰为今南汉垸，育才垸为今育乐垸的一部分，陆城、江南为今江南陆城垸，新太、新生、钱粮湖农场为今钱粮湖垸的一部分，安合、集成大为今集成安合垸，集成为今集成废垸，汨罗江农场为屈原垸的一部分，涔澹农场为今松澧垸的一部分，君山农场为今君山垸。

屋的群众，可由国家提供燃煤、水泥、钢材指标。

(6) 安全转移工具。为解决分洪前后运输及打捞水淹物资和临时抢救，计划添置安全转移船只1524t。

(7) 营造安全林木。为减少风浪冲击，保护蓄洪垸内房屋少受损失，利用近100万亩的屋场面积栽植防护林，由国家无偿解决树苗，计划栽植171.47万株。

(8) 通讯报警设施。建设长沙至汨罗县大摩山及大摩山至常德县太阳山和华容县桃花山等3条主干线，并给每乡配双功电台1部，每村配步话机1部，总计添置双功电台98部，单功电台216部。同时还采取以往群众性的报警方式，以乡、村为单位选择制高点烧烽火和鸣锣进行紧急通知。

作为洞庭湖一期治理工程的一部分，此次蓄洪安全建设实际完成蓄洪安全设施：建设顺堤安全台543.9km、安全楼13.6万m^2、安全转移桥124座、安全船只67艘、安全转移公路887.1km，植安全树452.6万株。

1998年特大洪水后，国家开始启动应急安全建设，到2007年年底共投入国家及省级资金7.34亿元，主要用于城西垸、民主垸、安澧垸、大通湖东、共双茶及钱粮湖等垸的蓄洪安全建设，共修建大型安全台45处、面积380万m^2，安全区4处、面积32.87km^2，转移道路50条250km，转移桥24座。

4.4 平垸行洪、退田还湖和移民建镇

1998年特大洪水后，国务院提出了“封山育林、退耕还林、退田还湖、平垸行洪、以工代赈、移民建镇、加固干堤、疏浚河道”等根治水患和灾后恢复的“32字”政策措施。“为了提高行蓄洪能力，对已溃决的圩垸，要根据条件和可能，结合灾后重建，进行平垸行洪、退田还湖。……凡被洪水冲破的江河干堤外滩地民垸以及湖区内的民垸、行洪垸，原则上不修复，实行退田还湖。”

湖南省委、省政府根据党中央、国务院“平垸行洪，退田还湖，移民建镇”的科学治水方略，相继出台《中共湖南省委、湖南省人民政府关于平垸行洪、退田还湖、移民建镇的若干意见》及《湖南省平垸行洪、移民建镇工程建设管理暂行办法》等政策，移民安置区基础设施建设资金由国家、当地政府共同筹措解决，国家按0.2万元/户给予补助，其余资金由当地政府负责落实。洞庭湖区采取以下平退方式：

(1) 双退：即退人又退耕，移民搬出平退堤垸异地安置。一般是阻碍行洪严重，需要实施平垸行洪，刨毁堤防的堤垸、巴垸、江心洲垸等。

(2) 单退：即退人不退耕，移民依托平退堤垸就近安置。一般是阻洪不严重，具有利用价值和移民生产安置有较大难度的堤垸。

湖南省水利水电设计院于2000年7月提出了《湖南省洞庭湖区“平垸行洪、退田还湖、移民建镇”3～5年水利规划报告》，列入平退堤垸314处，平退总面积236.8万亩（1578.6km^2），计划搬迁22万户、81.6万人；其中单退垸104处（包括蓄洪垸7处）、双退垸210处；314个堤垸中，有外滩和江心洲巴垸261处。涉及的范围：湘水至长沙市开福区，资水至安化县，沅水至桃源县，澧水至临澧县城，汨罗江至平江县，湖区至临湘市区，长江从华容县洪山头到临湘市儒溪镇。

洞庭湖区实际实施平垸行洪340处，其中单退垸117处、双退垸223处。工程扩大行蓄洪面积779km^2，增加行蓄洪容积34.8亿m^3，其中洞庭湖周边平退面积156km^2，增加蓄洪容积3.68亿m^3。具体情况见表3.4-2。

表 3.4-2　　洞庭湖区平垸行洪、退田还湖统计表

	项　目	平退垸所在水系				合计
		洞庭湖周边	四口水系	四水尾间	长江干流	
单退垸	堤垸处数/处	27	9	78	3	117
	面积/km²	138.11	70.71	339.66	25.93	574.41
	蓄洪容积/万 m³	68916	45778	192461	4234	311389
	户数/户	33553	12054	53846	850	100303
	人数/人	108033	39740	181622	2977	332372
双退垸	堤垸处数/处	15	110	89	9	223
	面积/km²	17.93	63.5	95.22	27.68	204.33
	蓄洪容积/万 m³	4064	13384	13701	5398	36547
	户数/户	3245	24375	26828	3582	58030
	人数/人	9807	79179	86029	12995	188010
合计	堤垸处数/处	42	119	167	12	340
	面积/km²	156.04	134.21	434.88	53.61	778.74
	蓄洪容积/万 m³	72980	59162	206162	9632	347936
	户数/户	36798	36429	80674	4432	158333
	人数/人	117840	118919	267651	15972	520382

湖南省移民安置主要采用集中安置和分散安置两种方式。集中安置采用集中建镇、城镇扩建增容和新建中心村镇的方式。全省共新（扩）建移民集中安置点 756 处（安置 30 户以上），安置 10.4 万户、33.3 万人，规模比较大的集镇有乔家河、张家滩、大杨、月山、白塘、桥东、樟树港等。分散安置采用投亲靠友自行安置、政府统筹插队安置和就近高靠分散安置方式。全省共分散安置 5.4 万户、19.7 万人（图 3.4-4）。[1]

图 3.4-4　官垸安全区
（图片来源：湖南省水利水电勘测设计规划研究总院有限公司）

[1] 引自湖南省平垸行洪移民建镇工作办公室编制的《湖南省平垸行洪、移民建镇工作总结报告》。

为了充分发挥平垸行洪、退田还洪工程的效益，巩固建设成果，湖南省组织编制上报了《湖南省洞庭湖区平垸行洪退田还湖移民建镇巩固工程建设实施方案》，长江水利委员会审查同意建设99处分洪闸（其中澧南、围堤湖、西官三处大型分洪闸）、1处块石裹头、146处刨堤工程，概算总投资为3亿元。[1]

1999年以来，湖南省先后建成了汉寿围堤湖垸、澧县澧南垸、澧县西官垸3个大型分洪闸和5处单退堤垸的进退洪设施，并平废了全省112处双退垸的阻洪堤坝。

4.4.1 汉寿县围堤湖垸分洪闸

围堤湖垸分洪闸位于汉寿县围堤湖垸临洪大堤白鹤洲堤段（图3.4－5），闸址中心桩号2＋100.000，该闸为Ⅱ等工程，主要建筑物为二级。按20年一遇的洪水标准，设计分洪水位36.53m（1985国家高程基准），设计洪水位37.03m，垸内限蓄水位36.25m，设计最大分洪流量3190m^3/s。

分洪闸主要由闸室、上下游连接段、两岸连接建筑物三部分组成，闸顺水流向总长度197m，垂直水流方向总宽度175m，分14孔布置，单孔净宽为10m，孔口为钢制弧形门，液压式启闭方式控制，闸门尺寸为10m×8.5m。工程由湖南省洞庭湖水利工程管理局主持修建，湖南省水利水电设计院承担设计。工程于2002年11月27日开工，2005年4月全部完工并通过竣工验收。工程初步设计批复总投资5775.02万元，后因物价调差和地质等原因，工程最终通过审计结算总价为7708.02万元。

图3.4－5 围堤湖垸分洪闸（图片来源：湖南省水利厅）

4.4.2 澧县澧南垸分洪闸

澧南垸分洪闸位于澧南垸一线防洪大堤黄沙湾堤段（图3.4－6），闸址中心桩号5＋600.000，该闸为Ⅱ等工程，主要建筑物为二级。按20年一遇洪水标准，设计分洪水位43.57m（1985国家高程基准），设计洪水位44.07m，垸内限蓄水位42.87m，设计最大分洪流量2315m^3/s。

工程主要由闸室、上下游连接段、两岸连接建筑物三部分组成；垂直水流方向总宽度113m，分9孔布置，单孔净宽为10m，孔口为钢制弧形门，液压式启闭方式控制，闸门尺寸为10m×8.5m。工程由湖南省洞庭湖水利工程管理局主持修建，湖南省水利水电设计院承担设计。工程于2002年11月19日开工建设，2005年4月全部完工并通过法人验收。工程初步设计批复总投资4524.37万元，

[1] 湖南省地方志编纂委员会．湖南省志1978—2022水利志．北京：中国文史出版社，2010.

工程最终通过审计结算总价为 5671.37 万元。

图 3.4－6 澧南垸分洪闸（图片来源：湖南省水利水电勘测设计规划研究总院有限公司）

4.4.3 澧县西官垸分洪闸

澧县西官垸分洪闸位于澧县西官垸临洪大堤（图 3.4－7），闸址中心桩号 38＋351.000，该闸为Ⅱ等工程，主要建筑物为二级。按 20 年一遇洪水标准，设计分洪水位 38.81m（1985 国家高程基准），设计洪水位 39.41m，设计最大分洪流量 1500m^3/s。工程主要由闸室、上下游连接段、两岸连接建筑物三部分组成，闸顺水流向总长度 215m，垂直水流方向总宽度 75m，分 6 孔布置，单孔净宽为 10m，孔口为钢制弧形门，卷扬启闭方式控制，闸门尺寸为 10.0m×8.2m。工程由湖南省洞庭湖水利工程管理局主持修建，湖南省水利水电设计院承担设计。工程于 2005 年 11 月 11 日开工建设，于 2007 年 10 月全部完工并通过法人验收。工程初设批复总投资 4902.75 万元，后因物价调差和地质等原因，工程最终通过审计结算总价为 6167.75 万元。

图 3.4－7 西官垸分洪闸（图片来源：湖南省水利厅）

4.5 钱粮湖、共双茶、大通湖东三垸蓄洪安全建设

根据《国务院批转水利部关于加强长江近期防洪建设的若干意见》（国发〔1999〕12号）的有关精神，在城陵矶附近湖南、湖北两省各安排约50亿m^3的蓄滞洪区，湖南省洞庭湖区选择钱粮湖垸、共双茶垸、大通湖东垸等蓄洪垸先行建设。

钱粮湖垸、共双茶垸、大通湖东垸三垸蓄洪安全建设工程主要项目包括安全建设工程和分洪闸工程。2007年首先实施钱粮湖垸层山安全区试点工程建设，建成了层山安全区。

2013年8月国家发展改革委批复《洞庭湖区钱粮湖、共双茶、大通湖东垸三垸蓄洪工程安全建设工程可行性研究报告》（发改农经〔2013〕1679号）。根据国家发展改革委有关批复精神，钱粮湖、共双茶、大通湖垸蓄洪安全建设工程分批实施。

2015年2月，水利部对《湖南省洞庭湖区钱粮湖、共双茶、大通湖东垸三垸蓄洪工程安全建设一期工程初步设计报告》进行批复（水总〔2015〕96号）。2016年5月，湖南省发展改革委对《洞庭湖区钱粮湖、共双茶、大通湖东垸蓄洪工程分洪闸工程初步设计报告》进行批复（湘发改农〔2016〕365号）。三垸安全建设一期工程与三垸分洪闸工程相继启动。

4.5.1 层山安全区试点工程

层山安全区位于岳阳市君山区钱粮湖垸，根据《国家发展和改革委员会关于洞庭湖区钱粮湖、共双茶、大通湖东垸蓄洪工程试点项目层山安全区围堤工程可行性研究报告的批复》（发改农经〔2006〕1740号）和《国家发展和改革委员会关于湖南省钱粮湖垸层山安全区移民迁建实施方案的批复》（发改农经〔2007〕1190号）等，层山安全区总规划面积14.24km^2。该工程分为围堤工程和移民迁建两部分。

层山安全区围堤工程堤防总长29.09km，水利部批复初步设计主要建设内容为：新建围堤长度12.39km，堤顶高程34.56m；加固堤防共16.7km，包括华容河堤防长度14.95km，东洞庭湖堤1.75km；新建涵闸7座，拆除重建穿堤建筑物2座，加固穿堤建筑物1座。堤防和穿堤建筑物工程级别为三级。设计主要工程量：土方开挖33.47万m^3，堤身填筑400.73万m^3，填塘固基79.84万m^3，土工格栅22.06万m^2，排水板31.28万m^2，砂石垫层5.74万m^3，混凝土及钢筋混凝土11938m^3，石方1224m^3，钢筋制安585t；工程概算投资3.05亿元（其中国家投资1.83亿元，省、市、区三级配套1.22亿元），设计工期为两年。层山安全区围堤工程于2008年9月开工，新修堤防10月下旬全面开工，加固堤防2009年1月开始施工；工程移民及征地工作2009年5月完成。层山安全区围堤工程完成新修堤防10.03km，加固华容河堤防9.25km，新建涵闸7座，加固1座，完成投资2.72亿元。

移民迁建规划用三年时间将区外15154户、45752人迁入区内安置；规划建设7个安置点，占地近5000亩；国家补助投资3.0914亿元，补助标准为每户2.04万元（其中1.8万元用于移民建房补助，0.24万元用于基础设施建设补助）。2008年9月启动移民迁建试点工程，2011年12月底搬迁工作大部分完成。人员安置于百花、和丰、马颈河、三分店、六门闸、分路口、钱丰等7个居民小区（图3.4-8）。累计搬迁移民1.28万户2.68万人，累计投入资金3.49亿元（含移民建房补助2.72亿元，安置点基础设施建设0.77亿元）。

4.5.2 钱粮湖、共双茶、大通湖垸蓄洪安全建设一期工程

2015年2月，水利部批复《洞庭湖区钱粮湖、共双茶、大通湖东垸三垸蓄洪工程安全建设一期工程初步设计报告》（水总〔2015〕96号）。三垸安全建设一期工程实施项目包括：蓄洪区围堤建设

图 3.4-8 层山安全区百花移民小区（图片来源：湖南省水利厅）

中未实施的全部一线防洪大堤；20 个安全区中的 11 个安全区围堤，包括钱粮湖垸的插旗、团洲、治河渡、良心堡、方台湖，共双茶垸的创业、泗湖山、幸福，大通湖东垸的注滋口、团山、华阁；建设共双茶垸的朱家嘴和冯家湾 2 个安全台；穿堤建筑物、临时分洪口门及转移道路等项目。11 个安全区面积 35.74km^2，安置人口 28.81 万人；2 个安全台面积 52.85 万 m^2，安置人口 0.85 万人。

工程建设规模为：安全区围堤总长 115.99km，其中新建围堤长 61.71km，加固蓄洪垸现有围堤长 29.71km，利用蓄洪垸现有围堤长 24.56km；加固一线围堤长 56.45km；修建硬护坡长度 118.58km，护岸工程长 10.90km；堤身隐患处理长 46.07km，堤基防渗处理长 35.17km，软基处理长 41.51km，填塘固基长 42.81km；修建堤顶道路长 182.22km，上堤坡道 81 处，长 14.23km；修建转移道路 17 条，长 69.98km，新建桥梁 34 座；新建涵闸 38 座，加固涵闸 15 座，重建涵闸 15 座，挖除封堵 1 座；新建泵站 3 座；建设临时分洪口门 3 座；水系恢复疏挖河道长 31.21km，新建小型涵闸 27 座，渡槽 1 座，小型泵站 8 座。初步设计核定工程总投资 30.15 亿元。

安全区围堤堤防级别为 2 级，安全台级别为 3 级，转移道路和桥梁按三级公路设计，施工总工期为 44 个月。钱粮湖、共双茶和大通湖东垸 3 个蓄洪垸的蓄洪水位分别为 33.06m、33.65m 和 33.68m。蓄洪垸一线防洪大堤设计洪水位按外河（湖）1954 年最高水位与蓄洪水位外包确定；安全区临蓄洪区侧设计洪水位采用所在蓄洪垸的蓄洪水位；共双茶垸朱家嘴、冯家湾 2 个安全台的设计洪水位按所在堤段蓄洪垸堤防设计水位确定。安全建设标准为：安全区人均面积为 100～150m^2，安全台人均面积 50～100m^2。

钱粮湖蓄洪垸建设团洲、插旗、良心堡、治河渡、方台湖等 5 处安全区，面积 13.61km^2，安置人口 10.68 万人。安全区围堤总长 42.645km（其中新建围堤长 25.17km），加培蓄洪垸现有堤防长 15.7km，利用蓄洪垸现有堤防长 1.78km；加固一线堤防长 11.77km。

共双茶蓄洪垸建设创业、幸福、泗湖山 3 处安全区，面积 10.57km^2，安置人口 9.28 万人，新建朱家嘴和冯家湾 2 个安全台，面积 52.85 万 m^2，安置人口 0.85 万人。安全区堤防总长 40.90km（其中新建堤防长度 16.741km），加培蓄洪垸现有堤防长 3.68km，利用蓄洪垸现有堤防长 20.479km；加固一线堤防长 31.89km。

大通湖东垸蓄洪垸建设华阁、注滋口、团山等 3 处安全区，面积 11.56km^2，安置人口 8.85 万人。安全区堤防总长 32.44km（新建堤防长 19.81km），加培蓄洪垸现有堤防长 10.33km，利用蓄洪垸现有堤防长 2.30km；加固一线堤防长 12.78km。

2015 年 10 月，钱粮湖、共双茶、大通湖东垸三垸蓄洪工程安全建设一期工程开工，2023 年底工程已基本完成，2024 年将一期工程全面竣工验收。

4.5.3 钱粮湖、共双茶、大通湖东垸分洪闸

《洞庭湖区钱粮湖、共双茶、大通湖东垸蓄洪工程分洪闸工程初步设计报告》明确钱粮湖、共双茶、大通湖东垸各建设一处分洪闸，分洪流量分别为 4180m^3/s、3630m^3/s、2190m^3/s，相应的工程等别均为Ⅱ等，规模为大（2）型。

钱粮湖垸分洪闸位于岳阳市君山区钱粮湖镇，过流总净宽 280m，闸室总宽 329m。闸室为带有胸墙的低实用堰结构，共 28 孔，为两孔一联结构型式。闸门为弧形钢闸门，弧门半径 6.8m，采用固定式卷扬机启闭，一门一机布置。分洪闸进口为喇叭形，左岸连接堤段长 172.0m，右岸连接堤段长 160.0m，湖堤为 3 级堤防。工程主体工程土方开挖 37.27 万 m^3，土方填筑 9.93 万 m^3。钱粮湖垸分洪闸于 2017 年 10 月 20 日开工，2023 年 11 月 21 日完成竣工验收，总投资 3.18 亿元（图 3.4-9）。

图 3.4-9 钱粮湖垸分洪闸（图片来源：湖南省水利水电勘测设计规划研究总院有限公司）

共双茶垸分洪闸位于益阳沅江市泗湖山镇石子埂村南线堤段，过流总净宽 260m，闸室总宽 305.5m。堰型为低实用堰结构，共 26 孔，为两孔一联结构型式，单孔净宽 10m。分洪闸门为潜孔式布置，弧门孔口尺寸为 10m×4m，采用固定式卷扬机启闭。分洪闸进口为喇叭形，两岸连接土堤为 3 级堤防，左岸连接堤段长 216.0m，右岸连接堤段长 105.0m。工程完成土方开挖 40.9 万 m^3、土方回填 22.97 万 m^3、混凝土及钢筋混凝土 8.6 万 m^3、钢筋制安 0.36 万 t、水泥土搅拌桩（实桩）17.76 万 m。共双茶垸分洪闸于 2019 年 9 月正式开工，2021 年 4 月主体完工，2023 年 11 月 21 日完成竣工验收，总投资 2.71 亿元（图 3.4-10）。

大通湖东垸分洪闸位于岳阳市华容县注滋口镇东浃村东线堤段，过流总净宽 160m，闸室总宽 188m。堰型为低实用堰结构，共 16 孔，为两孔一联结构型式，单孔净宽 10m。分洪闸门为潜孔式布置，弧门孔口尺寸为 10m×4m，采用固定式卷扬机启闭。分洪闸进口为喇叭形，两岸连接土堤为 3 级堤防，连接堤与原大堤呈 210°夹角布置，其中左岸连接堤段长 273.0m，右岸连接堤段长 283.7m。工程完成主要工程量包括：土方开挖 30 万 m^3、土方回填 17.5 万 m^3、石方 4.5 万 m^3、混凝土及钢筋混凝土 5.7 万 m^3、钢筋制安 0.3 万 t、水泥土搅拌桩 21.5 万 m。大通湖东垸分洪闸工程于 2017 年 11 月正式开工，2020 年 12 月主体工程完工，2023 年 11 月 21 日完成竣工验收，总投资 2.02 亿元（图 3.4-11）。

图 3.4-10 共双茶垸分洪闸（图片来源：湖南省水利厅）

图 3.4-11 大通湖东垸分洪闸（图片来源：湖南省水利厅）

4.6 溃决与应用情况

20 世纪 80 年代以来，洞庭湖区澧南垸、西官垸、围堤湖垸等蓄洪堤垸多次运用、实施分蓄洪，有效地蓄滞洪水，减轻了洪水威胁。

（1）澧南垸。

1998 年特大洪水，7 月 23 日石门站出现洪峰水位 62.65m，超历史最高水位 0.65m，位于下游的澧南垸于 23 日 13 时 45 分，白芷棚、汪家洲、刘家祠堂等 8 处发生堤段溃口，总长 1572m，分蓄水量 2.72 亿 m^3。

2003 年 7 月 10 日经报长江水利委员会同意，并报国家防汛抗旱总指挥部备案，于 1 时 30 分在宋家渡堤段实施爆破蓄洪，破口长 310m。蓄洪 5h 后，澧县县城兰江闸站水位降低 1.02m，效果显著，因新建了乔家河、张家滩两个集镇，垸内居民已于 2001 年年底全部迁出，故仅农业和基础设施受到损失，分蓄水量 2 亿 m^3。洪水过后，国家根据《蓄滞洪区运用补偿暂行办法》对澧南垸居民的损失进行了补偿，总额 2898.61 万元，人均 1100 多元。澧南垸成为长江流域首次实施蓄滞洪区运用补偿的对象。

（2）西官垸。

1998年7月24日，安乡站出现洪峰水位40.44m，超历史最高水位0.72m，上游的西官垸于11时在学堤拐段出现溃口，总长390m，最大冲深16.5m；7月25日2时15分，间堤溃口，溃口长350m，西官垸总计分蓄水量5.584亿m^3。

（3）围堤湖垸。

1995年洞庭湖洪水，7月2日常德站出现洪峰水位41.50m，超历史最高水位0.82m，位于下游的围堤湖垸于7月3日3时，在北拐村下游1.5km处破堤，破口长833m（上口长458m，下口长375m），分蓄水量2.59亿m^3。

1996年洞庭湖洪水，7月17日常德站出现洪峰水位42.19m，再超1995年水位0.69m，7月19日0时15分，在北拐、接港两处破口，破口长960m（北拐长530m，接港长430m），分蓄水量2.93亿m^3。

（4）共双茶垸。

1996年7月22日12时55分，草尾站水位达到37.3m，超过堤防设计高程0.50m以上，共华垸、宪成、新华、轮窑等4处溃决，总长505m，最大冲深5.5m；24日12时30分茶盘洲农场间堤溃决，溃口长500m，共华、双华、茶盘洲全部被淹，分蓄水量17.02亿m^3。

（5）民主垸。

1996年7月21日12时20分，民主垸西北沅江市保民宝塔拐角处溃决，溃口长300m，由于有间堤，仅保民片分蓄水量达0.31亿m^3。

1999年7月22日，沅江站出现洪峰水位36.45m，下游民主垸于23日11时40分，甘溪港河中洲堤段出现特大管涌群导致溃口，溃口长248m，由于有马王、乌龙间堤，仅民主片分蓄水量达7.03亿m^3。

（6）钱粮湖垸。

1996年7月19日12时5分，钱粮湖垸华容县团洲垸水产堤段溃决，溃口长295m；7月27日16时30分，钱粮湖农场与团洲垸间堤溃决，溃口长310m，同时团洲垸溃口宽度再次增加200m，达到495m，分蓄水量2.9亿m^3。[1]

（7）大通湖东垸。

1996年7月15日，大通湖东垸华容县幸福垸溃决。7月21日7时5分，团山垸北堤机埠处发生管涌险情溃垸，溃堤时注滋口水位35.75m，溃口宽251m，7月22日0时15分，南堤五七泆堤段发生管涌险情溃垸，水位35.70m，溃口宽度304 m，大通湖东垸全部蓄洪，蓄滞洪量4.4亿m^3。[2]

---

[1] 数据来源于《钱粮湖垸蓄洪运用预案》。

[2] 数据来源于《大通湖东垸蓄洪运用预案》。

第五章 河道整治工程

5.1 1952 年整修南洞庭湖

1952 年 11 月 10 日，经过中央人民政府和中南军政委员会的批准，湖南省人民政府发出《关于整修南洞庭湖的决定》（图 3.5－1），湖南省南洞庭湖整修工程委员会和南洞庭湖整修工程指挥部在长沙正式成立。整修南洞庭湖工程包括：

（1）整理洪道。资水益阳以下安全通过 7000m^3/s 流量，保留甘溪港便于交通，毛角口以下分南北两支，南支出临资口与湘水汇合，由芦林潭入湖，设计流量 1800m^3/s，北支经茈湖口入湖，为资水主流，设计流量 5200m^3/s。并新开引河一道，长 2010m，并刨毁废堤 1152m，临资口对河移堤长 1600m，以减轻洪道冲刷。湘水洪道基本上不作大的变动，但城西垸潭堤、堤脚冲刷严重，决定向后推移，筑起长达 1600m、土方 23 万 m^3 的新堤；另在濠河口至熊家棚被掏空的堤段，抛 5000m^3 块石护脚。

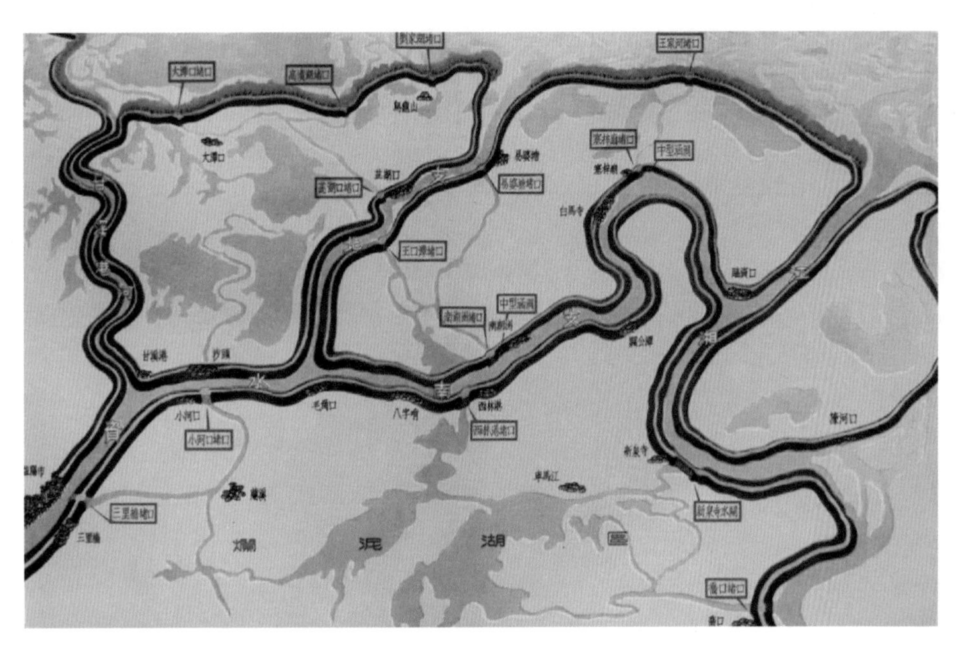

图 3.5－1 南洞庭湖整修工程全貌

（图片来源：《整修南洞庭湖》，湖南省南洞庭湖整修工程指挥部编，1953 年 12 月）

（2）修复溃垸。修筑沅潭至大港子及枫树塘至黄公嘴北线湖堤 52.5km，结合资水北支洪道整理，将民新、鼎新、古一、塞梓、宪成、和平等垸及民主、乐成、五福等垸分别合并修复成为两个大垸，即湘滨南湖垸和民主垸。

（3）堵口。堵三里桥、小河口、西林港、乔口 4 处，使烂泥湖与湘资两水隔绝，成为一个大垸。此外，并将溃垸区域内支流港汊之王家河、塞梓庙、茈湖口、王口潭、易婆潭、南湖洲、刘家湖、高渍湖、大潭口等 9 处加以堵塞，把资水归并为 2 支，减少其紊乱现象。

（4）建闸。为解决烂泥湖区的山洪和渍水，在湘阴县新泉寺修建 8 孔（每孔净宽 4m、净高 8m）

冲天式钢筋混凝土排水闸 1 座，是当时湖南省第一座新型水闸（图 3.5－2），同时在南湖洲及塞梓各建净宽 3m，净高 3.5m 单孔小型排水闸一座。同时考虑到因并垸并流而废除和闭塞了不少漏涵，影响到垸田的排渍。为此，在工程费内匀支部分经费，补助群众将原有小型漏涵自行移建或接长。归各县自建的有：白马寺、八字哨、刘家湖、新塘湖等处 1～3m 口径、马蹄式石拱涵 4 座；塞梓庙、南湖洲修建口径高 3.5m、宽 3m 的中型涵闸 2 座，底板用钢筋混凝土浇制，采用直升式手摇闸门。

（5）安全台及护坡工程。在临湖两个大垸的险要地区，采用既分散又集中的办法，选择了适宜于垸民生产、居住的地点，修筑了 31 个安全台，并在临湖洲滩上植防浪柳 300 余万株。

图 3.5－2　新泉寺水闸（图片来源：《修复富饶的祖国粮仓——洞庭湖堤垸修复工程图片集》，湖南省洞庭湖堤垸修复工程指挥部政治部编，1955 年）

整修南洞庭湖工程于 1952 年 12 月 10 日开工，动员长沙、望城、宁乡、浏阳、醴陵、湘潭、岳阳、临湘、平江、湘阴、常德、安乡、汉寿、澧县、临澧、桃源、益阳、沅江、南县、桃江等 20 个县及湘潭市群众共 25 万余人，各级干部万余人，至 1953 年 4 月竣工。共新建堤防 55.7km、刨毁废堤 1152m、开河 2.01km、堵口 13 处、修建安全台 31 处、植防浪柳 350 万株，共完成土方 2467 万 m^3、草皮护坡 72.4 万 m^2、块石护坡 22 万多 m^3、抛石护脚及毛角口导水坝石方 3 万 m^3，共耗资金 1850 万元。

通过 1952 年整修南洞庭湖工程，湘资尾间并 40 余个小垸为民主、湘滨南湖、烂泥湖 3 个防洪大垸，缩短堤线 454.48km，扩大耕地 6 万亩。被淹的 18 万亩耕地恢复生产，10 多万灾民得以重建家园。湘水、资水两水顶托减少，水患减轻，尾间从此定型。[1]

5.2　沅水金石河开挖工程

沅水金石河开挖工程位于沅水尾闾金石河段。工程自北岸梅家切对岸破大、小汎洲（又名金石垸、太极垸），分沅水向东流，至安彭家对岸复合沅水，河长 6.2km，分为大、小汎洲两段，河底宽 60m（进出口宽 120m），河底高程 28.0m，并于大、小汎洲间的沅水支流姚家湾处建挑水石矶，石矶长 50m。

沅水金石河开挖工程于 1970 年冬由常德地区组织常德、汉寿两县 6 万民工修建。汉寿县 3 万人，

[1] 引自湖南省南洞庭整修工程指挥部编制的《整修南洞庭》。

开挖大汎洲河（长 3.9km），完成土方 182 万 m^3。常德县组织牛鼻滩、石门桥两区及斗姆湖、丹洲两公社民工共 3 万人，开挖小汎洲河（长 2.3km）及修建姚家湾石矶。完成土石方 186 万 m^3。当年两县共完成土方 368 万 m^3，投资 80 万元。

因河两端开挖未彻底，每至汛期，不仅泄水甚少，反而有所淤积，又于 1979 年冬再次组织常德、汉寿两县进行疏浚，国家投资 11 万元。常德县由石门桥、斗姆湖、郭家铺、芦山、牛鼻滩、断港头等 6 个公社，出动劳力 1 万人，担负刨挖大汎洲河进出口阻水横堤（挖宽 2000m）及开挖 3 条引水河槽等任务，完成土方 84.5 万 m^3。汉寿县担负小汎洲河疏浚工程，完成土方 70 万 m^3。

1980 年冬第三次疏浚金石河。常德县出动劳力 2000 人，担负大汎洲河出口（石门桥区）和小汎洲河进口（牛鼻滩区）疏挖工程，完成土方 5 万 m^3。汉寿县出动挖泥船，担任金石河水下及接港疏浚任务。国家投资 2.4 万元。

金石河三次开挖、疏浚，共完成土、石方 457 万 m^3，国家投资 90 余万元。废金石垸，扩大了沅水泄洪量，但开挖的新河仍然不能成为主流，南、北两支迎溜顶冲的形势没有解决，未能达到预期的效果。

5.3 洪道整治工程

5.3.1 洪道扫障

洞庭湖区共有 37 条洪道，纵横交织，相互顶托，长江又挟带大量泥沙流入湖中，造成湖泊与洪道逐年淤塞，加上芦苇丛生及人类活动的影响，洪水宣泄不畅，危及两岸堤防安全。湖南省人民政府 1984 年批准成立“湖南省洞庭湖区洪道管理站”。首先从澧水洪道、沅江洪道、南洞庭湖洪道及出湖口洪道开始有计划地治理，确定澧水小渡口以下按 800～1000m、沅水新兴嘴以下按 1200～2000m、南洞庭湖洪道按 3000m 的宽度为整治界线。同时按照“谁设障谁清除”的原则，责成各洪道人为设障单位对障碍限期拆除。1987 年国务院要求各地进一步做好清障工作，同年 5 月湖南省党、政、军主要领导率省直有关部门负责人，深入现场，落实国务院文件精神，部署洞庭湖区防汛抢险和洪道清障工作，从而掀起洞庭湖区洪道扫障高潮。当年洞庭湖区共出动拖拉机 136 台，大小船只 480 余艘、7800 马力，最多日上劳力 4 万余人，清扫芦苇面积 0.47 万余 hm^2，占计划清扫面积的 74.1%，刨毁阻水废堤 26 条长 17.5km，完成土石方 52 万 m^3；拆除各类阻洪建筑物 22 处，清除废土石料、垃圾 27 万 m^3，拆除洪道内房屋 91 栋 1.6 万 m^2；城市洪道划界 190km；埋设基标 594 个。

1986 年开始的洞庭湖一期治理中，引进了草甘磷药物灭芦苇，药灭面积逐年增大。1985 年清除 0.11 万 hm^2，1986 年清除 0.50 万 hm^2，1988 年清除 0.62 万 hm^2。1986—1995 年共清扫芦苇、柳林 5.95 万 hm^2，拆迁房屋 3.3 万 m^2，拆除阻水建筑物 42 处，清除废弃渣料 11.2 万 m^3，刨毁废堤 25.3km，疏浚洪道 94.7km、土方 1241 万 m^3。洪道划界 464km，埋设基标 1429 个。洞庭湖区各时期洪道扫障情况见表 3.5-1。

表 3.5-1　洞庭湖区各时期洪道扫障工程量表

年份	清扫芦苇、柳林 /万 hm^2	拆迁房屋 /万 m^2	拆除阻水建筑物 /处	清除废弃渣料 /万 m^3	刨毁废堤 /km	疏浚洪道		划界 /km	埋设基标 /个
						长度 /km	土方 /万 m^3		
1949—1985	0.87	1.6	22	26.9	17.4			190	594
1986—1995	5.95	3.3	42	11.2	25.3	94.7	1241	464	1429
合计	6.82	4.9	64	38.1	42.7	94.7	1241	654	2023

5.3.2 澧水洪道整治

澧水洪道上起常德津市市小渡口，下至益阳南县南嘴，为 20 世纪 50 年代整修西洞庭湖时，堵口、移堤、破垸而形成的，限于当时的力量和技术条件，未能开挖满足设计流量通过的引河，过大地放宽了堤距，形成了典型的宽浅式洪道，洪水时期上段河面宽 1200～1900m，下段河面宽达到 1900～3200m，其中深水河槽宽仅 400m 左右。因此，水流分散，流速减缓，泥沙淤积加重，在洪道内出现大片洲滩，芦苇丛生阻水，形成恶性循环，泄洪能力逐渐下降。20 世纪 70 年代，洪道内的矮围巴垸虽已全部刨开，但废堤残埂刨毁不彻底；80 年代初又对洪道内的芦苇、鸡婆柳砍出了一条宽为 800～1000m 的通道，但由于芦苇等再生能力强，很快又繁殖蔓延，造成洪水位不断抬高，严重威胁两岸堤垸安全。因此，1983 年水利电力部批复“要抓紧洪道整治，扩大排洪通道，澧水洪道淤积和阻水情况最为严重，应尽先进行治理。作为第一步，要下决心采取有效措施，在整治线内扫除阻水的芦苇、柳和适当清理阻水高洲”。1984 年湖南省水利水电勘测设计院编制了《澧水洪道扫障疏挖工程初步设计报告》，报告中提出两项治理任务：一是清扫芦苇、鸡婆柳，按沙河口以上宽度 800m，沙河口以下宽度 1200m 控制，共清扫 0.42 万 hm^2，占洪道内芦苇、柳总面积的 37.0%；二是清除主泓河床的突出高洲和裁弯切角，包括孟姜垸、罗家湾、陈迹坪等 9 处疏挖、取直工程，总长度 38.41km。同年冬至 1990 年期间，完成了少量疏挖工程和全部扫障，但由于局部疏挖受到回淤及芦苇的再生，治理效果不明显。1993 年编制了《澧水洪道扫障疏挖工程技术设计报告》，工程措施仍然是扫障与疏挖，但扫芦、柳宽度调整为 800～1000m，疏挖引河（主河槽）宽度 160～200m，控制高程为：津市 31.30m、石龟山 30.52m、南嘴 28.08m。计划扫障面积 0.53 万 hm^2，疏挖引河 39.68km，土方 1740 万 m^3。现已按设计基本实施竣工。

同时，南洞庭湖洪道实施了疏刨高洲和阻水横埂、芦苇扫除等。

5.4 洞庭湖二期治理洪道整治工程

1995 年，国家计委以计农经〔1995〕1432 号批准《湖南省洞庭湖区近期（1994—2000 年）防洪治涝规划报告》。1997 年 12 月，水利部以水规计〔1997〕536 号批复《湖南省洞庭湖区二期治理三个单项工程初步设计报告》，对藕池河水系注滋口洪道和南洞庭湖洪道进行阻水芦苇清除、阻水卡口拓宽和河槽疏挖等。

南洞庭和藕池河洪道整治工程 1997 年开始实施，至 2004 年全部完工，历时 6 年 8 个月，工程共完成投资 3.676 亿元（表 3.5-2）。

表 3.5-2 南洞庭湖和藕池河洪道整治工程量表

项　目	单位	数量	项　目	单位	数量
砍矶护岸	km	10.92	洪道疏挖	km	6.99
削矶护坡护脚	km	42.27	土方	万 m^3	2611.3
新建大堤	km	0.5	石方	万 m^3	23.86

5.4.1 南洞庭湖洪道整治工程

南洞庭湖洪道整治工程主要包括草尾河洪道整治和东南湖—万子湖—横岭湖洪道整治工程。洪道整治设计标准：重现 1969 年上游洪水组合流量和下游水位时，通过洪道整治工程，南洞庭湖阻水情况不再恶化，其沿程水位基本维持当前情况不变。护岸设计标准：根据《南洞庭湖洪道近期整治

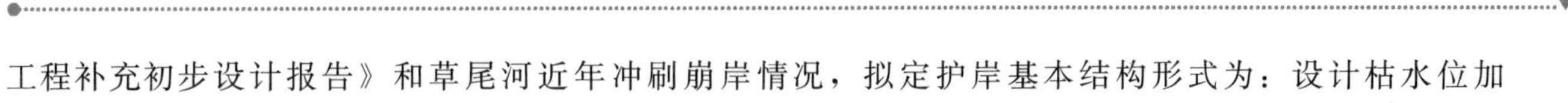

工程补充初步设计报告》和草尾河近年冲刷崩岸情况，拟定护岸基本结构形式为：设计枯水位加0.5m以下部分采用抛石护脚，设计枯水位加0.5m以上至河滩（或堤脚）护坡，护坡坡比为1∶2.5。

建设内容：①草尾河进口段左边滩疏挖、进口段削矶头改平护5处、护岸13处、总长7250m、拆除月围4处；②东南湖—万子湖—横岭湖实竹岭和莲花坳台地疏挖、清除横岭湖横向废堤、刨毁芦苇等。工程完成情况：砍矶护岸10.92km，土方99.84万m^3，石方13.82万m^3，混凝土1.38万m^3，雷诺护坡3.6万m^2；洪道疏挖6.99km，土方1940.57万m^3；刨废工程15.5km，土石方304.24万m^2；移民安置工程5665m^2，作物补偿210.30亩；洪道清障117971亩。

5.4.2 藕池河洪道整治工程

藕池河洪道整治工程防洪标准：按城陵矶34.4m，沙市45.0m控制，下荆江分蓄洪条件下藕池口分流7500m^3/s，相应注滋口泄流4183m^2/s，设计水位采用二期治理堤防设计水位，分别为流水沟34.84m、注滋口35.05m、北景港36.37m（均为吴淞高程）。

建设内容：①注滋口扩卡；②晏家渡疏挖；③117处削矶及下游护岸；④仙人洞山嘴炸除及加护；⑤扫障。工程完成情况：削矶护坡护脚42.27km，土方开挖226.26m^3，土方回填16.81万m^3，抛石6.33万m^3，浆砌石2.68万m^3，砂石垫层3.39万m^2，混凝土4.87万m^3；新修大堤0.5km，土方19.66万m^3；涵闸改造2处，土方3.92万m^3，石方0.63万m^3，混凝土863m^3；房屋拆迁10.43万m^2；堤顶路面硬化0.5km，砂石0.40万m^3；洪道清障5000亩。

5.5 沱江洪道整治工程

沱江位于益阳市南县境内，为藕池河系东支支流，北起南洲镇，南至茅草街入南洞庭湖，全长41.02km，是大通湖垸与育乐垸的界河。沱江两岸有6个乡（镇），总人口38.85万人（其中农业人口25.84万人），耕地面积36.5万亩，是南县粮、棉、麻主产区，也是南县食品加工、农机修造等工业企业基地，更是渔业生产基地。

由于河道淤塞，河床抬高，沱江河床平均抬高4.08m，形成了悬河，行洪、分洪功能明显下降，灌溉能力减弱，原有沿河水利设施失效，水源紧缺，农田因干旱大面积减产减收，洲滩上芦苇杂草丛生，血吸病蔓延。为解决沱江两岸防洪、水资源水环境逐步恶化等问题，1999年国家启动沱江综合治理工程，主要治理措施为在加固两岸堤防、实施水利血防工程建设的基础上，对沱江上、下两口实施闸坝控制，形成三仙湖水库。其中沱江上闸坝工程包括上坝坝体、引水闸和护坡工程，坝体全长1080m，坝顶高程39.30m，引水闸引水流量50m^3/s。沱江下闸坝工程包括下坝坝体、排水闸、泄水船闸和护坡工程，下坝坝体全长380m，坝体西侧排水闸尺寸为3孔，宽3m、高3.2m，东侧泄水船闸净宽10m，全长213m。工程于2002年完工，2018年又在下坝建设补水泵站，补水流量16m^3/s。

三仙湖水库建成后，取得了显著效益。一是通过水闸控制汛期内水位，缩短防洪堤线，减少防洪压力；二是在汛期末蓄水，实现洪水资源化，增大了调蓄量，提高水资源配置能力，减少了旱灾，确保了库区周边农业丰产丰收；三是蓄水后，水位抬高，改善了沿岸水运条件，而且消灭钉螺滋生环境，有效控制了血吸虫疫源蔓延。由于近年江湖关系持续剧烈演变，藕池河断流时间延长，加之经济高速发展，三仙湖蓄水及藕池河汛期来水已不能满足南县县城发展需求。初步治理思路是在草尾河建提水泵站，利用沱江和南茅运河，南水北调向南县县城输水，解决生产、生活用水问题（图3.5-3）。

图 3.5-3　沱江调节泵站（图片来源：湖南省水利水电勘测设计规划研究总院有限公司）

5.6　洞庭湖河道疏浚工程

1998 年特大洪水发生后，为扩大洞庭湖区洪道行洪能力，湖南省发展计划委员会、湖南省财政厅、湖南省水利厅根据国家发展计划委员会、水利部、财政部计划安排以及地方的财政情况与经济承受能力，1999—2003 年共计安排洞庭湖区河湖疏浚工程 186 处，疏挖总土方 4500.38 万 m^3，疏浚弃土主要用于填塘固基、堤防加固、安全建设安全台工程等，国家总投资 3.83 亿元。主要疏浚河段如下。

（1）湘水：捞刀河出口潜洲、三合洲、沩水出口、熊家洲、斗米洲、团鱼洲、上老鼠夹、萝卜洲、外潮洲、甑皮洲、义合外洲、柳顺洲、水电码头、庆生塘、苏蓼垸、北站路口段、老鼠夹、下老鼠夹、捞刀河口、圭塘河口段、沩水新民段、沩水新康段、洋湖段、同灰洲段。

（2）资水：海南塘、朗山、沙头共同段、七弓田、何家湾、甘溪港河东山段、千家洲、小河口、牛潭河、花果山、香铺仑河段。

（3）沅水：金石垸、梅家切、尖咀、常德南岸外洲、洋洲、德山老街、涂家岗、洋洲、夏家河段、枉水河出口、草鞋洲、煤坪段、孔家湖、盐关、滑泥湖段。

（4）澧水：新堤拐外洲、津市卡口、刘家河、道河口、孟姜废垸；松滋河：安乡县城卡口、松湖、搬针脑、谢家铺、蔡家脑、八角山、马泗脑、松茵外洲、鸟儿洲、青石碑、共巴外洲、彭家港外洲。

（5）虎渡河：三星嘴。

（6）藕池河：格道湾、丁家湾、保安闸至治安段、思乐段、东线、隆兴幸福新洲、集成安合段、团洲段、俞家渡、勇敢段、白田河段、南顶段、唐家湾、牧鹿湖段、操军段、新口段、长丰外洲。

（7）华容河：铁角拐段、邹家湾段。

（8）南洞庭湖：黄土包河毫巴至苏湖头、共双界至南竹脑、东堤拐至毫巴段、拐棍洲、鲜鱼洲、黑湖夹外洲、茅草街段、三汊港外洲、屈原段、青港段、沱江出口段、北湖段、毫坝河段。

（9）东洞庭湖：出口段、界牌河段、君山段、武警码头段、柳叶湖段、采桑湖段、君山南堤段、

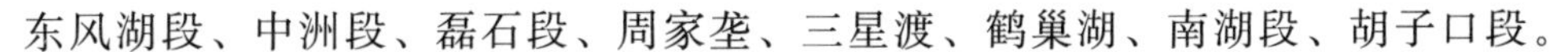

东风湖段、中洲段、磊石段、周家垄、三星渡、鹤巢湖、南湖段、胡子口段。

1999—2003 年洞庭湖区河道疏浚量详见表 3.5-3。

表 3.5-3　1999—2003 年洞庭湖区河道疏浚量表

年份	疏浚河段/处	疏浚土方/万 m^3	投资/万元		
			合　计	国家投资	自　筹
1999	47	1848.50	15000.0	15000	0
2000	22	413.08	4000.0	4000	0
2001	32	755.00	7770.0	6259	1511.0
2002	39	744.80	8546.5	6020	2526.5
2003	46	739.00	8687.0	7000	1687.0
合计	186	4500.38	44003.5	38279	5724.5

5.7 长江湖南段整治工程

长江湖南段属下荆江河段，素有“九曲回肠”之称，历史上多次出现河道摆动频繁、变化剧烈，近代以来即发生了 5 次自然裁弯：古长堤（1887 年）、尺八口（1909 年）、河口（1910 年）、碾子湾（1949 年）、沙滩子（1972 年）。

三峡水库蓄水运用后，长江中下游来水来沙条件发生较大的变化，中华人民共和国成立后，在下荆江河段实施了一批河势控制工程，严重崩岸段基本得到控制，自然裁弯形势发生大大减少。长江湖南段整治工程始于 1962 年临湘市界牌工程，而后全面铺开。先后实施人工裁弯工程、护岸工程等，截至 2022 年累计治理崩岸线长 260.9km，抛石 910.2 万 m^3。

5.7.1 上车湾人工裁弯工程

1960 年长江流域规划办公室提出下荆江系统裁弯方案，旨在人为调整控制河势、扩大泄洪能力、降低荆江洪水位、保障堤防安全和改善航运条件。1966 年和 1969 年先后实施了中洲子和上车湾两处人工裁弯工程，1972 年又发生了沙滩子自然裁弯。3 处裁弯后，长江干流河道共缩短 78km。

湖北中洲子河弯位于调弦河弯下游约 5km，调弦河弯狭颈两侧崩岸严重，1951—1962 年间，狭颈区两侧崩岸宽度平均每年达 60 余米，致使狭颈宽度不断减小，1964 年 8 月实测狭颈区最窄处宽度仅为 550m，且崩塌趋势犹未减缓。1964 年长江流域规划办公室根据沙滩子和中洲子河弯之间的调弦河弯狭颈崩塌严重的情况，选定中洲子裁弯工程作为下荆江裁弯实验工程，1965 年经水利电力部批准实施，1967 年 5 月引河开挖工程竣工过流，经过 1967 年汛期水流冲刷，汛期后新河即成为长江主航道，1968 年汛期后开始实施新河护岸工程和上下游河势控制工程。

上车湾人工裁弯工程是 20 世纪 60 年代湖南省最大的治理长江水患的河道治理工程。上车湾上距监利县城 28km，下距城陵矶 69km，该弯道平面为一舌形急弯（图 3.5-4），河道长 35.8km，狭颈宽 1.85km，阻洪、碍航、崩岸相当严重，对长江航运十分不利。1936 年和 1942 年扬子江水利委员会曾两次提出了《扬子江上车湾裁弯工程之初步规划》，未付诸实施。中华人民共和国成立后，党中央、国务院对长江下荆江的治理极为重视，经多次现场查勘、观测及模型试验与河势分析，1968 年 10 月长江流域规划办公室正式呈报了《下荆江上车湾裁弯工程规划报告》，同年 11 月水利电力部正式批复了该规划报告。11 月下旬湖南省政府将此项任务下达给岳阳地区，以县为单位组成华容、岳阳、临湘、湘阴、汨罗 5 个战团。

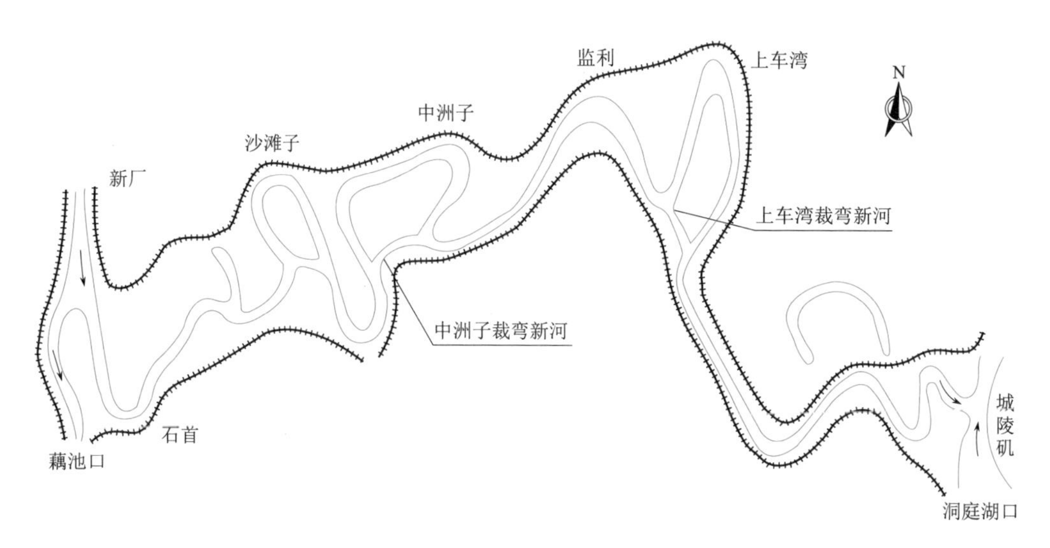

图 3.5-4 荆江裁弯工程位置图（图片来源：长江设计集团）

1968 年 12 月上旬开始了水上施工。1969 年 1 月 25 日顺利地挖成了一条长 3.5km，面宽 80～100m，底宽 35～50m，深 9m 的引河，共开挖土方 177 万 m^3，国家投资 246 万元。到 1969 年 6 月 3 日，挖出一条长 3.5km，底宽 10～30m，深 5～25m 的引河，完成水下开挖 42 万 m^3，6 月 26 日新河过流，第一期工程结束。由于上段黏土层较厚，尚未达通航要求，1969 年 11 月至 1971 年 5 月，由华容县组织民工 1067 人完成开挖长度 630m、土方 7.8 万 m^3，挖泥船完成水下开挖 14 万 m^3；先后进行 6 次爆破，炸除土方 9 万 m^3，第二期工程结束。经过两期施工，共计开挖土方 260 万 m^3，其中人工开挖 184.8 万 m^3。引河在水流冲刷作用下，逐步发展成新河，1970 年 5 月成为长江单线航道，1971 年 5 月成为长江主航道。

两次人工裁弯工程缩短了河道长度，加大了水面比降，使得下荆江河道泄洪量增加。以上车湾人工裁弯为例，遇 1954 年洪水，降低监利站洪水位约 0.7m。

5.7.2 护岸工程

下荆江系统裁弯后，河势得到调整，但因流速加快，崩岸加剧，局部河势发生剧烈变化，河曲增长，直接影响裁弯效益的继续发挥。同时，人工裁弯工程并不能改变来水来沙条件，特别是近年来长江上游水库群逐步建成、水土保持工作取得巨大成效，在“清水”冲刷下，荆江河段局部河势、滩槽格局仍出现剧烈调整，河岸崩退频发。为提高河道防洪和通航能力，保证沿江人民生产、生活的稳定和发展，湖南省先后多次实施了护岸工程。在 1998 年特大洪水发生前，主要实施了下荆江河势控制护岸工程、七弓岭护岸工程、界牌河段护岸工程，总体上规模较小、工程较为零散。1998 年特大洪水发生后，国家加大投资力度，先后开展了长江干堤（湖南段）加固工程、长江荆江河段河势控制应急工程、三峡后续湖南段河道整治工程，有效地稳定了河岸、加固了河床。工程累计抛石 910.2 万 m^3，守护岸 260.9km，投资 16.78 亿元。

（1）下荆江河势控制护岸工程。

1984 年 6 月，水利电力部以〔84〕水电水规字第 49 号批准了《下荆江河势控制工程规划报告》。从此，湖南省下荆江河段上车湾段、洪水港段、荆江门段正式纳入下荆江河势控制规划，列入部基建项目。1983—1997 年，下荆江湖南段河势控制护岸工程共守护岸线 25.08km，抛护块石 270.53 万 m^3，完成投资 5419 万元。

（2）七弓岭护岸工程。

七弓岭急弯河段位于洞庭湖入汇口的上游，属于江湖交汇河段，河道冲淤调整较为剧烈。如果

长江在此切滩取直，将会使江湖汇流点上提，抬高洞庭湖洪水位，影响湖口泄洪、加速湖口淤积。1984年汛期后，湖南省水利厅向水利部、长江水利委员会上报了七弓岭段崩岸整治设计。1985年中央开始下达特大防汛抢险费，至1990年止，共守护崩岸线5.15km，完成抛护块石45.23万m^3、土方9.93万m^3、沉塑料编织布枕垫117床、抛枕袋17413个，工程投资1170万元。1990年12月，水利部以水规〔1990〕74号批复了长江水利委员会报送的《荆江河势控制工程——熊家洲至城陵矶河段护岸工程初步设计报告》。工程从1991年初开工至1997年止，完成守护长度7.77km、抛护块石23.48万m^3、土方90.8万m^3，完成投资2735万元。

（3）界牌河段护岸工程。

界牌河段位于洞庭湖出口城陵矶下游20km处，是控制荆江和洞庭湖洪水下泄的咽喉河段。1962—1994年开展应急整治工程，通过采取抛投柴石枕和散抛块石的护脚方式遏制崩岸、保护堤防。共守护岸线17.0km，抛护块石145.01万m^3，抛枕31534个，完成国家投资2895.24万元。1994年10月水利部和交通部以交基发〔1994〕1077号文件批复了《界牌河段综合治理工程初步设计报告》，1998年8月国家发展计划委员会下达投资4000万元。工程从1995年4月开工，到2000年4月基本竣工，共完成抛护块石48.85万m^3、土方26.24万m^3，完成投资5830万元。

（4）长江干堤湖南段堤防加固护岸工程。

1998年汛后，面对长江河势及崩岸的威胁，为确保沿江人民生命财产安全，党中央、国务院决定全面、系统地控制河势、整治崩岸。2002年2月，水利部以水总〔2002〕56号对《长江干堤（湖南段）湖南省实施部分初步设计报告》进行了批复，核定工程总投资为18.1亿元，其中护岸部分3.5亿元，另外该项目还被纳入世界银行贷款项目。

护岸工程由湖南省、长江水利委员会分别实施。湖南省实施部分1998年10月开工，2004年5月竣工。累计完成新建、加固护岸工程21.95km，抛石262.30万m^3，总投资3.5亿元。长江水利委员会负责实施的隐蔽工程在湖南省长江护岸共分2个项目，分别为长江重要堤防隐蔽工程崩岸治理及下荆江河势控制工程、长江重要堤防隐蔽工程岳阳长江干堤护岸工程。工程于2000年3月开工，2003年1月、3月相继验收，整治崩岸、护岸总长72.52km，工程总投资1.52亿元。

（5）长江荆江河段河势控制应急工程。

2006年11月9日，水利部以水总〔2006〕490号文件批复荆江河段2006年汛前崩岸应急治理工程实施方案，同意实施长江荆江河段2006年汛前崩岸应急治理工程。该工程包括湖南省2006年汛前实施的项目和长江工程建设局2006年汛后实施工程，分为天字一号应急抢护工程、洪水港段护岸工程、天字一号A段护岸工程、天字一号B段护岸工程、荆江门段护岸工程。为确保荆江河段2006年安全度汛，湖南省于2006年4月先期开工天字一号河段重大崩岸应急抢险工程，2007年5月竣工。剩余的洪水港段护岸工程、荆江门段护岸工程等于2006年12月开工，2009年4月完工。工程共整治崩岸线长5.28km，抛护块石31.34万m^3，完成工程直接投资4300万元。

2010年，湖南省水利厅以湘水洞管〔2010〕9号批复《长江荆江河段河势控制应急工程湖南段2009年度实施项目初步设计报告》。该项目分三期实施：第一期为2009年已实施的长江新沙洲河段崩岸应急处险工程，完成护岸长1100m；第二期为该项目的国家投资剩余部分，包括三段长3320m的护岸工程，即900m的新沙洲段、920m的荆江门段、1500m的七弓岭段，2015年3月开工，于2015年12月完成；第三期为该项目的地方配套资金部分，包括三段长2740m的护岸工程，即1220m的新沙洲段、520m的荆江门段、1000m的七弓岭段。项目已于2016年年底完工，共完成崩岸应急处险7.16km，总投资1.32亿元。

（6）三峡后续湖南段河道整治工程。

三峡工程运行以来，清水下泄导致长江中下游河道下切、冲刷严重，特别是部分迎流顶冲河段崩岸险情反复发生，影响河势稳定。为控制和稳定长江干流河势，2011年以来，国家支持湖南省实施长江中下游影响处理河道整治 2011 年度项目、湖南段一期河道整治工程、湖南段二期河道整治工程、长江中游熊家洲至城陵矶河段崩岸重点治理工程（湖南段）、湖南段三期河道整治工程等 5 个项目。累计申请三峡后续工作专项资金 8.2 亿元，省级财政配套 2.94 亿元，实施护岸 78.99km（新护 33.91km、加固 45.08km）。除湖南段三期河道整治工程在建以外，其余 4 个项目已于 2019 年 12 月全面完工，2023 年 1 月完成竣工验收。工程建成投入使用后，运行良好，重点崩岸险情得到有效控制，河势稳定得到巩固，区域防洪能力得到提升。

第六章 生态修复与人饮工程

作为长江之肾，洞庭湖在水安全、水生态、水环境方面的保护具有重大的生态效益。近年来洞庭湖生态环境面临新形势、新问题，党中央、国务院高度关注洞庭湖生态环境问题，习近平总书记多次来洞庭湖考察、调研。2018 年 4 月，习近平总书记在考察长江湖南段时勉励大家“守护好一江碧水”，2020 年 9 月在湖南考察时又强调“做好洞庭湖生态保护修复”，2024 年 3 月又再次造访洞庭湖，察看洞庭湖保护与治理成效。

党的十八大以来，湖南省大力实施以生态保护修复为核心的洞庭湖治理工作，持续加大保护与修复力度，先后开展了水利血防工程、三峡后续项目、山水林田湖草沙一体化保护修复项目、水系连通工程、洞庭湖北部补水工程、洞庭湖总磷污染控制与削减攻坚行动、洞庭生态修复试点工程、沟渠塘坝清淤疏浚项目、农村饮水安全工程。随着洞庭湖保护与治理工作的推进，洞庭湖水质、生态环境不断改善，先后建立东洞庭湖、西洞庭湖两个国家级自然保护区及多个国家湿地公园、风景名胜区、水产种质资源保护区、省级自然保护区、森林公园等，洞庭湖已成为各种候鸟及江豚等野生动物的乐园。

6.1 水利血防工程

1905 年中国首例血吸虫病在湖南常德发现。中华人民共和国成立后，开始了对血吸虫流行范围的调查，最终认定 99 个区的 756 个乡和 11 个镇为流行区，病人约 22.59 万人。几十年以来，洞庭湖区各级党委和广大群众，深入持久地开展群众性的血防灭螺运动。在治湖运动和各类水利工程的修建中，也紧密配合血防灭螺工作，使防洪、灭螺兼收其利。2015 年，湖南省达到血吸虫病传播控制标准。2023 年，湖南省达到血吸虫病传播阻断标准。

第一阶段：1949—1979 年，以围湖堵汊灭螺为主。自 1951 年发现围垦荒洲后改变了钉螺孳生环境，起到了灭螺作用后，疫区人民在有螺湖洲、湖汊外沿筑堤围垸或筑堤堵汊，使钉螺孳生地与堤外湖水隔绝，不受湖水涨落影响，在垸内或汊内高垦低蓄、垦区结合割草积肥、翻耕种植、整地土埋等生产措施，改变钉螺孳生环境，达到消灭钉螺目的。这一时期的水利血防工程以并垸全流、高围垦种、矮围湖洲结合灭螺等手段为主，减少钉螺孳生面积 344.11 万亩。至 1980 年长江中下游防洪座谈会后，围垦停止。

并垸合流，缩减钉螺繁殖和传播面积。在修整洞庭湖时，通过并垸合流、堵口，缩短支流港汊近 1000km，缩减了河道繁殖和传播钉螺范围计 96.54 万亩。

高围垦种。通过高围垦种，建立了 15 个国营农场，其中围垸内有钉螺孳生面积 122.3 万亩，约消灭当时三分之一的湖洲钉螺分布面积。

撇洪开渠。1969 年起，洞庭湖区大力推进田园化建设，开撇洪渠、灌排干渠、平整土地，平整院内废旧沟港河汊，有力地促进垸内灭螺工作。特别是撇洪工程进一步控制了内湖水位，为冲柳南湖、烂泥湖等内湖边缘地带灭螺工作创造有利条件。

矮围湖洲结合灭螺。实施矮围洲滩灭螺 200 多处，其中钉螺孳生面积 125.27 万亩。不阻碍泄洪的工程和药浸围水灭螺工程也取得一定的灭螺效果。

第二阶段：1980年至今，采取易感地带治理方式为主。20世纪80年代后，由于洞庭湖停止围堵灭螺，垸外易感地带明显形成，垸内受引垸外水灌溉带入钉螺的影响，给防治工作带来了较大的难度。1990年，经国务院批准的《长江流域综合利用规划简要报告（1990年修订）》将血吸虫病防治和水资源保护、环境影响评价并列为水资源与环境保护的三大内容之一。

这一时期的水利血防工作逐步转变到易感地带治理等措施，主要包括：①河流（湖泊）综合治理工程。对流行区有螺河段（湖泊），因地制宜采取硬化护坡、抬洲降滩、改造涵闸（增设拦螺阻螺设施）等措施，改变钉螺孳生环境，控制钉螺沿水系扩散。②灌区改造工程。对流行区灌区的有螺灌排渠道（沟），采取硬化护坡、改造涵闸（增设拦螺阻螺设施）等措施，改变钉螺孳生环境，控制钉螺沿渠系扩散。③农村饮水工程。结合农村供水等相关工程规划实施，优先安排流行区农村供水工程建设项目，进一步强化流行区农村安全饮水保障。④水利行业血防项目。根据流行区水利单位所在地血吸虫病流行情况，采取改水、改厕和环境改造等措施，建立血防安全区（带），同时加强血防监测、健康教育以及水利血防科研能力建设，改善水利行业人员生产生活环境，提高水利行业防治能力。⑤改造进螺涵闸。经过水利、农业、血防专家调查，洞庭湖区有157座涵闸可以通过引垸外水灌溉带进钉螺，分两批改造涵闸，第一批利用世界银行贷款改造进螺涵闸93座，2000年以后又结合水利工程建设改进涵闸78座。⑥大堤护坡结合灭螺。在洞庭湖一期、二期综合治理中，洞庭湖区实施防洪蓄洪建设，防洪大堤很多堤段采用乱石破浪护堤。乱石给钉螺孳生提供了遮蔽保护条件，多数灭螺措施难以消灭。每年汛期，隐藏于乱石中的钉螺大量逸放血吸虫尾蚴，对人群构成严重感染威胁。在长江干堤建设中，结合大堤加高加固，累计改造乱石护堤419km，共完成50处大堤培修结合灭螺，长度达142km，完成145处大堤护坡结合灭螺，长度达173km。调查结果表明，实施乱石护坡堤垸治理后，这些堤垸垸外堤脚感染性钉螺密度均有所下降，个别地方较治理前甚至下降了73.89%。

2006年，国家发展改革委批复水利部上报的《全国血吸虫病综合治理水利专项规划报告》（发改农经〔2006〕1274号），其中湖南省水利血防灭螺专项治理工程项目包括：护坡891km，隔离沟142km，涵闸改造233座，抬洲降滩271万m^2，修建人畜饮水工程3477处，渠道硬化894km，涵闸改建195座，规划湖南省水利血防总投资13.54亿元。

2016年，湖南省政府发布《湖南省消除血吸虫病规划（2016—2025）》，明确结合水利工程项目治理措施，改造钉螺孳生环境，将水利血防列为六项防治措施之一。2016年以来，按照此要求，湖南省在实施洞庭湖治理、中小河流治理、农村安全饮水工程的同时，将血防要求纳入建设过程中，通过堤防加高加固、整治河道岸坡、改建涵闸、兴建沉螺池等方式开展工程建设，达到防螺灭螺的目的。

截至2022年年底，湖南省共完成全国血吸虫病防治水利一期、二期规划项目，总投资16亿元，共完成23个河流综合整治工程和27个灌区改造工程，完成河道综合治理1088km、硬化护坡509km等，在改造钉螺孳生环境、阻断血吸虫病传播方面效益显著。

经过多年建设，洞庭湖区垸内钉螺面积显著减少，垸外易感地带钉螺得到有效控制，洞庭湖区域人群以及家畜传染源威胁基本消除。2015年，湖南省达到血吸虫病传播控制标准。2021年年底，全省41个血吸虫病流行县（市、区）中达到血吸虫病消除标准的县增至15个，达到传播阻断标准的县（市、区）增至26个。2023年，湖南省达到血吸虫病传播阻断标准。

6.2 三峡后续项目

三峡工程位于湖北省宜昌市，控制流域面积100万km^2，正常蓄水位以下库容393亿m^3，与其他防洪措施相结合，形成了以三峡工程为骨干的长江中下游防洪保障体系。三峡工程在发挥其巨大综合效益的同时，水库蓄水运行也对库区及中下游地区经济社会发展和生态环境产生一定影响。

2011年6月，国务院批复《三峡后续工作规划》，规划明确提出要实施工程整治、稳定河势，改善航道和取水设施，实施生态修复保护生物多样性。湖南省共有39个项目，包括供水及灌溉项目17个、河势及岸坡影响处理项目7个、生态与环境影响处理项目15个。2020年，为了在"十四五"期间继续做好三峡后续工作，水利部组织开展了三峡后续工作2020年修编。2022年10月，水利部印发了《三峡后续工作规划"十四五"实施方案》（水三峡〔2022〕376号），对2021—2025年继续开展三峡后续工作进行了统筹谋划，其中湖南省"十四五"期间专项投资为57151万元。2020年后，湖南省三年计划项目库共新增8个项目，其中，城镇供水及灌溉影响处理5个、长江干流河势及岸坡影响处理项目1个、生态与环境影响处理项目2个。

6.2.1 城镇供水及灌溉影响处理

城镇供水及灌溉影响处理主要分为灌溉和供水两类工程，灌溉影响处理主要建设内容为改建、新建涵闸，建设内湖水源工程，改善灌溉面积；供水影响处理主要建设内容为改建供水工程，解决饮水安全入口。

2012年10月，华容县城关二水厂项目首先获得湖南省发展改革委批复。2013年5月，湖南省发展改革委以湘发改农〔2013〕767号批复《湖南省三峡后续工作长江中下游城镇供水及农业灌溉影响处理（2011—2014）工程可行性研究报告》，工程包括青龙窖、雷家洲、长江闸3个涵闸项目，大通湖供水站、南大膳供水站、三仙湖均和水厂、明山创业水厂、河口水厂5个供水项目，以及珊珀湖、马公湖2处内湖补偿水源项目。此后，湖南省相继实施三峡后续城镇供水及灌溉影响处理项目，湖南省启动华容县城关二水厂二期工程、黄茅洲供水工程、河坝镇供水工程、黄山头供水工程、茅草街镇集中供水工程、三峡外迁移民安置区帮扶项目、涵闸二期工程等多个项目。2011—2020年，湖南省利用三峡后续资金开展城镇供水及灌溉影响处理17项，工程总投资12.17亿元。新建及改造涵闸共计49处（含已利用其他资金完成26处），新增供水规模合计19.7万t/d，受益人口98.8万人。此外，2019年还开展了三峡移民外迁安置帮扶项目。

2020年后，湖南又先后实施了城镇供水及灌溉影响处理5个项目，分别是君山区集中供水工程、沅江市大通湖垸区域性集中供水工程、澧县毛家山集中供水工程、安乡县第二水厂城乡管网延伸工程、南县城乡供水一体化工程，工程总投资20.84亿元。

6.2.2 生态与环境影响处理

生态与环境影响处理主要建设内容为增殖放流、水产种质资源保护区建设与管护、重要湿地自然保护区能力建设与管护。

增殖放流。2014—2020年，湖南省利用三峡后续资金连续7年实施了长江中下游鱼类人工增殖放流，在洞庭湖、长江和湘水共放流以"四大家鱼"为主的3cm以上经济鱼类121013.82万尾，完成投资5108万元。

水产种质资源保护区建设与管护。2014—2020年，湖南省共实施了6个水产种质资源保护区建设与管护工程项目，分别为东洞庭湖鲤鲫黄颡国家级水产种质资源保护区建设与管护工程、南洞庭湖银鱼三角帆蚌国家级水产种质资源保护区建设与管护工程、南洞庭湖草龟中华鳖国家级水产种质资源保护区建设与管护工程、东洞庭湖中国圆田螺国家级水产种质资源保护区建设与管护工程、杨家河段短颌鲚国家级水产种质资源保护区建设与管护工程、鼎城区褶纹冠蚌国家级水产种质资源保护区建设与管护工程。共建设保种基地4处、保护区监测站1处及管理设施等，目前均已完工，总投资2135万元。

重要湿地自然保护区能力建设与管护。2014—2020年，湖南省共实施了湖南东洞庭湖国家级自然保护区、湖南西洞庭湖省级自然保护区、湖南南洞庭湖湿地与水禽省级自然保护区、湖南湘阴横岭湖省级自然保护区 4 个自然资源保护区建设与完善项目。共建设鸟类及栖息地 $1108hm^2$，湿地保护与恢复 $920hm^2$，新建湖南省野生动物救护繁殖中心洞庭湖救护站及各类物种救护与繁育研究基地 4 处，并开展路网、监测等能力建设，总投资 7495.19 万元。2020 年后，又开展长江四口、洞庭湖区河道地形测量及冲淤监测项目与洞庭湖区湿地生态保护与修复项目 2 个项目，总投资 7883 万元。

6.3 山水林田湖草沙一体化保护修复项目

6.3.1 山水林田湖草生态保护修复工程试点

"十三五"期间，自然资源部、生态环境部、财政部三部委启动山水林田湖草生态保护修复工程试点，在重点生态地区分三批遴选了试点项目。

2018 年 10 月，湖南省申报的"湖南省湘江流域和洞庭湖生态保护修复工程试点方案（2018—2020 年）"入围国家第三批山水林田湖草生态保护工程试点项目。湖南省以"一江清流、一湖碧水"为主线，以自然恢复、绿色修复为方法，通过源头控制、过程拦截、末端修复和区域综治，综合实施水环境、农业与农村环境、矿区生态环境和生物多样性工程等四大工程，工程总投资 79.13 亿元。2018 年 12 月，湖南省人民政府印发《关于〈湖南省湘江流域和洞庭湖生态保护修复工程试点方案（2018—2020 年）〉的批复》（湘政函〔2018〕124 号）同意试点方案。试点工程涉及大通湖流域生态修复与治理工程、安乡县珊珀湖流域河湖水系连通补水调枯工程 2 个洞庭湖区水利子项目。工程总投资 2.03 亿元，其中中央投资 1 亿元，省级投资 5500 万元，市县投资 4800 万元。工程完成沟渠清淤 23.34km，新建生态补水泵站 2 座，改扩建水系连通建筑物 88 座，累计完成土方 90.80 万 m^3，混凝土及钢筋混凝土 2.61 万 m^3。

大通湖流域生态修复与治理工程于 2019 年 10 月开工，2021 年 11 月完成竣工验收，完成沟渠清淤 12.34km、水系连通建筑物改造 5 处、湖岸生态带建设 24.66 km、新建排灌泵站 1 座、生态补水泵站更新改造 8 座、环湖低洼地生态整治 7248.2 亩。完成混凝土及钢筋混凝土 $9396m^3$，砌石 1 万 m^3，连锁块护坡 $6198m^3$，钢筋制安 176t，土方工程 17.95 万 m^3 等。共计完成投资 9891.83 万元，其中中央投资 5000 万元、省级投资 2750 万元、市县投资 2141.83 万元。项目建成后使大通湖水质实现了从劣Ⅴ类到Ⅳ类的转变，改善和恢复了流域生境及生物多样性。

安乡县珊珀湖流域河湖水系连通补水调枯工程于 2018 年 11 月开工，2021 年 11 月完成竣工验收。工程新建生态补水泵站 1 座（豆港泵站，装机容量 1820kW），疏浚整治连通沟渠 11km，改扩建生态补水渠道 1km，王家垸电排渠生态护坡 0.8km，改扩建水系连通建筑物 75 座，生态驳岸建设 7.1 km。完成土方工程 72.85 万 m^3、混凝土工程 1.67 万 m^3、钢筋制安 1064.66t、清淤工程 9.48 万 m^3、草皮护坡 2.52 万 m^2、无砂混凝土护坡 2.13 万 m^2、雷诺护垫护坡 $5423.4m^2$、连锁式生态植草砖护坡 2259 m^2 等。工程投入资金 1.05 亿万元，含中央专项资金 5000 万元、省级配套资金 2727 万元、县级配套资金 2727.5 万元。工程完工后，珊珀湖水质稳定在Ⅳ类，少数月份可达Ⅲ类，基本恢复了珊珀湖作为饮用水备用水源地功能，并保证安保垸农业生产灌溉的需要。

6.3.2 山水林田湖草沙一体化保护和修复工程项目

"十四五"期间，自然资源部、生态环境部、财政部三部委继续实施山水林田湖草沙一体化保护和修复工程项目，并组织了多批次竞争性选拔。2022 年 6 月，湖南省的"湖南长江经济带重点生态区洞庭湖区域山水林田湖草沙一体化保护和修复工程项目"成功入选"十四五"期间第二批山水工程项目。

工程涉及湖南省 7 个水利项目，共 11 个分项项目，涉及岳阳、常德、益阳 3 个市 12 个县（市、区），预算总投资 18.04 亿元，其中中央资金 5 亿元、省级资金 4.25 亿元、市县和社会资金 8.79 亿元。11 个分项目分两批实施建设。

第一批 6 个纳入北部补水二期工程，包括君山区君山垸补水工程、华容县护城垸补水工程、大通湖垸明山补水工程、大通湖南部水系连通工程、松虎藕水系连通（安乡县安造安昌安化垸补水工程）、澧县梦溪补水工程，于 2021 年开工建设，2023 年全面完工。第一批项目累计完成河道清淤疏浚 54.1km，水系连通 108.58km，增加生态补水量 2.05 亿 m^3/年，总投资 11.20 亿元。

第二批共 5 个水系连通项目，包括鹤龙湖水系连通项目、中洲垸水系连通项目、西湖管理区河湖连通工程、西毛里湖水系连通工程、烂泥湖水系连通项目，于 2022 年年底开工建设，计划 2024 年完工。第二批项目预计完成岸坡整治 70.98km，河道清淤疏浚 70.61km，总投资 6.32 亿元。

鹤龙湖水系连通项目通过沟渠清淤、新建补水泵站，以恢复湖、渠功能，修复湖、渠空间形态，改善了水生态环境，营造了人水和谐共融的生态环境，进一步改善了人居环境。工程于 2022 年 12 月开工，截至 2023 年 12 月完成投资 12830 万元，完成 1 处骨干泵站，3 处渠系建筑物整治，加固渠道 10.94km，清淤疏浚 10.23km，水系连通 11.5km。

中洲垸水系连通项目通过新建水闸将水补入中洲垸，沟渠疏浚与生态整治沟渠，通过垸内多条渠道构建生态保护水网。工程于 2022 年 12 月开工，截至 2023 年 12 月，共计完成投资 10256 万元，完成 4 座水闸，加固渠道 7.5km，清淤疏浚 20.5km，水系连通 1.04km。

西湖管理区河湖连通工程通过新建泵站、合区疏浚、岸坡整治，增强水体自净能力，在枯水期保证河湖、沟渠生态功能不减退，提高灌溉保证率。工程于 2022 年 12 月开工，截至 2023 年 12 月，共计完成投资 5800 万元，完成 1 处骨干泵站、3 座水闸，渍堤整治 8km，清淤疏浚 13.62km。修复生态湿地 52.6hm^2，水系连通 10km，增加生态补水量 0.1 亿 m^3/年。

西毛里湖水系连通工程通过渠道清淤与拓宽、退田还湖，预计恢复湖面面积约 2630 亩，为鸟类提供栖息之地，有效保护了西毛里湖湿地生态系统的物种多样性。工程于 2022 年 12 月开工，截至 2023 年 12 月，共计完成投资 9950 万元，完成 5 座水闸，渍堤整治 6.2km、加固渠道 5.3km，清淤疏浚 2.55km。修复生态湿地 15.2hm^2，水系连通 1.2km，增加生态补水量 0.1 亿 m^3/年。

烂泥湖水系连通项目通过水系连通、清淤疏浚、岸坡整治、生态修复等一系列措施，恢复撇洪新河渠下涵过流能力，促进上下游河渠水系连通，保障河渠岸坡稳定，提升水体交换动力，增加河渠生态流量，改善区域水生态环境。工程于 2022 年 12 月开工，截至 2023 年 12 月，共计完成投资 11380 万元，完成 8 座水闸、2 处倒虹吸、6 处渠系建筑物整治，渍堤整治 7.2km，加固渠道 7.1km，清淤疏浚 14.3km，修复生态湿地 1.2hm^2，水系连通 5.8km，吸引社会资本 2350 万元。

6.4 水系连通工程

6.4.1 安乡县西水东调工程

安乡县西水东调工程是安乡县境一项跨乡镇、跨河流的引水提灌系统工程。该工程采用闸、机结合方式，引提松滋河东支河水先入虎渡河再调藕池河西支，浇灌虎渡、藕池河沿岸 22 万亩农田，解决县境东、北部常年春、秋干旱问题。安乡县于 1974 年编制西水东调设计方案，报地区水利水电局批准，当年冬开始实施，分为三期施工。

第一期工程建设，1974 年冬至 1975 年 6 月进行。以修建松滋河东支五七引水闸为主，共 4 孔，闸室总跨宽 12m。由安造、安障、安全公社 2000 名劳力担负施工任务。同期，安全公社还出动 2000 人挖深、展宽金龟堡至董家垱输水渠，全长 6300m，配套设施 18 座；安生公社出动 1500 人翻修、改建大杨树闸，挖深、展宽大杨树至五星的虎、藕北干渠，全长 2500m，配套渠系设施 3 座，渠岸块石护坡 140m，兴建五星闸；安文公社出动 1000 余人修建跨越藕池河西支的官垱潜河涵，内径 2m，长度 190m。工程完成后，西水东调骨干工程基本形成，调水计划初具规模。

第二期工程建设，1976 年冬至 1977 年春进行。以修建五七电力排灌站为主，由安全、安障公社 1000 名劳动力担负施工任务。同期，安全公社开挖自安民垸农场哑河连接金董渠的五七北干渠；安障公社开挖岩剅口至新剅口的五七南干渠。1978 年 6 月底至 8 月初，安乡东部、北部旱情严重，安乡调集安造、安全、安障公社 2000 多名劳动力，于松滋河东支岩剅口及虎渡河下游梅家洲、唐家铺拦河堵坝截流，松滋河河水先经五七引水闸往北注入虎渡河，再经大杨树引水闸注入虎、藕北干渠（五星渠），西水东调工程第一次调水成功。

第三期工程建设，1979 年冬至 1980 年 5 月进行。由安生、安昌、安化 3 个公社的 6500 名劳动力担负施工任务。安生公社担负合兴闸和合兴电排站建设；安昌公社担负开挖虎、藕南干渠，即安生合兴至安化致惠、虎渡河连接藕池河西支的输水渠；安化公社担负护安引水闸和沙嘴潜河涵施工。同期，围绕西水东调工程配套，完成安造公社蔡浦溪引水闸、安昌公社金家垱引水闸及肖公嘴弓水闸和泵站、安猷公社肖公嘴泵站等工程。

安乡县西水东调一、二、三期工程建设，总投工 200 多万个，完成土（石）方 300 多万 m^3。工程建成 30 多年，为全县农田排灌发挥了较好效益。先后于 1978 年、1988 年、1993 年、1995 年春、夏大旱整体启用调水，为受益区农田灌溉、抗灾减灾和群众生产生活用水发挥了重要作用。

6.4.2 沅江市城区五湖连通工程

沅江地处洞庭湖区南部，为资水、沅水所环绕，因水闻名，有“东方威尼斯”之称。20 世纪 90 年代后，城区水环境不断恶化，沅江市决心以“五湖连通”工程为抓手，改变水体连通不畅、水质环境恶化的局面。浩江湖、蓼叶湖、下琼湖、上琼湖、石矶湖是沅江市中心城区的五个内湖，水域总面积约 $14km^2$。五湖连通工程通过设置控制水闸、开挖人工运河，使沅水经城区五湖流入资水。

城区五湖连通工程从 2007 年开始设计施工，总投资 35 亿元，先后实施了沅江市城区五湖连通工程、沅江市城区五湖连通工程二期，目前正在开展中心城区水环境综合整治一期工程。五湖连通工程建设内容包括修建小河嘴引水闸（可通游船）；修复 4 处运河，即汲水港运河、边山运河、桔园桥运河、胜利闸运河；开挖 2 处人工连通运河，即巴山路人工运河、杨泗桥人工运河；建设运河两岸风光带；改扩建 6 座控制水闸；新扩建 8 座桥梁。通过清淤建闸、河道整治，使河水通畅而变得清澈；通过小桥、栏杆的点缀，使河道美观；通过在沿河两岸种草植树，使环湖路形成一条优美的“绿色长廊”；通过因地制宜设置街头景观和沿河广场，美化城市环境，提升城市品位，基本形成了中心城区“河畅、水清、岸绿、景美”的水生态体系。

6.4.3 澧县河湖连通工程

澧县河湖连通工程位于澧县县城，项目区域位于澧水与澹水、涔水交汇处，水系发达。由于区内工农业的发展、城市建设的推进，现有渠系及河道两岸截污系统未实施、水体不流动等原因，导致河渠水体逐步失去自身净化能力、水质恶化。

2011 年 12 月，湖南省水利水电勘测设计研究总院编制的《澧县平原地区河湖水网连通生态水利规划》通过了湖南省水利厅的审查。澧县河湖连通工程在澧水艳州电站库区新建幸福引水闸及改造现有群星引水闸，双闸总引水流量 $19m^3/s$，引进水质为Ⅱ～Ⅲ类。

工程通过两条水路进行引水，引水起点均在群星引水闸，北线经群星闸、北线控制闸、翊武公园、大西门电排、栗河，自北线控制闸入栗河全长 3.68km；南线自群星引水闸、现有渠系直输栗河，自群星闸入栗河口全长 1.7km。工程累计投资 4.2 亿元，由引澧济澹工程、栗河襄阳河引水清流工程和水乡风情街三部分组成，集生态水利、市政截污及水环境修复改善于一体，于 2017 年 2 月正式开工建设，2019 年 12 月建设完成，2020 年 5 月完成验收。项目建设期间，湖南省水利厅相关部门积极争取 8705 万元国家专项资金用于项目建设，确保项目按期保质完成（图 3.6－1）。

图 3.6－1　澧县河湖连通工程栗河段
（图片来源：湖南省水利水电勘测设计规划研究总院有限公司）

6.5　洞庭湖北部补水工程

由于 20 世纪 60—70 年代荆江裁弯和长江上游水库群建设影响，特别是三峡工程蓄水运行以后，江湖关系发生了重大调整。一是入湖水量减少。根据三口逐日径流资料统计分析，2003—2023 年三口多年平均入湖水量 476 亿 m^3，较 1951—1958 年多年平均入湖水量减少 1016 亿 m^3，减幅 68%，6—10 月水量减少较多，10 月降幅最大。二是枯水期延长。枯水期过境水量由 80 亿 m^3 减少至 16 亿 m^3，四口水系除松滋西支全年通流外，其他河道年均断流达 137～272d。三是未来一个时期三口来水还将进一步减少。2002—2020 年，荆江河段河床总体发生大范围长时段冲刷并以枯水河槽冲刷为主，枯水河槽冲刷量为 11.18 亿 m^3，预计未来很长一段时间内荆江河道还将持续冲刷，长江中下游水位会进一步降低，三口分流势必会进一步减少。长江通过荆南三口进入洞庭湖北部地区水量减少、断流时间延长，由此带来了区域水资源平衡遭到破坏、水体污染加剧、灌溉用水难以保证及局域地区饮水安全等方面的新情况、新问题，迫切需要研究制定解决区域水资源、水环境和水生态问题的调控措施。

为解决洞庭湖北部地区干旱缺水问题，2017 年 11 月，湖南省委、省政府立足北部地区水资源禀赋条件，研究提出洞庭湖北部地区分片补水总体方案，总体布局为“澧水东调，北连长江，南引草尾，分区配置，分散补水”，计划从澧水、长江岳阳段、草尾河等河流分 3 片引流补水，工程总投资 46.7 亿元。

鉴于总体方案投资规模较大，湖南省政府明确“整体规划、市县主体、应急先行、先易后难、先重后轻、加减同步”的工作思路，先后开展洞庭湖北部补水一期、二期工程。

6.5.1　洞庭湖北部补水一期工程

洞庭湖北部补水一期工程包括澧县西官垸补水工程、安乡县珊珀湖补水工程、安乡县东部补水工程、安乡县城补水工程、益阳市大通湖垸五七运河补水工程、南县沱江补水工程、沅江市大通湖垸东南片补水工程、岳阳市华洪运河补水工程等8个子项目，总投资15.7亿元（省级按20%奖补3.14亿元）。8个应急补水工程由市、县为主体组织开展，2018年下半年相继启动建设，共建有提水泵站23处、水闸347处、倒虹吸3处，整治渠道129km，引水流量192m³/s。

澧县西官垸补水工程总投资2.45亿元，新建穿松滋河西支倒虹吸管1处，整修3处取水闸，新建梅家港闸，新开渠道2.15km，整治引水主渠道71.33km，新建或改建分水闸、节制闸157座。工程为澧松垸、九垸及西官垸补水，解决20万亩耕地、15万人口供水问题及垸内生态环境用水。

安乡县珊珀湖补水工程总投资0.98亿元，主要实施豆港泵站新建工程、王家垸泵站改扩建工程。豆港泵站以向珊珀湖补水为主，在汛期兼顾排涝为辅，设计补水流量15.53m³/s，总装机容量为1820kW；王家垸泵站设计装机流量为6.45m³/s，总装机容量为720kW。工程从澧水河道补水至珊珀湖，改善了水质，缓解了城乡缺水矛盾。

安乡县东部补水工程总投资1.01亿元，对五七泵站、新口泵站进行改造，新建毛耳渡泵站，改造五七渠、抗旱渠等渠道12.6km，新开渠道0.4km，新建及改建倒虹吸2处、渠道路下涵10处、节制闸2处、分水闸30处。工程引入松滋东支优质水源，将安造垸、安昌垸的水系有效连通，改善了区域水质，修复了水生态环境，保障了人饮水安全，增强了防洪能力。

安乡县城补水工程总投资1.70亿元，主要新建护城泵站、书院洲补水泵站、祝家渡泵站、上河坝泵站、书院洲雨水泵站等5处泵站，对长岭洲泵站进行了更新改造，总设计流量50m³/s，总装机容量为8632kW。工程提高了安乡县安造垸与虎渡河、松滋河的连通能力，改善了书院洲哑河等垸内水体水质，同时提高了区域排涝能力。

益阳市大通湖垸五七运河补水工程总投资1.56亿元，工程主要包括8.9km河道清淤疏浚、32.4km岸坡整治护砌、13.9km堤防达标建设、38处穿堤涵闸加固改造等。工程实施后，河道过流能力得到保障，大通湖可以从草尾河经五七闸、五七运河补水，生态环境得到改善。

南县沱江补水工程总投资1.19亿元，工程主要包括在沱江下坝新建过流能力40m³/s的水闸、设计引水流量16m³/s的泵站，0.6km的河道清淤。通过建设下坝调节泵站，能有效保障沱江流域灌溉用水、居民生活用水以及流域生态需水，提高区域排涝能力。

沅江市大通湖垸东南片补水工程总投资0.86亿元，新建外西闸提水泵站、向南闸提水泵站2处，新增补水流量22.57m³/s，渠道护砌31.3km，新建、重建涵闸6处，维修涵闸78处。工程提高了大通湖垸东南片的水系连通能力，在解决43.62万亩耕地、31.14万人用水的同时，还可向瓦岗湖内湖补水，满足生态环境需求。

岳阳市华洪运河补水工程总投资3.6亿元，包括取水工程、水系连通工程、华洪运河整治工程，主要包括新建设计流量19.54m³/s的取水浮船泵站、2座节制闸，华洪运河6.08km的白蚁防治、加高培厚、岸线生态护坡等。工程从君山区建设垸外长江提水，通过华洪运河调水至华容河，解决君山区和华容县沿线的农业灌溉用水和生态用水问题（图3.6-2）。

一期工程实施后，北部地区补水动脉初步打通，大通湖、华容河、珊珀湖、三仙湖4片水域生态得到有效修复。但安化北部、大通湖中南部地区、君山垸等地缺水问题仍然突出，北部地区还有约100万亩耕地灌溉问题和100万人的供水水源问题无法解决。为此，在一期补水工程的基础上湖南省继续实施二期补水工程。

6.5.2 洞庭湖北部补水二期工程

2021年7月湖南省发展改革委印发《洞庭湖北部地区分片补水二期工程建设方案》，二期工程坚持“整体规划、统筹兼顾、系统治理、市县主体”原则，进一步放大一期工程补水效益、扩大收益范围。二期工程实施了安乡县安造安昌安化垸补水工程、澧县梦溪补水工程、益阳市大通湖垸明山补

图 3.6-2 岳阳市华洪运河补水工程洪水港泵船
（图片来源：湖南省水利水电勘测设计规划研究总院有限公司）

水工程、益阳市大通湖南部水系连通工程、华容县护城垸补水工程、君山区君山垸补水工程等 6 个项目。

二期工程主要包括新（改）建提水泵站 76 处（骨干提水泵站 6 处）、节制闸 27 处，新建倒虹吸管 3 处，开挖渠道 4.5km，衬砌加固渠道 118km，整治渠系建筑物 248 处，新建供水管道 6.4km，加固内湖堤 44.2km 等，工程投资约 10 亿元。省级财政承担项目投资的 40%，市、县分别承担 30%的投资。工程于 2021 年 8 月 26 日全面启动实施，2023 年全面完工。

安乡县安造安昌安化垸补水工程于 2021 年年底开工，2023 年 12 月完工，完成投资 1.86 亿元，完成 3 处骨干泵站、44 座水闸、8 处渠系建筑物整治，加固渠道 26.5km。修复生态湿地 200hm^2，水系连通 16.02km，增加生态补水量 0.07 亿 m^3/年。工程改善灌溉面积 18.25 万亩，受益人口 11.08 万人，对稳定当地农业生产、改善区域内水生态环境具有重要作用。

澧县梦溪补水工程于 2021 年年底开工，截至 2023 年 12 月完工，完成投资 1.44 亿元，完成 25 处泵站、25 座水闸，渍堤整治 17.65km、加固渠道 11.52km。水系连通 60.06km，增加生态补水量 0.87 亿 m^3/年，改善灌溉面积 15.9 万亩，受益人口 12.5 万人，区域内水生态环境得到改善。

益阳市大通湖垸明山补水工程于 2021 年年底开工，2023 年 12 月完工，完成投资 1.49 亿元，完成 1 处骨干泵站、1 座水闸。水系连通 4.5km，增加生态补水量 0.41 亿 m^3/年。工程有效解决了大通湖生态水位控制带来的蓄涝、灌溉功能调整问题，提升了大通湖垸的排涝能力，提高了区域水环境容量和自净能力。

益阳市大通湖南部水系连通工程于 2021 年年底开工，2023 年 12 月完工，完成投资 2.59 亿元，完成 6 处泵站（其中骨干泵站 1 处）、5 座水闸、1 处倒虹吸，46 处渠系建筑物整治，渍堤整治 4.3km、加固渠道 5km，清淤疏浚 50.7km，有效控制沿线受农业面源污染水体流入大通湖，缓解了大通湖水环境治理与南部区域灌溉用水、排涝矛盾，促进大通湖南部地区水体连通循环，改善灌溉面积 42.6 万亩，受益人口 28 万人。

华容县护城垸补水工程于 2021 年年底开工，2023 年 12 月完工，完成 29 处泵站（其中骨干泵站

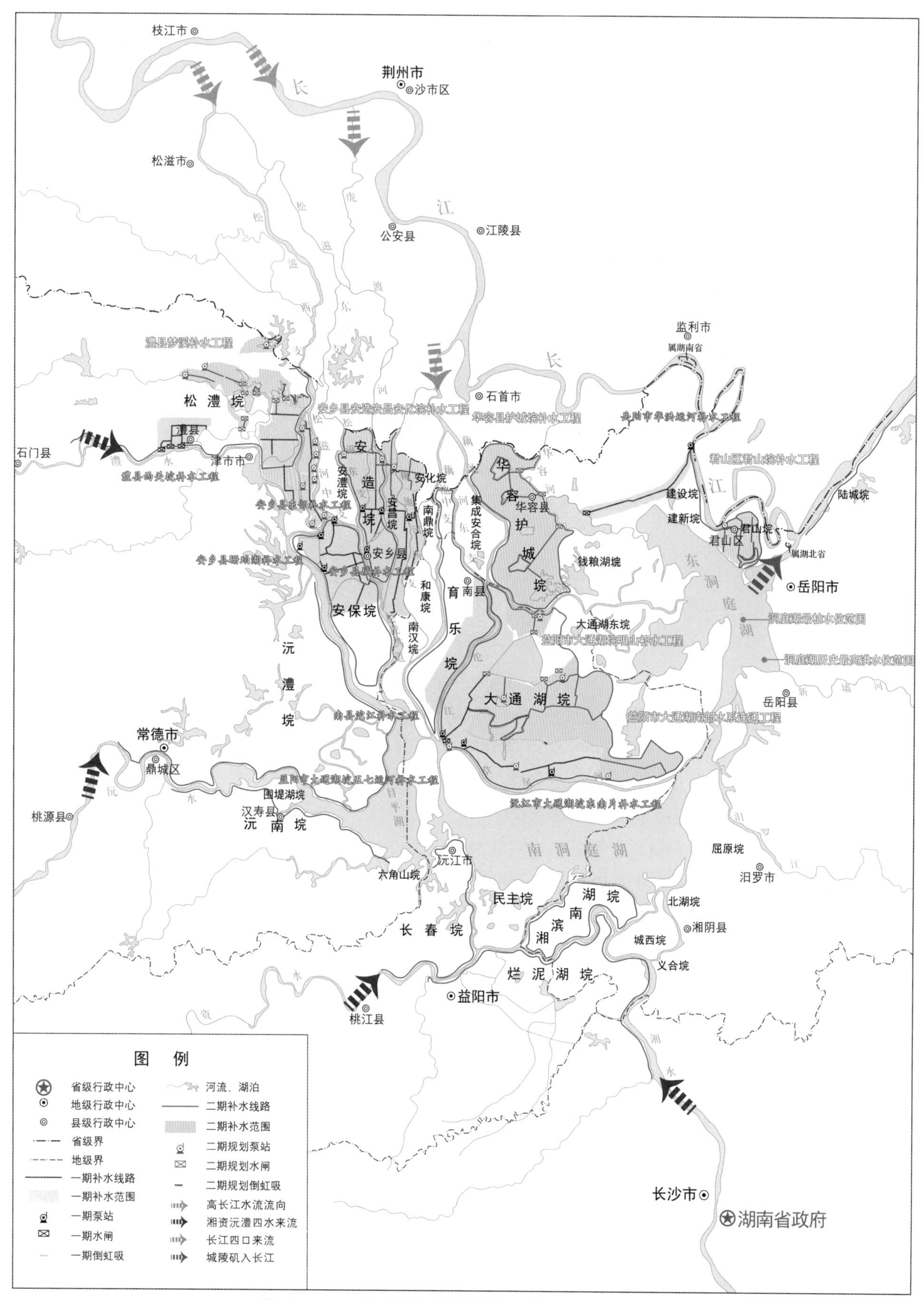

图 3.6-3 洞庭湖北部地区分片补水工程示意图
（图片来源：湖南省水利水电勘测设计规划研究总院有限公司）

1处)、3座水闸、62处渠系建筑物整治，渍堤整治23.3km，加固渠道24.3km。水系连通18km，增加生态补水量0.45亿m^3/年，完成投资2.35亿元，扩大了华洪运河补水工程效益，改善灌溉面积35万亩，受益人口22.8万人，改善塌西湖、蔡田湖、牛氏湖等水体水质，增强了护城垸水体自净能力。

君山区君山垸补水工程于2021年年底开工，2023年12月完工，完成1处骨干泵站、6座水闸、19处渠系建筑物整治，加固渠道3.58km，清淤疏浚3.4km，水系连通10km，增加生态补水量0.25亿m^3/年。工程新增优质水源保障人口5万人，改善灌溉面积6.9万亩，对提高君山垸内城乡生活供水保证率、稳定当地农业生产、保证粮食安全、改善君山垸内水生态环境具有重要作用。

洞庭湖北部补水工程的实施，打通了澧水、长江、草尾河3条补水通道（图3.6-3），修复了大通湖、华容河、珊珀湖、三仙湖、东湖等水域生态，新增补水流量338m^3/s。在2022年、2023年特大干旱中发挥了关键作用，实现了“大旱之年无大灾”的目标。工程运行以来，至2023年年底已累计补水12亿m^3，改善247万人、318万亩耕地的生活生产水源条件，有力地提升了河道、湖泊等水域水质。

6.6 洞庭湖总磷污染控制与削减攻坚行动

党的十八大以来，湖南省委、省政府将洞庭湖保护摆在更加突出的重要位置，先后开展水环境综合整治五大专项行动、生态环境专项整治三年行动计划，推进实施《湖南省洞庭湖水环境综合制理规划实施方案（2018—2025年）》，有力、有序、有效推进洞庭湖生态环境整治工作，2020年，湖体总磷浓度比2015年下降46.4%，其他指标均达到或优于Ⅲ类，但还存在湖体总磷未达到0.05mg/L要求，内湖总磷普遍超标、区域污染负荷重、环境治理欠账多、生态修复力度小等问题（图3.6-4）。

图3.6-4 复绿后的华龙码头（图片来源：湖南省水利水电勘测设计规划研究总院有限公司）

2021年起，为落实《中华人民共和国长江保护法》中“长江流域省级人民政府制定本行政区域的总磷污染控制方案，并组织实施”的规定，纵深推进洞庭湖总磷污染控制工作，不断降低湖体总磷浓度，持续改善湖区水生态环境，湖南省委、省政府部署推动洞庭湖总磷污染控制与削减攻坚行动。2022年6月，湖南省人民政府办公厅印发《洞庭湖总磷污染控制与削减攻坚行动计划（2022—

2025年）》（湘政办发〔2022〕29号），明确了“突出生态保护修复”等八大方面18项重点任务，以及“保障河湖生态用水”等28个重点任务目标清单。2023年，又组织制定了《“洞庭碧水”总磷污染控制与削减重点攻坚工作方案》，明确聚焦5个重点区域、7个重点领域和3个重点问题集中攻坚克难。岳阳、常德、益阳三市人民政府组织制定大通湖、华容河等14个重点水体总磷达标攻坚方案，明确针对措施。住房和城乡建设、生态环境、农业、水利、市场监管等部门，紧盯污水收集处理、入河排污口管控、农业面源防治、“禁磷限磷”、水系连通等治理短板、管理弱项，持续深化专项整治。

湖南水利部门坚决落实省生态环境保护委员会部署要求，协同推进洞庭湖总磷污染控制与削减攻坚行动，2021年以来，岳阳市、常德市、益阳市完成52项年度任务实施，完成335.41km水系综合整治、2550口塘坝清淤、3处内湖整治、新（改、扩）建涵闸及泵站等209处，畅通洞庭湖区垸内外水系，促进洞庭湖区水生态、水环境改善，提升水安全保障能力。根据生态环境部门数据，2023年洞庭湖总磷浓度由2020年的0.060mg/L下降为0.054mg/L，其中西洞庭湖、南洞庭湖稳定达到Ⅲ类；重点监控的黄盖湖、南湖等水质稳定达到Ⅲ类，华容东湖、大通湖等水质明显改善。

6.7 洞庭湖生态修复试点工程

由于自然演变和人类活动的双重影响，大量泥沙沉积在洞庭湖，湖泊逐渐淤积萎缩，面积减小、容积减少。据实测数据，1951—2002年，洞庭湖年均沉积泥沙1.2亿t，平均淤积厚度超过2m，最大淤高达13m，总淤积量超过62亿t，淤减湖容约45亿m^3，淤积带来的生态环境问题、防洪问题、灌溉问题、航运问题有待系统解决。2022年以来，湖南省系统开展了洞庭湖生态修复工程方案比选、布局论证、专题研究工作。考虑洞庭湖生态修复工程规模大、实施期长，对生态修复工程方案、施工工艺要求高，为了积累经验、创新技术并形成示范性的实施和管理机制，先行实施了试点工程。

2023年5月，湖南省水利厅以湘水函〔2023〕188号批复《洞庭湖生态修复试点工程初步设计报告》。洞庭湖生态修复试点工程位于益阳沅江市南洞庭湖的黑泥洲。工程依托西高东低地形开展阶梯式降洲，结合生境提升、洲边河道航道防护措施，形成3处生态湖及整片生态浅洲，修复面积14.29km^2。工程建设规模为：降洲修复面积12.68km^2（包括构建3处生态湖，面积2.88km^2），保留3处洲滩面积1.61km^2，蜂窝湿地构建面积0.29km^2，降洲区植被带总面积10.4km^2，生态便道2657m和观鸟台5处，洲滩保留区外来入侵物种欧美黑杨清理及植被恢复面积1.61km^2，在黄土包河上游疏挖段设置分流比恢复工程1处，对黄土包和下游南北两支护底2处，总长600m。工程总疏浚量4998.65万m^3，概算总投资37.51亿元，总工期33个月（图3.6-5）。

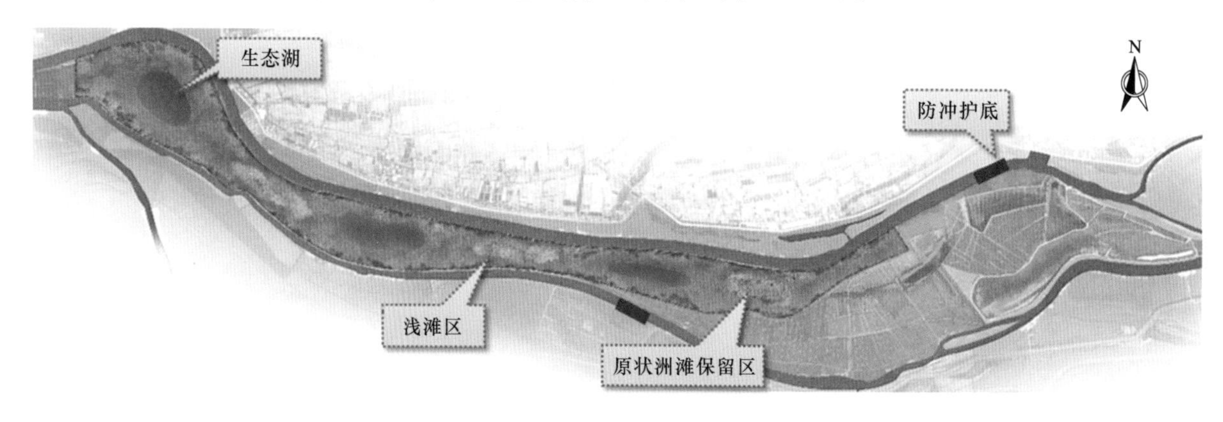

图3.6-5 洞庭湖生态修复试点工程布置图

（图片来源：湖南省水利水电勘测设计规划研究总院有限公司）

2023 年 6 月，洞庭湖生态修复试点工程开工，为尽可能减少工程建设对区域环境、河湖水质、往来交通、周边人群等的影响，工程合理配置施工设备和方法、采用人工与自然恢复相结合等一系列影响减缓措施，同时，还开展了一系列监测监管措施和科学研究工作，通过监测监管措施对施工过程中可能出现的不利影响因子进行管控，提供客观监测数据以科学评价生态修复效果，围绕工程拟定的目标开展科学研究工作，指导工程实践并为洞庭湖生态修复总体工程论证奠定基础。

工程实施后，将在恢复湿地生态、扩展生物群落、减轻洪水威胁等方面发挥重大效益，还将为大江大湖生态修复治理积累提供宝贵经验。一是可有效扭转黑泥洲洲滩旱化趋势，洲滩全年淹没平均天数将由 48 天增加至 169 天，同时植被的生长能适配洞庭湖冬候鸟的迁徙规律，为越冬候鸟提供适宜的栖息地和充足食物；二是可扩大洞庭湖生态水域空间，通过微地形改造以及蜂窝湿地的构建，在枯水期营造浅湿交替的湿地环境，生态湖的构造能够在枯期扩大生态水面 2.88km^2，丰富湿地场地结构。生态水域空间的扩大可进而为鱼类、蚌类、龟鳖等水生生物，南荻、芦苇、苔草等湿地植物扩展繁衍空间；三是能一定程度减轻南洞庭湖洪水威胁。工程实施增大了局部过洪断面，畅通行洪通道，增加湖泊调蓄能力，一定程度上减轻洪水对周边堤垸的威胁，提升了群众的安全感；四是为大江大湖生态修复治理积累提供宝贵经验，黑泥洲作为洞庭湖生态环境退化典型区，工程实施过程中积累的成套施工工艺、修复物处置方式、管理运营制度等，可为洞庭湖区乃至其他大江大河生态修复工程实践提供湖南经验。

6.8 沟渠塘坝清淤疏浚工程

洞庭湖区沟渠纵横，有大小沟渠 16.05 万 km，塘坝 21.47 万口。据 2015 年资料统计，淤塞沟渠长度达 10.78 万 km，塘坝 13.46 万口。2016—2020 年，湖南省先后开展了两批沟渠清淤专项行动，对淤塞的沟渠和塘坝进行全面清淤，实现垸内沟渠塘坝清淤疏浚全覆盖。

2016 年 3 月，湖南省水利厅印发《洞庭湖区沟渠塘坝清淤增蓄专项行动实施方案》，通过实施洞庭湖区垸内沟渠疏浚和重点堰塘清淤，着力解决垸内沟渠淤塞、排灌不畅、水环境恶化，以及堰塘淤积、蓄水能力降低等突出问题，恢复沟渠连通性能和堰塘蓄水能力，构建旱能灌、涝能排、水清岸绿的沟渠塘坝生态活水网，提高农业生产灌排能力，改善水生态环境。

洞庭湖区沟渠塘坝清淤增蓄专项行动计划用两年时间（2016—2017 年）重点实施完成洞庭湖北部四口水系地区的南县、华容县、安乡县、澧县、津市市（含津市监狱）、沅江市、大通湖管理区、君山区（含岳阳监狱）等 8 个县（市、区）垸内沟渠和洞庭湖区其他县（市、区）问题突出的内沟渠疏浚，基本完成洞庭湖区重点堰塘的清淤。

专项行动的建设标准：清空见底，沟渠及塘坝内淤泥杂物全部清除上岸，妥善处理；坡面整洁，坡面杂草、杂树等全部清除并平整；岸线顺畅，沟渠岸线整形顺直；建筑物完好，沟渠连接控制建筑物能正常运行；环境同步，严格控制禁止外来污染物入渠入塘；管护到位，同步建立长效管护机制。

湖南省财政部门按“以奖代补”方式加大资金投入力度，分年安排奖补资金重点奖补四口水系地区 8 个县（市、区）大型（底宽 10m 以上）、中型（底宽 5～10m）沟渠，兼顾奖补其他县（市、区）问题突出的大、中型沟渠。

2016—2017 年洞庭湖区沟渠塘坝清淤增蓄专项行动争取省财政首次专项安排资金 8.00 亿元（每年 4.00 亿元），带动市、县（市、区）财政、社会资本投入 17.00 亿元，部署实施了洞庭湖沟渠塘坝清淤增蓄专项行动，完成了沟渠清淤 4.36 万 km、塘坝整治 2.44 万口。通过清淤增蓄行动，沟渠的连通性和灌溉、调蓄功能得到有效恢复，恢复、改善灌排面积 248.14 万亩，新增灌排面积 43.97 万亩，新增粮食产能 567.74 万 t，新增粮食作物产值 3.80 亿元。

2018年7月，湖南省水利厅又组织实施了洞庭湖生态环境专项整治三年行动。洞庭湖生态环境专项整治三年行动是在2016—2017年沟渠清淤行动实施的基础上，按照“清空见底、坡面整洁、岸线顺畅、建筑物完好、环境同步、管护到位”的要求用3年时间（2018—2020年）全面完成洞庭湖区内沟渠塘坝清淤任务，实现垸内沟渠塘坝清淤疏浚全覆盖，同步建立长效管护机制。2018—2020年共完成6.42万km沟渠疏浚和11.02万口塘坝清淤，并建立健全长效管护机制，发挥治理实效。其中长沙市沟渠0.06万km、塘坝0.06万口，岳阳市沟渠2.52万km、塘坝3.09万口，常德市沟渠2.55万km、塘坝7.41万口，益阳市沟渠1.29万km、塘坝0.46万口。工程于2018年全面启动，2018年完成沟渠2.27万km、塘坝3.79万口；2019年完成沟渠2.13万km、塘坝3.55万口；2020年完成沟渠2.02万km、塘坝3.68万口。沟渠塘坝清淤疏浚项目实施后，恢复了垸内沟渠连通性能和塘坝蓄水能力，提升了水体自净能力和水环境容量，改善了洞庭湖区农业生产条件，促进了洞庭湖区水环境治理。

2021年，根据湖南省委、省政府统一部署，省水利厅、省财政厅启动农村小水源工程供水能力恢复三年行动，对山塘、水库进行清淤扩容增蓄、必要的坝岸整治、配套设施改造等措施。省级财政每年补助2.00亿元，按照“县级申报、市级推荐、省级审核”的程序，采取“以奖代补”的方式，支持各地清淤整治农村小水源，力争通过3年时间，清淤整治小水源工程3万处，恢复供水能力1.00亿m^3，实现“小水源、大粮仓”。截至2022年年底，已累计支持100个县（市、区）完成山塘等清淤整治农村小水源2万处，新增蓄水能力7000万m^3。

沟渠塘坝清淤疏浚项目实施后，恢复了垸内沟渠连通性能和塘坝蓄水能力，改善了垸内水生态环境，提高了水资源配置和水环境承载能力，构建了旱能灌、涝能排的沟渠塘坝生态活水网，达到“活水”“清水”“蓄水”的效果。洞庭湖区人民群众的获得感、幸福感、安全感明显增强。

6.9 农村饮水安全工程

1980年以前，洞庭湖区主要是依托水利工程进行供水设施建设，如修建小型灌饮结合工程、疏挖塘坝沟渠等。1980年后，随着经济社会的发展，开启了农村改水工作新历史，洞庭湖区农村饮水得到迅速发展，先后历经了饮水起步、饮水解困、饮水安全、巩固提升4个阶段。截至2022年，洞庭湖区共建有1943处农村安全饮水工程，设计供水规模166.68万m^3/d，设计可供水人口1397.30万人，年实际供水量3.84亿m^3。其中千吨万人工程364处、千人工程577处、千人以下工程1002处[1]。采用地表水作为供水水源的供水工程1379处、占比70.97%，采用地下水的537处、占比27.64%，采用联合水源的27处、占比1.39%。饮水工程的实施为洞庭湖区人民群众身体健康、人居环境持续改善、经济社会快速发展打下了坚实的基础。

6.9.1 人饮工程实施历程

（1）饮水起步阶段。1980年，水利部在山西阳城县召开第一次农村人畜饮水座谈会，采取以工代赈方式和在小型农田水利补助经费中安排专项资金等措施解决农村饮水困难问题。结合实际需求，洞庭湖区开展农村饮水工程建设，有效解决了一些地方农民的饮水困难问题。

（2）饮水解困阶段。20世纪90年代，解决农村饮水困难正式纳入国家重大规划，农村饮水资金投入力度大幅度增加。湖南省积极争取国家投资，加大地方筹资力度，建设了一批农村人饮解困工程，有效解决了洞庭湖区的人畜饮水困难问题，基本结束了部分农村饮水困难的历史，实现了从喝

[1] 千吨万人工程：设计供水规模≥1000t/d或实际供水人口≥10000人；千人工程：千吨万人工程以下，设计供水规模≥100t/d或实际供水人口≥1000人；千人工程以下：设计供水规模≥10t/d或实际供水人口≥100人。

水难到喝上水的目标。

(3) 饮水安全阶段。2006年开始，农村饮水安全工程全面实施。“十一五”期间，洞庭湖区完成农村饮水安全工程建设投资12.43亿元，其中中央投资7.05亿元、省级投资1.68亿元，解决了270万人的饮水安全问题。“十二五”期间，国家继续实施农村饮水安全工程，完成总投资41.67亿元，其中中央投资27.10亿元、省级投资6.62亿元，新建、改扩建工程1630处，解决了846.6万人饮水安全问题。同时，水利部在新增饮水安全建设计划中支持湖南省洞庭湖区6市38县（市、区）规划外投资12.91亿元，其中中央预算内投资8.37亿元，省配套投资2.08亿元、市、县（市、区）配套投资1.57亿元、群众自筹1.89亿元。至2015年年底，洞庭湖区规划外工程建成各类农村饮水安全工程304处，其中集中式供水工程297处、分散工程68处，涉及28个县（市、区），2257个行政村（居委会），解决了256万农村居民的饮水安全问题。项目投资完成率100%，历经11年持续大规模建设，到2015年年底，湖南省农村饮水安全工作取得了阶段性的成果，“十一五”“十二五”规划目标全面完成，超额完成了洞庭湖区规划外256万人的农村饮水安全工程建设。洞庭湖区农村长期存在的饮水不安全问题基本得到解决，实现了从喝上水到喝好水的目标，具有重要的里程碑意义。

(4) 巩固提升阶段。为进一步提高农村饮水安全保障水平，“十三五”期间，国家实施了农村饮水安全巩固提升工程。围绕全面建成小康社会和实施精准扶贫的目标任务，湖南省人民政府批复《湖南省农村饮水安全巩固提升工程“十三五”规划》。《湖南省“十三五”农村安全饮水巩固提升工程项目实施指导意见》明确指出，至2020年实现洞庭湖区农村自来水普及率达90%。“十三五”期间，洞庭湖区农村饮水安全巩固提升工程累计完成投资32.51亿元，其中中央投资1.36亿元、省级投资4.3亿元，市县通过财政预算安排、涉农资金整合、PPP项目融资、银行贷款和群众自筹等多种渠道积极筹集建设资金26.84亿元。

“十四五”期间，洞庭湖区结合三峡后续工作进一步推进城乡供水工程建设。以打通骨干输配水通道为重点，加快构建区域供水体系，增强区域优质水源调剂互补能力，巩固提升农村供水工程标准，进一步夯实城乡供水保障基础，逐步实现城乡饮水供给同网、同质、同服务，促进城乡联网供水、公共服务均等化。

6.9.2 三峡后续工作供水工程

为缓解三峡工程运行给洞庭湖水资源情势带来的不利影响，2011年以来，在洞庭湖区实施三峡后续工作供水项目15个（表3.6-1），设计供水规模42.58万t/d，项目总投资36.40亿元，其中三峡后续专项资金安排7.71亿元，项目实施后有效保障了洞庭湖北部地区259万人的饮水安全。

表3.6-1 三峡后续工作供水项目情况表

序号	项 目	所在县（市、区）	工程设计规模	投资/万元		建成时间
				批复概算	三峡后续专项资金	
1	华容县城关二水厂（一期、二期）	华容县	供水规模12万t/d，供水人口30.65万人	45466	22168	2015年
2	君山区集中供水工程	君山区	供水规模4.5万t/d，供水人口17.7万人	21756	4300	在建
3	黄山头供水工程	安乡县	供水规模3万t/d，设计供水人口28.53万人	31913	12002	2019年

续表

序号	项目	所在县（市、区）	工程设计规模	投资/万元		建成时间
				批复概算	三峡后续专项资金	
4	安乡县第二水厂城乡管网延伸工程	安乡县	供水规模4万t/d，供水人口14万人	18596	3537	在建
5	澧县毛家山集中供水工程	澧县	供水规模2.3万t/d，供水人口14.03万人	12991	3002	2023年
6	南大膳镇供水工程	沅江市	供水规模6800t/d，供水人口6.85万人	4155	2421	2017年
7	黄茅洲供水工程	沅江市	供水规模5500t/d，供水人口4.6万人	3550	3521	2017年
8	河口集中供水工程	南县	供水规模2750t/d，供水人口2.86万人	1655	857	2015年
9	创业集中供水工程	南县	供水规模3500t/d，供水人口4.16万人	2757	377	2016年
10	三仙湖均和集中供水工程	南县	供水规模3500t/d，供水人口3.49万人	2192	437	2016年
11	南县茅草街集中供水工程	南县	供水规模9500t/d，供水人口7.43万人	6362	5166	2021年
12	南县城乡供水一体化工程	南县	供水规模4万t/d扩建至8万t/d，供水人口70万人	109409	9726	一期工程2023年
13	大通湖供水工程	大通湖区	供水规模6250t/d，供水人口4.7万人	2844	1637	2015年
14	河坝镇供水工程	大通湖区	供水规模1万t/d，设计供水人口5.61万人	4094	1982	2018年
15	沅江市大通湖垸区域性集中供水工程	沅江市、大通湖区	供水规模8万t/d，供水人口44.425万人	95990	6000	在建
合计			供水规模42.58万t/d，供水人口259万人	363730	77133	

截至2021年，建成供水项目10个，供水区域水质达标、水量充足、水压稳定，项目运行平稳，群众反映良好。其中华容二水厂、安乡黄山头水厂、南县茅草街水厂等一批采用地表水水源的集中供水工程对保障洞庭湖北部地区饮水安全、促进该区域经济发展、维护该区域社会稳定起到了重要作用。

华容城关二水厂采用取水泵船从长江干流取水，设计日供水规模12万t，有效解决了县城及周边乡镇、县工业集中区近30万人的饮水安全问题。项目于2013年11月开工，2015年3月试通水，2018年12月竣工验收。

黄山头供水工程位于安乡县北部，以松滋河水为主水源，设计日供水规模3万t，解决安乡县大湖口、黄山头、安全、官当、安障、三岔河等6个乡（镇）28.53万人的饮水安全问题。工程于2015年7月开工，2019年年初完工，2019年8月正式供水。

南县茅草街镇集中供水工程以松澧洪道水源取代地下水源、采用梯级供水模式、利用新型净水工艺取代传统净水工艺，日供水规模9500t，全面解决茅草街镇7.43万人饮水安全问题。工程于2020年10月开工，2022年1月试运行，2023年11月竣工验收。

“十四五”期间，继续实施南县城乡供水一体化工程、澧县毛家山集中供水工程、安乡县第二水厂城乡管网延伸工程、沅江市大通湖垸区域性集中供水工程、君山区集中供水工程等5个项目，这些项目充分利用现有骨干水源和供水设施，按照“建大、并中、减小”方式，实施城市供水管网延伸工程，加强农村规模化供水工程建设，扩大规模化供水覆盖范围，构建地表水源、城乡联供、全面覆盖的供水网。

南县城乡一体化集中供水工程主要改造南县三水厂、振兴水厂2座大水厂及24座村镇水厂，解决南县70万人的饮水问题。工程总投资10.9亿元，分近远期实施，近期主要实施一期工程即南县西线引水工程，总投资约3.1亿元，工程采用浮船式取水泵站从松虎洪道取水，改扩建2座大水厂，其中三水厂由4万t/d扩建至8万t/d，振兴水厂主要改造泵房及电器设备等。一期工程2022年开工，2023年建成通水，远期将对24座现有村镇水厂进行并网改造。

澧县毛家山集中供水工程采用浮船式取水泵站从松滋河取水，供水规模2.3万t/d，解决澧县如东镇、小渡口镇、官垸镇等3镇14万人的饮水问题。工程2022年开工，2023年建成通水。

安乡县第二水厂城乡管网延伸工程采用松滋河水作为水源，供水规模4万t/d，解决深柳镇官陵湖，三岔河镇宏太、喻家渡、金家垱、三岔河集镇、黄市咀，安障乡黄山岗14万人饮水问题。工程2022年开工，计划2024年完工。

沅江市大通湖垸区域性集中供水工程以草尾河为供水水源，由沅江市、大通湖区共建取水工程，取水规模8万t/d。沅江市部分建设水厂1座，供水规模5万t/d，解决大通湖垸草尾镇、南大膳镇、黄茅洲镇、阳罗洲镇、四季红镇和共双茶垸共华镇、泗湖山镇、茶盘洲镇8个乡（镇）31.57万人供水问题；大通湖区部分改造1座水厂至规模3万t/d，解决河坝镇、千山红镇、北洲子镇、金盆镇及南湾湖社区12.86万人供水问题。工程2021年开工，计划2024年完工。

君山区集中供水工程项目通过改造岳阳市长江补水工程（一期）浮船从长江取水，供水规模4.5万t/d，解决君山区广兴洲镇、许市镇、钱粮湖镇和良心堡镇4个乡（镇）17.70万人的饮水问题。工程2022年开工，计划2025年完工。

第四篇　科学研究与新技术应用

科技是第一生产力。中华人民共和国成立以来，洞庭湖区大力推进“科技兴水”战略，不断提高水利事业科技含量，取得了巨大的成就，为洞庭湖水利事业的发展提供了强有力的科技支撑。

第一章　科　学　研　究

洞庭湖的科学研究，紧扣水利建设的实际脉络，涵盖了从江湖关系到防洪减灾，从水文水资源到河湖生态，再到新型技术的开发与应用等，构成了洞庭湖水利科技发展的坚实基础。科研工作者长期的努力和积累，成果斐然，多次荣膺省部级奖誉，为洞庭湖区的科技进步书写了辉煌的篇章。

1.1　研究机构

洞庭湖因水情的复杂性和在长江流域中的关键位置，成为了水利科技研究的热点，“万里长江，险在荆江，难在洞庭”，凸显了洞庭湖研究的复杂性，引起了国内外学术界的高度关注。全国众多科研单位将洞庭湖作为重点研究对象，开展了广泛深入的研究工作，取得了丰硕的研究成果。湖南省现有十余家洞庭湖研究机构，在各个领域开展科学技术研究和新技术、新产品、新工艺的推广应用，提高了洞庭湖区水利建设与管理的科技含量，为洞庭湖治理与保护工作提供了重要的技术支撑。湖南省内主要洞庭湖研究机构见表 4.1-1。

表 4.1-1　湖南省内主要洞庭湖研究机构情况表

序号	机构名称	依托/主管单位	成立年份
1	洞庭湖研究中心	湖南省水利水电勘测设计规划研究总院有限公司	2013
2	湖南省血吸虫病防治所	湖南省卫生健康委员会	1950
3	中国科学院洞庭湖湿地生态系统观测研究站	中国科学院亚热带农业生态研究所	2007
4	洞庭湖流域资源利用与环境变化湖南省高校重点实验室	湖南师范大学	2008
5	湖南洞庭湖湿地生态系统国家定位观测研究站	湖南省林业科学院	2009
6	洞庭湖生态环境研究中心	湖南城市学院	2011
7	洞庭湖教学与实习基地	中国科学院亚热带农业生态所、湖南农业大学	2014
8	洞庭湖区农村生态系统健康湖南省重点实验室	湖南农业大学	2014
9	数字洞庭湖南省重点实验室	中南林业科技大学	2017
10	洞庭湖研究院	亚欧水资源研究和利用中心	2018
11	洞庭湖水环境治理与生态修复湖南省重点实验室	长沙理工大学、湖南省水利水电勘测设计研究总院、中交疏浚（集团）股份有限公司	2018

续表

序号	机构名称	依托/主管单位	成立年份
12	湖南省洞庭湖流域农业面源污染防治工程技术研究中心	湖南省农业环境生态研究所、艾布鲁环保科技有限公司	2019
13	洞庭湖区生态环境遥感监测湖南省重点实验室	省自然资源厅自然资源事务中心	2019
14	智慧洞庭工程研究中心	湖南理工学院	2020
15	洞庭湖生态研究院	湖南理工学院、中南林业科技大学等	2021
16	水沙模拟及数字流域创新团队	湖南省水利水电科学研究院	2022

1.2 江湖关系研究

1.2.1 长江中游江湖关系研究

项目根据多年实测水文、地形资料，建立模拟模型，研究长江与洞庭湖水、沙关系的演变规律，探讨提高长江中游河段防洪能力措施。对过去长期议论而缺乏科学定量依据的重大工程决策问题进行了研究，包括洪湖半路堤堤位移，可能带来的影响；采取提高城陵矶防洪控制水位和簰洲湾裁弯，以增加长江中游的干流行洪能力的有效作用等。为制定长江中游度汛方案、减轻洞庭湖区洪水灾害，提供了科学依据，为水利部、长江水利委员会和湘、鄂两省政府决策提供了参考。研究具有较高的科学价值，达到国内领先水平。

完成时间：1992 年。本项目获得 1992 年湖南省科学技术进步奖二等奖。主要完成单位：水利部南京水文水资源研究所、湖南省水利水电勘测设计院。主要完成人：许自达、卢承志、胡四一、王进、张有兴。

1.2.2 长江三峡工程与洞庭湖区水利关系研究

项目依据洞庭湖区的实际情况，分析了三峡工程初设防洪调度方式、城汉河段泄洪能力，同时采用水文和泥沙资料，引用、创新发展世界先进的数学模型，研究和制订符合新的江湖关系的模型和边界参数，分析洞庭湖区水情与泥沙可能的变化及这些变化带来的环境影响和洞庭湖湖容的影响。提出了三峡工程建成后洞庭湖区治理开发的策略，为编制湖南省水利建设“十五”计划和湖南省生态环境建设规划提供了理论依据，同时也为各级政府治江治湖的重大决策发挥了重要参谋作用。

完成时间：2002 年。本项目获得 2002 年湖南省科学技术进步奖二等奖。主要完成单位：湖南省洞庭湖水利工程管理局、湖南省水文水资源勘测局、湖南省水利水电勘测设计研究院。主要完成人：余国云、张硕辅、聂芳容、杨玲玲、宁迈进、徐贵、张振全、周乐新、周北达。

1.2.3 铅-210 法在洞庭湖现代沉积研究中的应用

铅-210 法测定泥沙沉积速率和沉积通量，理论完备，科学性强，测试技术先进，具有经济、快速、定量等优点。该项新技术在东洞庭湖成功运用，揭示了湖区沉积状况与规律，预测了沉积发展趋势。项目思路正确，工作方法严谨，资料丰富，数据精确，论证合理，取得的成果可靠性高，表明该法在洞庭湖推广运用的可行性且优于传统的测定方法，为全洞庭湖以及全国同类水域开展泥沙沉积和水环境规律研究，开辟一条新的有效途径。研究成果具有较高的学术水平和实用价值，达到国内先进水平。

完成时间：1990年。本项目获得1990年湖南省科学技术进步奖三等奖。主要完成单位：广州地理研究所、湖南省水利水电勘测设计院、湖南省洞庭湖水利工程管理局。主要完成人：陆国琦、卢承志、谭惠零、聂芳容、王传华。

1.2.4 洞庭湖区治理及松滋口建闸关键技术研究

洞庭湖区经过初期治理、一期治理、二期治理、近期治理等4个阶段的综合治理，已取得显著成绩，但由于湖区水网密布、江湖关系复杂、防洪堤线漫长，湖区仍面临着防洪工程历史欠账多，防洪标准低，防洪形势严峻；灌溉供水保障能力仍然不高；水生态多样性退化；水质不断下降等水安全问题。

为缓解湖区特别是四口水系地区防洪压力，在荆南四口建闸的设想由来已久。1990年版《长江流域综合规划》将松滋口建闸列为三峡工程实施后洞庭湖治理的项目之一。湖南省委、省政府为解决洞庭湖近年来面临的枯水期水资源短缺、水生态恶化的严峻形势，在松滋口建闸的基础上提出了松滋河疏浚建闸的工程设想，并于2011年4月启动了洞庭湖区治理及松滋口建闸关键技术研究项目。

松滋河疏浚建闸工程建设任务是“汛期相继实施松滋河来水与澧水洪水的错峰调度，枯水期增加松滋河分流入湖水量”。

本项目通过实地调研、资料分析和模型计算等手段，就江湖关系演变、四口河系综合治理措施和松滋河疏浚建闸的作用与影响开展大量研究工作，主要成果如下：

（1）江湖关系变化是自然和人类活动共同作用的结果，下荆江系统裁弯、葛洲坝和三峡水库运用等是近几十年江湖关系变化的主要驱动力。20世纪50年代有系统实测资料以来江湖关系变化的总体表现为：荆南三口分流分沙减少，荆江河段冲刷、枯水流量水位下降，三口河道先淤后冲，洞庭湖持续淤积、但淤积速度明显减缓。

（2）未来三峡及长江上游控制性水库运用是江湖关系变化的主要驱动力，江湖关系变化总体表现与三峡水库运用后的变化趋势基本一致，但变化强度由急趋缓。

（3）四口河系地区面临的水安全问题主要表现为：洪涝灾害频发，防洪标准偏低；水资源多为过境水量，受江湖关系影响大，且该地区缺乏足够的调蓄工程，农业灌溉保证相对偏低；地下水铁锰含量偏高；河湖连通逐渐减弱，污染负荷增加，垸内水质逐渐变差。

（4）四口河系综合整治总体布局为“控、引、蓄、调”相结合。荆南三河疏浚建闸；在过流量较小河流建设平原水库，实施洪水资源化；对具有较大调蓄功能的哑湖进行治理，增加蓄水量。其中以松滋河疏浚建闸、大湖口河建平原水库为核心。推荐松滋闸错峰调度方式为：通常情况下松滋闸全开敞泄，当预测松澧地区入口组合流量大于出口安全泄量14000m^3/s时，启用错峰调度，且错峰调度后要确保沙市站水位不超保证水位。

（5）松滋河疏浚建闸工程实施后，疏浚河段不会普遍回淤，局部河段回淤也在可控范围内；不会改变江湖总体冲淤变化趋势；松滋河分流比恢复至下荆江裁弯前的水平。松滋闸错峰调度可大大降低松澧地区的水位，但在一定程度上会抬高荆江河段水位，若开展松滋闸与三峡水库联合调度，既不增加三峡水库防洪风险又不增加荆江河段防洪压力，错峰调度效果更为显著。疏浚建闸后，枯期分流量增加，可降低主要污染物高锰酸盐和氨氮的浓度，有助于改善松滋河及圩垸水质，但对湖区水质影响不大。

完成时间：2013年。主要完成单位：中国水利水电科学研究院。主要完成人：胡春宏、阮本清、曹文洪、周怀东、蒋云钟、张双虎、方春明、毛继新。

1.2.5 洞庭湖四口河系防洪、水资源和水环境研究

四口河系是连接长江与洞庭湖的纽带，受长江及湘、资、沅、澧四水的来水影响，尤其是受长江洪水与澧水洪水遭遇的影响，四口河系地区洪涝频发，历史上多次出现严重洪涝灾害，损失惨重。四口河系的河道堤防长，防洪标准低，保护的人口众多，防洪负担重。三峡工程建成运用后，为洞庭湖的综合治理提供了条件，迫切需要加强四口河系水安全形势和综合调控体系的研究，旨在为该地区防洪、水资源配置和水生态环境保护等综合治理提供科学支持。

在上述背景下，2008 年，本项目得到水利部公益性行业科研专项经费支持，项目的主要研究内容包括 4 个方面：①三峡工程蓄水运用后四口河系河道演变规律研究；②三峡工程运用后洞庭湖四口河系水情变化研究；③三峡工程运用后对四口河系河网地区防洪、水资源配置和水环境影响研究；④洞庭湖四口河系水网地区水资源综合调控体系研究。通过现场调查、采样、测量和资料收集、模型研究及数值分析等研究手段，构建了洞庭湖四口河系水沙数值模型、区间洪水模型、水环境分析模型，分析了长江三峡工程不同运行方式下四口河系的河道演变，洪水、水资源和水环境的变化；利用开发模型，综合分析了三峡工程运用后四口河系地区的防洪、水资源及水生态环境面临的形势；在此基础上，提出了洞庭湖四口河系地区的综合调控体系。

完成时间：2011 年。主要完成单位：湖南省水利厅、湖南省洞庭湖水利工程管理局、清华大学、南京水利科学研究院、湖南省水利水电勘测设计研究总院。主要完成人：甘明辉、刘卡波、施勇、杨大文。

1.2.6 洞庭湖生态经济区建设专题研究

受气候变化和人类活动等因素共同影响，洞庭湖区水体萎缩、水资源供需矛盾凸显、生态功能退化、环境问题凸显，常态化、趋势性低枯水位严重制约了湖区经济社会长期可持续发展和生态文明建设。在深入落实科学发展观、大力实施中部崛起战略和主体功能区战略、加快长江经济带和生态文明建设的背景下，湖南、湖北两省省委、省政府从保障湖区民生安全、流域生态安全、国家粮食安全和统筹谋划湖区发展的迫切需要出发，提出了建设洞庭湖生态经济区的重大战略。

为科学支撑洞庭湖生态经济区建设，充分论证生态经济区建设规划提出的战略性、生态基础工程——城陵矶综合枢纽工程建设的必要性和可行性，湖南省人民政府于 2012 年 9 月启动了洞庭湖生态经济区建设九个重大专题研究。分别为：中国水利水电科学研究院负责的《洞庭湖生态经济区建设专题研究》《长江与洞庭湖关系变化及控制对策研究》《洞庭湖生态经济区水资源配置与对策研究》、北京林业大学负责的《城陵矶综合枢纽对洞庭湖湿地与越冬水鸟、麋鹿的作用与影响及对策研究报告》、中国环境科学研究院负责的《城陵矶综合枢纽对洞庭湖水质的影响及对策研究》、中国科学院水生生物研究所负责的《湖南省洞庭湖生态经济区建设对水生动物的影响与对策研究》、长江勘测规划设计研究有限责任公司负责的《城陵矶综合枢纽防洪、排涝影响及对策研究》和《城陵矶综合枢纽初步方案研究报告》、清华大学负责的《城陵矶综合枢纽对水资源综合利用的作用、影响及对策研究》。

项目以自然演变和人类活动为背景，厘清长江与洞庭湖关系演变趋势；以江湖关系变化和生态经济发展战略目标为基础，分析生态经济未来水资源供需情势；立足现状、着眼未来甄别洞庭湖区面临的主要水安全问题；以生态环境保护、供水安全保障为重点，提出洞庭湖区水安全应对策略；紧密围绕城陵矶综合枢纽建设，论证枢纽工程在供水、防洪、生态、环境等方面的作用与影响，为城陵矶综合枢纽的规划论证提供科学依据，为生态经济区建设提供支撑。

完成时间：2015 年。主要完成单位：中国水利水电科学研究院、北京林业大学、中国环境科学研究院、中国科学院水生生物研究所、长江勘测规划设计研究有限责任公司、清华大学。主要完成

人：胡春宏、韩其为、王浩、雷光春、郑丙辉、曹文宣、要威、雷志栋、游中琼。

1.2.7 变化环境下七里山水域高洪水位研究

七里山是长江中游长江与洞庭湖交汇处的一个重要控制站，七里山水位是反映洞庭湖水情重要指标。七里山水域涉及下荆江河段、城陵矶出口河段和城陵矶至螺山河段，是长江中游复杂江湖关系的重要组成部分，受上游荆江监利来水、下游螺山水位顶托和洞庭湖调蓄水量的共同作用与影响。

为进一步将七里山水域的洪水模拟纳入长江中下游防洪系统来考虑，项目在长江中下游水沙整体数值模拟的框架下，针对七里山水域城陵矶附近区河道、水沙运动特点，采用整体宏观把握与局部重点区域精细模拟相结合的建模思路，建立了七里山水域二维水沙数值模型，并将其嵌入到长江中下游水沙整体模型中，进行城陵矶附近区水沙输运、河床变形的数值模拟，明晰了上述影响因素对城陵矶附近区水位、超额洪量及其河势变化的影响作用，定量预测了城陵矶附近区蓄泄关系、超额洪量的变化趋势，为洞庭湖治理及其长江中下游防洪规划的完善提供科学依据。成果总体达到国际领先水平。

研究成果在洞庭湖区综合规划、生态经济区建设、重要堤防加固和钱粮湖等三大蓄洪垸分洪闸设计以及2014—2016年长江及洞庭湖防汛实践中得到了应用，取得了重大的社会效益、经济效益和环境效益。为该区域经济社会可持续发展和生态保护提供了科技支撑。

完成时间：2016年。本项目获得2016年湖南省水利水电科学技术进步一等奖。主要完成单位：湖南省洞庭湖水利工程管理局、南京水利科学研究院、武汉大学。主要完成人：周柏林、沈新平、谢石、施勇、李义天、刘晓群、栾震宇、汤小俊、孙昭华、李志军、舒晓玲、金秋、陈莫非、徐祎凡。

1.3 防洪减灾研究

1.3.1 湖南洞庭湖区1994—2000年防洪治涝规划

洞庭湖区一期治理工程实施以后，重点堤垸的抗洪能力有了一定的提高，但由于江湖洪水遭遇频繁，洪水、泥沙均未得到控制，泥沙淤积、洪道萎缩、湖面缩小，河湖水位不断抬高，高洪水位持续时间增加，不少堤段堤身和堤基时有险情和隐患，垸内排涝设施不足，续建配套及设备老化的更新改造任务艰巨，群众修防负担繁重，影响湖区工农业生产的稳定发展。洞庭湖区已成为全国防洪设施最薄弱、洪水威胁最严重的地区，迫切要求继续加快治理。

本项目的重点治理工程包括：大堤加高加固、蓄洪安全建设、洪道整治、城镇防洪、防汛通信报警以及治涝工程和水利结合血防灭螺等七大项。工程实施后，中等洪水年份，全湖区可免除洪涝灾害；遇1954年特大洪水，通过蓄洪堤垸分蓄洪和安全设施的运用，可使重点堤垸与城镇以及大部分一般堤垸确保安全，为工农业生产发展、为我国重要的商品粮基地和农副产品基地打下可靠基础，为湖区人民和各行各业创造了安居乐业的社会环境。

完成时间：1993年。本项目获得1995年湖南省科学技术进步奖二等奖。主要完成单位：湖南省水利水电勘测设计研究总院、湖南省水利厅。主要完成人：卢承志、章建乔、胡恺诗、徐贵、胡秋发、周松鹤、甘明辉。

1.3.2 洞庭湖洪水预报预警系统

洞庭湖洪水预报预警系统分别采用SSARR水文学模型预报洞庭湖入流情况、采用HEC-5模型模拟上游水库群调度、采用RMA2水力学模型拟合湖盆区流场变化过程。洞庭湖区入流预报采用 SSARR 水文学模型，并根据水力学模型的需要将整个湖区区间划分为多个子块，单独计算每个子块产流过程。SSARR 模型可以较好的模拟洞庭湖水文情势，其水量、洪峰率定结果可以分别达到《水文情报预报规范》（GB/T 22482）规定的 A 级、B 级水平。洞庭湖上游水库群调度模拟采用 HEC－5 水库调度模型，模型包括水库入流洪水预报、水库调度、库区水面曲线计算。湖盆区采用 RMA2 模型进行模拟，RMA2 是一个适合复杂的洞庭湖一维与二维复杂水力学系统的工具，并取得了较好的结果。该水力学模型系统考虑了长江、四水与洞庭湖系统的相互作用，还包括有规划及自然溃垸模拟功能，对洞庭湖水位预报精度达到《水文情报预报规范》（GB/T 22482）规定的 A 级水平。

完成时间：2006 年。本项目获得 2007 年湖南省科学技术进步奖二等奖。主要完成单位：湖南省水文水资源勘测局。主要完成人：詹晓安、周北达、宁迈进、刘东润、张振全、顾庆福、李炳辉、李旷云、张华。

1.3.3 洞庭湖防洪蓄洪管理系统示范区建设

1998 年大水以来，国家一直在进行蓄滞洪区安全工程建设，但非工程措施特别是利用当代数字化、信息化技术手段建设实施、高效的防洪蓄洪管理体系亟待起步。为确保数量庞大的防洪、蓄洪工程安全运行、按时按计划启用蓄洪垸分蓄洪，保证长江中游防洪安全和垸内生命财产安全，进行洞庭湖防洪蓄洪管理示范区建设具有开创性意义，十分重要且紧迫。

湖南省洞庭湖水利工程管理局和长江科学院联合开展本项研究，集成遥感、地理信息系统、虚拟现实、数字化以及水动力学等先进技术，基于应用实践并逐步完善，历时三年完成研究。项目以洞庭湖区共双茶、钱粮湖、大通湖东三个蓄洪垸为示范区，建立非分洪时期的防洪蓄洪工程日常管理，以及蓄洪期垸内洪水演进模拟、洪水风险分析、蓄洪损失评估及撤退方案制定等应急决策平台，主要创新成果如下：

（1）首次利用机载 LiDAR 等先进技术，针对洞庭湖区防洪蓄洪管理工作建立了蓄滞洪区的三维防洪蓄洪管理系统，集成了蓄滞洪区基础地理、防洪工程、人口社会经济、土地利用等四个子系统，实现了二、三维同步模拟可视化。

（2）通过建立试点区域的洪水演进模型，进行分洪淹没风险分析、蓄洪损失评估和实现撤退方案三维可视化，为洞庭湖防洪蓄洪提供可视化的决策支持平台。

（3）首次采用太阳高度角与建筑物墙面阴影提取房屋高度，结合统计信息，精确提取了单个建筑物高度和面积等信息，构建了不同洪水淹没条件下房屋损失精算模型，在房屋损失评估的全面性、快速性、有效性等方面取得了较大突破。项目创新成果总体上达到了国际先进水平，在蓄滞洪区三维防洪蓄洪管理系统概念的提出、基于机载 LiDAR 点云提取建筑物高度和面积等信息和建筑物灾情损失评估等方面居国际领先水平。

防洪蓄洪管理系统在长江流域防汛抗旱指挥部办公室、湖南省防汛抗旱指挥部办公室、岳阳市水务局、益阳市水务局等单位进行了推广应用，具体在防汛抗旱、洞庭湖水利工程管理、防洪分洪区淹没分析、蓄洪损失评估、蓄洪撤退方案、水文信息实时显示、汛前财产登记入库等工程管理领域得到应用。应用结果表明，防洪蓄洪管理系统能够大大提高防洪减灾的工作效率和防汛蓄洪决策的准确性、科学性，在长江流域防洪减灾方面具有广阔的推广应用前景，将产生巨大的社会效益和经济效益。

完成时间：2013 年。本项目获得 2014 年湖南省科学技术进步奖三等奖。主要完成单位：湖南省洞庭湖水利工程管理局，长江水利委员会长江科学院。主要完成人：沈新平、周柏林、汤小俊、谭德宝、郑学东、汪朝辉、李志军。

1.3.4 极端洪旱事件对洞庭湖水安全影响机制研究

三峡工程运用前，长江洪水及泥沙淤积以及通江湖泊严重围垦，洪灾严重制约着湖区经济社会发展；三峡工程运用后，洞庭湖湖泊河道化、湿地陆地化趋势形成，湖区特别是三口河系旱情不断扩展；并且随着人类活动对全球自然环境影响越来越剧烈，极端事件频繁发生。为确保经济社会及生态文明可持续发展，科学认识极端洪旱事件对洞庭湖的影响机制，深入研究湖区水安全对策十分必要且非常紧迫。

项目主要是研究针对变化环境下洞庭湖流域水资源水安全问题，系统建立了一套变化条件下的流域水资源演变规律分析方法，进行极端洪涝干旱灾害特征诊断，揭示了极端事件在不同时期发生的概率、特征及未来趋势。重点针对洞庭湖区域具体的洪水调蓄功能及洪涝风险、湖泊容量、湖泊生态调蓄功能下降等环境问题特点，通过建立洞庭湖区基于规则网格的“二维水动力学模型”与“分布式蓄满产流耦合模型”耦合模型系统，分析了人为胁迫和自然变异对湖泊演变的影响方式，确立人类活动驱动的上游特大型水利枢纽调蓄、水沙演变以及频繁发生的洪旱事件对该流域水安全的影响机制，仿真模拟分析了湖泊湿地水文生态对外界胁迫作用的响应程度，同时建立了洞庭湖洪旱灾害分担与补偿机制以及防灾减灾关键技术集成示范区。项目创新成果总体上达到了国际先进水平，在水力学与水文学耦合的模型方法应用，综合考虑长江、四水、湖区、河网水循环的洪旱复杂调控系统等方面达到了国际领先水平。

研究成果在洞庭湖区防汛抗旱预案、洞庭湖区综合规划、洞庭湖生态经济区规划和岳阳综合枢纽预可行性研究等项目中得到了应用，并取得了良好的效果，为洞庭湖综合治理规划提供了技术支撑，对洞庭湖防洪保安、综合治理和促进洞庭湖区社会经济可持续发展具有重要意义。

完成时间：2013 年。本项目获得 2015 年湖南省科学技术进步奖二等奖。主要完成单位：湖南省水利水电勘测设计研究总院、河海大学。主要完成人：黎昔春、廖小红、张振全、薛联青、宋平、王加虎、刘晓群、谢育健、李杰友。

1.3.5 基于数据同化的洞庭湖水沙模拟及调控技术研究

以三峡水库为中心的长江上游梯级群逐渐运用后，长江常遇洪水洪峰得到了控制，大量泥沙被拦截，清水下泄长程冲刷成为长期趋势。新的水沙情势下，泥沙再输运后的重新分布，对洪道湖泊内河湖形态、洪水传播和水安全均会产生直接影响。为进一步研判新水沙情势下的湖区河湖空间演化，分析其防洪影响，提出洞庭湖防洪体系布局优化方案。研发多源、多分辨率的数据融合的洞庭湖水沙模型，动态校正参数，进而提升预测精度和可靠性十分必要。

项目基于长江干流、洞庭湖区实测资料，分析了三峡工程运行前后水文情势变化特征及其影响因素；针对传统洪水模型率定验证的时效性较短、模拟精度随时间递减的问题，结合多测站实时观测信息构建了粒子滤波同化模块的一维非恒定流水沙数值模型，实现了动态校正糙率系数等参数，相较非数据同化之前的模型，水位模拟的均方根误差降低 30.9%；同时，考虑长江上中游水库群联合调度影响构建了未来 30 年水沙长系列情景，研究了湖区冲淤演变规律和趋势，并提出防洪体系布局优化方案。成果总体达到国际先进水平，其中数据同化的水沙模拟技术达到国际领先水平。

研究成果在我省洞庭湖生态修复、蓄滞洪区建设和城陵矶综合枢纽论证中进行了广泛的运用，提高了河湖水网格局演变研究技术水平，有力支撑了洞庭湖防洪、水资源配置等水安全治理体系的完善与实践，为我省洞庭湖区域高质量发展提供了坚实的理论基础和关键的技术支撑。

完成时间：2020 年。本项目获得了 2022 年湖南省水利水电科学技术进步一等奖。主要完成单位：湖南省水利水电科学研究院、清华大学、长江水利委员会水文局。主要完成人：刘晓群、朱德军、曾明、丛振涛、王在艾、赵文刚、李洁、蒋婕妤、吕慧珠。

1.4 水文水资源研究

1.4.1 洞庭湖水文特性及水情变化

项目基于数理统计的原理，将洞庭湖区多年水文资料通过电子计算机统计分析，取其特征值（极大值、极小值、平均值），反映了洞庭湖的水文特性。运用水量平衡的原理，计算入湖、出湖和区间水量以及洪水期组合入湖流量，计算逐日入湖各站流量之和，进而得到入湖洪水过程、四口入湖洪峰、四水入湖洪峰、东洞庭湖、南洞庭湖、西洞庭湖入湖洪峰，并进行洪峰流量的频率计算。洞庭湖水位流量关系复杂，非单值关系，通过应用下游水位参数法，分析各站水位抬高的影响，消除下游洪水顶托的影响。根据洞庭湖现状的水位容积关系，考虑湖泊底水占有了部分容积，以“动态容积”的概念，分析洞庭湖现状可调蓄洪水的容积。

完成时间：1984 年。本项目获得 1987 年湖南省科学技术进步奖三等奖。主要完成单位：湖南省水电勘测设计院。主要完成人：卢承志、易可、徐贵。

1.4.2 洞庭湖区河网水系水位实时自动监测与远程洪水辅助调度系统

项目根据洞庭湖区水位、水情监测管理的实际情况，按照理论研究和工程实践相结合的方法，在国内外现有研究成果的基础上，结合多项新技术、新模式，建立了以数据库为核心，以网络为支撑的计算机集成系统，实现了水位数据“自动采集，远程传输”的信息化方式并达到辅助调度的目的。洞庭湖区河网水系水位实时自动监测与远程洪水辅助调度系统的投入运行，不但提高了测报水位的准度，也大大加快了水位测报的速度，为防汛决策提供了强有力的辅助支持。

完成时间：2006 年。本项目获得 2008 年湖南省科学技术进步奖三等奖。主要完成单位：湖南省洞庭湖水利工程管理局、湖南大学、湖南省洞庭湖可持续发展研究会。主要完成人：刘卡波、姚建刚、甘明辉、葛国华、黄昌林、侯国鑫。

1.4.3 洞庭湖北部地区水资源短缺形成机理和治理措施研究

洞庭湖区水资源总量丰富，但由于近年来江湖关系（长江与洞庭湖耦合关系）变化，气候、环境等因素影响，导致洞庭湖北部地区资源性缺水、水质性缺水问题严重。本项目通过分析研究引起区域水资源短缺的主导因素，有针对性地提出解决水资源短缺的措施和方案。

项目对现状水资源供需状况进行了调查，并采用单因子模型对规划水平年社会经济发展状况进行预测，进而分析了规划水平年的水资源供需状况。在此基础上，量化提出了洞庭湖北部地区水资源短缺的结论。

通过对区域气象、水文、江湖关系变化特征进行分析研究，提出引起区域水资源短缺的主要因素为：①气候方面主要体现在气温和蒸发呈上升趋势；②江湖关系变化方面，下荆江裁弯导致的长江水位下降进而引起通过长江三口进入洞庭湖区的水资源量减少，河道和湖泊淤积导致河道的通流能力及湖泊蓄水能力减弱，枯水期河道断流时间延长；③三峡运行的影响主要体现在三峡蓄水期从长江进入洞庭湖北部地区的水资源量减少，其中江湖关系变化及三峡蓄水是引起洞庭湖北部地区水资源短缺的最主要因素。

根据区域水资源短缺的现实情况，提出了切实可行的解决方案，主要包括：①新建或改造进水闸、提水泵站等灌溉工程，尽可能多利用既有水资源；②新增水源工程，主要利用区内趋向衰亡的过洪河道及内湖哑河兴建平原水库，调节水资源时间分布；③新建引水工程，从长江或松滋河等水资源量丰富地区引水至缺水区域，调节水资源空间分布。

项目的主要创新性成果包括：①建立了水资源承载能力预测模型，为研究洞庭湖北部地区水资源短缺制约因素权重及确定经济社会发展模式与水资源的关系提供了有力支撑；②首次对洞庭湖堤垸典型单元进行需水与可供水量长系列分析研究。项目开展了水资源总量丰富地区水资源短缺形成机理研究，并在大量调查、分析的基础上，应用数学模型分析，对水资源影响单因素进行了定量研究。研究成果已应用于《洞庭湖综合治理规划》和《三峡工程对长江中下游影响处理分项规划报告》，为洞庭湖的综合治理提供了科学依据，总体上达到国内先进水平，对有效解决本区域水资源问题具有现实指导作用，同时解决对水资源总量丰富但时空分布不均地区的水资源问题具有十分重要的参考价值。

完成时间：2011 年。本项目获得 2013 年湖南省科学技术进步奖三等奖。主要完成单位：湖南省水利水电勘测设计研究总院。主要完成人：张振全、黎昔春、廖小红、黄云仙、张愫、钱湛、宋平。

1.4.4 变化边界下洞庭湖区水资源适应性调控关键技术及应用

近几十年来，受到自然条件和人类活动的影响，荆江水位总体呈下降趋势，三口总体呈不断淤积趋势，分水分沙量减小，断流时间增加，江湖联系减弱，对防洪形势、水资源利用和生态环境等产生了系统性影响。三峡水库及上游水库群运用后，长江中下游干流水沙出现新的变化，江湖关系发生巨大调整，对洞庭湖水安全造成了持久且明显的影响。三峡水库蓄水导致长江三口分流减少或断流现象逐年加剧，湖泊水位提前下降，洞庭湖枯水期提前，加上固有的重金属超标等水质问题，洞庭湖不同区域季节性、水质性和工程性缺水问题凸显。

项目围绕变化边界下洞庭湖区水资源安全保障关键技术问题，重点进行新水沙条件下江湖关系变化趋势、变化边界下洞庭湖水文情势变化规律及趋势、洞庭湖水资源适应性调控策略等 3 个方面研究。研究成果成功突破了长江—洞庭湖复杂河网水系水沙运动模拟的技术难题，为准确把握江湖关系变化发展趋势提供了有效分析手段；揭示了自然演变及人为胁迫下洞庭湖水文情势变化的定量化响应及各影响因素的贡献，为科学制定洞庭湖水资源保障策略提供技术支撑；提出了变化边界下洞庭湖水资源适应性调控方法，填补了大型通江湖泊水资源调控系统的技术空白，有助于实现洞庭湖水资源安全保障的终极目标。

项目取得创新性成果包括：①研发了洞庭湖复杂河网水系水沙运动模型，预测了洞庭湖区未来水情及冲淤演变趋势；②定量揭示了变化边界条件下洞庭湖水文情势变化及各驱动因素的贡献；③提出了变化边界条件下洞庭湖水资源适应性调控方法并示范应用。

项目研究成果被广泛应用于洞庭湖治理的研究、规划、设计、工程实践以及各类应急方案、预案的制定，应用单位包括洞庭湖区各级水行政主管部门、设计科研单位等。成果对深化大型江湖系统相互作用机制和效应的科学认知、促进水文学与流域地理学交叉融合以及湖泊生态系统动力学的发展，填补我国大型通江湖泊水资源调控体系的技术空白、提高我国大湖综合治理的科学水平，提高洞庭湖水安全保障能力、保障国家粮食安全和社会稳定、增强河湖的水环境容量、改善城乡生态环境等方面均具有重要意义。

完成时间：2020 年。本项目获得 2023 年长江科学技术奖二等奖。主要完成单位：湖南省水利水电勘测设计规划研究总院有限公司、中国水利水电科学研究院。主要完成人：廖小红、关见朝、郑颖、张双虎、宋平、黄海、彭映凡、李觅、庞建成、张磊、贺方舟、王维俊、高碧、范田亿、卿颖。

1.4.5 变化环境下洞庭湖水资源规律演变分析

三峡水库及其上游水库群的调度运行，既加剧了环境变化对洞庭湖流域水文过程的影响，又反过来影响湖南社会经济结构和布局以及水利工程的调度运行方式。为了保护好洞庭湖“一湖清水”、调整湖南社会经济结构、优化水利工程调度运行方式，开展流域变化环境下水资源演变规律研究既符合当前的国家和地方的政策要求，又显得非常紧迫和十分必要。

项目通过分析洞庭湖区水文情势变化特点，定量评估了三峡水库及长江上游水库群调度运行和径流变化对本区域水文过程和情势的影响；通过构建长江上中游水库群调度模型、长江中游水文模拟模型，阐明了三峡水库及长江上游水库群蓄水对洞庭湖水位的影响机制，并以水域面积、湖区水位等指标评价水库蓄水期对洞庭湖产生的影响；并从江湖水量交换角度，提出了变化环境下洞庭湖水资源保护与利用对策。成果总体达到国内先进水平。

研究成果在洞庭湖北部补水、洞庭湖水安全规划中进行了广泛的运用，为洞庭湖水资源配置等水安全治理体系的完善提供了坚实的理论基础和关键技术，有利于洞庭湖区经济社会的可持续发展。

完成时间：2019 年。本项目获得 2019 年湖南省水利水电科学技术进步二等奖。主要完成单位：湖南省水利水电科学研究院、武汉大学、湖南省洞庭湖水利事务中心。主要完成人：伍佑伦、沈新平、向朝晖、刘攀、盛东、谢石、汤小俊、李志军、钟艳红、宋雯、王在艾、赵文刚。

1.5 河湖生态研究

1.5.1 洞庭湖河湖疏浚综合效益研究

项目以洞庭湖河湖疏浚规划为依托，对洞庭湖疏浚前后的水文情势、堤防状况、湖泊容积、水环境质量、水环境承载能力、农业生产条件、湿地资源、生物多样性、钉螺扩散繁殖条件及生态景观和旅游资源的变化进行了深入分析，在该基础上定量分析与定性研究相结合揭示了洞庭湖河湖疏浚的防洪减灾、水环境修复和生态系统恢复效益。成果可广泛应用于洞庭湖的防洪治理、水资源开发配置调控和生态环境建设，同时对于国内其他大江大湖的疏浚和整治也具有重要的借鉴作用。

完成时间：2003 年。本项目获得 2003 年湖南省科学技术进步奖三等奖。主要完成单位：湖南省洞庭湖水利工程管理局、湖南省水文水资源勘测局、湖南百舸疏浚股份有限公司。主要完成人：张硕辅、葛国华、段炼中、李正最、周北达、黎昔春、宁迈进。

1.5.2 洞庭湖疏浚工程数值模拟分析研究与应用

河道疏浚是洞庭湖近期综合治理与洪道整治工程的重要内容之一，是防洪建设的组成部分，通过疏挖河道中阻水高洲，扩大河道行洪断面面积，疏挖拓宽主河槽实现主河道贯通与中、枯水流归槽，达到束水攻沙、保持主河槽生命力。

本项目通过基础的水文、数字地形等资料，采用国际上先进的有限体积法，根据典型年 1998 年洞庭湖实测资料重点分析了高水位、大入湖洪量时期洞庭湖水势的变化特点，进行了湖泊水体的二维水流计算，模拟预测了疏浚前后湖区水位、流量、流速场变化，反映了洪峰演进过程趋势，模型的率定及模拟结果较好，对整个湖区的疏浚后流场及水位的预测结论合理，技术先进，对洞庭湖疏浚工程实施提供了有利的科学依据，对洞庭湖区治理和长江中下游防洪具有重要的理论和实际指导意义。

完成时间：2004 年。本项目获得 2004 年湖南省科学技术进步奖二等奖。主要完成单位：湖南省水利水电勘测设计研究总院、河海大学。主要完成人：曾涛、郝振纯、胡秋发、郑洪、薛联青、徐贵、刘晓群、谭晓明、廖小红。

1.5.3 洞庭湖区生态基流及生态水位特性研究

洞庭湖南接湘资沅澧四水、北纳长江四口，多年平均过境径流量 2759 亿 m^3，总体水资源量较为丰富，但由于全球气候变化、江湖关系的变化和三峡等长江上游控制性水库运行后带来的变化，长江通过四口进入洞庭湖区的径流量减少和断流时间提前、持续时间延长以及洞庭湖区常态化、趋势性低枯水位严重制约了洞庭湖区经济社会可持续发展，对洞庭湖区水资源利用、水环境保护和水生态等水安全保障带来重大影响，主要表现为：水生态功能呈退化态势、湿地萎缩、生物多样性降低、水质下降、水污染防治压力加剧以及供水保障能力仍然不高、季节性、工程型水资源供需矛盾凸显等。

主要研究内容为洞庭湖区的生态基流和生态水位问题，分析研究了洞庭湖区水资源演变趋势，构建了洞庭湖区生态基流及生态水位评价指标体系与评价模型；分析计算了洞庭湖区生态基流和生态水位；提出了洞庭湖区主要控制断面最小生态基流和适宜生态基流及最低和适宜生态水位的推荐值，以及以工程措施和非工程措施相结合的保障措施和对策方案。

项目主要创新点包括：①建立了洞庭湖区生态基流和生态水位评价指标体系；②建立了洞庭湖区生态基流和生态水位计算模型，运用水文学、水力学及生态学等方法作多目标系统分析得出湖区生态基流及生态水位推荐成果；③提出了洞庭湖区生态基流和生态水位保障措施及对策方案。研究成果总体达到国内领先水平。

完成时间：2017 年。本项目获得 2018 年湖南省科学技术进步奖三等奖。主要完成单位：湖南省水利水电勘测设计研究总院、长沙理工大学、长沙环境保护职业技术学院。主要完成人：黎昔春、钱湛、杜春艳、郑颖、余关龙、彭娟莹、黄兵。

1.5.4 南方丰水区生态河湖建设关键技术研究及应用

生态河湖建设是新时代的重要任务，从山水林田湖草是生命共同体出发，运用系统思维，统筹做好水灾害防治、水资源利用、水生态环境保护、水务管理的顶层设计开展生态河湖建设，难度空前。国内生态河湖建设处于探索阶段，成形的技术体系尚不完善，生态河湖分类建设经验不足，因此，亟须从理论、技术、方法上进行研究和突破，构建南方丰水区生态河湖建设实用手册。

项目针对河湖水安全、水资源、水生态环境保护出现的问题，通过运用学科交叉方法，从河湖生态系统健康、水网连通、生态流量保障、水生态环境修复出发，运用数学模型和数字分析方法、微观连通和评估方法、区域用水公平理论，形成了南方丰水区生态河湖建设关键技术并成功应用推广。

项目取得创新性成果包括：

（1）首次研发了一套适合于南方丰水区分期分类的河流生态流量和湖泊生态水位保障和过程调控实用方法，首次构建了全要素的河湖生态健康评价体系与评价模型，首次对洞庭湖湖区生态水位和湖南省主要河流生态流量满足程度进行了综合评估。

（2）首次构建了一套南方丰水区典型河湖水系连通的水文、水动力和水质的联合数值模拟技术，对河湖水系连通后形成的新水资源系统进行定量评估，构建与洞庭湖区域经济社会发展指标和生态文明建设要求相适应的水系连通评价指标体系与计算方法。

（3）创新性地形成南方丰水区治理修复型流域水生态补偿标准的测算方法和实施体系，填补了我国南方丰水区生态河湖建设技术领域空白，丰富了南方生态河湖建设的理论基础，是长江大保护的先行者，对江湖水沙关系的探索做出了重大贡献。

研究成果已在湖南省水利厅、长江水利委员会水文局、韶能集团上堡水电站、长沙环保职业技术学院等 10 个企事业单位成功应用，有力支撑了东洞庭湖生态环境显著改善，取得了良好的社会经济效益，具有较强的推广应用价值。项目成果具有较大的创新性，在技术应用方面达到国际先进水平。

完成时间：2018 年。本项目获得 2020 年湖南省科学技术进步奖二等奖。主要完成单位：湖南省水利水电勘测设计研究总院、中国水利水电科学研究院、华北水利水电大学。主要完成人：徐贵、付意成、郭文献、钱湛、卓志宇、姜恒、孟熊、徐悦、黄兵。

1.5.5 洞庭湖生态修复工程专项研究

洞庭湖受自然演变特别是泥沙淤积影响，逐渐萎缩，湖泊面积由全盛时期的 6000km^2 减少为现在的 2625km^2。大量泥沙累积性淤积，带来洞庭湖调蓄能力减弱、行洪通道不畅、湿地生态衰退、水源涵养不足等问题。2022 年全国两会期间，驻湘全国政协委员联名在全国政协十三届五次会议上提交提案，建议开展生态修复（疏浚），复苏洞庭湖。

洞庭湖生态修复工程统筹洞庭湖湖盆、四口水系、四水尾闾、内湖水系“四域”，因地制宜、分区施策，一体推进河道、洪道、鱼道、航道“四道”治理保护。具体为湖盆“增蓄”、四口“引流”、四水尾闾“扩卡”、内湖水系“活水”，共修复河道航道 1141km、湖泊 930km^2。“四域”分区布局为：洞庭湖湖盆“增蓄”。修复湖泊 578km^2、航道 115km，增大蓄洪保水能力，提升湿地整体质量，改善湖泊内航道通航条件。以南洞庭湖为重点区域，降低台地高程、修复旱化高洲，形成实竹岭生态补水湖，改善行洪条件，实现降台扩容、畅洪扩域；西洞庭湖扩大中枯水生态水域面积，实现降洲增蓄、洪枯两利；东洞庭湖考虑出湖口门保水的关键作用，远期结合城陵矶综合枢纽调控水位，近期修复 3 条淤积航道。四口水系“引流”。修复河道 330km，引流补水、江湖连通，实现主干河道常年通流，结合“建闸错峰防洪、控支建库蓄水、引流活水连通”等措施，系统解决四口水系地区水安全问题。四水及汨罗江、新墙河尾闾“扩卡”。修复河道 268km，扩卡 73 处碍洪坎滩、碍航险滩并修复淤塞河槽，扩卡顺流、畅通航道。内湖水系“活水”。对烂泥湖等 26 处内湖及水系清淤修复，计划清淤内湖 352km^2、修复渠道 428km，促进水体流动和优化配置水资源，解决内湖水进不来、水流不动、水体黑臭等问题。工程总疏浚规模为 31.20 亿 m^3、匡算工程总投资 1373 亿元。

经论证分析，工程实施具有社会、生态、经济综合效益，可助力长江大保护，支撑长江经济带绿色发展，深入推动内陆地区改革开放高地落实落地。

（1）可以增强湖泊调蓄功能。通过扫障扩卡，理顺洪水主槽和枯水河槽，可扩大洞庭湖调蓄容积，增大行洪能力，更好调控洪水，保障长江中下游地区防洪安全。

（2）可以提升湿地整体质量。修复东、南、西洞庭湖湿地，增大枯水期生态水域空间，提升洞庭湖生态系统质量，更好发挥其调节气候、改善湿地生境、维护物种多样性、提升生态系统稳定性。

（3）可以改善河湖水域水质。改善水动力条件，扩大枯水期河湖环境容量，减轻湖泊富营养化风险，提升水环境质量。

（4）可以提高供水保障水平。增大蓄水保水能力，夯实“洞庭湖灌区”水源保障，挖掘向长江中下游补水潜力，为长江经济带发展和长江三角洲一体化战略提供水资源支撑。

（5）可以构建航运黄金水道。增大枯期洞庭湖航道水深，提升航道等级和通航时间，优化提升“一江一湖四水”水运格局，形成通江达海的黄金水道，汇集经济循环发展动能。

完成时间：2023 年。主要完成单位：湖南省水利水电勘测设计规划研究总院有限公司、省农林工业勘察设计研究总院、省水产科学研究所、省环境保护科学研究院、省勘测设计院有限公司、省交通规划勘察设计院有限公司、省水文水资源勘测中心、省水利水电科学研究院、长沙理工大学。

第二章 新技术研究与应用

为了高质量、高标准地开展洞庭湖保护与治理工作，洞庭湖区工作者们积极探索，将各种国内外先进的新技术广泛应用，并针对洞庭湖保护与治理工作中遇到的重点难点问题，开发研究出各类新技术，取得了良好的工程效果，很多新技术经过多年洪水考验，在湖区已经相对成熟，极具推广应用价值。

2.1 堤坝及软基处理

2.1.1 劈裂灌浆

劈裂灌浆是利用水力劈裂原理，对存在隐患或质量不良的土坝在坝轴线上钻孔、加压灌注泥浆形成新的防渗墙体的加固方法。堤坝体沿坝轴线劈裂灌浆后，在泥浆自重和浆、坝互压的作用下，固结而成为与坝体牢固结合的防渗墙体，堵截渗漏；与劈裂缝贯通的原有裂隙及孔洞在灌浆中得到填充，可提高堤坝体的整体性；通过浆、坝互压和干松土体的湿陷作用，部分坝体得到压密，可改善坝体的应力状态，提高其变形稳定性。

劈裂灌浆不仅具有机理明确、设备简便、工艺合理、操作方便、浆料能够就地取材、无环境污染以及造价低、效果好等优点，更重要的是适用范围广，能够在不释放坝体应力的条件下构造垂直连续防渗帷幕，而且浆脉厚度和条数可以随坝体质量的好坏自行调整，坝体质量好，浆脉就少，厚度也薄；坝体质量差，浆脉就更厚，条数也会有所增加。在坝体构造防渗帷幕的同时，还能恢复坝体的防渗能力，并且能够对坝体内部进行应力调整，降低应力水平，解决坝体的渗流和变形稳定问题，这是劈裂灌浆的技术优势。

英波冲水库位于强风化花岗岩地区，施工时夯压质量差，以致在蓄水后使大坝坝体浸润线逸出点逐年抬高，坝面渗漏随之加剧。1982 年汛期出现险情，随即对坝体采用劈裂灌浆法处理，有效截断了坝体渗漏通道，使主、副坝下游坡的渗漏湿润面变为干燥坡面，效果显著，解决了主、副坝坝体严重渗漏的问题，使两座多年的险坝工程转危为安，这是湖南省首次采用劈裂灌浆法处理填料为砂砾土的坝体。

完成时间：1982 年。主要完成单位：湖南省水利水电厅、湖南省长沙县水电局。

2.1.2 堤防渗漏治理

洞庭湖区大堤于 1983 年汛期高水位下出现渗漏和翻沙鼓水险情 21000 处，渗漏成了防汛的主要险患，渗漏发展形成的管涌和流土往往造成溃垸，治理堤防渗漏是提高堤防质量、减少洪水灾害的关键措施。在洞庭湖区一期治理工程中，开展了堤防渗漏治理工作，先后采用充填灌浆、垂直铺膜、黏土斜墙、吹泥填内等多种工程措施，取得很好效果。1994—1999 年大洪水时期，水位比历史最高水位高 1～2m，洪水泡堤时间长达 2～3 个月，堤防渗漏造成的隐患减少 90%，有效地减少了抢险费用和溃灾损失。

堤防渗漏治理包括堤身渗透破坏治理、堤基渗漏防治。

1. 堤身渗透治理方法

（1）黏土劈裂灌浆法：适用于有散浸现象的堤段，显著减少洞庭湖大堤的渗透散浸。

（2）防渗斜墙结合护坡：在除险加固工程中除了防渗防浪，还具有美观和灭螺的作用。

（3）纯沙土地区防渗：通过挖泥船挖取当地粉细沙土吹填冲凼和填筑堤基堤身，用黏土修筑迎水坡防渗斜墙，有效避免渗漏。

（4）硬黄土筑堤防渗技术：使用山丘硬黄土修筑堤防，在长时间的洪水浸泡下也没有渗漏现象。

（5）中粗沙堤的防渗技术：通过水泥浆将沙粒凝结，堵塞透水洞隙，并固结堤身，能保证堤防的安全稳定。

（6）快凝水泥灌浆堵洞止漏技术：在灌浆中加入大米和黄豆堵塞洞隙，有效阻止水泥浆流动，达到堵洞止漏的效果。

2. 堤基渗漏防治方法

（1）黏土与沙基接触面充填断渗：采用接触面充填灌浆办法，通过在堤脚注入水泥浆，能有效减少堤基附近的井眼水量，干枯个别井眼，有效防止了汛期堤脚渗漏破坏。

（2）高压喷射截水墙：采用高压喷射技术形成截水墙，局部高喷帷幕可减少高堤段本身堤脚直接渗漏破坏。

（3）搅拌桩连结悬挂截渗：利用搅拌桩加强混凝土墙与土基的摩擦系数，将搅拌桩连接起来，形成防渗墙，施工简单，造价低，有效防止近堤脚管涌，同时增加承载能力。

（4）挖泥船吹泥填凼固基和堤脚防渗铺盖平台：洞庭湖区有长1900km堤段为两水夹堤，采用挖泥船吹泥填平堤内水凼，消灭两水夹堤的现象，除险效果显著，同时结合优化环境和消灭血吸虫病，受到群众欢迎。

完成时间：1994年。主要完成单位：湖南省水利厅。

2.1.3 软基处理

洞庭湖区是一个不断下沉的大型盆地，工程地质条件较为复杂，软土基础分布十分广泛。在洞庭湖区软基上新建水利工程或实施加固工程，容易产生强度破坏和变形破坏。如君山区采桑湖堤段、沅南垸青家障堤段等由于地基承载力不足，造成堤身连续沉陷、滑坡，虽经多次整治，目前仍未稳定。在工程建设中，因施工进度加快，软基上加载速度增加，也多次发生因软基变形引起的工程质量问题。如官垸蓄洪安全小区建设过程中就发生堤防大范围滑坡引起穿堤建筑物倾倒，松澧隔堤建设中多次发生沉陷、滑坡，沱江下堵口排水闸严重不均匀沉陷变形，船闸底板开裂等，给工程安全运行带来很大隐患。

在洞庭湖治理工程中推广应用的软基处理技术主要为以下3种：

（1）长螺旋钻孔灌注桩技术。长螺旋钻孔灌注桩是一种现代化程度高、工艺水平较先进、施工速度较快、桩基质量较好的桩型，并且施工较为简便，适合在地基承载力极低的深淤泥质基础中推广应用，工民建行业的使用已经较为普遍，但水利部门应用不多。后经过多次现场验证性试验，成功应用于湖南省汉寿县围堤湖分洪闸和澧县西官垸分洪闸工程。

（2）新型粉喷桩技术。“粉体喷射搅拌桩”简称粉喷桩，是利用专用的喷粉搅拌钻机将水泥等粉体固化剂喷入软土地基中，并将软土与固化剂强制搅拌，利用固化剂与软土之间所产生的一系列物理化学反应，使软土结成具有一定强度的水泥桩体而形成复合地基的一种施工方法。洞庭湖区改进原粉喷桩技术，采用新型固化材料，利用工业废料与水泥混合作为粉喷桩固化剂，与软土搅拌成桩后加固软基的效果良好。这种新型粉喷桩技术有利于废料回收利用和就地取材，施工方便，造价便宜，适合在地基承载力尚可、软土深度不大的基础中推广应用。

（3）水泥搅拌桩技术。水泥搅拌桩以其承载力高、加固效果明显、经济实惠等优点广泛应用于各种软基加固工程中。搅拌桩处理软土工程，具体来说有3个方面的作用：①桩体作用，由于搅拌桩的刚度较桩周围土体大，在上部荷载作用下，大部分荷载由桩体承担，作用在桩间土的应力相应减少，从而使得复合地基承载力较原状土有所提高，沉降量有所减少；②垫层作用，搅拌桩通过喷注水泥浆与地基土均匀搅拌硬结桩体，并与桩间土形成复合地基，起着均匀应力和增大应力扩散角的作用；③挤密作用，搅拌桩在喷注水泥浆与地基土形成桩体过程中，具有发热和膨胀作用，对桩周土可起挤密作用，加固后的地基初期强度高。

完成时间：2000年。主要完成单位：湖南省洞庭湖水利工程管理局、湖南省水利厅建设与管理总站。

2.1.4 堤岸防护

洞庭湖区为一典型的冲积平原，第四系河湖相地层分布广泛。堤身一般为就近取土填筑而成，后经多次加高培厚，填筑土质成分复杂，部分堤段结构不密实，堤基以冲积堆积土层构成重点垸堤防，经过一、二期治理整修加固，堤防标准得到了较大提高，蓄洪垸、一般垸堤防标准远远不能满足现状防洪的需要。而且大堤填筑土质成分复杂，部分堤段结构不密实，堤基以冲积堆积土层构成，土体的抗冲能力极低，堤防普遍存在岸坡冲刷和浪蚀稳定两大问题。

洞庭湖区常用的砌石护坡、混凝土预制块护坡、抛石固脚等传统的单一堤岸防护方式，不可避免地都存在一些不足，且多为刚性防护，既破坏自然生态，又不美观，难以适应经济社会环境发展水平的需要。砌石护坡存在坡面堆体不稳定，整体性差，采购运输成本高等缺陷；混凝土预制块护坡的排水系统经常堵塞，整体性差，经过较长时期后，整块护坡哪怕只要稍微松动，最终会导致整块护坡坍塌或崩裂；抛石固脚对块石要求较高，在施工过程中容易形成空洞，质量难以控制，在水流的进一步作用下容易发生新的险情，且洞庭湖区石料短缺，造价较高，大量开采石料还会对自然环境产生一定的破坏。

为了克服目前洞庭湖区岸坡防护工程中存在的困难和问题，寻求经济、安全、可靠、环保的堤岸防护新技术是一个崭新的挑战。通过试验分析对比，并不断尝试研究应用国内外先进的堤岸防护技术，洞庭湖区堤岸防护技术取得了一系列创新成果。

（1）雷诺石笼护垫护岸技术。雷诺石笼护垫护岸技术在国外应用很广泛，在洞庭湖治理工程中，通过雷诺护垫护砌的工程实践与试验研究，获取和深入掌握了该技术的要点、施工经验以及各项经济技术指标，在洞庭湖区极具推广价值。雷诺石笼护垫的高强度和抗腐蚀性保证了工程的长期稳定；整体性、柔韧性和良好的压载能力能够防止水流的冲刷；透水性和促淤性从长期上实现了工程和自然的统一，工程更加稳固，体现了生态和环保；施工的便捷和经济性，在有限投资条件下，能达到良好的防护效果。2005年湖南省洞庭湖水利工程管理局委托湖南省水利水电勘测设计研究院设计，在草尾河崩岸治理工程中进行应用，这是湖南省首次进行雷诺护垫护砌技术的工程实践与试验研究。

（2）土工合成材料护岸技术。在相对于传统的块石等护岸方式，土工合成材料具有适应变形能力强、施工简便、工期短、造价低等诸多优点，尤其是三维土工网垫结合草皮护坡还具有恢复植被、美化环境、生态环保的特点。

（3）扩张金属网钢丝石笼固脚技术。扩张金属网钢丝石笼固脚是一种与传统护脚相比较而言的一种新型护脚技术，具有材料质量好，经久耐用；整体性好，抗冲能力强，便于就地取材；抗风浪、冲刷能力强，效果好等优点。并可作为阻滑基座，结合其他方式进行护坡护脚，降低工程造价。在防洪大堤出现堤外脱坡、崩岸等重大险情除险加固中可以广泛应用。

完成时间：2005年。主要完成单位：湖南省洞庭湖水利工程管理局、湖南省水利水电勘测设计研究院、马克菲尔中国（香港）有限公司。

2.1.5 洞庭湖堤防渗控技术研究

湖南省洞庭湖水利工程管理局根据洞庭湖堤防的实际情况，按照理论研究和工程实践相结合的方法，在国内外现有研究成果的基础上，对堤防渗控技术进行了系统研究。针对洞庭湖特有的地理和环境条件，取得了以下重要成果和创新：

（1）在理论方面，对垂直防渗技术和压盖渗控技术相关问题进行研究，对排水减压井的结构进行相关试验研究，并提出了堤基压盖处理的破坏面法。

（2）在工法方面，重点研究了塑性混凝土超薄垂直防渗墙工法和往复式高喷灌浆新技术在洞庭湖砂卵基堤防的基础渗控处理中的应用。

项目具有多项创新，整体上达到国际先进水平，其中部分达到国际领先水平，并已成功指导和运用于实际工程，取得了显著的社会和经济效益。

完成时间：2005 年。本项目获得了 2006 年湖南省科学技术进步奖三等奖。主要完成单位：湖南省洞庭湖水利工程管理局、湖南省洞庭湖可持续发展研究会。主要完成人：刘光跃、罗谷怀、余元君、葛国华、刘卡波、周波艺、黄昌林。

2.2 装备制造与应用

2.2.1 自研挖泥船

1972 年省水电挖泥船队配合省船舶设计研究部门，组织技术人员对 1965 年从荷兰引进的液压绞吸式挖泥船进行解体测绘，提出改革仿制蓝图，在省内仿制出液压绞吸式挖泥船 36 条，成为洞庭湖堤防建设的主要工具。这种自制挖泥船除了保持原进口船具有的先进性以外，还进行了一些改进，加大了机舱，改善了操作条件，使船型更加宽敞适用，为国家节省外汇 2000 余万元。其中引进的淤压设备还为我国一些液压件制造厂家提供了实物标本和图纸，为我国液压设备的制造起了促进作用。

1965 年从荷兰进口一艘 $80m^3/h$ 挖泥船。当时液压设备在世界上属先进技术，我国制造液压设备的厂家还不多，大量发展挖泥船是很困难的。省挖泥船队，以引进的“荷兰号”为母型，进行了测绘设计，在进口部分关键液压元件的基础上依靠国内设备和技术力量，与有关造船和液压件生产厂共同研究、大胆试制，1975 年终于在益阳船厂造出第一条液压绞吸式挖泥船，通过国家鉴定，符合质量要求。从 1976 年至 1979 年迅速自制出 $80m^3/h$ 挖泥船 34 条，并创新发展，自主设计，采用国产配件制造出 $200m^3/h$ 挖泥船一艘，改建了 $300m^3/h$ 液压挖泥船一艘，这些船只投产以来，运转状况良好，比进口的灵活、实用、维修方便，在国外运用也获得了良好效果，还取得了潜管、塑料管代替钢管的新成果，并研制成功了由微处理机控制的土方自动计量仪等新技术，为挖泥船的设备和管理现代化创造了条件。

完成时间：1975 年。主要完成单位：湖南省挖泥船队。

2.2.2 挖泥船筑堤

20 世纪 80 年代以前，洞庭湖区堵口筑堤用人工和陆上机械施工，工程难度大、工期长。自 20 世纪 90 年代以来用挖泥船吹填堵口复堤得到较多应用，1994 年长沙市丰顺垸溃口，1995 年汉寿县南湖、围堤湖溃口，1996 年华容团洲、团山、沅江县宪城垸溃口都用挖泥船从河湖水中挖泥吹填，取得较好效果，在挡水深 10m 以上情况下，堤防安全无恙，没有出现渗漏管涌和滑坡险情。

利用挖泥船吹填筑堤、修建安全平台，主要具有以下优点：

（1）工程质量好。挖泥船按设计施工完成的土方在沉淀池沉落，一般密实度高且较平整。输送到吹填区的泥浆具有一定的冲击压力，犹如大堤黄泥灌浆，泥浆渗入到堤身的各个部位加固了大堤，填土质量满足堤身边坡稳定要求。

(2) 工程进度快。挖泥船一般不受气候影响，因而可施工时段长，进度快。

(3) 解决取土困难问题。湖区为了修筑加固大堤采用人工挑土或机械取土修堤，土源现已相当困难。利用挖泥船施工可在远离大堤的洲滩荒地与河、湖中取土，不损伤和破坏大堤禁脚，可解决修堤土源困难的问题。

(4) 造价相对较低。用挖泥船吹填筑堤，单价为 8～10 元/m^3。用人工或机械等方法修堤，单价为 25～30 元/m^3，节省成本约 2/3。

1998 年，洞庭湖区有挖泥船 56 条，其中有大型挖泥船 8 条，中型挖泥船 3 条，全部投入洞庭湖区吹填筑堤，年挖泥量约 3500 万 m^3。根据国家防重于抢，建重于防的防洪方针，洞庭湖区加固大堤土方 2.5 亿～4 亿 m^3，挖泥船疏浚土方约 3 亿 m^3。

完成时间：1994 年。主要完成单位：湖南省水利水电厅、湖南省疏浚公司。

2.2.3 新型钟形进水流道

湖南省汉寿县坡头电排站装置两台 28CJ90 型大型立轴轴式水泵机组，水泵转轮直径 2.8m，电机功率 2800kW。在泵站的设计和建设中，成功地研究出大型轴流泵新型钟形进水流道，首次在国内用于实际泵站——坡头电排站。经多年运行实践以及后来经武汉水利电力大学模型试验验证：新型钟形进水流道性能良好，水泵在各种状况下运行稳定，振动小，噪声低，叶轮空蚀轻微，流通流态好，效率高，压力分布均匀。与常规肘型流道相比，具有高度低，结构简单，断面尺寸变化小，施工方便，节省开挖量和钢筋混凝土工程量与投资省等优点。在主管部门湖南省水利水电厅的支持下，经教授等专家组现场鉴定：该研究和设计在国内首次成功地应用于大型泵站实际工程，居国内先进水平。

完成时间：1979 年。本项目获得 1988 年湖南省科学技术进步奖三等奖。主要完成单位：湖南省水利水电勘测设计院。主要完成人：陈莱州、留颖卉、高瑞田。

2.2.4 高压电动机干式移磁无级调压软起动装置的研究与应用

高压异步电动机作为在水利、化工、冶金、矿业、供水等行业中的主要动力设备，在我国的经济建设中起着极其重要的作用，随着经济的发展，许多行业的规模越来越大，使用高压电动机的数量越来越多，而高压大容量电动机的起动电流会达到额定电流的 7～10 倍甚至更大，所以大容量电动机起动问题是限制大容量高压电动机进一步推广应用的瓶颈。

本项目采用创新技术，利用在线圈磁场中高导磁介质的导磁率和空气为磁介质的导磁率在数值上存在巨大的差异，可实现调节线圈的磁场强度，从而改变线圈的阻抗值。实现阻抗值的无级调节，达到电动机的起动电压（电流）的无级可调，不仅能实现电动机的软起动，而且能实现电动机的软停机。很好地解决了目前其他各种高压软起动装置所存在的如，谐波污染大、使用环境受限制、安全性能差、维护复杂、体积大及价格昂贵等实际问题。更具有以下显著技术特点：

(1) 无谐波污染，保持了电网的供电电能质量，抗干扰性能。

(2) 起动电流无级调节，调节范围广，电流调节范围为 0.3～5.5 倍额定电流；电压可由 15%调到 96%，有效地减少对电网的冲击，延长电动机和拖带设备的使用寿命。

(3) 由于通过改变电感阻抗调压，耗能极小，节能效果好。

(4) 具有干式变压器的特性，安全性能好，不受环境温度及地理位置的影响，适用于各种恶劣的工况条件。

(5) 性价比高，可与高压开关柜结合一体化设计，仅用 1 台柜，价格经济，并且体积小，占地省，可节省工程造价。

(6) 安装维护方便，免维护设计，产品维护费用低，使用寿命长。

本项目的创新技术达到国内领先水平，同时为大容量高压异步电动机的进一步推广应用奠定了技术基础，填补了国内高压软起动技术的一项空白，是一种我国目前急需的高压软起动产品，同时为高压电动机软起动的研究应用领域开辟了新的研究方向，并具有很好的应用前景，因此本项目具有巨大的市场竞争力，研究成果的应用范围广，市场潜力大，效应明显，竞争力强，具有非常高的推广应用价值。

完成时间：2005年。本项目获得2008年湖南省科学技术进步奖三等奖。主要完成单位：湖南省洞庭湖水利工程管理局、长沙南太电气设备有限公司。主要完成人：段炼中、刘卡波、谢约均、侯国鑫、谢芳、戴宏岸。

2.3 智能化技术与应用

2.3.1 QX-5000型大流量两栖机动应急抢险泵车

洞庭湖区是湖南省最著名的易涝区，是长江三口、湘资沅澧四水、汨罗江、新墙河以及区间洪水的汇集区，地势低洼、水系复杂、洪水交错、水文气象条件组合极端恶劣。多年来洞庭湖区虽经大规模防洪治涝能力建设，极大地减轻了洪涝灾害损失，但由于地理位置特殊，尤其是特大暴雨经常发生，洪涝灾害仍然十分频繁，严重制约着洞庭湖区经济社会的发展，威胁人民生命财产安全，因此，加强排涝能力建设，尤其是应急移动排涝抢险能力建设十分迫切，研发一款能在复杂恶劣环境条件下机动灵活、高效稳定运行的大排量、高效率的移动排涝抢险泵车十分必要，具有重大的现实意义，QX-5000型大流量两栖机动应急抢险泵车应运而生。

QX-5000型大流量两栖机动应急抢险泵车是由湖南省水利水电勘测设计规划研究总院有限公司作为牵头单位与湖南耐普泵业股份有限公司合作进行攻关，主要研发成果由永磁潜水电泵、水陆两栖履带车和厢式电源车三部分组成。主要技术创新包括：

(1) 水泵性能指标先进，设计工况下流量 $5000m^3/h$，扬程8m，效率88%。

(2) 高效永磁变频电机效率高、体积小、防护等级IP68、采用了贯流结构型式，解决了电机散热难题。

(3) 新型机械密封采用单泵变频技术，实现移动泵站宽流量变幅范围内高效运行。

(4) 移动泵站底盘滤水网，浮体独立螺旋桨360°自由行走，防风防浪防堵，实现低水位可靠运行，优化设计导叶体和整体结构，汽蚀余量小，能满足最低1.5m淹没深度的排水需求。

(5) 具备远程控制功能，实现智能管控及快速便捷移动抢排，研发的电液控制系统、水陆两栖履带车遥控操作系统能够满足在现场快速展开应急抢险作业需求。

QX-5000型大流量两栖机动应急抢险泵车已在多项应急排涝救灾与引调水工程中得到应用，其中包括2019年湖南省衡阳市国家储备粮库受涝抢险工程、2019年山东省东营市中石化胜利油田大面积海水倒灌抢险工程、2019年江苏省仪征市潘家河引调长江水改善水质工程、2021年河南省新乡市与卫辉市紧急排涝抢险工程、华容县华容河引调长江水改善水质工程等。泵车在应急抢险工作中作用十分明显，有效降低了地方灾害损失，其运行高效稳定、作业灵活、适应力强，获得一致好评。

以本技术成果为依托的课题《复杂环境下大流量移动排涝抢险泵车研发与应用》获得2019年湖南省水利水电科技进步奖一等奖。主要完成单位：湖南省水利水电勘测设计研究总院、湖南耐普泵业股份有限公司。

完成时间：2019 年。主要完成人：葛国华、周红、阳建平、陈磊、王启菊、徐悦、李波、徐贵、彭映凡、彭智新、刘中海、苗伟、王忠赞。

2.3.2 泵站监控一体化管控平台

大型泵站由主体建筑、水泵、各种辅助设备和泵站运行管理人员构成，在用水、灌溉、发电、防洪等方面具有不可忽视的作用。我国大型泵站及水电厂的自动化、计算机监控系统、流域远程集控系统已形成较为完整的体系，而自动化技术、人工智能的迅速发展，对大型泵站的可靠性、标准化、智能化、经济性提出了更高的要求。现有的自动化监控系统在一体化、信息共享、智能化等方面仍有不足，不能满足日渐提升的需求，因此，大型泵站在自动化、智能化改造方面仍有巨大的潜力，可以进一步推动“无人值班，少人值守”要求的落实。

基于一体化管控平台的泵站监控系统主要由工程监控、安全监测、全景监控、调度管理、智能告警、视频监视、智能运维及信息管理等应用组成，各应用的功能相互结合，使泵站管理更加标准化、智能化、精准化，并在最合理范围内减少泵站工作人员的工作量。

工程监控的对象为所有可控设备；安全监测的对象为泵站的运行状态；全景监控以全景图的方式显示各类监控信息和结果；调度管理能够实现调度计划自动生成、指令下发及指令执行完毕后的供水信息反馈统计和应急调度；智能告警通过专家库自动生效报警判断逻辑和人工脚本进行逻辑判断，并通过各类终端进行推送和确认；视频监视通过摄像头进行泵站区域内图像和声音的采集、分析，并将信息传输至告警系统进行异常情况的报警；智能运维根据水利工程管理体制的要求和工程运行的实际情况建立运维管理系统，标准化信息管理体系；信息管理系统对泵站的运行信息进行展示及管理。可为水利工程泵站自动化监控系统改造提供借鉴。

完成时间：2013 年。泵站监控一体化管控平台已成功应用在益阳新河泵站、常德南碚泵站、常德马家吉泵站、澧县小渡口泵站。

2.3.3 湖南省河道采砂综合监管系统

为加强新一轮河道采砂规划实施监督工作，规范采砂管理，打击非法采砂，湖南省河道采砂综合监管系统以《湖南省河道采砂管理条例》为指导，紧密结合部委、省、市、县各级采砂监管工作的需求，按照“需求牵引、应用至上、数字赋能、提升能力”的思路，建立层级互联、要素齐全、高效联动的“互联网＋智能化＋河道采砂”监控与信息化管理平台，实现全省河道采砂“监控监管数字化、超限告警自动化、证照管理信息化、统计分析智能化、业务管理协同化”，全面提升湖南省河道采砂实时监管的能力和技术水平。

系统由湖南省水利水电勘测设计规划研究总院有限公司独立承担，采用国内最先进的智慧水利架构，建立了“一张网、一中心、一片云、一大脑、一框架、多块屏”总体框架。省级平台实现了从规划、实施、后评价的全生命周期管理，聚焦“电子许可证、电子签单发航单、电子采运单”等采砂业务电子化，大幅减少中间环节提升生产效率；以“限时、限区、限量、限深、限船数、限水环境”监管业务需求为核心，编织了一张天空地潜的立体感知网，保护河湖和砂石安全；建立“一张图一采区一船一方案”，实现预警信息自动化，远程监控实时化和数据可视化，并将数据同步上传至省水利厅，保障数据安全。

系统不仅进行了软件部分研发，还在硬件终端上研发了限深设备，采砂终端 RTU 等具有独立知识产权的产品，产品已在三十余艘采砂船上安装，硬件设备运行稳定。

完成时间：2023 年。主要完成单位：湖南省水利厅、湖南省水利水电勘测设计规划研究总院有限公司。

2.3.4 遥感与无人机技术的综合应用

随着洞庭湖区经济社会不断发展，资源环境可持续利用压力日趋增大，河湖管理已演变为多因素、多方位、多视角、多主体的复杂问题。设立监测站、建立测报系统、定期巡逻等传统措施存在着信息传输发布不及时、人力物力消耗大、分析方法简单粗略、各区域连通性差、缺乏智能的决策方法等弊端，已不能满足新形势下河湖管理需求，必须依靠各种科技手段，并统一统筹、协调规划、配合运用，完善基础设施体系与制度建设，实现河湖水系各类特征数据的采集、存储、统计、分析、展示、上传等功能，全面支撑河湖要素的全面感知与及时预警。

湖南省河湖管理中引入了遥感和无人机技术，主要包括对水利工程划界、“清四乱”（乱占、乱采、乱堆、乱建）的整治，以及河长巡河工作的支持。这些技术通过提高信息采集、处理、分析和决策的能力，帮助解决了河湖监管的盲区，提升了管理效率。遥感技术提供大范围、快速的数据采集能力，而无人机技术则在灵活性、实时性方面展现优势。两者的结合，发挥其各自特点及优势，相互辅助与配合，打造了现代实用技术在河湖管理综合应用的范例，为提升湖南省河湖管理效率、加快“河长制”信息化与现代化进程，为实现全省科技治水管水提供参考。

完成时间：2020 年。主要完成单位：湖南省水利厅。

第五篇　洞庭湖保护与治理管理能力建设

中华人民共和国成立以来，洞庭湖的管理机构、法制建设、信息化程度不断发展。特别是近年来，洞庭湖水利事务中心的成立、基层水利管理机构的不断完善，水利管理体系有效地适应了时代的发展；《湖南省实施〈中华人民共和国水法〉办法》《洞庭湖区水利管理条例》等法律法规的出台，使洞庭湖水利迈入了水利法治秩序的全面建设阶段；“智慧水网”“湖南水利云”“数字洞庭”的构建，为新阶段水利高质量发展提供有力支撑和强力驱动。

第一章 管理机构

洞庭湖区水利管理机构主要有行政管理机构和工程管理机构两类。行政管理机构又分省、县（市、区）及基层四级管理机构，工程管理机构主要是大中型排灌泵站和水闸管理机构。

1.1 省、市、县（市、区）级管理机构

洞庭湖治理管理机构成立于国民政府晚期，1946 年 11 月，扬子江水利委员会（1947 年 7 月更名为长江水利工程总局）下设洞庭湖工程处；1949 年 8 月长沙解放后，长沙市军事管制委员会接管长江水利工程总局洞庭湖工程处等 11 个水利单位，1949 年 11 月湖南省临时政府决定将前述接管单位合并组成湖南省农林厅水利局，下设洞庭组、江堤组等，负责洞庭湖区水利建设和管理工作；1950 年 10 月，长江水利委员会（1950 年 2 月成立）接管洞庭湖建设管理机构，成立洞庭湖工程处；1956 年 3 月，长江水利委员会撤销洞庭湖工程处，相关人员调湖南省水利厅；1956—1979 年，湖南省水利厅没有设置专门的洞庭湖管理机构，洞庭湖水利建设管理工作由相关处室承担；1980 年 3 月，湖南省水利厅设立洞庭湖工程处；1983 年 4 月，洞庭湖工程处更名为洞庭湖水利工程局，1984 年 12 月撤销洞庭湖水利工程局，其职责分别纳入水利工程管理局、基本建设局，1986 年 3 月恢复洞庭湖水利工程处，1988 年 10 月更名为省洞庭湖水利工程局，1997 年更名为省洞庭湖水利工程管理局，升格为副厅级事业单位，2006 年明确为参公管理事业单位；2019 年 3 月，洞庭湖水利工程管理局更名为省洞庭湖水利事务中心，作为省水利厅管理的副厅级公益一类事业单位，内设综合部、研究部、生态河湖部、保护利用部、工程事务部，2021 年 1 月明确为参公管理事业单位。

市级专管机构，常德、益阳、岳阳 3 市水利（水务）局内设机构中均设有湖区站，从事管理湖区的水利建设和水利工程管理；长沙、株洲、湘潭 3 市水利局内设有水利科和管理科，分别负责湖区的水利建设和水利工程管理。

县（市、区）级管理机构，在纯湖区，县水利局即是湖区的全能管理机构；在环湖区，县水利局内设了湖区站和山丘站，对湖区和山丘区水利实行分别管理。

1.2 基层管理机构

1949 年中华人民共和国成立后，为了对洞庭湖区大量的溃损堤垸进行堵口复堤，重建家园，恢复生产，湖南省临时政府于 1949 年 11 月 10 日发布《关于洞庭湖修复溃损堤垸之指示》，指出“指导各垸农民健全堤务组织”。当时结合清匪反霸，对原堤务局进行整顿和改组，成立以垸为单位的堤务委员会。有的县对修防干部配备作出了具体规定，要求按堤垸面积大小分为甲、乙、丙、丁 4 等[1]，干部人数按堤垸大小配备，县、区均按省规定设立堤务委员会，统管县、区堵口复堤工作。1952 年改为以区为单位的水利修防委员会，1956 年撤区并乡，修防机构也同时进行了调整。由原有区修防

[1] 耕地面积在 1.5 万亩以上的为甲等，耕地面积在 0.5 万～1.5 万亩的为乙等，耕地面积在 0.1 万～0.5 万亩的为丙等，耕地面积在 1000 亩以下的为丁等。

机构转变为如下的三种形式：①一垸数乡的，以垸为单位成立修防会；②一垸一乡的，一般以乡为基础，建立堤垸修防会；③数垸一乡的，一般按乡设乡修防会或联垸修防会❶。

1957年12月30日湖南省人民委员会以会办农字第884号文件颁发了《湖南省洞庭湖区堤垸水利修防管养组织服务规程》，规程中规定更名为水利修防管养委员会，对修管人员的编制规定按垸田4000～6000亩用1人为原则，还明确“一垸数乡的大垸修管会主任由县水利局提名，经垸民代表大会通过，由县人民委员会任命，一垸一乡或一乡数垸的修管会主任原则上由乡长兼任，另选熟悉业务的水利委员或原主任为专职副主任，其通过及任命手续，同上项规定”。当时共有修防干部1354人❷。1958年公社化以后，又以公社为单位设修防管养委员会，个别县撤水利修防管委会，成立公社水利部。1962年为了加强湖区堤垸修防管理工作，湖南省人民委员会于1962年4月17日以会农办章字第86号文件颁发《洞庭湖区修防管理委员会工作条例》（简称《条例》），《条例》分8条，首先明确修防管理委员会“具有两重性质，既是垸区群众性的修防管理组织；又是国家管理堤垸的最基层单位”。“其修防业务属县水利局领导。其政治工作，一垸一社的修防会由公社直接领导；一垸数社的修防会，由县或区统一领导；数垸一社一区的，分垸建立修防会，由公社或区直接领导”。《条例》规定修防干部的配备“一般可按耕地五千亩或堤长三千米左右配备一个干部”。“所有修防干部的考核、鉴定、档案管理、提升、调整、奖罚、劳保、开会学习以及生活福利、物资供应标准等，都应与国家干部享受同等待遇；工资由修防会经费内开支（农场修防干部列入农场编制）”。《条例》对修防会的任务、权利、代表会以及经费筹集使用等都作了具体的规定，扭转了当时修防干部不安心及工作难以开展的局面。

为解决修防干部的待遇问题，1981年7月9日湖南省人民政府批复《关于加强水利管理的通知》（湘政发〔1981〕61号）。1982年3月29日湖南省第五届人民代表大会常务委员会第十四次会议通过了《湖南省洞庭湖区水利管理条例》，这是中华人民共和国成立以来洞庭湖区第一个按照宪法规定的法规，也是全省的第一个水利法规。该条例共16条，对洞庭湖区水利管理的范围、组织、任务，堤防、水闸、机电排灌等水利设施的管理，洪道管理、修防器材、经费的筹集和管理使用，修防工费的负担、综合经营开展以及奖励惩罚等都作了规定。为了使广大基层水利干部能安心下来更好地为水利工作服务，1985年经省长会议研究，由省计委、省劳动人事厅、省公安厅、省粮食局、省水利水电厅5单位于1985年9月28日联合发布《关于县管以上水利工程管理单位部分工作人员纳入城镇集体计划管理由农业户口转为非农业人口并供应居民定量粮的通知》（简称《通知》），洞庭湖区水利管理单位属于《通知》转办范围的单位有万亩以上堤垸管理委员会，大中型水闸、船闸管理所，大中型排灌站和国营排灌站，以及县水电局下属的挖泥船队。《通知》中规定转办户口粮食的对象，必须是现仍在上述水利工程管理单位在册在岗，属于1981年12月月底以前参加水利水电工作的人员（含水利工程管理单位分工负责抓多种经营人员）。湖区水利管理人员按《通知》规定共转办3779人，其中万亩以上堤垸修防会2676人，大中型水闸、船闸管理所55人，大中型排灌站及国营排灌站720人，县属挖泥船队328人。

2000年起，湖区水利建设实行项目法人制以后，基层水利管理体制没有跟上改革步伐，较为庞大的管理队伍，既没有施工资质，又找不到工程施工，加上政策变化，逐步取消农村“两工”（劳动积累工和义务工）和涉农堤垸保护费，致使人员工资无着落，堤防涵闸养护管理无资金，垸内农田水利建设难开展，运转越来越困难。对此，国务院办公厅于2002年以45号文下达《关于水利工程管理体制改革实施意见的通知》，要求对水利工程管理体制进行改革，使基层水管单位步入职能清晰、权责明确、管理科学、经营规范的良性运行轨道。2004年，湖南省政府及相关部门对农村取消“两

❶ 引自《湖南省1956年防汛工作总结》。

❷ 不包括与生产队订立合同记工分的管养人员。

工”以后的问题引起了高度重视，着手进行调研并向国家有关领导和部门反映，以使湖区水利建设和管理走出困境，跟上改革步伐。

2011年，湖南省作为全国水利综合改革唯一试点省，出台了《湖南省加快水利改革试点方案》（湘政发〔2011〕30号），明确了全省基层水利服务体系改革目标、思路和主要改革内容。2014年，湖南省制定了《湖南省乡镇水利站标准化建设指导意见》（湘水工管〔2014〕133号），明确全省乡（镇）水利站标准化建设要达到机构健全、编制合理、人员到位；经费纳入财政预算、基础设施配套完善、技术装备配置齐全；制度健全、管理规范、运行高效的目标。2015年，湖南省出台《关于进一步加强乡镇水利站标准化建设项目管理的意见》（湘水农〔2015〕21号），对项目申报立项、建设管理、验收、监督等项目全过程进行了明确。2018年初，湖南省下发《关于开展基层水利服务机构能力建设验收工作的通知》（湘水办〔2018〕8号），明确了基层水利服务机构验收标准。这些政策的出台为湖南省基层水利站建设指明了方向，实践证明行之有效，经过近些年基层水利体系改革和建设，湖南省基层水利机构服务体系基本形成，为湖南省水利建设提供了重要的基础保障。

截至2018年，湖南省基层水利服务机构均建立了县级水利部门和乡（镇）人民政府双重管理的管理机制，明确了管理主体责任单位，制定了绩效考核制度。1460个基层水利服务机构采取“乡（镇、街道）管理，上级水行政主管部门业务指导”模式，约占84%；284个基层水利服务机构作为县（市、区）级水行政主管部门的派出机构，由县（市、区）级水行政部门为主直接管理，约占16%。1557个基层水利服务机构实行编制实名制管理，约占90%。绩效考核上主要实行乡（镇）政府牵头，业务主管部门参与的考核制度；人才引进上实行县级水利、人社部门联合公开招考、择优录取的考录方式；业务培训上实行站长培训由省水利厅组织、具体事务培训由各地自行组织的双重模式。

目前，洞庭湖区的基层水利管理机构主要有两种：一种是以乡（镇）为单位设有乡（镇）水管站，大部分由乡（镇）管理为主、县水利局管理为辅，这是洞庭湖区基层水利管理机构的主要形式；另一种是以防洪大垸为单位成立的大垸水利管理委员会，再下设乡（镇）水利管理站。一般为县级水利管理机构的派出机构，如安乡县的安保、安造垸。

第二章 法 制 建 设

中华人民共和国成立以来，洞庭湖水利法制建设经历了探索、起步、加快、完善和法治秩序全面建设五个阶段，各个阶段均取得了显著成就。

2.1 水利法制探索

中华人民共和国成立后，湖南省针对洞庭湖区堤垸低矮残破和防汛力量薄弱的情况，先后颁布了一系列堤防管理文件，其中《湖南省滨湖各县人民护堤公约》(1950) 提出了“爱国护堤”“保堤如保命”的保堤护堤口号；《堤工手册》(1951)、《防汛手册》(1951) 为洞庭湖防汛提供技术指导；1954 年大洪水后，湖南省人民委员会出台了《湖南省洞庭湖区堤防涵闸工程管理养护暂行办法》(1956)、《湖南堤垸水利修防管养组织服务规程》(1957)、《洞庭湖区修防管理委员会工作条例》(1962) 等湖区水利管理规定，进一步强化湖区修防管养工作；为加强洪道管理，湖南省人民政府发布了《关于加强洪道管理的通知》(1980)，明确“洪道属国家所有”。为保证灌区工程的良性运行，保障农业生产，湖南省水利厅 1954 年提出《对本省新型渠道灌溉管理工作的意见》(1954)，对组织、用水、水费、养护和奖惩提出明确规定；湖南省委和省人民委员会联合发出《关于发布灌溉工程管理暂行办法（草案）的指标》(1959)，1964 年颁布了《关于各种水利设施征收水费试行办法》等。为加强对机电排灌的管理，颁布了《湖南省农田排灌电力供应暂行办法》(1963) 等多项管理规定。为规范农村水电站供用电管理，1964 年出台《湖南省农村水电站供用电规则（草案）》(1964)。此外，还制定颁发了一系列水利管理规定，1959 年发布的《湖南省水利工程管理养护暂行技术规范》，对不同坝型和溢洪、放水、渠系建筑物的管理养护与观测工作提出了指导性的技术规定；1972 年颁发《湖南省水利工程管理试行办法》。这一时期出台的各项水利管理规定，在一定程度上保障了中华人民共和国成立后洞庭湖水利事业的有序开展，为改革开放后洞庭湖水利的迅速发展奠定了制度基础。

2.2 改革开放初期的起步

改革开放初期，社会发展和经济建设活动出现了许多新情况、新问题，改革涉及方方面面的利益群体，亟须从法律层面上进行调整、规范。洞庭湖法规建设也开始起步，一批有关水利的法规相继出台，对规范各种水事行为发挥了重要作用。1980—1982 年湖南省人大常委会共制定 6 部水事法规，其中《湖南省洞庭湖区水利管理条例》是全省第一部水利法规。1985 年，湖南省水利水电厅设立法规组，配备干部 3 人，水利立法工作提上了议事日程。1986 年 12 月 2 日，湖南省六届人大常委会第 22 次会议通过了《湖南省水土保持条例》。1986 年 9 月、1987 年 7 月湖南省政府先后发布《湖南省水利工程水费收交和使用管理办法》《湖南省防汛管理办法》，至此，洞庭湖水利法制建设逐步展开。

2.3 水利法制建设的加快发展

1988年《中华人民共和国水法》(简称《水法》)颁布实施以后，洞庭湖水利立法进入规范和完善阶段。以湖南省水利水电厅加强水利立法的组织工作为标志，1989年6月撤销省水利水电厅法规组，设立水政处，1995年更名为水政水资源处，并明确了立法的主要职责。这一时期，湖南省先后制定和颁布了一些与《水法》相配套的规章和规范性文件，包括《湖南省水利水电工程管理办法》(1989)、《关于调整水利工程水费标准的通知》(1990)、《湖南省洞庭湖蓄洪区安全与建设管理办法》(1991)、《湖南省河道采砂收费管理实施细则》(1991)等诸多规章制度。1993年7月湖南省人大常委会通过了《湖南省水法实施办法》后，洞庭湖水利立法进入快速发展时期。1994年11月湖南省人大常委会审议通过了《湖南省实施〈中华人民共和国水土保持法〉办法》(1994)，修订了《湖南省洞庭湖区水利管理条例》(1995)，审议通过了《湖南省湘水流域水污染防治条例》(1998)、《湖南省实施〈中华人民共和国防洪法〉办法》(2001)。

这一时期，湖南省政府也发布了一系列地方性的规章和条例，包括《关于印发〈湖南省征集防洪保安资金暂行规定〉的通知》(1994)、《湖南省实施〈中华人民共和国河道管理条例〉办法》(1995)、《湖南省水库和灌区工程管理办法》(1997)。此外，省计委、省水利厅、省物价局、省财政厅、省防汛抗旱指挥部等部门制定出台了50多个规范性文件。

2.4 水利法制建设的完善

进入21世纪，党和国家对新时期水利工作制定了一系列方针政策，洞庭湖水利法制建设继续向前推进。2002年颁布实施的新《水法》，将新时期党和国家治水方针政策法律化、制度化，新《水法》的颁布实施，是我国水利法制建设史上又一个里程碑，标志着水利法制建设进入一个新的发展阶段。以此为契机，湖南省积极推进洞庭湖水利法制建设，先后颁发《湖南省取水许可和水资源费征收管理办法》(2003)、《湖南省水资源费征收使用管理实施办法》(2009)，规范水资源费的征收和使用；颁发《关于加强农村饮水安全工作的意见》(2007)、《关于加强农村饮水工程水质保障工作的通知》(2010)，保障农村地区饮水安全；出台《关于我省农业水价综合改革试点项目实施与管理的意见》，试点改革农业水价。此外，还颁发《关于进一步加快小型农田水利产权制度改革的通知》(2007)、《湖南省小型农田水利条例》(2010)等法规制度，完善小型农田水利管理规范。

2.5 水利法治秩序的全面建设阶段

2011年，中央一号文件提出“水是生命之源、生产之要、生态之基”，明确实行最严格的水资源管理制度，湖南省政府先后出台了最严格水资源管理制度实施方案和考核办法，确立水资源开发利用控制、用水效率控制和水功能区限制纳污“三条红线”，水资源管理自此进入最严格管理阶段，洞庭湖水利法治秩序进入全面建设阶段：一是相继出台《关于印发湖南省最严格水资源管理制度实施方案的通知》(2013)、《关于印发湖南省实行最严格水资源管理制度考核办法的通知》(2013)、《关于印发湖南省实行最严格水资源管理制度考核工作实施方案的通知》(2015)，加快落实最严格水资源管理办法；二是颁布并实施《湖南省湘水保护条例》(2013)、《湖南省入河排污口监督管理办法》(2016)、《湖南省水功能区监督管理办法》(2016)，推动水污染防治和水资源保护；三是为全面落实中央关于水利改革发展的一系列重大战略部署，推动水利建设、管理、改革“三位一体”协调并进，先后出台了《贯彻落实〈中共中央 国务院关于加快水利改革发展的决定〉的实施意见》(2011)、

《湖南省水利厅关于印发〈湖南省水利厅关于深化水利改革的实施方案〉的通知》(2014)。为保障全面推行河(湖)长制，2017年全省印发《关于全面推行河长制的实施意见》的通知，并先后出台1850项制度。2020年12月26日第十三届全国人民代表大会常务委员会第二十四次会议通过的《中华人民共和国长江保护法》对岸线管控、采砂、生态修复等作了规定；2021年5月27日湖南省第十三届人民代表大会常务委员会第二十四次会议通过的《湖南省洞庭湖保护条例》，对洞庭湖规划与管控、污染防治、生态保护与修复、绿色发展等作了规定。洞庭湖水利法治秩序逐步迈上有序规范化的道路。

第三章 信息化建设

中华人民共和国成立以来，洞庭湖水利信息化建设经历了水利自动化、水利数字化和水利智慧化三个阶段，各个阶段均取得了显著成就。

3.1 水利自动化

1977年，湖南省在洞庭湖区组建防汛无线电通信网。通过多年的建设和发展，初具防汛通信网络规模，形成了以环洞庭湖区的微波干线网；省城、4个地市（长沙、岳阳、常德、益阳）和9个县（市、区）的程控交换网；12个县（市、区）6个国营农场、24个蓄洪垸的报警反馈网；覆盖洞庭湖的应急通信网。防汛通信中心历经艰难的创业过程，专网通信设备从无到有，从落后到先进，建有4个高山站，下辖水利系统通信站从事防汛专网通信人员500多名。防汛通信专用网络及通信人员在历年的防洪抢险、抗洪减灾中发挥了重要的作用，保障了各级领导的防洪指挥调度；保障了雨水情信息的传递；并为蓄洪垸险情报警和群众的安全转移提供了通信保障。

2000年起，湖南省开始逐步推进自动化信息采集，逐步形成了一套集暴雨洪水监测、干旱墒情监测等多功能于一体的水信息站网自动报汛体系。目前，全省已建成水文站249处、水位站1920处、雨量站5477处、固定墒情站90处、城市内涝监测站11处，水文预报断面覆盖全省大江大河和大部分中小河流400余个。水文预报做到了江河湖库预报相结合，长中短期预报相结合，洪水和旱情预报相结合。水情服务范围与内容不断拓宽，情报预报精度不断提高，准确及时地为各级党政领导和防汛指挥部门提供了宝贵的雨水情信息和洪水预报，为抗洪抢险的胜利作出了特殊的贡献。

3.2 水利数字化

20世纪末，数字水务应运而生。湖南省利用无线传感器网络、数据库技术和3G网络，组织实施水利信息化基础应用平台、数据中心等项目的建设、管理、运行和维护等工作，推进水利信息化资源整合。湖南省负责全省水利网络、基础设施和应用系统等的安全工作，建成了国家防汛抗旱指挥系统、山洪灾害防治信息管理系统、湖南省防汛抗旱云平台、洞庭湖水利工程管理局项目管理信息系统（千里眼项目管理系统）以及大坝安全监测信息管理系统，提高了信息存储、查询、回溯和分析的效率，初步实现了行政办公和业务管理的信息化。不仅如此，湖南省还承担全省防汛抗旱信息化系统的运维保障工作及防汛应急通信网络、防汛会商视频会议等系统的建设与管理工作。

目前，全省实现了对997家非农取水户的在线计量监控，监控水量占全省许可水量的95%以上；对180座灌溉面积5万亩以上的大中型灌区实现了取水流量在线监测；建成1个省水环境监测中心和14个分中心，水质监测站由1993年的50个增加到456个，监测河长由3500km延长至10214.1km。信息化管理水平的提升，极大地提高了洞庭湖水资源管理的现代化水平。

3.3 水利智慧化

“十三五”时期，湖南省水利厅着力推动信息技术与水利发展的全面融合，全面提升水利信息化对转变政府职能、加强行业监管和提升社会公共服务的支撑能力，逐步构建覆盖全省的感知透彻、安全高效、决策智能、服务主动的“智慧水网”，提高防汛抗旱指挥调度、水资源调控和水利管理的信息化水平，以水利信息化促进水利现代化。在已有防汛抗旱基础数据库的基础上，湖南省水利厅整合水资源、水土保持、水利工程管理等其他水利业务数据库，建设湖南省的水利综合数据库，建设水利数据交换平台，实现分散数据资源的整合，初步建成湖南省水利大数据中心。另外，湖南省水利厅还通过自建专网、政府专网等网络的“多网融合”，实现视频会议范围延伸到全部乡（镇）和重点水库；完善覆盖重点地区、灾害易发区和盲区的卫星通信和应急通信；利用“云计算”“虚拟化”等新技术建成实现水利信息汇集、存储、处理、服务于一体的水利数据中心，水利信息化发展成效显著。通过国家防汛抗旱指挥系统、山洪灾害防治等项目的建设，全省水利信息采集和网络覆盖面不断扩大，水利数据资源不断丰富，数据库系统应用不断深入，通过水利普查形成了全省基础水信息库；通过山洪灾害调查评价建立了全省洪灾害基础数据库；建成了湖南水利信息数据中心，提供多元化的水文信息服务；搭建完成了湖南水利云，实现了全省水利图层数据、实时数据、工程数据的共享；建立了省防汛视频会商系统，实现了省厅、市州水利局和县（市、区）水利局全网防汛视频会商，以及山洪防治县与重点乡（镇）之间的视频会商。

“十四五”以来，为深入贯彻习近平总书记“节水优先、空间均衡、系统治理、两手发力”的治水思路，建设数字中国，湖南省统筹水利业务与信息技术深度融合，大力推进智慧水利建设，驱动水利现代化发展。2022 年 3 月 2 日，湖南省水利厅专题审议了《湖南省“十四五”期间推进智慧水利建设实施方案》，会议要求各相关部门单位要坚决贯彻水利部“需求牵引、应用至上、数字赋能、提升能力”的总体思路，突出全省流域防洪业务应用和水资源管理与调配业务应用的建设，抓好湖南水利数据底板的打造，努力助推湖南水利高质量发展。按照“需求牵引、应用至上、数字赋能、提升能力”的要求，湖南省以数字化、网络化、智能化为主线，以数字化场景、智慧化模拟、精准化决策为路径，充分运用物联网、云计算、大数据、人工智能、数字孪生等新一代信息技术，抓好湖南水利大数据底板的打造，加快构建数字洞庭湖，通过在水利一张图基础上建设完善数字孪生平台，提升信息基础设施能力，逐步建成洞庭湖重点区域的数字孪生流域，支撑“四预”功能，实现和“2+N”智能应用运行，加快构建智慧水利体系，提升水利决策与管理的科学化、精准化、高效化能力和水平，为新阶段水利高质量发展提供有力支撑和强力驱动。2023 年 3 月，数字孪生洞庭湖系统初步成型，具备雨水旱情监测、工程建设监管、河湖岸线管理、泵站智慧调度、洪水模拟推演等功能。2023 年 12 月，湖南省河道采砂综合监管平台上线，达成采砂“全面监测、实时监管、及时预警、高效处置”的目标。

第六篇　洞庭湖保护与治理成效和效益

洞庭湖保护与治理在水利方面所做的工作为保障湖区人民生命财产安全，提高人民生活水平，改善人居环境，促进经济发展，维持社会稳定，以及区域高质量发展提供了支撑与保障，并发挥了巨大效益。中华人民共和国成立后，党中央、国务院高度重视洞庭湖的保护与治理，建成了“以堤防为基础，上游水库、蓄滞洪区等相配套的防洪减灾工程体系”。洞庭湖区防洪能力大幅提高，人民生命财产损失大幅降低，洪涝灾害威胁大幅减轻。党的十八大以来，以习近平同志为核心的党中央擘画长江经济带发展宏图，强调要把修复长江生态环境摆在压倒性位置，共抓大保护、不搞大开发。近年来，湖南省以习近平总书记提出的“节水优先、空间均衡、系统治理、两手发力”治水思路为引领，系统推进洞庭湖保护与治理，不断优化水资源配置格局，构建洞庭湖北部地区水网，有效缓解枯水期“长江水”进不来、“洞庭水”留不住的问题，开展洞庭湖区沟渠塘坝清淤增蓄专项行动，疏浚沟渠、清淤塘坝，加快水网循环，实现新跨越，取得显著成效。

第一章 洞庭湖保护与治理成效

1.1 洪涝灾害防御能力大幅提升

洞庭湖的洪灾，受外河洪水位高低和堤防防洪能力大小的双重制约。过去由于财力限制，洞庭湖区堤防质量差，叠加大洪水常造成溃垸灾害。1949—1998年，洞庭湖区溃灾累计淹没耕地1429.5万亩，万亩以下小垸占比40%以上。1954年大洪水，导致湖区溃淹面积384.95万亩。经过长期投入建设，特别是1998年大洪水后开展的灾后重建，洞庭湖区已形成堤防、蓄滞洪区、河道整治、水库以及平垸行洪、退田还湖等工程措施与非工程措施相结合的综合防洪体系，溃垸灾害显著下降，防洪能力有效提高。特别是在应对2017年、2020年大洪水（接近或略超1998年大洪水）中，洞庭湖区未溃一堤一垸，有力保障了人民生命财产安全。

“湖田三分怕旱，七分怕渍”“保命靠大堤，保收靠电排”。过去湖区排涝主要依靠沟渠配合水车或靠涵闸自排，效果不大。中华人民共和国成立后，湖区在20世纪50年代开始建蒸汽机和内燃机排水站；60年代开始电排建设，还通过整理垸内排灌系统，采取高水高排、低水低排、控湖排田和空湖待蓄等措施减少渍水危害；90年代以来，国家大力推动湖区电排泵站的更新改造、水闸除险加固；至2021年，湖区已建成排灌泵站12009座，133.21万kW，其中大中型泵站252座，59.15万kW，小型泵站11757座，74.05万kW。大中型撇洪渠40条，长度521.5km，撇洪面积6730km^2，撇洪流量10578 m^3/s，堤垸防涝能力得到有效保障和显著提升。

1.2 灌溉供水需求得到有效保障

洞庭湖区是湖南省的气象干旱区，降雨不均，经常发生夏秋冬连旱，叠加四口分流减少、地下水水质差等影响，威胁人民群众灌溉用水安全。经过多年建设，洞庭湖区已形成蓄引提调工程相结合、排灌渠系相配套的供水保障体系，建成岩马、西湖等大型灌区10处，中型灌区130处，总设计灌溉面积877万亩，有效灌溉面积700.4万亩。近年来，湖南省大力推动洞庭湖北部地区分片补水工程等重要引调水工程建设，组织编制抗旱应急预案，进一步提升了洞庭湖地区旱情应对能力，保证了农业生产和居民用水需求。特别是在应对2022年这场自1961年有气象记录以来最严重的旱情，政府部门调度内湖内河提前蓄水，为后期垸内抗旱储备水源；及时启用洞庭湖北部地区分片补水工程，累计补水9.14亿m^3，有效缓解161万人和226万亩农田的用水问题；投入移动泵6.3万余台从外河提水，累计10.29亿m^3；组织力量及时疏通渠道、打井找水，解决31.6万人饮水困难问题，全面夺得2022年抗旱工作的胜利。

城乡供水方面，新建、改建、扩建一批自来水厂，推进城乡供水一体化建设，逐步替代过去湖区铁、锰超标的地下水源，地表水供水量已占总供水量的95%以上，有效提升了供水保障率和质量。

1.3 生态环境治理保护加快推进

水环境保护方面，坚决贯彻“绿水青山就是金山银山”的生态环境保护理念，集中整治、坚决关闭洞庭湖区造纸、化肥等高污染企业，实施了水系连通、沟渠塘坝清淤疏浚工程，有效扭转了局部水域水质。2018年，国家发展改革委、水利部等7部门印发了《洞庭湖水环境综合治理规划》，通过开展生态环境专项整治，进一步严格水功能区和入河排污口监管，严格控制工业污染、城乡生活污染和面源污染，洞庭湖水环境治理工作初现成效。2020年洞庭湖总磷平均浓度下降到0.06mg/L，较2015年下降46%，水质整体稳定向好，其中部分区域水质已达到或优于Ⅲ类。

生态环境保护修复方面，随着河湖湿地、物种保护与生物资源养护、生境保护与修复等工作不断加强，洞庭湖区生态环境有一定的好转。近年来，洞庭湖区清理杨树22.88万亩，修复杨树清理迹地21.65万亩，扩大湿地面积1.88万亩，完成湿地修复面积26.91万亩。洞庭湖越冬候鸟从2010年17万余只上升至2020年28万余只。2020年起，洞庭湖从每年春季3～4个月的季节性禁捕转向为期10年的全面禁捕，有利于渔业资源休养生息。

1.4 河湖岸线管理体系得到加强和完善

洞庭湖区已经全面建立河（湖）长制，以河（湖）长制为抓手推进洞庭湖河湖管理持续走深走实。依托河湖长制，组织开展洞庭湖省级湖长巡湖并召开会议，高位推动洞庭湖保护与治理工作落实落细，解决日常管理中的重难点问题；规范采砂管理，印发《湖南省河道采砂管理条例》《关于河道采砂管理工作的指导意见》，规范日常监管执法及疏浚砂（石）综合利用管理要求，全面叫停了生态敏感区采砂，集中停靠并24小时监管采砂船只，清理非法砂场599处，全面关停中央环保督察反映的84处非法砂石码头；开展矮围网围清理整治专项行动，拆除矮围网围472处、124.4万亩，矮围网围和饮用水源一级保护区的养殖网箱网栏全部清理拆除；出台《湖南省河湖管理范围划定成果调整办法》、编印《河湖“四乱”问题分类处置指引》，划定洞庭湖区河湖岸线，规范涉河涉湖划界调整审批程序及成果质量管理和河湖“清四乱”工作。洞庭湖水域岸线空间得到有效管控，水生态环境持续向好，河湖面貌进一步提升，人民群众获得感、幸福感、安全感明显增强。

第二章 洞庭湖保护与治理效益

2.1 社会效益

(1) 洞庭湖保护与治理的纵深推进，推动了人水和谐关系的文明进程。过去，洞庭湖水患频发、灾难不断，长期威胁湖区人民群众生命财产安全，阻碍经济社会的发展。因此，不断探索和实践人水相处的方式，一直是湖区人类发展与自然斗争的主题。中华人民共和国成立以来，洞庭湖经历了三期治理，长期的治湖脉络体现了湖南省积极应对江湖关系和水情变化，从最早的对洪水束手无策(表现为“躲避洪水”为主)—筑堤挡水的控制洪水(表现为建设水利工程来改造湖泊、调蓄洪水等以保障经济社会发展的安全)—“蓄泄兼顾、江湖两利”的综合治理(表现为加强蓄滞洪区风险管理，探索洪水资源化利用等)，这是遵循可持续发展思想的综合体现，是综合治理洞庭湖洪涝灾害和改善生态环境的指导原则，标志着洞庭湖治理理念的进步，也充分体现了湖区居民与水斗争—与水共生—与水共荣的文明进程。通过持续多年的综合治理，为促进区域安全提供了坚定的水利保障，洞庭湖区堤防标准提高，险情大幅减少，实现了保生命安全、大水之年无大灾。

(2) 持续完善的防洪蓄洪工程体系，对湖区乃至长江中下游地区的防洪保安发挥不可替代的作用。中华人民共和国成立以来，洞庭湖历经三期大规模持续建设和治理，洞庭湖排涝能力大大提高，受渍面积减少；调蓄容积扩大，行洪更加顺畅。防洪能力得以提升，不仅成功抵御了2017年大洪水，还保障湖区经济社会的更加和谐稳定。洞庭湖年均入湖水量约2800亿m^3，入出湖洪峰削减比达30%，同时规划建设的160亿m^3的蓄滞洪区用于分蓄超额洪水，巨大的调蓄洪水功能对长江中下游地区特别是武汉的防洪保安作用不可替代。

(3) 水利工程建设能拉动就业和促进土地增值及产业结构优化。水利工程建设产业链长，可带动建筑、机械产业发展，能增加就业机会和农民收入，还能依托水美环境和水电资源发展旅游、渔业、制造、施工等产业，增加区域群众就业机会，直接增加农村集体经济和农民收入。由于长期受洪水威胁，原先的易淹易涝区的土地，基本处于难利用状况，或利用率很低，老百姓称之为“甩亩”，城市低洼地闲置或成为弃渣场。防洪工程建设后，提高了防洪保安能力。一些水利项目实施后，导致土地的开发利用价值提升，土地增值，沿河地带随着堤防工程以及沿河风光带的建成，成为商品房开发的黄金地段，如长沙市的湘江世纪城、保利广场等小区，因其邻河独特的风景而备受市场青睐。

(4) 农村饮水安全工程促进了社会和谐。农村饮水安全工程是一项重大的民生工程。饮水安全事关亿万农民的切身利益，是农村群众最关心、最直接、最现实的利益问题，是加快社会主义新农村建设和推进基本公共服务均等化的重要内容。党中央、国务院高度重视此项工作，自中华人民共和国成立以来，湖南省投入了大量财力、物力和人力帮助解决洞庭湖区农村群众饮水问题，相继实施了“饮水安全建设工程”“巩固提升工程”，目前已建成近2000处农村供水工程，实现了农村人口安全饮水工程的全面覆盖，农村饮水实现了从“喝水困难”到“喝好水”的飞跃。农村饮水安全工程成为近年来受益范围最广、老百姓满意度最高、获得感最强的民生水利工程、“德政工程”“民心工程”。农村饮水安全工程的实施，密切了党群干群关系，提高了党和政府的威信。农村饮水安全工程受益范围广、受益人口多，让农民群众用上了与城市居民一样清洁、卫生的水，缩小了城乡差距，使广大农民实实在在地分享到了改革开放与经济发展的成果，充分感受到了党和政府的温暖，密切了党群和干群关系。同时，湖区实施的农村饮水工程有效地改善了环境卫生，遏制了血吸虫病的传播。

（5）水利血防保障人民生命安全。血吸虫病是危害湖南省洞庭湖地区广大群众身体健康的严重疾病。中华人民共和国成立前，由于缺少防治手段、几乎无防治措施，疫区处处呈现出“千村薜荔人遗矢，万户萧疏鬼唱歌”的悲惨景象。1949 年后，在党和政府的领导下，通过采取并垸合流、高围垦种、矮围灭螺、大堤护坡结合灭螺等措施，血吸虫病已得到有效控制。2008 年湖南省以流行村为单位，达到了国家血吸虫病疫情控制标准。到 2010 年，新发现血吸虫新患者人数比中华人民共和国成立初期下降了 99.88%，水利血防取得了显著成效，保障了人民生命安全。

2.2 生态效益

（1）水利建设减少洪涝灾害对生态环境的破坏。洪涝灾害会对区域生态环境造成巨大破坏。受地形、气候等因素的影响，洞庭湖区一直洪涝灾害频繁，多雨则涝，大雨则洪；水灾发生后，还极易引发泥石流、河岸崩塌、传染性疾病等次生灾害。70 年来，洞庭湖区已基本形成了以堤防为基础，水库、蓄滞洪区、河道湖泊治理等工程措施与水文预报、山洪灾害监测预警体系等非工程措施相结合的防灾减灾体系，防灾减灾能力显著增强，洪涝灾害的发生概率和破坏程度大幅降低，洪涝灾害对生态环境的破坏日趋减弱。

（2）沟渠塘坝清淤疏浚改善河湖水质。洞庭湖区沟渠塘坝众多，提高沟渠的连通性能和塘坝的蓄水能力，可以加快水体流通、增加水体自净能力和水环境容量、营造出一个舒心宜人的农村水生态和水景观环境，实现人与自然的和谐。近年来，湖南省以恢复湖区沟渠过流能力，实现“旱能灌、涝能排”的目标，牵头组织市、县开展洞庭湖沟渠塘坝清淤增蓄专项行动、洞庭湖区沟渠塘坝清淤三年行动，有效恢复了垸内沟渠连通性能和塘坝蓄水能力，改善了垸内水生态环境，构建了旱能灌、涝能排的沟渠塘坝生态活水网，达到“活水”“清水”“蓄水”的效果，增强了湖区群众的获得感、幸福感、安全感，取得明显成效。

（3）河湖连通工程促进了河湖健康。水系连通性是影响河湖健康的重要因子，是健康水系与其他评价指标的联系纽带。近年来，湖南省积极探索以“清淤疏浚、调水引流、控源截污”为主要措施的新时期河湖水系连通方案并付诸实施。通过河湖水系连通工程的实施，不仅大大提高了水资源的调配能力和增强抵御水旱灾害的能力，而且加强了河湖之间的水力联系，加速水体流动，增强水体的自净能力，发挥水生态系统自我修复能力，有效改善河湖水系水生态环境状况。

（4）岸线整治工程构建绿色长廊。三峡工程蓄水运行后，长江河道湖南段冲刷严重，河势调整较大，引发了一些崩岸险情，破坏了岸边生态。近年来实施的长江湖南段河道整治工程，选择具有整体性、柔动性和渗透性的新工艺和新技术，有力地促进了水下绿色植物和鱼类等生物的繁殖与生长。工程完工一处便复绿一处，复绿面积达 35 万 m^2，使长江岸线湖南段林木葱葱，绿草依依，初步建成兼具生态功能和景观效应的“绿色长廊”。

（5）洞庭湖的长期治理，保障其长期稳定的生态功能。洞庭湖是全国最大的淡水湿地，已建立 2 个国家级和 2 个省级自然保护区，拥有水生植物 160 多种、鸟类 300 多种、鱼类 100 多种，既是珍稀水生生物及资源性鱼类的繁衍地和活动场，也是具有世界意义珍稀迁徙性鸟类的越冬场和栖息地，被世界自然基金会列为全球淡水生态系统 200 佳之一，中国生物多样性保护的 40 个关键区域之一。湖南省通过长期持续深入开展生态环境整治、生态修复等措施，以及健全洞庭湖污染防治法制体系，科学修复湿地生态，实现洞庭湖“浩浩汤汤”的壮美、“岸芷汀兰”的和谐、“沙鸥翔集”的繁盛，洞

庭湖澎湃的是一部人水和谐的生态壮歌，人民群众的安全感、获得感显著提升，生态环境明显改善。

2.3 经济效益

2.3.1 防洪效益

根据《已成防洪工程经济效益分析计算及评价规范》(SL 206—2014)，已成防洪工程的防洪效益计算采用实际发生年法。按假定无防洪工程可能造成的洪灾损失与有防洪工程实际发生的洪灾损失的差值计算。根据上述思路，洪水实际发生年的防洪效益见表 6.2-1。1955—2022 年，洞庭湖区防洪效益为 14723.34 亿元（当年价）、20005.85 亿元（2022 年价），多年平均防洪效益为 241.37 亿元（当年价）、327.96 亿元（2022 年价）。

表 6.2-1　　湖南省洞庭湖区防洪效益计算表　　单位：亿元

年份	实际损失	还原后的损失	防洪减灾效益	
			当年价	2022 年可比价
1955	0.19	6.17	5.98	41.30
1956	0.05	1.93	1.88	12.81
1957	0.06	0.46	0.4	2.67
1958	0.03	3.16	3.12	20.79
1959	0.79	3.19	2.4	15.96
1961	0.48	4.21	3.73	17.47
1962	0.03	17.74	17.72	74.26
1964	0.71	20.52	19.81	103.72
1966	0	3.56	3.56	20.83
1967	0.06	2.07	2.01	11.79
1968	0.23	31.36	31.13	182.10
1969	0.39	29.97	29.58	173.15
1970	0.14	14.55	14.41	83.90
1971	0.01	3.47	3.46	20.21
1973	0	16.01	16.01	93.65
1974	0.02	2.05	2.03	11.87
1975	0	6.04	6.04	35.35
1976	0.12	15.04	14.92	87.20
1977	0.11	12.51	12.4	72.43
1978	0	9.91	9.91	57.88
1979	1.72	33.18	31.46	180.15
1980	1.12	49.23	48.11	272.78
1981	0	14.63	14.63	74.35
1982	0.35	31.13	30.78	153.77
1983	1.63	82.4	80.77	394.05
1984	0	11.35	11.35	53.70
1987	0	10.85	10.85	39.88

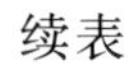

续表

年份	实际损失	还原后的损失	防洪减灾效益	
			当年价	2022 年可比价
1988	0.99	141.38	140.39	409.73
1989	0	109.11	109.11	269.67
1990	0.04	77.02	76.98	191.38
1991	0.65	203.66	203	484.88
1992	0	115.39	115.39	251.72
1993	12.04	271.63	259.59	491.89
1994	3.92	239.26	235.34	358.29
1995	181.27	766.06	584.79	770.75
1996	382.55	942.93	560.38	702.14
1997	0	215.11	215.11	268.72
1998	173.14	1479.06	1305.92	1766.80
1999	30.5	949.64	919.14	1201.66
2001	2.07	29.85	27.78	37.01
2002	26.72	920.52	893.8	1200.54
2003	21.99	926.31	904.32	1207.42
2004	17.22	345.28	328.05	421.53
2005	1.09	15.65	14.56	18.28
2006	0.36	196.63	196.27	243.36
2007	3.65	349.81	346.16	411.48
2008	8.15	124.12	115.97	130.54
2009	7.66	85.44	77.78	88.89
2010	42.94	516.98	474.04	525.48
2011	26.18	156.21	130.03	136.63
2012	25.9	327.16	301.25	311.28
2013	6.57	382.69	376.12	382.13
2014	26.99	611.33	584.34	589.60
2015	20.82	45.07	24.25	24.44
2016	88.79	1283.86	1195.07	1203.44
2017	103.69	1600.5	1496.81	1505.79
2018	8.56	189.11	180.55	181.54
2019	16.86	350.23	333.37	335.17
2020	30.88	797.24	886.36	891.06
2021	12.43	258.56	346.13	347.86
2022	10.03	246.77	336.74	336.74
合计			14723.34	20005.85

2.3.2 灌溉效益

根据《水利建设项目经济评价规范》(SL 72—2013)，灌溉效益须与其他技术措施进行分摊。为了计算中华人民共和国成立以来的灌溉效益，以 1949 年作为灌溉工程建设前，为避免由于物价上涨因素导致的农业产值增加，将 1949 年的农作物种植业产值统一换算为计算年的价格。根据上述思路，灌溉工程经济效益成果见表 6.2-2。1950—2022 年，湖南省洞庭湖区水利灌溉效益为 6284.82 亿元（当年实际价）、7707.74 亿元（2022 年不变价）。

表 6.2-2 湖南省洞庭湖区灌溉工程经济效益成果表

年份	农业种植业产值/亿元	农业产值指数	1949 年换算为当年产值/亿元	农业增收产值/亿元	灌溉效益/亿元	
					当年价	2022 年价
1949	4.46	64.4	4.46	—	—	—
1950	5.22	75.3	5.21	0	0	0.00
1951	5.8	83.7	5.8	0	0	0.00
1952	6.93	100	6.93	0	0	0.01
1953	6.92	99.9	6.92	0	0	0.01
1954	6.14	88.6	6.14	0	0	0.02
1955	7.4	106.8	7.4	0	0	0.00
1956	6.95	100.3	6.95	0.01	0	0.01
1957	7.82	112.9	7.82	0.01	0	0.01
1958	8.65	122.8	8.5	0.15	0.06	0.36
1959	8.13	115.3	7.99	0.14	0.06	0.37
1960	7.03	99.7	6.9	0.12	0.05	0.35
1961	6.16	87.3	6.05	0.11	0.04	0.36
1962	7.44	105.6	7.31	0.13	0.05	0.34
1963	6.7	95	6.58	0.12	0.05	0.34
1964	7.48	106.2	7.35	0.13	0.05	0.35
1965	7.8	110.7	7.67	0.13	0.05	0.35
1966	8.99	127.6	8.84	0.15	0.06	0.34
1967	9.41	133.5	9.25	0.16	0.06	0.35
1968	10.01	142.1	9.84	0.17	0.07	0.36
1969	9.8	139.1	9.63	0.17	0.07	0.35
1970	10.34	146.8	10.17	0.18	0.07	0.34
1971	16.07	150.5	10.42	5.65	2.26	10.92
1972	16.61	155.5	10.77	5.84	2.34	10.93
1973	18.69	175	12.12	6.57	2.63	10.91
1974	19.11	179	12.4	6.72	2.69	10.91
1975	20.14	188.6	13.06	7.08	2.83	10.91
1976	20.4	191	13.23	7.17	2.87	10.92
1977	20.51	192	13.3	7.21	2.88	10.91
1978	23.22	217.4	15.06	8.16	3.26	10.90
1979	24.23	226.9	15.71	8.52	3.41	10.91

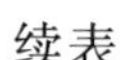
续表

年份	农业种植业产值/亿元	农业产值指数	1949年换算为当年产值/亿元	农业增收产值/亿元	灌溉效益/亿元	
					当年价	2022年价
1980	30.03	218.2	15.11	14.92	5.97	19.88
1981	31.85	231.4	16.03	15.83	6.33	19.89
1982	35.52	258.1	17.87	17.64	7.06	19.88
1983	37.24	270.6	18.74	18.5	7.4	19.88
1984	37.87	275.2	19.06	18.81	7.53	19.88
1985	37.7	273.9	18.97	18.73	7.49	19.88
1986	39.24	285.1	19.74	19.49	7.8	19.88
1987	40.15	291.8	20.21	19.95	7.98	19.88
1988	38.16	277.3	19.2	18.95	7.58	19.88
1989	40.6	295	20.43	20.17	8.07	19.88
1990	89.32	296	20.5	68.82	27.53	67.62
1991	92.46	306.4	21.22	71.24	28.5	67.62
1992	92.68	307	21.26	71.42	28.57	67.65
1993	95.76	317.1	21.96	73.8	29.52	67.67
1994	98.62	326.6	22.62	76	30.4	67.67
1995	102.69	340.3	23.57	79.12	31.65	67.61
1996	104.89	347.4	24.06	80.83	32.33	67.65
1997	113.56	376.2	26.05	87.51	35	67.64
1998	110.23	365.3	25.3	84.94	33.97	67.61
1999	231.23	383.57	26.56	204.67	81.87	155.15
2000	234.62	395.84	27.41	207.2	82.88	152.21
2001	246.41	409.73	28.38	218.03	87.21	154.73
2002	246.76	410.55	28.43	218.33	87.33	154.63
2003	248.61	421.64	29.2	219.41	87.77	151.31
2004	323.51	461.7	31.97	291.54	116.61	183.60
2005	351.96	482.48	33.41	318.55	127.42	191.98
2006	384.61	509.01	35.25	349.36	139.74	199.57
2007	441.34	530.14	36.71	404.62	161.85	221.93
2008	491.67	541.27	37.49	454.19	181.67	243.99
2009	538.22	573.17	39.69	498.52	199.41	252.91
2010	621.47	597.84	41.4	580.06	232.03	282.12
2011	714.3	639.1	44.26	670.04	268.01	304.85
2012	760.43	646.98	44.81	715.62	286.25	321.63
2013	811.45	665.09	46.06	765.39	306.15	334.62
2014	888.74	692.84	47.98	840.76	336.3	352.86

续表

年份	农业种植业产值/亿元	农业产值指数	1949 年换算为当年产值/亿元	农业增收产值/亿元	灌溉效益/亿元	
					当年价	2022 年价
2015	953.45	723.32	50.09	903.36	361.34	363.15
2016	1032.7	750.99	52.01	980.69	392.28	394.24
2017	993.05	773.64	53.58	939.47	375.79	377.67
2018	1033.21	798.1	55.27	977.94	391.18	393.13
2019	1030.11	799.1	54.15	975.96	390.38	392.34
2020	996.93	782.44	51.67	945.26	378.10	379.99
2021	1089.46	793.66	59.36	1030.1	412.04	414.10
2022	1125.76	799.17	64.23	1061.53	424.61	424.61
合计					6284.82	7707.74

注 以 1952 年为基准，2004 年（含）前为推测数。

2.3.3 供水效益

水利建设为湖南省国民经济发展、工农业生产、人民生活提供了必要的供水保障，发挥了重要的支撑作用。中华人民共和国成立初期，供水量呈迅速增长趋势，进入 20 世纪 90 年代以后，洞庭湖区年供水量逐年增长趋于平缓，基本维持在 30 亿～45 亿 m^3 波动。

供水效益的计算方法主要有万元产值分摊系数法、缺水损失法和影子水价法。本次计算供水效益采用影子水价法，即采用水利工程供水量乘以供水综合单价确定供水效益。即：年供水效益＝年供水量×多年平均综合用水单价。

由于农业灌溉用水的效益已在灌溉效益中体现，这里的供水是除去农业供水之外的非农供水部分。重点分析 2010 年以来的非农供水的经济效益。根据调查以及文献所载，取多年平均综合用水单价按 1 元/m^3 计算。经估算，2010—2022 年，洞庭湖区非农供水量约为 516 亿 m^3，则供水效益为 516 亿元。

第七篇　洞庭湖保护与治理的展望

党中央、国务院历来高度重视洞庭湖保护与治理工作，中华人民共和国成立以来，立足不同阶段的发展需求，进行了四个阶段的洞庭湖治理，基本形成了以堤防为基础，上游水库、蓄滞洪区等相配套的防洪减灾工程体系。特别是习近平总书记2018年4月25日亲临洞庭湖，殷殷嘱托“守护好一江碧水”，擘画洞庭湖保护治理蓝图。2021年国务院召开洞庭湖鄱阳湖治理专题会议，高位谋划推动系统治理。湖南省坚决践行“生态优先，绿色发展”理念，省政府分别于2021年、2022年两次召开专题会议研究洞庭湖系统治理工作，明确将“一江一湖四水”作为一个整体，积极应对江湖关系变化，统筹发展与安全，确定“加固、扩容、疏浚、拦蓄”综合治理方案，不断复苏洞庭湖生态功能，持续构筑洞庭湖生态屏障，提高水安全保障能力，已基本构建起洞庭湖防洪减灾、饮水用水、河湖生态三大水安全体系。

由于江湖关系变化、全球气候变化等影响，洞庭湖水安全中的老问题仍有待解决，新问题越来越突出、越来越紧迫。老问题就是洞庭湖地理气候环境决定的水时空分布不均以及由此带来的水灾害，新问题主要是水资源短缺、水生态损害、水环境污染。洞庭湖面临防洪蓄洪体系不完善、饮水水源不优、部分地区供水保障能力不强、水生态环境保护压力增大等问题，水安全保障能力仍存在短板，与长江经济带高质量发展，以及人民群众对美好生活的向往和需求差距较大。

习近平总书记关于治水的重要论述，为新时代洞庭湖保护与治理事业描绘了宏伟蓝图、指明了前进方向，要坚定不移践行“节水优先、空间均衡、系统治理、两手发力”治水思路，进一步增强使命感、责任感、紧迫感，统筹发展与安全，树立底线思维、极限思维，自觉地走好水安全有力保障、水资源高效利用、水生态明显改善、水环境有效治理的洞庭湖保护与治理高质量发展之路，着力推进安澜洞庭、生态洞庭、粮仓洞庭、数字洞庭建设，全力绘就洞庭湖人与自然和谐共生的美好画卷。当前应从洞庭湖区水安全、水环境、水生态和经济服务提升的角度出发，着眼于水文节律修复、水资源保障、固碳增汇及生物多样性提升等多目标的协同修复，开展四口河系综合整治工程、城陵矶水利综合枢纽、洞庭湖生态修复（疏浚）工程以及洞庭湖水资源配置工程等生态环境保护工程，服务于长江经济带绿色高质量发展。

1. 四口水系综合整治工程

该工程是改善江湖关系的关键骨干工程，通过“建闸错峰防洪、疏挖畅洪补枯、控支建库蓄水、引流活水连通”等措施，对松滋河、虎渡河、藕池河、华容河水系进行综合治理，新建松滋口闸错峰防洪，包括疏浚四口水系324km主干河道引水，建设陈家岭河、鲇鱼须河2个支汊水源，配套建设引配水闸站和垸内垸内水系连通，工程投资205亿元，其中湖南省投资106亿元。工程建成后，可以使松澧地区防洪标准从目前的不到20年一遇提高到50年一遇，可恢复灌溉面积约66.06万亩，改善灌溉面积约374.89万亩，四口水系的主干河道断流现状得到极大的改善和缓解，恢复全年通流河段长度约400km。

2. 城陵矶水利综合枢纽

城陵矶水利综合枢纽位于洞庭湖出口段洞庭湖大桥下游1.8km处，轴线总长3532m，从左至右依次布置为：左岸溢流明渠段（1068m）、左岸泄水闸（682m）、船闸（540m）、右岸泄水闸（1196m）、鱼道及右岸连接段（46m），枢纽调度总原则为“畅洪控枯、汛期敞泄”，枯水期恢复洞庭湖出流达到三峡工程建成前的水位节律，最高调控水位27.5m、最低调控水位22～23m。工程定位为恢复和科学调整江湖关系，有效缓解三峡及长江上游水库汛后蓄水初期湖区水位消落过快的趋势，改善湖区湿地生态系统质量和滨湖区灌溉供水条件，连通湖区水运通道、提高航道等级等。城陵矶水利综合枢纽前期研究工作已列入《洞庭湖区综合规划》等相关规划。湖南省已委托中国水利水电科学研究院等单位开展岳阳水利综合枢纽初步方案等洞庭湖生态经济区建设九大专题研究，咨询近10位院士与国家相关部委意见后完成了专题验收，并在专题研究基础上完成了方案论证报告。

3. 洞庭湖生态修复（疏浚）工程

洞庭湖生态修复（疏浚）工程以清淤疏浚为主要工程措施，辅以湿地修复，通过对洞庭湖湖盆清淤疏浚，扩大湖泊容积，以实现恢复洞庭湖水生态空间和行蓄洪能力，扭转洲滩旱地化趋势，提升湿地功能整体性和稳定性的目标。工程统揽洞庭湖湖盆、四口水系、四水尾闾、内湖水系“四域”，统筹河道、洪道、航道、鱼道“四道”功能需求，因地制宜、分区施策。工程初步估算疏浚河道航道1141km（含内湖渠系428km），疏浚湖泊772km^2（含内湖清淤352km^2），疏浚总方量31亿m^3。工程实施后，可扩大湖泊容积29亿m^3，汛期降低洪水位0.1～0.3m；提升13万亩湿地生态质量，枯期增加长江入湖水量18亿m^3，365km断流河道可恢复通流，增加枯水期生态水域空间，降磷固碳；改善灌溉面积约515万亩；提升371km航道通航能力，实现防洪、生态、补水、航运综合效益。考虑为洞庭湖生态修复（疏浚）工程积累宝贵经验，在南洞庭湖黑泥洲率先实施生态修复试点，以生态疏浚为主要措施，配套栖息地恢复、微地形改造、植被恢复生境提升等措施，形成3处生态湖及整片生态浅洲。工程实施后，可有效改善高洲阻水现状，扭转洲滩旱化趋势，营造湖泊-草滩湿地环境，改善湿地植被和动物栖息环境。工程生态修复面积14.29km^2，其中降洲疏浚面积12.68km^2，疏浚量5031万m^3，已于2023年6月启动建设。

4. 环洞庭湖水资源配置工程

环洞庭湖水资源配置工程涉及长江干流以南，湘江长沙枢纽、资水金塘冲、沅江五强溪、澧水青山水轮泵及新墙河铁山水库以下湘鄂两省境内广大丘陵、平原、湖泊水网地区，涉及长沙、岳阳、常德、益阳、荆州5个地级市28个县（市、区），国土面积2.92万km^2，人口1600万人，粮食产量1000万t。工程立足区域水土资源条件，按照“高水高用、低水低用、优水优用、江湖互济”的原则，分西南洞庭片区、四口水系片区和东洞庭片区进行布局，设计灌溉面积1350万亩，实施后新增灌溉面积194万亩，新增耕地17.5万亩（包括耕地后备和农村建设用地复垦），多年平均新增供水量6.58亿m^3，枯水年型下新增供水量10.23亿m^3。工程实施后，可有效保障1350万亩农田灌溉安全，新增粮食产能15亿斤，有效满足1600万人喝上放心优质水需求，有效缓解四口水系河段断流，基本保障主要河湖控制断面最小流量，并改善垸内生态环境。

附　　录

附录一　洞庭湖保护与治理水利工作大事记
附录二　洞庭湖区重点垸和蓄洪垸基本情况
附录三　洞庭湖区水利管理政策法规
附录四　洞庭湖区重要项目文件

附录一 洞庭湖保护与治理水利工作大事记

1949 年

8 月 4 日，中国人民解放军进驻湖南省会长沙，湖南和平解放。

11 月 10 日，湖南省临时政府发布《关于洞庭湖修复溃损堤垸之指示》。是年冬，派出技术干部 22 人分赴湖区 11 个县指导和协助修复溃损工作。1949 年 11 月至 1950 年 4 月底，共修复溃垸 347 个，渍垸 380 个，溃口 709 处，总长 54613m，培修已溃和未溃大堤 3210.7km，完成土方 3237 万 m^3。复堤中，对有碍泄洪或其他原因放弃或缓修的 68 垸，结合县界调整进行并垸，将原有 993 垸合并为 831 垸。

12 月 25 日，中央临时人民政府以“农水字一号”发出指示，沿江沿湖地区“一律禁止私人围垦”。

1950 年

1 月 15 日，大通湖蓄洪垦殖工程开工。经报中央人民政府水利部批准“蓄洪垦殖试验区”，共动员民工近 5.5 万劳力，奋战 6 个月，7 月 1 日基本竣工。工程包括横堤、堵塞、排水等项：横堤南起增福垸的莫公堤庙，中经丁家团湖、金盆北洲、再淤洲、农乐垸、河心洲，北抵三才垸的三吉河坝，全长 16.8km；堵塞工程为增福垸、积庆垸间河口 218m 及普丰、宝三两垸间河口 308m；排水工程为南金湖排水渠 316m、甘港子排水渠 2160m。工程费用大米 838 万斤。

11 月，汉寿县提水工具第一次用机械代替人力，在西湖区的肖古垸安装 1 台 25 马力柴油抽水机。

1951 年

1 月 7 日，湖南省水利局发布《湖南省滨湖各县人民护堤公约（草案）》，公约共 10 条。

1 月，湖南省水利局发布《湖南省滨湖堤垸剅涵管理办法（草案）》，办法共 16 条。

1 月，常德县城东南硚排水闸工程开工建设，历时半年竣工。该闸长 67m，净宽 3.1m，底板高程 30.00m，为 3 孔 7 拱电动闸门，排水量 $670m^3/s$，既可排放内河水与城内渍水，又能方便水上运输。共投工 13 万个，国家投资 31.5 万元（折合成人民币）。此为常德县解放后修建的第一座大型排水工程。

1952 年

3 月 31 日，经毛泽东主席批准，中央人民政府政务院发布《关于荆江分洪工程的规定》。中南军政委员会根据中央指示，决定在长江南岸大堤以西、虎渡河以东的江陵、公安、石首 3 县部分区域建立面积为 $920km^2$ 荆江分洪区，蓄洪水位 42.0m，有效蓄洪量 54 亿 m^3。整个工程包括长江南岸大堤和加修加固荆江分洪区围堤、修建太平口进洪闸（北闸）和黄山头节制闸（南闸）。4 月，动员湘鄂两省的工人、农民和解放军共30万人，其中湖南省有长沙、常德、益阳3个专区的军民、干部共33250人，主要负担黄天湖东西两处堤段。工程于1952年4月5日全面动工，至6月20日全部完工。通过1954年特大洪水的考验，1954年冬为了对蓄洪区南线大堤进行加固，成立湖南省荆江南堤工程指挥部，抽调安乡、南县、宁乡3个县的干部民工共1万余人，担负从南闸至藕池口全长20km的南线大堤加高培厚和块石护坡，1954年12月开工，至1955年11月完成。根据1966年6月长江中游防汛指挥部湖北公安会议精神，1968年冬成立了湖南省荆江分洪南线大堤整修工程指挥部，参加这项工程的有安乡、澧县、常德、汉寿、沅江、南县、益阳7县的干部、民工共56300人，于1968年11月下旬开工，1969年1月完工。

12月10日，整修南洞庭湖工程开工，1953年4月竣工。是年11月10日，湖南省报经中央人民政府和中南军政委员会批准，发出《关于整修南洞庭湖的决定》。整修南洞庭湖工程堵闭了小河口、三里桥、西林港、乔口、刘家河、郭公嘴、高渍湖、跐湖口、黄口潭、塞梓庙、易婆塘、王家河、南湖洲等13处河汊口门，新建新泉寺、南湖洲、塞梓3处排水闸，湘、资两水尾闾地区48个小垸合并为烂泥湖、民主、湘滨南湖3个防洪大圈，缩短堤线454.48km，湘、资两水尾闾从此定型。

1953年

1月22日，在烂泥湖新泉寺水闸开工建设，5月8日建成投入使用。新泉寺水闸为南洞庭湖整修工程的一部分，为当时湖南省第一座新型水闸。水闸全长41m，分8孔，每孔净宽4m、高5m，渠道和引河长4.7km。后于1970年、1985年、1987年进行了几次加固和改进。

11月，长江水利委员会洞庭湖工程处提出《洞庭湖初步整方案》，对整理四水提出4个方案：四水经一条洪道入洞庭湖南；四水并入两条洪道分别进入南、东洞庭湖南；东藕池河开洪道，江水汇华容河入东洞庭湖；松滋、藕池江建闸，调弦口堵塞。其中第3个方案为推荐方案。

是年，沅江县刘家湖（现益阳市资阳区）建成湖南省首座蒸汽排灌站。

1954年

10月18日，湖南省人民政府第二十六次委员会作出《关于修复洞庭湖堤垸工程的决定》。整个工程分为重点工程和一般堤垸两部分，重点工程是把西洞庭湖区、大通湖区和南洞庭湖区三个工区，分别按重点垦区和一般垦区的不同标准进行整修加固；一般堤垸要求堵复溃口，恢复生产。这一次工程建设使洞庭湖区缩短防汛堤线950km，扩大有效蓄洪量62.6亿m^3，增加耕地2万hm^2。堤垸一般都能抗御1949年洪水水位，重点垦区及重点堤可以抗御1954年洪水水位。

1955年

1月6日，常德沅澧垸苏家吉水闸开工建设，经过3个多月的施工，4月14日建成，4月24日开闸放水。苏家吉水闸设计最大流量987m^3/s，共5孔，每孔净宽10m、净高4.74m，闸址位于常德县东，冲天湖间堤与沅水北堤交汇处，南临围堤湖，北从苏家吉河与冲天湖相接。国家投资249.5万元。

4月，长沙市郊东屯渡长善垸电灌站安装2台55kW电机，配套16寸卧式离心泵，灌田1.5万亩，为湖南省最早修建的电力灌溉站。

9月15日，中共湖南省委批准，于下荆江段南岸、东洞庭湖西岸围挽建场，11月7日，湖南省湘潭专区劳动改造管教队在此建立建新总队，1957年改名湖南省建新农场，当年挽垸面积2962hm^2。

1960年冬，经湖南省水利厅批准，在外洲荆江门挽修新垸，挽垸面积1000余hm^2。全场总面积4016hm^2，其中耕地面积2740hm^2。

9月，大通湖垸大东口排水闸（又称五门闸）开工建设，次年1月竣工。该闸位于大通湖垸东部大东口堤上，北为金盆农场，南为沅江县南大市垸（南大垦区），东为漉湖。水闸共5孔，每孔净宽4m，净高5m。设计最大流量100m^3/s。工程总投资163万元，全部为国家投资。

10月28日，汉寿县西湖垸赵家河排水闸开工建设，次年2月24日竣工。该闸共3孔，每孔净宽4m，净高5m，设计最大泄洪量45.6m^3/s，主要是承泄民主阳城垦区252.7km^2的积水，并辅助坡头水闸抢排西湖区的渍水。

11月，洞庭湖堤垸整修工程指挥部动工，兴建洞庭湖有史以来第一座船闸——沅江县黄茅洲船闸。该闸位于草尾河北岸、大通湖大圈沅江县黄茅洲，共耗资173.7万元，全部由国家投资，年运输量在100万t以上。1956年3月20日竣工。

11月20日，沅江县大通湖垸塞阳运河开工建设，12月26日竣工。该运河在沅江县东北部，原为黄茅洲通向漉湖的外河。1954年冬南堵黄茅洲、北塞大东口，被围入大通湖大垸之内而成为内河。但淤塞严重，排灌不畅，航运不通。是年冬，沅江县组织3万劳力用37天时间，完成土方300多万m^3。运河主、支河共长44km，底宽20～50m，河底高程25.50～24.50m，耗资102万元。

是年冬，沅江县在净下洲开始矮堤围挽，至1958年围挽成功，围挽集雨面积870hm^2。琼湖堵汊灭螺工程动工，自此上、下琼湖与南洞庭湖不再相连。

是年冬，安乡县堵仙桃嘴、虾趴脑、虢家洲、六角尾等河口，并安保、安康、安武、安城四垸为一大圈。华容县堵三封寺去彭家桥小河，并全赋、两济垸入新太垸。

是年冬，澧县堵新河口、茱萸桥、梅家港，并大围、永湘为一个大圈。堵南盘、罗家凸（田家口）并天围、孟姜垸为一体。澧县孟姜垸进行濠口裁湾，观音港～张泮渡裁湾。

1956年

1月15日，沅江县大通湖垸黄茅洲船闸开工建设，3月20日竣工。闸外为草尾河，闸内为塞阳运河，为洞庭湖的第一座船闸。工程投资173.7万元，全部为国家投资。

9月，湖南省水利厅与武汉水电设计院共同完成《沅水流域规划报告》。其中防洪要求沅水分担防洪库容220亿m^3。

11月14日，湖南省人民委员会发布《湖南省洞庭湖区堤防涵闸工程管理养护暂行办法》，办法共15条。

是年，长江流域规划办公室提出《湘江流域规划要点报告》，认为湘江干流不宜兴建高坝水库，可结合湘桂运河开发，修建低水头航运梯级，以改善航道条件和合理开发水力资源。

是年至20世纪60年代，洞庭湖区开展血吸虫病防治第二战役，各地贯彻积极防治的方针，采取综合措施，形成群众运动高潮，灭螺面积大。

1957年

1月，展宽松滋洪道竣工。1954年冬至1955年春治湖工程结束以后，即提出了松澧尾闾的工程计划并决定采用不堵塞濠河的松澧基本分流方案。1955年冬展宽了松澧入七里湖河道和松虎澧入湖洪道，上年冬又由常德地区成立张九台移堤工程指挥部，抽调民工5万多人，展宽松滋洪道，对松滋河张九台至小望角一段约7.5km的洪道进行裁弯取直、移堤展宽，工程于当年1月23日结束。

11月，汉寿县蒋家嘴排水闸开工建设，次年4月建成投入使用。水闸净宽13m，两边各3孔为箱涵，中间1孔冲天兼作船闸，7孔连城一体，设计流量583m^3/s，工程总投资320万元。

12月30日，湖南省人民委员会颁发《湖南省洞庭湖区堤水利修防管养组织服务规程》，规程共8章60条，包括总则、组织领导、经费收支、劳力负担、冬修与防汛、检查制度、奖惩办法和附则。

是年，长沙县治理沩水八曲河，沩水改道出新康老虎口，围垦团山湖，建靖港闸。

1958年

2月23日，拟定《关于开展全省水利规划的意见》，对规划内容与要求、规划标准和大体做法与时间安排等方面作了具体安排。规划工作从2月开始，至5月基本结束，湖南省委5月召开全省水利规划会议。沅江县作为代表湖区的重点，以取得经验、全面推广。

5月20日，在国务院总理会议室召开的湘、鄂、赣三省水利会议上决定堵调弦口，并建进水闸，以灌溉华容、石首、岳阳等县部分堤垸和钱粮湖农场的耕地。是年冬，调弦口堵坝，在堵坝中建调弦闸。是年冬，在华容河出口旗杆嘴建设排水闸开工，该闸因有六扇闸门，通称“六门闸”，每孔净高3.5m、净宽3m，闸身总长41m，设计最大流量200m^3/s。

7月，资水柘溪水库开工，1975年6月工程竣工。该工程位于资水干流中游、益阳市安化县境内，控制流域面积22640km^2。水库建成后将下游的防洪标准由原来的6年一遇提高到20年一遇。

10月，汉寿县建设坡头蒸汽机排灌站，安装蒸汽机3台，共1125马力，时为全省之冠。

10月，临湘县为减少黄盖湖地区的洪水灾害，以及控制血吸虫病的感染和消灭血吸虫病，经与湖北省蒲圻县协商同意，按临湘县受益三分之二、蒲圻县受益三分之一的比例筹资投劳，共同围垦黄盖湖荒洲。

是年冬，常德县实施渐水撇洪、灌溉工程，次年夏竣工。该工程于灵泉寺筑坝，腰斩渐水，然后沿渐水西岸山开新河，撇渐水至河洑注入沅水，并在河洑建闸。

1959年

是年冬，实施松澧分流工程，至次年春基本完成。常德地委、荆州地委协商同意实施松澧分流工程，采取堵流并垸、洪道分流的措施，堵塞观音港、挖断岗、青龙窖、濠口、彭家港、郭家口、王守寺、小望角等口，堵松滋东西两支，展宽中支，建珠玑湖、小望角排水闸。

是年冬，华容县兴建南岳庙28375马力蒸汽机埠。新建北景港蒸汽机埠，因设备不配套未投产，次年改建28375马力的蒸汽机埠。

1960年

2月，湖南省人民委员会提出有关《洞庭湖区防洪排灌规划》《荆江区防洪规划》和《虎渡河改道初步设计》的意见。2月13日，湖南省人民委员会发函长江流域规划办公室（会办农子75号），对《洞庭湖区防洪排灌规划》提出6条意见；对《荆江区防洪规划》和《虎渡河改道初步设计》提出五点意见。

6月，长江流域规划办公室完成《下荆江系统裁弯取直初步规划研究》。

1961年

是年冬，屈原农场在古湖地区八尺港兴建机械排灌站，安装PVA轴流泵、20" 丰产离心泵各2

台，相应配动力120马力柴油机和100马力蒸汽锅驼机各2台。

是年，洞庭湖区一批机械排灌站建成。

1962年

3月，湖南省人民委员会农水办印发《洞庭湖区护堤林经营管理条例》。

4月17日，湖南省人民委员会发布《洞庭湖区修防管理委员会工作条例》，条例共8条，包括：总则、组织、干部、任务、权利、代表会、勤俭办水利事业和经费。

8月，少年儿童出版社出版的《十万个为什么（第6册）》，提出“为什么洞庭湖不再是我国第一大湖?”，文中称：长时期来，辽阔的洞庭湖一向被认为是我国第一大湖，距今（当时）20多年前出版的书中记载，它的面积有5000多km^2，就连1941年出版的一本《中国地理基础教程》中，还明确地说我国的湖泊中最大的是洞庭湖。然而时过境迁，洞庭湖却不能永远保持我国第一大湖的名誉了，只过了不到20年时间，据1958年公布的数字，即使在洪水期间，它的面积也只有4350km，而鄱阳湖在洪水期的面积却有5100km^2；论湖水的容积，鄱阳湖有363亿m^3，而洞庭湖却比鄱阳湖少9亿m^3。首次提出洞庭湖为我国第二大湖泊。

是年，为了加速环湖大堤护坡，湖南省水利电力厅在屈原农场推山嘴设预制混凝土板厂，开始在屈原农场、君山农场、建新农场等环湖堤段试用预制混凝土板护坡。

是年冬，湖南省水利电力厅集中三条挖泥船疏浚大通湖，以打通大东口入湘水的水道，并降低大通湖水位。至1965年春基本完成外湖大东口出煤炭湾的渠道工程，余下鲤鱼湖鱼坝以下出煤炭湾一段是黄花滩老河槽新淤积的稀泥，可以水流冲刷扩大。“湘江”“洞庭”两艘挖泥船随由大东口破堤进入大通湖疏浚内湖渠道。

1963年

5月，湖南省人民委员会颁布《湖南省机电排灌经营管理试行办法（草案）》。

8月30日，湖南省湖区规划会议确定《1963年至1972年湖南省洞庭湖区水利建设规划》。

11月，中共湖南省委湘发（63）360号文件颁发《湖南省水利纪律十二条（草案）》。

是年，中国科学院兰州地质研究所黄第籓、杨世倬等人来洞庭湖区进行地貌、第四纪地层、新构造等方面的考察，研究洞庭湖的发展历史。1965年7月在《海洋与湖泊杂志》发表《长江下游三大淡水湖的湖泊地质及其形成与发展》，从地质学的角度对洞庭湖的形成作出了科学探讨，并对洞庭湖、鄱阳湖、太湖进行了对比分析。

是年，临湘县江南垸长江大堤开始抛石护岸，开始了长江护岸工程。岳阳县洪水港开始抛石护岸成矶，改退为守，结束了退垸的历史。

1964年

4月20日—5月6日，水利部副部长张含英视察洞庭湖区，与常德、益阳2地委，8个县委，2个农场以及堤垸、公社、大队、生产队的负责同志座谈。回到长沙后又连续进行了两个星期的研究座谈，参加座谈的有水利部、国家计划委员会、国家经济委员会、中南局计划委员会、长江流域规划办公室等有关单位的负责同志和技术干部共20多人。座谈意见归结为十个问题：歼灭战的范围、设计标准、内湖扩耕、洲土利用、正确处理各方关系、勤俭办水利、工程配套、经营管理、群众自筹能力和工程效益、电源布局。

是年，华容县、岳阳县等地续修华洪运河。该运河是调弦口建闸、钱粮湖围垦的配套工程，能沟通华容至长江的交通，同时兼有撇山水、排渍、灌溉等效益，运河从华容潘家渡起，至岳阳洪水港止，全长32km。1958年冬开挖，1959年春停工。1964年及1971年两次续修配。运河河底宽20m，河底高程25m，先后完成土方1000万m^3。

9月，湖南省人民委员会颁布《湖南省地方供电公司管理工作条例（草案）》。

10月5日，湖南省人民委员会发布《洞庭湖区堤垸修防工费负担及自筹经费使用管理试行办法（草案）》（会字第643号），办法共10条。

10月，湖南省人民委员会发布《关于各种水利设施征收水费试行办法》。

是年，屈原农场撇洪渠按10年一遇设计暴雨标准完成，撇洪面积92km^2，设计流量132m^3/s，新建营田节制闸，4孔4m×4m，底高28.6m。新建李公塘节制闸及人行桥6座。

1965年

是年，湖南省水利电力厅于大通湖主修四季红垸，次年3月竣工后，新建沅江县四季红人民公社，安置柘溪水库移民1.2万人。

是年，建设四季红农场安置柘溪水库移民。益阳地区于冬季抽调南县、沅江、益阳三县劳力，兴建大通湖内四季红农场，面积17km^2，作为安置安化柘溪移民基地。

是年，继续电排歼灭战高湖，再开工建设泵站装机61578kW。

是年，澧县兴建五公嘴排水闸，使澧阳平原和红庙区连成整体，涔水变为内河，防止澧水倒灌。

1966年

6月15日，湖北省水利电力厅写报告给水利电力部，对长江流域规划办公室1964年提出的《荆江防洪补充规划报告》提出意见，不同意增辟荆北中下区分洪工程和荆北放淤，建议以荆江分洪区、弥市扩大分洪区为核心，就近增辟涴西区和淤泥湖区，并在腊林洲和涴市两处主要分洪口建闸控制，为荆江遇较大洪水时，把需要分泄的水量全部拦蓄在荆江上段南岸湖北省垸内。

10月25日，荆江中洲子河湾人工裁弯开工。中洲子河湾位于调弦河湾下游约5km处。1964年8月狭颈区最窄处宽度仅550m。陆上开挖于1966年10月25日开工，次年3月10日竣工，水下开挖于1967年3月8日—5月22日完成，引河总计开挖土方186.7万m^3。经当年汛期冲刷，至冬季成为长江主航道，长4.3km，缩短河长32.7km。1968年汛后，开始进行护岸工程，至1971年汛期为止，经过三期枯季施工和两个汛期的防汛抢护，堤岸基本稳定。

是年，洞庭湖区电排歼灭战基本结束。洞庭湖区电排歼灭战，从1963年至是年春基本告一段落，3年共增加电排装机138102kW，为湖区1963年春电排装机37875kW的2.6倍。

1967年

1月，湖南省水利水电科学研究所编写《洞庭湖变迁史》，最早对洞庭湖的历史演变进行研究，提出当时洞庭湖湖泊面积为3141km^2。

1968年

6—8月，长江流域规划办公室组织长江中下游五省（市）查勘。1969年1月水利电力部召开了长江中下游五省防洪会议，这次会议上提出了1954年型洪水重现，为控制城陵矶水位33.95m（今后逐步提高到34.40m），需要洞庭湖和洪湖各承担160亿m^3蓄洪任务。

10月下旬，大通湖垸五七运河开工建设，12月中旬完工。五七运河南起沅江县草尾乡胜天小垸，北至千山红农场的利贞院北，与大通湖连接，长18km。由南县、沅江县2万余人共同开挖而成。河底宽15m，河底高程26m，边坡1∶2.0。工程投资68万元，全部由国家投资。

11月，荆江上车湾人工裁弯开工。上车湾河弯位于洞庭湖出口城陵矶上游50km处，为以舌形急弯，狭颈宽度仅1.85km。引河陆上开挖工程1968年12月7日开工，次年1月28日完工；引河水下开挖工程1969年2月24日开工，6月3日完工。整个引河开挖土方219万m^3，缩短河长29.8km。

是年，荆江上车湾裁弯截直工程动工。上车湾下距洞庭湖出口约50km裁弯前河段长35.8km，弯颈最窄处宽为1.85km。裁弯工程从“天字一号”处开口，撇开集成垸，使江道直流至砖桥：12月开工，次年6月完工。新河过流后，有不同程度的冲深展宽，但至1969年旱后尚未达到通航要求。1969年11月—1971年1月进行第二期工程，新河于1970年5月成为长江单线航道，1971年5月成为长江主航道。河长由33.5km的流程缩短为3.5km，裁弯比为9∶3，20世纪60—70年代的人工和自然截变发生后长江排泄加速，分洪水入洞庭湖的泥沙大量减少，洞庭湖水面减少和泥沙增加比以前小。

1969年

1月6—15日，水利电力部军管会召开长江中下游五省防洪会议。会议确定：如1954年型洪水重现时，城陵矶保证水位由33.95m逐步提高到34.4m，在洞庭湖蓄洪160亿m^3。1970年，湖南省防汛指挥部以湘防18号文件通知各地，将省革委决定的11个县37个堤（包括农场）作为蓄洪堤垸，并进行蓄洪建设。

1月，南县、沅江、益阳等县3万余人，参加荆江大堤南线整修工程。

3月，岳阳地区长江护坡工程开工。

1970年

6月，常德地区澧水航道整治工程开工，施工人数最多时达1.7万人。至1974年，共完成疏导13.32万m^3，炸礁1.39万m^3，整修纤道5080m，建成慈利县城关通航发电综合利用枢纽工程，共耗资689.89万元。

12月，常德地区在常德县东八官障南实施沅水金石河开挖工程，废金石垸为沅水洪道。河长6.2km，分为大、小汎洲两段。常德地区组织常德、汉寿两县6万民工，开挖大汎洲河（长3.9km）、小汎洲河（长2.3km）及修建姚家湾石矶。1979年冬，再次对淤积的河道进行疏浚。

1971年

11月20日，水利电力部在京召开长江中下游防洪规划座谈会，规定“四五”计划期间的防洪标准，沙市防御水位为45.0m，城陵矶为34.4m，汉口为29.73m，湖口为22.50m。荆江大堤全面加高加固，堤顶超高2m。

长江护岸自1962年冬开始，9年累计完成抛石46.41万m^3，其中临湘1963—1971年累计23.48万m^3，君山1966—1971年累计9.7万m^3，岳阳1964—1971年累计11.04万m^3，华容1970—1971年累计2.19万m^3。1971年以前平均每年5万～6万m^3进度，1972年以后由于中央的支持和山场的建成每年 20 万～30 万 m^3 进度。

11 月至次年 1 月初，水利电力部召开长江中下游规划座谈会，会上重申了 1954 年型洪水重现，为控制城陵矶水位 33.95m（今后逐步提高到 34.4m)，需要洞庭湖、洪湖各承担 160 亿 m^3 蓄洪任务。湖南省也提出了根治洞庭湖的南北分流方案和控湖调洪、河湖分家、堵支并流、束水攻沙方案。

是年，洞庭湖区开始开渠和园田化建设，至 1976 年湖区基本实现园田化。

1972 年

7 月 19 日，下荆江沙滩子河弯自然裁弯。沙滩子河弯位于藕池口下游 37km 处，其狭颈地区经过多年的水流冲刷，至 1971 年 11 月狭颈西侧岸坎至东侧滩面串沟的最小距离仅 250m。是年 7 月 19 日，沙滩子河湾狭颈被水流冲开，形成自然裁弯。

1973 年

7 月 15 日，长江流域规划办公室提出《关于长江中下游平原地区近期防洪排涝方案的意见》，强调荆北放淤工程是一条根本措施，湖北省水利厅提出不同意见。

9 月，澧县堵多安桥，围津市护城堤，小渡口排水闸开工建设，1974 年 4 月竣工投入使用。该工程能防止澧水倒灌，减轻澧水对附近各垸的威胁，有利于通航。

是年冬，常德县东风闸开工建设，1974 年春竣工投入使用。该闸 4 孔每孔宽 5m，高 4.5m，下泄流量 $147m^3/s$，汛期开闸泄洪，平时蓄水灌田，配合金陵水库可灌田 $2000hm^2$。

是年冬，常德县实施肖家湖撇洪治理工程，次年春竣工。主体工程为石门桥撇洪河（原名东风河)。工程总投资 40 万元。撇洪河可撇掉高家湾、八斗湾、龙坛庵等 5 条溪流，共 $64.12km^2$ 面积的山水，使垸内 $1500hm^2$ 农田减轻渍水威胁。

10 月，洞庭湖区的电网建设开始，1974 年夏竣工。第一批工程有新建华容、草尾、安乡、断港头 4 处 110kV 变电站和武圣宫至明山头线 T 接；常德至武圣宫 220kV 升压；常德至断港头、武圣宫至安乡、武圣宫至草尾、南县至华容 4 条 110kV 升压；武圣宫至三仙湖、断港头至龙打吉 35kV 线路德山变电间隔等共 13 个项目。1974 年汛期前完成投产，4 处 110kV 变电站增容 86500kVA。共用经费 526.66 万元。以后又新建南大、康王、岩旺湖、九都等 4 处 110kV 变电站，增容 8 万 kVA。

是年冬，常德地区冲天、柳叶湖撇洪治理工程开工，1978 年春完工。冲天湖、柳叶湖地区总集雨面积 $971km^2$，其中山丘面积 $337.8km^2$。撇洪治理工程采用撇为主，撇、挤、蓄、排结合，将上游山水分别排入撇洪主河，然后通过主河入沅水，并在土硝湖北岸杜家桩处建闸，以备沅水顶托时开闸蓄洪和平时排渍通航。工程共开挖和疏通 11 条撇洪河、渠道，全长 100 余公里；修筑沿河及沿湖 125.6km 的防洪大堤；新建电排站 14 座装机容量 3365kW、涵闸 26 座、主要桥梁 12 座以及附属建筑物 99 处。国家投资 586.4 万元。其中冲柳闸共 4 孔，每孔净宽 4.5m、净高 6.25m，最大泄流量 $160m^3/s$。

是年，洞庭湖区血防工作开始实行“三禁”，即禁止下湖打草，禁止下湖捕散仔鱼，禁止耕牛下湖放牧。急性血吸虫病人大量减少。

1974 年

5 月，水利电力部在京召开审查“荆北防淤工程计划”会议，未能取得一致意见。

11 月 23 日，汉寿县蒋家嘴新闸开工建设，次年 5 月建成投入使用。1957 年在蒋家嘴建设排水闸

1座。为满足山丘区967.56km^{2}集雨面积的洪水宣泄在距闸东南20m处增建一座新闸。新老闸除承担谢家铺、沧水、严家河、太子庙、崔家桥、龙潭桥、纸料洲7条溪河967.56km^{2}集雨面积的泄洪任务外，还沟通汉寿县山、湖区水运交通。

12月1日，益阳明山电排站开工，1976年7月完工。电排站装机6台，每台1600kW，总容量9600kW，设计流量126m^3/s，工程总投资916.33万元，为当时湖南省排水面积最大，装机容量最大的电力排灌站。对大通湖垸南县、沅江2个县18个乡（镇）及大通湖、千山红、金盆、北洲子、南湾湖5大国营农场和大通湖渔场共847km^{2}集雨面积的排涝有重要作用。

12月8日，安乡县安保垸仙桃电排站开工建设，1976年5月完工。该电排站装机2台，单机1600kW，总装机3200kW，受益范围有安丰、安裕、安康等乡，面积1万余公顷。

是年冬，常德县民主阳城垸沙河口电排站开工建设，1975年夏完工。该电排站装机4台，单机800kW，总装机3200kW，总投资384万元，其中国家投资260万元，受益范围有蒿子港区的中河口、蒿子港、洞庭、黑山嘴和黄株洲5个乡和县黑山嘴农场、蒿子港镇等，排渍面积23万亩，灌溉面积5万亩。

11月10日，汉寿县南湖撇洪工程开工，1977年完工。该工程共开撇洪新河41.1km；支渠12条，总长1263.366km；堵口7处，总长6000m；培修大堤10797m；建闸4座；建桥1座；建电力排灌站1个；小机埠23个。完成土石方6000万m^3，用工4398万个，总投资3916万元。工程完成后，受益范围达12个乡（镇）、4个农场及1个渔场，撇洪面积967km^2，保护耕地2.2万hm^2，灌溉面积2000hm^2，扩耕3300hm^2。

12月，华容县花兰窖电排站开工，1975年完工。该电排站装机4台，单机容量800kW，总装机容量3200kW，与北景港（3×155kW）、向阳（2×155kW）、移灵庙（285kW）、三汉河（7×155kW）等机埠一起承担北景港、新河、终南、南山4个乡（镇）共201.52km^{2}集雨面积的排涝任务和灌溉近2333hm^{2}耕地。

是年，烂泥湖撇洪工程开工建设。1979年完工投入使用。是年冬，益阳县组织18万人率先动工，历时3年。1977年，宁乡、湘阴、望城3县也相继动工，于1979年基本完成。该工程将708.57km^{2}山丘等地表水不再入烂泥湖，直接排入湘江；可蓄水2400万m^3，灌溉2000hm^2，其中耕地1533hm^2。

是年冬，安乡县西水东调工程开工建设，至1980年5月基本建成。该工程西起松滋东河，横跨虎渡河、东出藕池河，串联今黄山头、安全、安障、深柳、安生、安昌、安宏、官垱、三岔河9个乡（镇），采用闸、机结合方式，引提松滋东支河水进入虎渡河和藕池西支，解决县境东部、北部常年春、秋旱问题。

1975年

是年夏，常德县沙河口电力排灌站建成。该电力排灌站于1974年破土动工，有4台单机容量各为800kW的机组，总容量为3200kW，为1974年湖区十大重点工程之一。

10月，汉寿县翻水口船闸开工建设，次年6月竣工。该船闸是汉寿县治理南湖重点配套工程之一。闸门宽6m，闸室宽8m，高10.55m，闸室长42m，闸身全长53m。国家投资50万元。

10月，汉寿县岩旺湖电排站开工，1977年7月8日基本建成，1978年6月23日全面竣工。该电排站装机8台，每台800kW，总容量6400kW，设计流量60m^3/s。工程总投资712万元。

10月，益阳县烂泥湖新河电排站开工，1977年建成投产。该电排站装机4台，单机800kW，总装机3200kW，总流量为30m^3/s，国家投资227万元。该工程收益区有欧江岔区的烂泥湖、张家塘、牌口、笔架山、上湖等乡12.3万亩农田，其中8.5万亩耕地可以免除渍涝灾害，扩耕3万余亩，灌溉 1.98 万亩。

10 月 28 日，南县育乐垸县城南洲镇至茅草街镇的南茅运河开工建设，1978 年竣工。南茅运河号称百里长河，全长 41.3km，河面宽 78m，配套工程 103 处，总造价 2500 万元。运河贯穿育乐大垸南北，流经 12 个乡（镇），受益面积 3.4 万 hm^2，其中耕地 2 万 hm^2。

是年冬，常德县谈家河电排站开工，1977 年夏竣工。电排站装机 5 台，单机容量 800kW，总容量 4000kW，时为常德县最大的电排站。该电排站有牛鼻滩区的牛鼻滩、韩公渡、断港头和芦山 4 个乡及牛鼻滩镇等单位受益，排渍面积 24.2 万亩，扩大耕地 5 万亩，灌溉面积 7 万亩。

是年，澧县黄沙湾堵口，截断澹水水至澧水。

1976 年

2 月，益阳县烂泥湖撇洪渠大路坪节制闸开工建设，同年 10 月竣工。该闸为烂泥湖撇洪工程的配套建筑物，工程包括节制闸、公路桥两部分。节制闸共 8 孔，每孔净高 5m、净宽 8m，相应水位上游 36.56m，下游 35.82m，10 年一遇设计流量 1130m^3/s，20 年一遇校核流量 1430m^3/s。公路桥长 110m。工程总投资 169 万元。

9 月，安乡县安保垸六角尾电排站开工，1978 年 6 月竣工。电排站装机 4 台，每台容量 800kW，总装机 3200kW，投资 256.1 万元。建成后与垸内其他中小型电排站承担 1.52hm^2 集雨面积（0.9 万 hm^2 耕地）的排灌任务。

10 月，湘阴县湘资垸东河坝电排站开工建设，1978 年 5 月竣工。装机 2 台，每台容量 800kW，总装机容量 3200kW，单机流量 6.73m^3/s，工程总投资 192.7 万元，其中国家投资 137 万元。湘资垸包括该电排站在内共有外排电排站 19 座 41 台 4515kW，湘资垸控制面积为 129km^2，其中耕地 6044hm^2，根据湘资垸排涝控制运用规划，由该电排站直接排涝的面积为 2200hm^2。

10 月，屈原农场磊石电排站开工建设，1978 年 5 月竣工投产。电排站装机 4 台，单机容量 800kW，总装机容量 3200kW 工程总投资 335 万元，其中国家投资 262 万元。

10 月，汉寿县坡头电排站开工建设，1978 年 6 月建成投产。该站装机 2 台，单机容量 2800kW，总装机容量 5600kW，国家投资 149.15 万元，为全省单机容量最大的电力排灌站。该电排站以排为主，结合灌溉，坡头、鸭子港、文蔚、西港、洲口 5 个乡（镇）261.85km^2 总集雨面积受益，其中耕地面积 1.124hm^2。

10 月，南县育乐垸茅草街船闸开工建设，1979 年 4 月竣工投入使用。该船闸位于南县茅草街镇、南茅运河与松澧洪道交汇处，设计年货运量 100 万 t。

11 月，望城县乔口防洪闸开工建设，1978 年 9 月竣工投入使用。烂泥湖区 710km^2 的山洪和渍水经此泄入湘江。

11 月，湘阴县官港电排站开工建设，1978 年 5 月建成投产。电排站装机 2 台，单机容量 800kW，总装机容量 1600kW，为堤后式泵站，总投资 176.8 万元。该工程受益范围有岭北区躲风亭乡、东港乡、茶壶潭乡、铁角嘴镇及国营渔场，集雨面积 10.8 万亩，受益面积 4.5 万亩。

11 月，南县育乐垸育新电排站开工，1978 年 6 月竣工投产。装机组 4 台，单机容量 800kW，总装机容量 3200kW，排水流量 28m^3/s，总造价 272.84 万元，能解决育乐垸 2 万 hm^2 面积的排渍和 3340hm^2 面积的灌溉。

12 月，望城县靖港电排站开工，1979 年 4 月建成投产。该电排站为湖区唯一的河床式泵站，装机 3 台，每台容量 800kW，总装机容量 2400kW，设计流量 22.8m^3/s，投资 195 万元。左侧有一低排闸与泵站相连，便于枯水时自排入湘江。

1977 年

10 月，益阳县小河口电排站开工，1979 年 8 月竣工投产。电排站装机 4 台，单机容量 800kW，总装机容量 3200kW，总投资 266.7 万元。工程完成后兰溪区 5 个乡（镇）农田受益。

11 月 26 日，沅江县大通湖垸阳罗船闸开工建设，次年 5 月竣工投入使用。该船是黄茅洲船闸的配套工程。闸首净宽 8m，闸室净宽 10m，上、下闸首均设有“人”字钢门，由 5t 电动启闭机开关。

12 月，澧县观音港电排站开工，1980 年 6 月竣工投产。电排站装机 4 台，单机容量 800kW，总容量 3200kW，投资 376.47 万元，为一个以排渍为主的堤后式大泵站。受益区集雨面积 1.26 万 hm^2，其中耕地面积 6700hm^2。

是年，湖南省水利电力勘测设计院在 10 万分之一地形图上测量，得洞庭湖湖水面积为 2740.2km^2，湖泊容积 178 亿 m^3。

是年冬，续建临湘县治湖撇洪工程，建鸭栏排水闸 4 孔 5m×6m，鸭栏电排站（8 台×155kW）、新设电排站（8 台×155kW）开工建设。

是年冬，安乡县五七电排站（10 台×155kW）、湘阴县城西电排站（14 台×155kW）开工建设。

1978 年

10 月，益阳县小河口电排站开工，次年 8 月竣工。该电排站装机组 4 台，单机容量 800kW，总装机容量 3200kW，总造价 272.82 万元。建成后能解决 5 个乡 8020hm^2 耕地的排渍，并扩耕 430hm^2。

12 月，君山农场穆湖铺电排站开工，1980 年 4 月竣工投产。电排站装机 4 台，每台容量 800kW，总装机容量 3200kW，国家投资 320 万元。该工程完成后，排涝面积 13.34 万亩，保证 6.7 万亩耕地可以免除渍涝灾害。

是年冬，岳阳县中洲撇洪一期工程开工，次年 5 月竣工投入使用。撇洪面积 251.7km^2，设计流量 525m^3/s，渠底宽 55m，堤顶高程 36.00～37.00m。中洲撇洪闸为撇洪工程的配套建筑物，共 6 孔，分为两联，每联 3 孔，每孔净宽 4m，净高 7m，造价 133.784 万元，其中国家投资 100.78 万元。中洲撇洪渠撇洪面积 251.6km^2，可保护中洲垸 13 万亩面积（其中耕地面积 7.26 万亩）、5.47 万人不受山丘区客水的威胁。

是年冬，常德县善卷垸天井硚电排站（7 台×155kW）、茅坪电排站（7 台×155kW）、岳阳县中州电排站（8 台×155kW）、汨罗长山电排站（10 台×155kW）开工建设。

1979 年

3 月，沅江县开挖瓦岗湖排水渠道，10 月竣工，沿线 6 个乡 800hm^2 农田受益。

4 月，南县南茅运河重点配套工程茅草街船闸建成。

11 月，华容县石山矶电排站开工，1981 年 6 月竣工。电排站装机 3 台，单机容量 800kW，总装机容量 2400kW。该站与麻里泗（9×155kW＋1×130kW）、天鹅（5×155kW）、万庾（6×155kW）、董家铺（1×285kW）等外排泵站担负护城大内的万庾、护城、鲇市、宋市、新河、城关 6 个乡（镇）的排涝任务。

1980年

4月3日，湖南省人民政府颁布《关于加强洪道管理的通知》（湘政发〔1980〕35号），通知共4条。

6月，在北京召开的长江中下游防洪座谈会议对于洞庭湖区近期防洪措施明确了以下几点：①为了扩大长江的泄量，长江干流重点堤防的防御水位比1954年实际最高水位略有提高，即沙市45.00m、城陵矶34.40m、汉口29.73m，对其余堤防，应按保护面积大小分等确定。②根据上述水位，洞庭湖区1954年洪水需要分洪量为160亿m^3，由于堤垸分散可采取确保重点围垸的办法，使实际有效分蓄洪量不低于上述规定。希望做出相应规划，报长江流域规划办公室和水利部审定。对分蓄洪地区和可能淹没地区都要规划安全措施。③停止围垦湖泊。为了保持长江的湖泊调蓄能力，贯彻多种经营的方针，应当保持现有湖泊水面，停止围垦。④继续有计划地整治上下荆江，以扩大泄洪能力。近十年，要巩固下荆江的整治成果，并适当发展。

10月13日—11月23日，湖南省农业区划委员会组织综合考察洞庭湖区域资源提出《洞庭湖资源综合考察报告》及水利、航运、水产、芦苇、血吸虫、环境等6个专业报告。

10月，沅江县紫红洲电排站开工建设，1982年6月竣工。该站装机4台，单机容量800kW，总装机容量3200kW，为纯排泵站。投资290万元。八形汊哑河西岸渍水排入哑河后，经紫红洲站排入赤磊洪道。该工程配合原有外排机埠，可排除1.25万hm^2面积的渍涝能保证7050hm^2耕地在10年一遇3日暴雨达210mm的情况下不受涝灾。

1981年

6月，葛洲坝水库开始蓄水运用，相对地调节长江上游下泄荆江的水量。

7月9日，湖南省人民政府颁布《关于加强水利管理的通知》（湘政府〔1981〕61号），通知共7条。

7月上旬，水利部召开湘、鄂两省边界水利问题协商会议。两省同意维持原来的河道湖泊现状和1960年在长沙达成的协议，并对有关问题处理如下：①两省为抗旱在相关河道上围筑的临时土坝，包括康家岗、岩土岭、团山寺、大杨树、茅草街5处，分别由两省在洪水到来之际拆除。②拆除王守寺、横河拐、青龙窖、鲇鱼须、湖北合兴垸、九斤麻等处矶头、堵坝及阻水垸，或改为顺直护岸。③拆除九都堵坝，改用渡船维持公路交通；同意横河拐不再扒开，而在永太垸内另行开挖洪道；松滋中支河滩新围垸；同意各垸上下游扒开两个口门，以便汛期行洪。④湖北省垸内长江干流洲滩包括人民外垸、洪湖县南门洲滩等均不得再行围垦或种植芦苇。

11月，复旦大学张修桂的《洞庭湖演变的历史过程》一文发表于中国地理学会历史地理专业委员会主办的《历史地理》（创刊号），对洞庭湖的演变提出了“先由小变大，后由大变小”之说，认为洞庭湖的演变分为三个时期：①河网交错的洞庭湖平原（全新世初至公元3世纪）；②沉降扩展的洞庭湖（4世纪—19世纪中叶）；③淤塞萎缩中的洞庭湖（19世纪中叶至现在）。这一说法为多数学者所认同，中科院《中国自然地理》编辑委员会1982年所出版的《中国自然地理·历史地理》一书，即已采用此说法。

1982年

3月29日，湖南省第五届人民代表大会常务委员会第十四次会议通过《湖南省洞庭湖区水利管

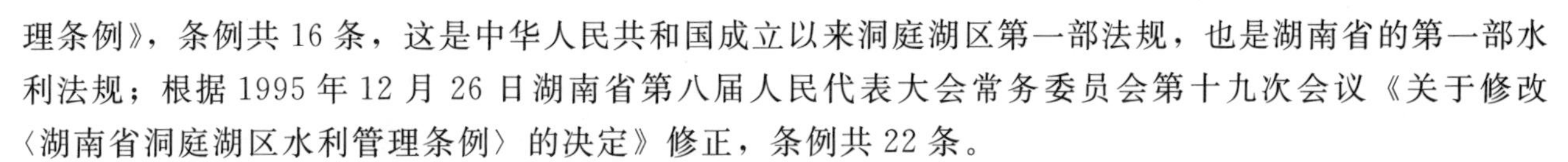

理条例》，条例共16条，这是中华人民共和国成立以来洞庭湖区第一部法规，也是湖南省的第一部水利法规；根据1995年12月26日湖南省第八届人民代表大会常务委员会第十九次会议《关于修改〈湖南省洞庭湖区水利管理条例〉的决定》修正，条例共22条。

3月，洞庭湖区水域综合利用学术讨论会，由省水产学会、水利学会、环境科学学会、农业经济学会、造纸学会、寄生虫研究学会在沅江县联合举行。会议提出《关于洞庭湖区水域存在的问题和综合利用的建议》，认为湖区目前存在的问题主要有：洪涝威胁加剧，泥沙淤积增加，渔业资源减少，水质污染严重，航关多处堵塞，血吸虫病未能消灭。

4月，根据1980年长江中下游防洪座谈会议精神，湖南省水利厅组织编制了《洞庭湖区防洪蓄洪建设规划》。

6月22日，湖南省水利厅发布《湖南省洞庭湖区修防管理单位十条考核标准（试行）》（湖南省水利厅湘水洞字〔1982〕第019号，1987年3月24日湖南省水利厅湘水洞工字〔1987〕第26号修改后发布），标准共10条。

10月下旬，湖南省六个学会联合召开洞庭湖区水域综合利用学术讨论会，会议由省科协委托省水产学会牵头，水利、环境科学、农经、造纸、寄生虫等学会的90多位专家、科技工作者参加。

1983年

3月，湖南省水利水电勘测设计院根据1974—1978年该院航测队实测万分之一地形图资料量算出面积和容积，提出的成果为：湖泊面积2691.2km^2，湖泊容积174亿m^3，湖泊容积系相应于城陵矶水位31.5m（黄海高程）；1954年量算的面积为3915km^2，容积268亿m^3；1977年量算的面积为2740km^2，容积178亿m^3。

8月，国务院研究室在《参考资料》（36期）上刊载《关于荆江防洪问题》一文，长江流域规划办公室认为：荆江大堤如果发生溃决，将死亡50万～100万人，损失财产约400亿元。荆江防洪应以上荆江主泓南移为上策，放淤工程为中策，吹填工程为下策。湖北省和荆州地区意见相反，研究室支持湖北方面的意见，应该在现有的基础上内外加固，继续加固荆江大堤。

11月，湖南省国土委员会办公室向省人民政府和国家计划委员会呈报《洞庭湖区整治开发综合研究任务书》。

12月，水利电力部下发《关于洞庭湖近期治理工程安排的批复》（〔83〕水电水规字第65号）。批复的主要意见为：①洞庭湖是长江中游重要的蓄滞洪区，又是我国重要的商品粮基地，但现在存在的水利问题较多，继续治理是完全必要的。②原则同意将洞庭湖现有的圩垸分为重点圩垸和一般圩垸两类，近期对重点圩垸主要进行垸堤的加高加固，提高防洪标准，使其在较大洪水时不至漫溃；对一般圩垸主要是加强蓄洪的安全建设和堤垸整理，使其能防御一般洪水，在遇到江湖较大洪水（如1954年型）时，可有计划地利用其分蓄洪水，尽量做到不死人。③重点圩垸的堤顶高程，按中华人民共和国成立后最高水位加以下超高即：河堤1.5m、湖堤2.0m进行设计，一般圩垸的堤顶高程原则上应低于重点圩垸堤顶0.5m。④要抓紧洪道治理，扩大排洪通道。⑤由于洞庭湖出现了外河抬高、内湖面积缩小等一些新的情况，对现有电排站进行调整和改建，看来是需要的。⑥水利电力部原则同意在近期举办的各项工作，应逐项编报初步设计，经长江流域规划办公室审查，报部批准后，分年安排实施。

1984年

1月，水利电力部〔84〕水电计字第29号文《关于新增部直供项目和1984年计划投资控制数的通知》，把洞庭湖防洪蓄洪工程由原来的“部商地方项目”改为“部直供项目”。

10月，湖南省水利水电厅组织编制完成《湖南省洞庭湖区近期防洪蓄洪初步设计书》。根据1983年12月水利电力部〔83〕水电水规字第65号《关于洞庭湖近期治理工程安排的批复》：“……近期先安排一些急办的垸堤加高加固、蓄洪安全建设和扩大洪道等工程，……我部原则同意在近期举办的各项工作中，应逐项编报初步设计，经长办审查，报部批准后，分年安排实施”，省水利厅组织与洞庭湖区有关的省、地、县、垸全体职工参加洞庭湖区近期防洪蓄洪工程初步设计工作，从1月开始，历时近10个月完成《湖南省洞庭湖区近期防洪蓄洪工程初步设计书》的编写。10月18—23日在长沙召开设计审查会，参加会议的有水利电力部、长江流域规划办公室、湖南省人民政府、省水利水电厅。该书共八章（自然地理与社会经济、工程地质、防洪蓄洪工程总体规划、工程设计、施工组织、工程概算、水利经济计算、工程管理）。11月，本项初步设计书上报水利电力部、长江流域规划办公室和其他有关单位。

是年，历时8年多的澧水下游三江口电站主体工程建成。该电站控制流域面积1526km^2，占澧水流域面积82.5%。安装发电机组5台，总容量6.25万kW，年发电量3.25亿kW·h。1989年1月28日，第一台机组并网发电。

1985年

1月11日，湖南省人民政府发布《关于加强洪道管理的补充通知》（湘政传电〔1985〕5号）的明传电报，通知共4条。

2月4日，湖南省建设委员会、林业厅、水利水电厅下发《关于洞庭湖区培植安全树兴建安全楼的通知》（〔1985〕湘建乡字第22号、湘林营03号、湘水电洞工字第4号），通知共3条。

6月，林一山向邓小平呈《关于荆江防洪问题的报告》，建议在上荆江主泓南移工程实施前，组织力量加高加固大堤，报告引起了中央的高度重视。

是年，水利电力部批复《湖南省洞庭湖区近期防洪蓄洪工程设计任务书》（〔85〕水电水规字第71号）。

1986年

2月17日，湖南省人民政府发布《关于加强洞庭湖区洪道管理搞好洪道清障工作的通知》（湘政发〔1986〕5号），通知共3条。

2月19日，湖南省人民政府发布《关于严禁破坏水利水电设施的布告》（湘政发〔1986〕2号），布告共8条。

4月，五强溪水库开工建设，1997年12月工程竣工。五强溪水库位于沅水干流下游、怀化市沅陵县境内，控制流域面积83800km^2。水库以发电为主，兼有防洪、航运等综合效益。枢纽由大坝、溢洪道、引水系统及厂房和通航建筑物组成。水库总库容43.5亿m^3，正常水位108m，相应库容29.9亿m^3，正常水位108m以下预留防洪库容13.6亿m^3，为季调节水库。水库建成后可将沅水尾闾防洪标准由建库前的5年一遇提高到20年一遇。

7月，湖南省洞庭湖整治开发研讨会在长沙召开。

9月21日，湖南省人民政府发布《湖南省水利工程水费收交和使用管理办法》（湘政发〔1986〕31号），办法共5章20条，包括：总则、水费标准、收费收交、水费的管理和使用、附则。

是年，国家计划委员会安排实施洞庭湖一期治理工程。主要建设内容包括11个重点堤垸堤防加固、蓄洪安全设施建设、洪道整治、通讯整报系统建设等4个项目。

1987 年

5 月，湖南省人民政府决定今后每年在洞庭湖区开展一次血吸虫病人、病畜同步化疗，收治率应在 80%以上。当年，湖南省拨出专门资金 29 万余元，派出 4500 余名卫生技术人员，对 17 万名患者和 3.7 万头病畜进行医疗。

7 月 20 日，湖南省人民政府发布《湖南省防汛管理办法》（湘政发〔1987〕28 号），办法共 6 章 29 条，包括：总则、洪道管理、防汛抢险、财物管理、奖励与惩罚、附则。

是年，水利电力部以〔87〕水电水规字第 36 号文对《湖南省洞庭湖区近期防洪蓄洪工程初步设计书》提出了修改补充意见，修改补充的主要内容有：增列长春垸为重点堤垸、对部分一般堤垸进行调整（蓄洪垸由 30 个调整为 24 个）。1987 年国家计划委员会以计农〔1987〕19 号《关于审批湖南省洞庭湖区近期防洪蓄洪工程设计任务书的请示》上报国务院，并得到国务院批准，该文于同年以计农〔1987〕第 246 号文转发。

1988 年

6 月，常德马家吉船闸竣工。该工程为马林航线总体工程的组成部分，对沟通沅澧二水、综合开发具有重要作用。

11 月，汉寿续修南湖撇洪河。组织 6 万民工，完成土石方 107 万 m^3，开挖黄土坡至谢家铺河段 4.45km。

12 月，葛洲坝工程全部竣工。葛洲坝水库总库容 15.8 亿 m^3。它的建成对下泄荆江的水量有一定的调节作用。

是年，全国政协原副主席钱正英来洞庭湖考察，并召开治理洞庭湖座谈会，指出：“1980 年，中央确定的洞庭湖治理方针和规划是正确的，要加快实施这个规划”；“洞庭湖是全国治水的难点”，“要抓紧做好下一步治理的规划工作”。

是年，水利部下发《关于湖南省洞庭湖近期防洪蓄洪工程初步设计任务书的审查意见的通知》（〔87〕水电水规字第 103 号），通过了对《湖南省洞庭湖区近期防洪蓄洪工程初步设计书》及《湖南省洞庭湖区近期防洪蓄洪工程设计修改补充报告》的审查。至此，湖南省洞庭湖区近期防洪蓄洪工程正式批准列入国家计划，为水利部直供重点工程。

1989 年

10 月，常德牛鼻滩泵站开工建设，1992 年 9 月建成投产，总装机 4 台 5000kW，设计排水流量 $42m^3/s$。总投资 1800 万元，其中以工代赈资金 100 万元、水利基建投资 1006 万元。

11 月，常德县电排站开工。

是年冬，常德南硒泵站开工建设，1991 年 5 月建成投产，总装机 5 台 4000kW，设计排水流量 $38.5m^3/s$，总投资 1085 万元。

1990 年

3 月，湖南省政府在岳阳市召开全省血防工作会。岳阳会议传达了中央指示，决定成立血防领导小组，增加工作经费和科技力量，继续坚持人畜同步化疗，组织兴修水利结合灭螺。11 月，湖南省政府又在常德召开第二次血防工作会，检查整治工作进展情况，疫情回升的趋势得到控制，5万多名病人得到了治疗。

1991年

3月15日，中共中央原总书记江泽民考察洞庭湖与长江交汇的城陵矶，在船上听取湖南省岳阳市的汇报，了解江湖关系，研究综合整理长江和洞庭湖的措施。

3月，中共中央原总书记江泽民考察洞庭湖与长江交汇的三江口，在船上听取湖南省岳阳市的汇报，了解江湖关系，研究综合整理长江和洞庭湖的措施。

7月18—19日，国务院原副总理田纪云、原国务委员陈俊生率国家财政部、民政部、长江水利委员会等部委的负责人来安乡县指导抗灾救灾工作。

1992年

1月，澧县羊湖口电排站开工建设，1995年6月投入运行。该电排站装机容量4台6400kW，设计流量为82m^3/s，工程总投资3200万元。主要担负澧县澧阳镇、澧东乡、张公庙镇、大坪乡等11个乡（镇）及津市市护市垸、涔澹农场和临澧县部分地区299km^2的排涝任务，排涝受益耕地23.8万亩。

2月，常德市城区防洪大堤改造工程防水墙首次实施浇筑，是常德市建设史上的首次大型现浇工程。

6月29日，湖南省水利水电厅、湖南省计划委员会下发《关于转发水利部、国家计委颁发的〈河道管理范围内建设项目管理的有关规定〉的通知》（湘水电政〔1992〕06号），通知共5条。

8月，江垭水库开工。2003年1月工程竣工。水库以防洪为主，兼顾发电、灌溉、供水、航运等综合效益。枢纽由大坝、地下厂房、斜面升船机和灌溉取水系统组成。水库总库容18.34亿m^3，汛限水位210.6m，防洪库容7.4亿m^3，为年调节水库。水库建成后，可将澧水尾闾防洪标准由建库前的3～5年一遇提高到17年一遇（与皂市水库联合调度，可提高到30年一遇）。

1993年

4月，中共中央政治局原常委、国务院原副总理朱镕基考察洞庭湖区，指示："洞庭湖既是一块宝地，也是一块险地"，"不要等大水淹了洞庭湖再来治理"。"要把洞庭湖作为国家治理大江大河大湖的一个重点，从现在开始就更抓"，主持现场办公会议，形成了《关于湖南省洞庭湖综合治理现场办公会议纪要》。

5月，水利部原部长钮茂生、原副部长何璟检查洞庭湖防汛工作后，要求尽快提出洞庭湖区治理的综合规划，然后在此基础上提出第二期治理计划，尽快使"一期"与"二期"衔接。

7月10日，湖南省第八届人民代表大会常务委员会第三次会议通过《湖南省水法实施办法》；根据1997年6月4日湖南省第八届人民代表大会常务委员会第二十八次会议《关于修改〈湖南省水法实施办法〉的决定》修正。办法共七章四十三条，包括：总则、开发利用、水域和水工程的保护、用水管理、防汛与抗洪、法律责任、附则。

12月25—28日，水利部水利水电规划设计总院会同长江水利委员会对湖南省水利厅组织编制完成了《湖南省洞庭湖区近期（1994—2000年）防洪治涝规划报告》。1995年，国家计划委员会批复了《湖南省洞庭湖区近期治理二期工程规划的报告》（计农经〔1995〕1432号），规划报告提出共需资金约60亿元，其中湖南省要求国家投资26亿元，主要建设内容包括大堤加高加固、蓄滞洪区安全建设、洪道整治、城镇防洪、防汛通信系统、治涝、水利综合灭螺、工程管理等8大项。

是年开始，国家每年安排以工代赈资金8000万元用于洞庭湖区泵站更新改造和建设，以确保洞庭湖部分泵站的电排装机设备正常运行，同时新建大东口、苏家吉、马家吉以及苏河、黄泥坎、蔡家港等大中型泵站。

1994年

7月，中共中央政治局原常委、全国政协原主席李瑞环考察洞庭湖，将洞庭湖近期治理方针概括为："深挖泥，高筑堤，强排涝，救命楼"，指示要把洞庭湖的治理纳入长江治理总体规划，把治江与治湖结合起来，从根本上解决洞庭湖的问题。

是年，三峡工程动工建设。

1995年

3月24—26日，中共中央原总书记、国家原主席江泽民来湖南考察，对洞庭湖的治理作出了重要指示："洞庭湖的治理，是一件大事，要做到未雨绸缪，防患于未然，而不要等到出了问题再来治理，那损失就大了。当然，洞庭湖的治理，需要相当大的投入，要上下共同努力。"

9月，大通湖垸胡子口隔堤修复工程开工建设，12月竣工。共完成土方212.63万m^3，投资3403万元，其中国家投资2003万元、省投资700万元、地方自筹700万元。1996年6月10日，通过了水利部组织的验收。

是年，洞庭湖一期治理工程完成，历时10年。共完成土方2.32亿m^3、石方316.81万m^3、混凝土103.53万m^3。通过工程的实施，湖区11个重点垸的防洪大堤普遍比20世纪80年代以前加高1～2m，加宽了2～3m，可以基本保证在1954年行洪水位情况下不漫堤，24个洪蓄洪安全建设得到加强，较大地提高了湖区堤防的抗洪能力。

是年，国家计划委员会、水利部批准将洞庭湖二期治理列为长江流域重点治理工程，将其列入"九五"计划重点扶持。国家启动了对洞庭湖区11个重点堤垸堤防继续加固和南洞庭湖、藕池河洪道整治等3项工程。1996年开始投资，使重点堤垸抗洪能力得到进一步提高，能基本抗御10～20年一遇的洪水。南洞庭湖、藕池河洪道水流条件得到改善。

1996年

10月，全国政协原副主席钱正英考察洞庭湖。

12月，国务院原副总理邹家华主持研究洞庭湖综合治理问题，形成《研究洞庭湖综合治理问题的会议纪要》，提出洞庭湖治理要坚持"综合治理、治本为主、标本兼治"的总体方针和"南北兼顾，江湖两利，蓄泄兼顾，以泄为主"的工作方针。

是年，洞庭湖区二期治理3个单项工程开工建设，分年度按照湖南省发展改革委和湖南省水利厅联合下达的实施计划逐年组织实施，2009年下达最后一次年度实施计划，2010年工程全部完工，历时15年。

1997年

5月，国家计划委员会批复《湖南省洞庭湖区二期治理3个单项工程可行性研究报告》（计农经

〔1997〕812号）。批复的主要建设内容为：对11个重点垸的防洪大堤存在隐患和险情的堤段进行加固，增设部分防汛公路，整修接长穿堤涵闸；清除南洞庭湖洪道和藕池河水系洪道阻水苇柳，拓宽阻水卡口，疏挖河槽等。按1995年下半年物价水平，核定工程总投资为220139万元，其中11个重点堤垸堤防加固工程投资190326万元、南洞庭湖洪道和藕池河水系洪道整治工程投资29813万元。考虑到洞庭湖对长江中下游防洪的重要作用，中央安排投资84000万元。

12月，水利部组织有关单位对长江水利委员会编制的《洞庭湖区综合治理近期规划报告》进行了审查。1998年4月，水利部对该报告进行了批复（水规计〔1998〕166号），批复洞庭湖区综合治理的主要建设内容包括：大堤加高加固、蓄洪区安全建设、洪道整治、城镇防洪、防汛通信系统、治涝、水利结合灭螺和工程管理。

12月，水利部批复《湖南省洞庭湖区二期治理3个单项工程初步设计报告》（水规计〔1997〕536号）。批复的主要建设内容为与国家计划批复的可行性研究阶段的建设内容相同。按1996年年底物价水平，该3个单项工程总投资23.88亿元，中央补助投资8.46亿元，投资包干使用，其余投资由湖南省负责。

1998年

7月28日，中共中央政治局原常委、国务院原总理朱镕基来到岳阳君山垸和麻塘垸大堤视察防洪抢险工作。

8月23日，中共中央政治局原常委、全国政协原主席李瑞环到岳阳灾区视察，实地查看了麻塘垸、城陵矶等长江险情，并深入君山农场。

9月3日，中共中央原总书记、国家原主席江泽民，中共中央政治局原委员、国务院原副总理温家宝，来到常德抗洪前线，查看灾情，慰问军民，指导抗洪救灾，并深入到安乡县安造垸大堤堵口现场向解放军、武警官兵和群众发表讲话。

10月，长江干堤湖南段湖南省实施部分工程开工。主要建设内容包括：加高扩建堤防142.055km，其中土堤加高培厚133.725km，新建土堤6.931km，新建防洪墙1.400km，堤身防渗处理121.588km，堤基防渗处理69.686km，混凝土预制块等护坡92.110km，内外坡草皮护坡190.600km，修建堤顶防汛公路140.655km，新建、加固护岸工程21.949km，整修加固穿堤建筑物66处。

10月1日，汉寿县岩汪湖电排出水管改造工程开工建设，1999年4月19日正式投入使用。该工程为湖南省首例大泵放出水涵管改造试点工程，总造价1300多万元。

是年，大灾过后，中共中央发出了“灾后重建、整治江湖、兴修水利”若干意见，指导洞庭湖治理向着综合治理的方向跨进。并提出了32字方针：“封山育林，退耕还林；平垸行洪，退田还湖：以工代赈，移民建镇；加固干堤，疏浚河湖。”之后，中央又强调，长江中下游坚持“蓄泄兼筹，以泄为主”的方针。长江尤其是荆江段的治理纳入中央财政预算计划，由中央直接拨款。

是年，汉寿县青山垸开洞庭湖退田还湖、移民建镇之先。这里先于国家颁布相关政策之前，首肇其端，实行退田还湖，垸内村民全部搬到地形较高的蒋家嘴，一次性转变为城镇居民，原来的耕地和住宅地则退为湖面或湿地。

1999年

1月23—26日，长江水利委员会在武汉主持召开《湖南省藕池河水系沱江洪道整治工程可行性研究报告》和《南洞庭湖黄土包河洪道整治工程可行性研究报告》的审查会议。2004年4月27日，长江水利委员会向水利部上报《关于报送〈湖南省藕池河水系沱江洪道整治工程可行性研究报告〉审查意见的报告》(长汛〔2000〕137号)文件，总投资3821.42万元。1999年12月沱江洪道整治工程开工建设，2002年12月建成蓄水。主要建设内容为上下堵坝、上游进水闸、下游排水闸、下游船闸等。

4月，水利部水利水电规划设计总院在长沙对《长江干堤湖南段加固工程可行性研究报告》进行审查。审定堤防设计水位以沙市45.0m、城陵矶(莲花塘)34.4m和汉口29.73m作为控制水位。长江干堤湖南段时有堤长137.04km，加固扩建后设计堤长142.05km，岳阳市城市防洪工程所在的堤段为1级堤防，其余堤段为2级堤防。主要建设内容包括堤身加固、护坡、护岸、堤身渗控、堤基渗控、涵闸加固等。按1998年年底物价水平，工程估算总投资197420万元。

5月31日，为了贯彻落实《中共中央、国务院关于灾后重建、整治江湖、兴修水利的若干意见》(中发〔1998〕15号)，国务院下发《国务院批转水利部关于加强长江近期防洪建设若干意见的通知》(国发〔1999〕12号)。

7月24日，原中共中央政治局常委、国务院总理朱镕基亲临益阳民主垸视察指导防汛工作。次日，朱镕基总理在岳阳城陵矶视察水情。

是年，国家开始投入资金启动河湖疏浚。至2003年，共疏浚河段186处，安排专项资金38279万元。

2000年

2月，水利部批复《长江干堤湖南段湖南省实施部分初步设计》(水总〔2002〕56号)。批复的工程项目建设内容为：加高加固扩建堤防和66座穿堤建筑物，新建1.4km防洪墙，对新沙洲、天字一号、洪水港、荆江门、永济垸、黄盖湖等河段的险工险段进行守护。工程静态总投资180981万元。

3月，水利部水利水电规划设计总院在长沙对洞庭湖区二期治理3个单项工程补充可行性研究报告进行了技术审查(文号：水总规〔2000〕47号)。2001年9月，水利部将洞庭湖区二期治理3个单项工程补充可行性研究报告审查意见上报国家发展计划委员会(文号：水规计〔2001〕304号)。

11月，益阳市大东口泵站开工建设，2003年5月竣工投入运行。该泵站位于大通湖垸五门闸堤段，装机4台、单机容量2500kW，总容量10000kW，设计排水流量90m^3/s。大东口和明山泵站联合运行，承担全大通湖垸的排涝任务，受益区包括南县5个乡镇，沅江市5个乡镇及大通湖区和原南湾湖军垦农场，总面积1025km^2。

11月，常德苏家吉泵站开工建设，2003年6月建成投产。泵站总装机4台6400kW，设计排洪流量156.4m^3/s。工程总投资5487.67万元，其中以工代赈资金1700万元、洞庭湖二期治理资金1625万元。

是年，完成水利结合灭螺工程598处、灭螺面积8000hm^2，其中大堤修护坡结合灭螺168处、灭螺面积2400hm^2，垸内整修渠道灭螺247处、长558km，主洪道清障翻耕垦种灭螺125处、灭螺面积5333hm^2，防浪林种植环境改造111处、灭螺面积270hm^2。工程总投资1532万元。

2001年

3月30日，湖南省第九届人民代表大会常务委员会第二十一次会议通过《湖南省实施〈中华人民共和国防洪法〉办法》，办法共28条。

8月8日，湖南省水利厅下发《关于印发〈湖南省河道管理范围内建设项目防洪评价报告编制大纲〉的通知》(湘水洞管〔2001〕18号)。

12月26日，《湖南日报》第一版刊载《洞庭湖长大五分之一》，文中指出，经过3年综合治理，洞庭湖蓄洪能力增加27亿m^3，扩大蓄水面积554km^2。自明清以来不断萎缩的湖泊，终于出现历史性大转折，面积扩大五分之一。

2002年

4月，长江水利委员会在武汉对《湖南省洞庭湖区平垸行洪退田还湖移民建镇巩固工程建设实施方案》进行了审查。同意对147处已实施平退且堤防完整的双退堤垸设置口门；同意对99处已平退的单退堤垸实施巩固工程建设。工程投资29932.54万元。

3月，长江水利委员会批复《洞庭湖区汉寿县围堤湖垸分洪闸工程初步设计报告》（长计〔2002〕109号）。11月27日该工程开工建设，2004年主体工程完工，2005年4月全部完工并通过验收。工程总投资5775.02万元。

3月，长江水利委员会批复《洞庭湖区澧县澧南垸分洪闸工程初步设计报告》（长计〔2002〕110号）。11月19日该工程开工建设，2004年10月主体工程完工，2007年7月全部完工。工程总投资5670.37万元。

6月，中共中央政治局原常委、国务院原总理朱镕基在视察湖南时提出“恢复洞庭湖的浩浩汤汤”，明确指出：“洞庭湖的发展要有一个长远规划，在沿湖以外的地方规划几个城市，把基础设施逐步建设好，然后一年一年把人往里搬。围着湖的几个大城市，将来是旅游城市。”百日之后，国务院发展改革委配合湖南省政府联合编制出台了《2010—2015洞庭湖4350还原工程计划》。“4350”指湖泊水面恢复到4350km^2。

6月8日，原中共中央政治局常委、国务院总理朱镕基在有关部委和省委、省政府主要领导陪同下，视察全国抗洪抢险、抗旱新技术新产品演示现场和长江干堤的建设情况，称赞“湖南的长江大堤我比较放心”，提出“恢复洞庭湖的浩浩汤汤”。

2003年

4月，农业部开始全面实施长江禁渔期制度，每年为期3个月，即4月1日—6月30日。

6月，三峡工程第一期工程竣工，10月25日—11月5日，三峡水库蓄水至139m。

10月2日，中共中央原总书记、国家原主席胡锦涛视察洞庭湖区岳阳君山区荆江南岸大堤，察看长江大堤的加固和洞庭湖的治理情况。

是年，湖南省血吸虫病患者达21万人，占全国血吸虫病人总人数的1/4，病人主要集中在岳阳、常德、益阳三地，上述地区分别处于洞庭湖的东面、南面、西面，气候温润，河网密集，非常适合钉螺的生长，而钉螺就是血吸虫幼虫成长的载体。

10月，中共中央原总书记、国家原主席胡锦涛视察岳阳君山区荆江南岸大堤，察看长江大堤的加固和洞庭湖的治理情况。

2004年

2004年2月8日，皂市水库开工。2008年12月工程竣工。水库建成后，与江垭水库联合调度，可将澧水尾闾防洪标准由建库前的3～5年一遇提高到30年一遇。

5月18—20日，全国血防工作会议在岳阳市召开。国务院原副总理吴仪出席会议，考察洞庭湖区的血防工作，并当场表示国家对湖南巨脾型晚期血吸虫病人的救治支持500万元专项经费，要求国家有关部委对湖南的工作给予倾斜支持。

11月27日，湖南省地质作者完成《洞庭湖水患区环境地质调查评价》课题研究。对定量数据的研究表明，洞庭湖区地壳总体呈沉降趋势。

是年，由于长江干堤抗御洪水能力得到显著提高，水利部对长江城陵矶防汛特征水位进行了调整，原是“三防水位”即防汛水位31.0m、警戒水位32.0m、保证水位34.55m，调整为“两防水位”即警戒水位32.5m、保证水位为34.55m。

2005年

3月10—20日，湖南省人大环境资源保护委员会会同省发展改革委、省环保局、省林业局、省畜牧水产局及世界自然基金会等单位调查，洞庭湖区种杨树之风始于20世纪90年代末，至2002年，种植面积已达85万亩，2005年，仅沅江市就计划新种30万亩。从2002—2005年夏，常德新种杨树93万亩，历年累计突破150万亩。东洞庭湖自然保护区核心区内，覆盖了1000亩意大利杨；团洲、北湖等地的杨树已向洞庭湖深处“挺进”1200m。在调研中，不少专家学者对此发出警告：洞庭湖区的“种场热”应当尽快降温。

6月，长江水利委员会批复《洞庭湖区澧县西官垸分洪闸工程初步设计报告》（长计〔2005〕373号）。11月11日该工程开工建设，2007年10月完工并通过验收。工程总投资6167.75万元。

8月，国家发展改革委批复《湖南省洞庭湖区钱粮湖、共双茶、大通湖东垸3个蓄洪垸围堤加固工程项目建议书》（发改农经〔2005〕1401号）。

9月，水利部水利水电规划设计总院对中国灌溉排水发展中心报送的《中部四省大型排涝泵站更新改造规划》进行了审查并上报水利部（上报文号水总规〔2005〕532号）。湖南省列入更新改造的大型排涝泵站29处、115座、总装机28.7万kW，包括牛鼻滩、坡头、观音港、六角尾、仙桃、五七、明山、育新、紫红洲、新河、小河口、永丰、花兰窖、石山矶、南岳庙、铁山嘴、官港、城西、沙河口、谷花洲、黄沙湾、磊石、岩汪湖、广兴洲、穆湖铺、南硆、王家河、悦来河、木鱼湖等。

是年，洞庭湖区平垸行洪、退田还湖、移民建镇工程完成。国家在1998年大水后确定的任务。湖区实施平退措施的范围涉及长沙、湘潭、岳阳、常德、益阳5市，29个县（市、区、场），333处堤垸，分双退（退人又退耕）、单退（退人不退耕）两种。从1998年开始，国家分四批下达派庭湖区平退搬迁安置任务，安排移民建房补助和基础设施建设补助资金26.5亿元。按照“立足当前，着眼长远，方便生产，有利生活”的原则，实行分散安置和集中安置并重，共计新扩建移民集中安置点约720处，至2005年，完成333个堤垸的158333户、558522人移民搬迁安置任务，完成移民建镇投资26.5亿元。1999年以来，湖区先后建成了汉寿围堤湖垸、澧县澧南垸、澧县西官垸等3处分洪闸和5处单退垸的进洪退洪设施，平废了112处双退院的阻洪堤坝。

2006年

9月16日，全国水产原种和良种审定委员会组织专家对湖南洞庭湖鱼类良种场进行了国家级资格验收。其产品远销全国各地，优化了湖南及周边省市养殖生产的品种结构。

10月21日，国务院原总理温家宝在《新华社内参》上作出批示：“要重视洞庭湖的生态环境保护和污染防治工作。请国家环保总局、水利部、湖南省政府参阅、研处。”此前，洞庭湖区造纸企业达101家，年排放废水1.07亿t。除2家企业有较完善的污水处理设施外，其余造纸业规模偏小，违法直接向洞庭湖排污行为非常突出，对周边环境污染严重。

11月，华容河、沱江水利血防工程开工。华容河项目国家投资2100万元，省财政投资90万元；

沱江项目国家投资2334万元、省财政投资46万元。

12月，水利部水利水电规划设计总院在北京对《洞庭湖区钱粮湖、共双茶、大通湖东垸三垸蓄洪工程围堤加固工程可行性研究报告》进行审查。2009年，国家发展改革委批复该报告（发改农经〔2009〕2734号）。

是年，国家发展改革委批复《全国血吸虫病综合治理水利专项规划（2004—2008年）》（发改农经〔2006〕1274号）。湖南省长沙、株洲、岳阳、常德、益阳市列入该规划范围，规划的主要项目包括：河流综合治理长度879km、血防投资84963万元，人畜饮水解困人数42万人、血防投资16567万元，节水灌溉渠道硬化长度894km、血防投资28088万元，水利行业血防规划投资5810万元，血防投资合计135428万元。

是年，国家发展改革委批复《洞庭湖区钱粮湖、共双茶、大通湖东垸蓄洪工程试点项目层山安全区围堤工程可行性研究报告》（发改农经〔2006〕1740号）。批复的工程主要建设内容为：新建加固安全区围堤26.53km，其中新建围堤12.23km，加固围堤14.3km；穿堤建筑物8座。工程总投资为32536万元。

2007年

2007年1月12日，益阳市赫山区新河排涝泵站更新改造工程开工建设，2012年12月30日完工，2013年7月竣工。该工程更新改造前共有排涝泵站10座、装机58台、总容量12225kW，改造后为10座、装机58台、总容量13630kW。工程总投资4310万元。

4月15日，第二届长江论坛高峰论坛在湖南长沙举行，来自水利部、环保总局、林业局等部委，长江流域11个省（自治区、直辖市）人民政府、国家发展改革委、交通部、农业部相关司局、中科院及所属科研院所、清华大学、武汉大学等高校，中国长江三峡工程开发总公司，以及20多个国家与地区的相关政府机构、组织和企业的近400位代表，围绕“长江与洞庭湖”这一主题，进行了广泛交流和深入探讨，并共同发表了《保护洞庭湖行动纲领——第二届长江论坛和长沙宣言》。

8月3日，益阳市明山排涝泵站更新改造一期工程开工建设，2009年6月主体工程完工，2014年6月竣工。该工程包括明山主排泵站和10座协排泵站，更新改造前共有排涝泵站11座、装机47台、总容量16780kW，改造后为11座、装机47台、总容量21502kW。工程总投资6620万元。

8月16日，岳阳市临湘市铁山嘴大型排涝泵站更新工程开工建设，2009年4月20日主体工程完工，2011年9月竣工。该工程更新改造前共有排涝泵站4座、装机32台、总容量8080kW，改造后为4座、装机27台、总容量9870kW。工程总投资3045万元。

10月3日，常德市汉寿县岩汪湖排涝泵站更新改造工程开工建设，2009年12月完成到位资金项目工程建设并投入运行，2012年8月竣工。该工程包括岩汪湖主排泵站和2座协排泵站，更新改造前共有排涝泵站3座、装机22台、总容量8390kW，改造后为3座、装机22台、总容量13440kW。工程总投资3240万元。

10月29日，湖南省与水利部长江水利委员会在长沙共同举办了洞庭湖开发与保护汇报会，就洞庭湖区的治理、开发与保护工作进行了专题座谈和研讨。会上，全国政协原副主席、中国工程院院士钱正英同志指出三峡工程即将建成，为全面治理洞庭湖创造了条件，当前长江防洪的重点在中游，中游防洪必须要解决好洞庭湖的问题。2007年11月，湖南省人民政府致函水利部请求将洞庭湖区综合治理作为下阶段国家水利建设重点，同时，向国务院上报了《关于将洞庭湖综合治理列入国家水利建设重点项目的请示》（湘政〔2007〕24号）。与此同时，水利部向国务院上报了《水利部关于进一步加强洞庭湖治理开发与保护的报告》（水规计〔2007〕544号），提出了近期要做好洞庭湖合理开发与保护的有关工作。12月，国务院领导明确要求：应将洞庭湖综合治理作为水利建设重点项目列入规划。

11 月 15 日，常德市南碚排涝泵站更新改造工程开工建设，2010 年 3 月主体工程完工，2014 年 9 月竣工。该工程包括南碚主排泵站和 1 座协排泵站，更新改造前共有排涝泵站 2 座、装机 10 台、总容量 8000kW，改造后为 2 座、装机 12 台、总容量 11000kW。工程总投资 4404.58 万元。

12 月 27 日，益阳市资阳区永丰排涝泵站更新改造工程开工建设，2009 年 5 月主体工程完工，2013 年 3 月竣工。该工程更新改造前共有排涝泵站 5 座、装机 37 台、总容量 5735kW，改造后为 5 座、装机 37 台、总容量 7525kW。工程总投资 1920 万元。

是年，城西垸、民主垸、安澧垸、大通湖东、双茶垸和钱粮湖垸修建安全台 45 处、面积 380 万 m^2，安全区 4 处、面积 32.87km^2，转移道路 50 条 250km，转移桥 24 座，工程投资 6.5 亿元。

是年，湖南省根据水利部编制的《全国血吸虫病综合治理水利专项规划》(2004—2008 年)，纳入水利血防项目规划的总投资达 13.54 亿元，主要包括河流综合整治工程、节水灌溉工程、水利行业职工血防，其中水利血防工程规划总投资 12.96 亿元。2005 年以来，已实施完成株洲白石港、华容河、沱江、涉水、湘江等 5 处血防灭螺工程；2007 年再下达实施了湘江、涔水、汨罗江、华容河等续建项目投资计划。截至 2007 年，已累计下达水利血防专项投资 4.19 亿元。

是年，沅江市城区五湖连通工程开工建设，2013 年年底基本建成。主要建设内容包括：修建小河咀引水闸，修复汲水港、边山、桔园桥、胜利闸 4 处运河，开挖巴山路、杨泗桥 2 处人工运河，改(扩) 建 6 座控制水闸、扩建 8 座桥梁，以及河道清淤、河道整治等。工程总投资 21.90 亿元。

2008 年

7 月 10 日，水利部会同湖南省人民政府在岳阳主持召开长江干堤湖南段湖南省实施部分竣工验收会议。

9 月，层山安全区试点工程开工建设。2009 年，钱粮湖层山安全区建设试点工程主体竣工。

10 月 16 日，岳阳市华容县石山矶排涝工程更新改造工程开工建设，2010 年 12 月 29 日完工，2014 年 11 月竣工。该工程包括石山矶主排泵站和 3 座协排泵站，更新改造前共有排涝泵站 4 座、装机 24 台、总容量 5655kW，改造后为 4 座、装机 24 台、总容量 5705kW。工程总投资 1970 万元。

12 月 6 日，岳阳市君山区穆湖铺排涝工程更新改造工程开工建设，2010 年 5 月主体工程完工，2014 年 11 月竣工。该工程包括穆湖铺主排泵站和 3 座协排泵站，更新改造前共有排涝泵站 4 座、装机 15 台、总容量 4680kW，改造后为 4 座、装机 15 台、总容量 4815kW。工程总投资 1681 万元。

12 月 6 日，岳阳市临湘市谷花洲排涝工程更新改造工程开工建设，2009 年 6 月主体工程全部完工，2014 年 11 月竣工。该工程包括谷花洲主排泵站和 6 座协排泵站，更新改造前共有排涝泵站 7 座、装机 34 台、总容量 8425kW，改造后为 7 座、装机 34 台、总容量 8705kW。工程总投资 1910 万元。

12 月 8 日，益阳市沅江市紫红洲排涝工程更新改造工程开工建设，2010 年 5 月主体工程完工，2013 年 5 月竣工。该工程包括紫红洲主排泵站和 16 座协排泵站，更新改造前共有排涝泵站 17 座、装机 67 台、总容量 13240kW，改造后为 17 座、装机 67 台、总容量 15195kW。工程总投资 4090 万元。

12 月 10 日，岳阳市湘阴县城西排涝工程更新改造工程开工建设，2010 年 6 月 30 日全面完工，2015 年 1 月竣工。该工程包括城西主排泵站和 2 座协排泵站，更新改造前共有排涝泵站 3 座、装机 23 台、总容量 4410kW，改造后为 3 座、装机 23 台、总容量 4535kW。工程总投资 1825 万元。

12 月 25 日，常德市安乡县六角尾排涝工程开工建设，2010 年 4 月 28 日完工，2013 年 7 月竣工。该工程包括六角尾主排泵站和 2 座协排泵站，更新改造前共有排涝泵站 3 座、装机 20 台、总容量

5068kW，改造后为 3 座、装机 20 台、总容量 6880kW。工程总投资 1575 万元。

12 月 25 日，常德市澧县黄沙湾排涝工程更新改造工程开工建设，2010 年 5 月 21 日主体工程全部完工，2014 年 9 月竣工。该工程包括黄沙湾主排泵站和 12 座协排泵站，更新改造前共有排涝泵站 13 座、装机 66 台、总容量 9570kW，改造后为 13 座、装机 66 台、总容量 11455kW。工程总投资 2537 万元。

12 月，岳阳市屈原区磊石排涝泵站更新改造工程开工建设，2010 年 6 月完工，2015 年 1 月竣工。该工程更新改造前共有排涝泵站 4 座、装机 28 台、总容量 8355kW，改造后为 4 座、装机 28 台、总容量 8415kW。工程总投资 5125 万元。

12 月，水利部长江水利委员会对《湖南省洞庭湖区围堤湖等 10 个蓄洪垸堤防加固工程可行性研究报告》（围堤湖、澧南、西官、城西、民主、屈原、九垸、建新、安澧、安昌）进行审查。2010 年 6 月，国家发展改革委批复了该报告（发改农经〔2010〕1352 号）。

12 月，水利部长江水利委员会在武汉对《湖南省洞庭湖区围堤湖等 10 个蓄洪垸堤防加固工程可行性研究报告》进行审查。2010 年 6 月，国家发展改革委批复了该报告（发改农经〔2010〕1352 号）。

2009 年

1 月 6 日，常德市鼎城区沙河口排涝工程更新改造工程开工建设，2011 年 4 月主体工程完工，2015 年 10 月竣工。该工程包括沙河口主排泵站和 3 座协排泵站，更新改造前共有排涝泵站 4 座、装机 25 台、总容量 7180kW，改造后为 4 座、装机 25 台、总容量 7650kW。工程总投资 1885 万元。

1 月 8 日，常德市安乡县五七排涝工程站更新改造工程开工建设，2010 年 12 月日主体工程完工，2013 年 7 月竣工。该工程包括五七主排泵站和 5 座协排泵站，更新改造前共有排涝泵站 6 座、装机 38 台、总容量 5890kW，改造后为 6 座、装机 38 台、总容量 6890kW。工程总投资 3090 万元。

1 月 8 日，岳阳市华容县南岳庙排涝工程更新改造工程开工建设，2010 年 5 月 12 日完工，2014 年 11 月竣工。该工程包括南岳庙主排泵站和 6 座协排泵站，更新改造前共有排涝泵站 7 座、装机 36 台、总容量 5580kW，改造后为 7 座、装机 36 台、总容量 5760kW。工程总投资 2939 万元。

1 月 8 日，岳阳市华容县花兰窖排涝工程更新改造工程开工建设，2010 年 1 月 23 日完工，2014 年 11 月竣工。该工程包括花兰窖主排泵站和 3 座协排泵站，更新改造前共有排涝泵站 4 座、装机 20 台、总容量 6010kW，改造后为 4 座、装机 20 台、总容量 6060kW。工程总投资 2744 万元。

1 月 9 日，岳阳市湘阴县王家河排涝工程更新改造工程开工建设，2010 年 4 月主体工程完工，2015 年 1 月竣工。该工程包括王家河主排泵站和 5 座协排泵站，更新改造前共有排涝泵站 6 座、装机 32 台、总容量 5595kW，改造后为 6 座、装机 30 台、总容量 5860kW。工程总投资 3376 万元。

1 月 9 日，常德市汉寿县坡头排涝工程更新改造工程开工建设，2011 年 7 月 30 日全部完工并投入运行，2015 年 10 月竣工。该工程包括坡头主排泵站和 5 座协排泵站，更新改造前共有排涝泵站 6 座、装机 41 台、总容量 11880kW，改造后为 6 座、装机 41 台、总容量 15065kW。工程总投资 5158.81 万元。

1 月 10 日，常德市安乡县仙桃排涝工程更新改造工程开工建设，2010 年 6 月主体工程完工，2012 年 7 月竣工。该工程包括仙桃主排泵站和 2 座协排泵站，更新改造前共有排涝泵站 3 座、装机 15 台、总容量 6205kW，改造后为 3 座、装机 15 台、总容量 6740kW。工程总投资 2671 万元。

1 月 12 日，常德市澧县观音港排涝工程更新改造工程开工建设，2010 年 7 月完工，2014 年 9 月竣工。该工程包括观音港主排泵站和 4 座协排泵站，更新改造前共有排涝泵站 5 座、装机 22 台、总容量 6550kW，改造后为 5 座、装机 21 台、总容量 7285kW。工程总投资 3289 万元。

1月15日，岳阳市君山区广兴洲排涝工程更新改造工程开工建设，2010年4月主体工程完工，2014年11月竣工。该工程包括广兴洲主排泵站和5座协排泵站，更新改造前共有排涝泵站6座、装机28台、总容量7210kW，改造后为6座、装机22台、总容量7235kW。工程总投资2435万元。

1月15日，岳阳市君山区悦来河排涝工程更新改造工程开工建设，2012年3月工程完工，2014年11月竣工。该工程包括悦来河主排泵站和4座协排泵站，更新改造前共有排涝泵站5座、装机33台、总容量7695kW，改造后为5座、装机33台、总容量7840kW。工程总投资3629万元。

1月15日，岳阳市湘阴县官港排涝工程更新改造工程开工建设，2010年4月主体工程完工，2015年1月竣工。该工程包括官港主排泵站和3座协排泵站，更新改造前共有排涝泵站4座、装机12台、总容量5680kW，改造后为4座、装机12台、总容量6480kW。工程总投资2610万元。

1月20日，益阳市南县、沅江市、大通湖区明山排涝工程（二期）更新改造工程开工建设，2010年11月主体工程全部完工，2014年6月竣工。该工程包括大东口主排泵站和18座协排泵站，更新改造前共有排涝泵站19座、装机75台、总容量21055kW，改造后为19座、装机75台、总容量23070kW。工程总投资7062万元。

2月20日，益阳市赫山区小河口排涝工程更新改造工程开工建设，2011年4月主体工程完工，2015年9月竣工。该工程包括小河口主排泵站和19座协排泵站，更新改造前共有排涝泵站20座、装机61台、总容量12035kW，改造后为20座、装机61台、总容量13900kW。工程总投资3750万元。

4月10日，益阳市南县育新排涝工程更新改造工程开工建设，2010年5月25日完成合同工程建设，2012年12月竣工。该工程包括育新主排泵站和11座协排泵站，改造后为13座、装机63台、总容量14280kW。工程总投资4025万元。

6月6日，常德市鼎城区、武陵区牛鼻滩排涝工程更新改造工程开工建设，2011年3月11日全部完工并投入运行，2015年10月竣工。该工程包括牛鼻滩主排泵站和5座协排泵站，更新改造前共有排涝泵站6座、装机33台、总容量12850kW，改造后为6座、装机33台、总容量12870kW。工程总投资8126万元。

11月，钱粮湖垸蓄洪工程围堤加固工程开工建设，2020年12月完工。主要建设内容包括：堤身加培83.485km、堤身防渗处理42.431km、堤基防渗处理42.297km、堤身硬护坡18.94km、草皮护坡77.364km、填塘固基9.961km、护岸1.5km、防浪林18.84km、护堤林106.301km、堤顶防汛路98.257km、上堤坡道38处、上堤踏步21处、重建穿堤建筑物16座、改建穿堤建筑物11座、加固接长穿堤建筑物32座等。初步设计总工期36个月，总投资68181万元。

11月2日，湘潭市岳塘区木鱼湖排涝工程更新改造工程开工建设，2010年3月25日完工，2022年12月竣工。该工程包括木鱼湖主排泵站和2座协排泵站，更新改造前共有排涝泵站3座4905kW，改造后3座6860kW。工程总投资4218万元。

11月14日，岳阳市湘阴县许家台泵站更新改造工程开工建设，2014年9月主体工程完工，2019年12月竣工。该工程更新改造前共有排涝泵站45座、装机108台、总容量16511kW，改造后为45座、装机108台、总容量17254kW。工程总投资7298万元。

11月20日，益阳市南县鱼尾洲泵站更新改造工程开工建设，2014年6月主体工程完工，2019年12月竣工。该工程更新改造前共有排涝泵站30座、装机101台、总容量16630kW，改造后为30座、装机101台、总容量19365kW。工程总投资7561万元。

12月11日，益阳市赫山区大丰泵站更新改造工程开工建设，2015年4月主体工程完工，2019年12月竣工。该工程更新改造前共有排涝泵站27座、装机75台、总容量11785kW，改造后为27座、装机75台、总容量13233kW。工程总投资5858万元。

12月15日，益阳市资阳区南门桥泵站更新改造工程开工建设，2014年11月9日主体工程完工，

2019年12月竣工。该工程更新改造前共有排涝泵站13座、装机50台、总容量6735kW，改造后为13座、装机45台、总容量7130kW。工程总投资4283万元。

12月，水利部水利水电规划设计总院在北京对《洞庭湖区钱粮湖、共双茶、大通湖东垸三垸蓄洪工程围堤加固工程初步设计报告》进行审查。2010年国家发展改革委批复该报告（发改农经〔2010〕345号）。

2010年

1月，国务院决定在城陵矶附近建设分蓄100亿m^3洪水的蓄滞洪区。根据湖南、湖北对等的原则，洞庭湖蓄滞洪区湖南部分承担50亿m^3分洪任务，包括钱粮湖、共双茶、大通湖东3垸，主要建设项目包括：围堤加固工程、分洪闸工程和安全建设工程。2009年，钱粮湖垸层山安全区建设已开展试点，围堤主体工程于2010年竣工。

6月，国家发展改革委批复围堤湖等10个蓄洪垸堤防加固工程初步设计报告编制，批复工程总投资30.45亿元。

9月，水利部长江水利委员会对《湖南省洞庭湖区围堤湖等10个蓄洪垸堤防加固工程初步设计报告》进行审查。2011年，国家发展改革委对初步设计概算进行了核定（发改投资〔2011〕1679号）。2011年10月，水利部批复该报告（水规计〔2011〕558号）。批复的主要建设规模为：加高培厚堤防长度251.734km；堤身隐患处理及防渗堤防长度233.92km；堤基渗控堤防长度198.405km；填塘固基80.922km，填塘面积289.54km^2；临水侧硬护坡堤防长度224.868km，草皮护坡44.069km，水下护脚堤防长度82.542km；背水侧草皮护坡214.773km；穿堤建筑物重建29座、改建66座、整修加固34座。工程总投资324168亿元。

11月，围堤湖等10个蓄洪垸堤防加固工程开工。围堤湖等10个蓄洪垸包括围堤湖、安澧、安昌、西官、澧南、九垸、城西、建新、屈原、民主等，行政区划涉及常德、岳阳、益阳3市的汉寿、安乡、澧县、湘阴、屈原、汨罗、资阳、沅江等8个县（市、区）和岳阳监狱管理局。工程于2020年6月完工。

11月，共双茶垸蓄洪工程围堤加固工程开工建设，2016年1月完工。主要建设内容包括：堤身加培47.065km、堤身防渗处理37.615km、堤基防渗处理29.453km、堤身硬护坡29.678km、草皮护坡45.922km、填塘固基15.12km、护岸16.399km、防浪林24.577km、护堤林67.12km、堤顶防汛路67.12km、上堤坡道4处、上堤踏步44处、重建穿堤建筑物9座、改建穿堤建筑物5座、加固接长穿堤建筑物20座、报废穿堤建筑物1座等。初步设计总工期24个月，总投资50149万元。

11月，大通湖东垸蓄洪工程围堤加固工程开工建设，2019年4月完工。主要建设内容包括：堤身加培12.187km、堤身防渗处理15.445km、堤基防渗处理18.407km、堤身硬护坡12.465km、草皮护坡16.221km、填塘固基1.999km、护岸2.64km、防浪林5.53km、护堤林20.057km、堤顶防汛路20.057km、上堤坡道5处、上堤踏步25处、重建穿堤建筑物6座、改建穿堤建筑物3座、加固接长穿堤建筑物6座等。初步设计总工期24个月，总投资16288万元。

2011年

1月，湖南省财政厅、省水利厅首次采用公开竞争的方式，按照初选入围、自愿申报、公开竞争、专家评审、效益优先、择优入选的原则，在洞庭湖区和山丘区遴选出27个县（市、区）作为2010—2011年沟渠清淤疏浚项目试点县。

6月，水利部水利水电规划设计总院对《湖南省洞庭湖区安化等9个蓄洪垸堤防加固工程可行性研究报告》(安化、南汉、和康、集成安合、南鼎、君山、义合金鸡、北湖、六角山)进行审查。2013年10月,国家发展改革委对该报告进行了批复(发改农经〔2013〕1967号)。批复的工程建设规模为:堤身加高培厚127.598km;堤身隐患处理188.591km;填塘固基76.08km,堤基防渗144.806km;临水侧硬护坡126.131km,护脚22.01km;堤顶混凝土路面124.005km,泥结石路面181.065km,穿堤建筑物重建47座,改建61座,整修加固16座。工程总投资21.2853亿元。

11月下旬开始,湖南省以四水干流和洞庭湖洪道为重点的河道采砂专项整治行动全面转入集中整治阶段。在省政府2011年10月26日召开的水上交通安全和河道采砂整治工作专题会议上,省委副书记、省长徐守盛强调:“坚持人民生命高于一切,像保护基本农田一样保护水面,像管理城市街道一样整治河道,形成长效机制。”省政府制定了《河道采砂专项整治“三禁一清”行动方案》,全面禁止241条淘金船作业,全面禁止1575艘无证采砂船作业,全面禁止四水干流和洞庭湖洪道838km禁采区以及其他河流禁采区采砂作业,四水干流所有禁采区设立统一的标识牌;清理城区河段、交通要道沿线等重点区域和影响航道安全的采砂尾堆,制定专门采砂尾堆清障计划,落实清障资金,在专项整治行动结束前全面完成清理采砂尾堆任务。自此,各地均以强有力措施保障“三禁一清”行动有效开展。

是年,国家发展改革委、水利部印发《全国大型灌溉排水泵站更新改造方案》,湖南省洞庭湖区明山(二期)、许家台、大丰、鱼尾洲、南门桥、王家湖、沈家湾、竹埠港、蒋家嘴、中洲、东保、马井和天井硚等13处176座泵站纳入更新改造范围,装机容量16.49万kW,设计流量1483m^3/s。

2012年

3月,湖南省人民政府印发《湖南省河道采砂管理试行办法》,相关部门先后制定出台采砂许可证发放、砂石开采权有偿出让、砂石资源有偿使用收入、砂石资源价格管理等一系列配套政策办法,经过近年努力,“政府主导、水利主管、部门配合”的河道采砂管理体制全面落实,河道采砂“三乱”现象得到有效遏制。

6月,湖南省发展改革委组织专家对蒋家嘴、东保、王家湖、马井、天井昏、中洲、沈家湾等7处泵站进行了现场考察,7处泵站更新改造工程可行性研究报告通过了省发改委评估。

7月,水利部水利水电规划设计总院在京对《湖南省洞庭湖区围堤湖、澧南、西官垸安全建设及民主、城西垸安全建设试点工程可行性研究报告》进行审查。

12月,国家发展改革委在长沙主持召开了技术评估会,通过了《湖南省洞庭湖区安化等9个蓄洪垸堤防加固工程可行性研究报告》的技术评估。

是年,钱粮湖、共双茶和大通湖东垸三大垸围堤加固主体工程完工。三垸,总面积977.2km^2,蓄洪总容积51.91亿m^3。蓄洪区内现有总人口52.65万人,耕地面积78.12万亩。

钱粮湖、共双茶、大通湖东等三垸围堤加固工程除2009年第四季度先期启动一期钱粮湖垸围堤加固工程外,主体工程于2010年正式启动,2010年8月完成三大垸围堤加固工程监理招标工作,2010年9月完成首批年度投资计划项目施工招标,2010年10月正式动工,至2012年9月,主体工程已基本完工。

是年年底,华容县长江引水工程列入三峡后续规划,获国务院三峡工程建设委员会办公室正式批复立项。由于三峡水库的蓄水,枯水季节华容河缺水严重,华容县计划从长江抽水并通过管道进入离长江40余km的县城,解决民众饮水困难。

是年,国务院批复《长江流域综合规划(2012—2030年)》(国函〔2012〕220号)。批复提出,《长江流域综合规划(2012—2030年)》实施要以科学发展观为指导,认真贯彻落实2011年中央1号文件精神,以完善流域防洪减灾、水资源综合利用、水资源与水生态环境保护、流域综合管理体

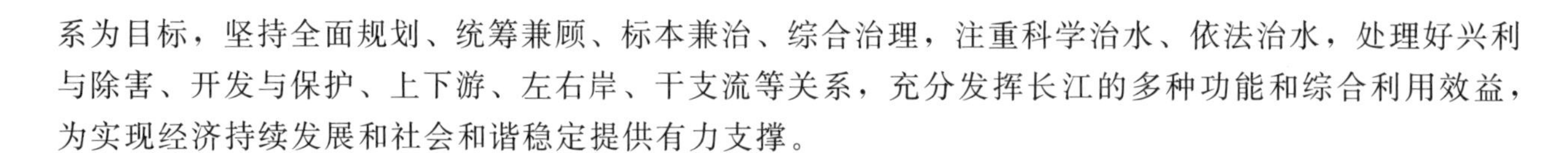

系为目标，坚持全面规划、统筹兼顾、标本兼治、综合治理，注重科学治水、依法治水，处理好兴利与除害、开发与保护、上下游、左右岸、干支流等关系，充分发挥长江的多种功能和综合利用效益，为实现经济持续发展和社会和谐稳定提供有力支撑。

2013 年

1月，水利部水利水电规划设计总院对《洞庭湖区钱粮湖、共双茶、大通湖东三垸蓄洪工程安全建设工程可行性研究报告》进行了审查。6月，国家发展改革委对该报告和《关于湖南省洞庭湖区钱粮湖、共双茶、大通湖东垸三垸安全建设工程分期实施方案的请示》（湘发改〔2013〕78号）进行了批复（文号：发改农经〔2013〕1679号）。

4月28日，湖南省人民政府在长沙主持召开洞庭湖区二期治理3个单项工程竣工验收会议，验收委员会一致同意湖南省洞庭湖区二期治理3个单项工程通过竣工验收。工程总投资40.37亿元。

10月，水利部水利水电规划设计总院对《湖南省洞庭湖区钱粮湖、共双茶、大通湖东垸三垸蓄洪工程安全建设一期工程初步设计报告》进行了审查。2014年3月，国家发展改革委对初步设计概算进行了核定。2015年2月水利部对《湖南省洞庭湖区钱粮湖、共双茶、大通湖东垸三垸蓄洪工程安全建设一期工程初步设计报告》进行了批复（水总〔2015〕96号）。

12月6日，常德市天井昏泵站更新改造工程开工建设，2021年1月主体工程完工，2021年7月竣工。该工程更新改造前共有排涝泵站11座、装机63台、总容量9835kW，改造后为11座、装机63台、总容量11195kW。工程总投资5161万元。

12月6日，常德市安乡县东保泵站更新改造工程开工建设，2020年6月25日主体工程完工，2021年5月竣工。该工程更新改造前共有排涝泵站32座、装机135台、总容量20475kW，改造后为32座、装机135台、总容量23850kW。工程总投资11448万元。

12月7日，益阳市沅江市沈家湾泵站更新改造工程开工建设，2020年10月日主体工程完工，2021年5月竣工。该工程更新改造前共有排涝泵站23座、装机80台、总容量11870kW，改造后为23座、装机77台、总容量12865kW。工程总投资5938万元。

12月9日，三峡后续工作安乡县珊珀湖水源补偿工程开工建设，2015年11月14日完工。工程主要建设内容包括：加高培厚堤防18.95km，整修涵闸36处，新建赵家湖取水泵站，装机3×450kW，改造赵家湖泵站引水渠道2.35km。

12月12日，常德市桃源县马井泵站更新改造工程开工建设，2021年8月11日主体工程完工，2022年1月竣工。该工程更新改造前共有排涝泵站7座、装机50台、总容量8070kW，改造后为7座、装机48台、总容量8683kW。工程总投资4295万元。

12月13日，岳阳市岳阳县中洲泵站更新改造工程开工建设，2020年6月工程完工，2021年12月竣工。该工程更新改造前共有排涝泵站9座、装机47台、总容量9865kW，改造后为9座、装机35台、总容量10220kW。工程总投资5015万元。

12月18日，常德市王家湖泵站更新改造工程开工建设，2020年10月20日完成全部工程建设并相继投入运行，2021年7月竣工。该工程更新改造前共有排涝泵站14座、装机70台、总容量10930kW，改造后为14座、装机58台、总容量11939kW。工程总投资5986万元。

12月20日，常德市汉寿县蒋家嘴泵站更新改造工程开工建设，2016年4月10日完工，2021年11月竣工。该工程更新改造前共有排涝泵站34座、装机69台、总容量13720kW，改造后为34座、装机67台、总容量15261kW。工程总投资5853万元。

12月22日，三峡后续工作澧县马公湖水源补偿工程开工建设，2016年8月22日完工。工程主要建设内容包括：加高加固堤防4处6.035km，新建穿堤涵管17处，加固整修大到口涵闸，更新改造提灌泵站 8 处 10 台 973kW。

12 月，湖南省水利厅对《湖南省洞庭湖区安化等 9 个蓄洪垸堤防加固工程初步设计报告》进行审查。2014 年 3 月，国家发展改革委对初步设计概算进行了核定。2014 年 5 月，湖南省发展改革委批复《初步设计报告》(湘发改农〔2014〕542 号)。根据国家发展改革委对工程初步设计概预算的核定，该工程总投资 222782 亿元。

是年年底，三峡后续工作华容县长江引水工程开工。该工程在长江干堤大荆湖电排上游 300m 处新建泵船式取水头部，通过管道输送原水至胜峰乡十里铺村净水厂，处理后的净水并入城区供水管网。输水管总长 43.5km，途经东山、三封寺和章华镇，供水规模每日 12 万 t，水源水质达到二级水源水质标准。工程总投资 4.65 亿元。

2014 年

2 月，国家发展改革委、水利部、国家卫计委联合印发《全国血吸虫病防治水利二期规划》(发改农经〔2014〕216 号)。湖南省长沙、岳阳、常德、益阳市列入该规划范围，规划的主要项目包括：河流治理项目 27 个、治理长度 499.2km，灌区改造项目 6 个、有螺渠道整治 276.0km，农村饮水涉及流行县 27 个、解决饮水安全人口 159.5 万人。河流综合治理长度 208.9km，灌区改造硬化渠长 277.6km，总投资 49160 万元。

4 月 14 日，国务院批复《洞庭湖生态经济区规划》，标志着洞庭湖生态经济区建设上升为国家战略。根据规划，洞庭湖生态经济区建设要立足保障生态安全、水安全、国家粮食安全，加快解决血吸虫病、城乡饮水安全等突出民生问题。要根据《洞庭湖生态经济区规划》要求制定具体实施方案，编制实施重点领域专项规划，落实协调推进机制，抓紧推进重点工作和相关项目实施，合力解决洞庭湖生态经济区发展中的重大问题。

6 月 19 日，湖南省政府印发《湖南省河道采砂管理试行办法》(湘政发〔2014〕19 号)，进一步明确“政府主导、水利主管、部门配合”的河道采砂管理体制，对河道采砂统一规划、采砂许可、砂石资源出让等作出具体规定。

10 月，洞庭湖安化等 9 个蓄洪垸堤防加固工程开工。9 个蓄洪垸包括安化、南汉、和康、集成安合、南鼎、君山、义合金鸡、北湖、六角山等垸，行政区划涉及洞庭湖区常德、益阳、岳阳 3 市的安乡、汉寿、南县、华容、君山、湘阴 6 县(市、区)。工程于 2020 年 11 月完工。

是年，湖南省水利厅会同全省 9 部门起草《全省河道保洁工作实施方案》，方案明确围绕“控源头、清河道、重监管”的总体部署，在全省范围内开展河道保洁工作。另外，湖南省各级水利部门于 2014 年起开展洞庭湖区堤防规范化管理工作，制定了洞庭湖区堤防规范化管理工作建议方案及《湖南省洞庭湖区堤防工程管理以奖代补实施方案(暂行)》，并于当年正式启动相关工作。相关人员在 3 月、8 月共两次赴湖区各市及所辖县(市、区)，开展湖区堤防工程管理巡查工作，针对其日常管理和维护进行了认真评定，作为下一步堤防工程管理以奖代补资金安排的依据。

2015 年

2 月，水利部批复《湖南省洞庭湖区钱粮湖、共双茶、大通湖东垸三垸蓄洪工程安全建设一期工程初步设计报告》(水总〔2015〕96 号)。

9 月 10 日至 10 月 10 日，湘、鄂两省联合开展了为期一个月的打击长江湘鄂边界河段非法采砂专项整治行动，通过这次专项整治行动，长江湘鄂边界水域大规模非法采砂聚集偷采的局面得到遏制，非法采砂行为得到惩处，采砂管理秩序得到恢复，有力保障了长江湖南段的防洪、航运和水生态安全。

10月28日，湖南省洞庭湖区钱粮湖、共双茶、大通湖东垸三垸蓄洪工程安全建设一期工程开工建设。主要建设内容包括11个安全区、2个安全台和穿堤建筑物、临时分洪口及转移道路。行政区划涉及岳阳、益阳2市的华容、君山、沅江、南县4个县（市、区）。11个安全区面积35.74km^2、规划安置人口28.81万人，2个安全台面积52.85万m^2、规划安置人口0.85万人。

12月8日，湘潭市雨湖区竹埠港泵站更新改造工程开工建设，2016年6月3日完工，2022年11月竣工。该工程更新改造前共有排涝泵站3座10台1960kW，改造后为3座12台2148kW。工程总投资3563万元。

2016年

1月，开展湖南省第三次河道保洁巡查，重点巡查洞庭湖区河道、四水干流及其一级支流。

3月，湖南省水利厅印发《洞庭湖区沟渠塘坝清淤增蓄专项行动实施方案》，计划用两年时间（2016—2017年）重点实施完成洞庭湖北部四口水系地区的南县、华容县、安乡县、澧县、津市市、沅江市、大通湖区、君山区等8个县（市、区）垸内沟渠和洞庭湖区其他县（市、区）问题突出的内沟渠疏浚。省财政按“以奖代补”方式加大投入力度，分年安排奖补资金重点奖补四口水系地区8个县（市、区）大型（底宽10m以上）、中型（底宽5～10m）沟渠，兼顾奖补其他市（市、区）问题突出的大、中型沟渠。

是年，湖南省政府发布《湖南省消除血吸虫病规划（2016—2025年）》，明确结合水利工程项目治理措施，改造钉螺孳生环境，将水利血防列为六项防治措施之一。

是年，湖南省水利厅组织编制《湖南省江河湖库水系连通实施方案（2017—2020年）》。

2017年

2月，澧县河湖水网连通生态水利工程开工建设，2020年10月完工并交付使用。主要建设内容包括：现有渠系改造18.3km、新开渠道4.6km、现有河道治理4.4km、清淤疏浚内河1.4km、渠系建筑物新（改）建37处。工程总投资7.3亿元。

10月20日，钱粮湖垸分洪闸工程开工建设，2023年11月21日竣工。分洪闸闸室总宽329m，共分28孔，为两孔一联结构模式，过流总净宽280m，设计流量4180m^3/s。工程总投资31789万元。

10月22日，益阳市赫山区鹿角湖泵站开工建设，2019年5月31日完工，2023年7月27日竣工。泵站装机8台总容量2240kW。工程总投资3039万元。

10月29日，益阳市赫山区奎星塔泵站开工建设，2018年12月24日完工，2023年7月28日竣工。泵站装机6台总容量1680kW。工程总投资2388万元。

11月22日，大通湖东垸分洪闸工程开工建设，2021年4月30日主体工程完工，2023年11月17日竣工。分洪闸闸室总宽188m，共分16孔，为两孔一联结构模式，过流总净宽160m，设计流量2190m^3/s。工程总投资20230.24万元。

12月，《洞庭湖生态环境专项整治三年行动计划（2018—2020年）》经湖南省人民政府同意，印发实施。

2018年

2018年7月，湖南省人民政府印发《湖南省污染防治攻坚战三年行动计划（2018—2020年）》，计划细分为蓝天保卫战、碧水保卫战、净土保卫战，其中，碧水保卫战计划明确指出，2019 年年底前，按照《洞庭湖区造纸企业引导退出实施方案》要求完成制浆造纸产能退出。

10 月，洞庭湖北部澧县西官垸、安乡县珊珀湖、安乡县东部、安乡县城、大通湖垸五七运河、南县沱江、沅江市大通湖垸东南片、岳阳市华洪运河 8 大补水工程先后开工建设，主要建设内容包括：新建提水泵站 23 座、水闸 347 处、倒虹吸 3 处、整治洪道 129km，总引水流量 $192m^3/s$，工程总投资 15.7 亿元。

10 月，岳阳市华洪运河补水工程开工，2020 年 4 月完工。该工程为洞庭湖北部地区 8 个分片补水一期工程之一。工程从长江取水补水至华洪运河和华容河，泵船长 66m、宽 14m，设计流量 $19.54m^3/s$，为国内同类型最大取水泵船。工程总投资 35452 万元。

10 月 28 日，益阳市南县三仙湖水库下坝调节泵站开工建设，2020 年 8 月 30 日主体工程完工。泵站设计补水流量 $16m^3/s$、设计排水流量 $38m^3/s$，装机 4 台，其中排水单向机组 2 台、抽排相结合的双向机组 2 台，总装机容量 2520kW。工程总投资 10012 万元。

11 月，长江湖南段岸边非法砂石码头全部拆除。湖南段 163km 长江岸线上，曾有 39 个非法砂石码头。从 2018 年 5 月 29 日全面打响专项整治攻坚战起，长江沿岸 39 个非法砂石码头已全部关停，实现了非法砂石码头由“乱”到“治”，有效节约了岸线资源。

12 月 3 日，经国务院同意，国家发展改革委、水利部等 7 部门印发《洞庭湖水环境综合治理规划》（简称《治理规划》）。规划基准年 2017 年，规划区范围 27.16 万 km^2，包括洞庭湖流域以及洞庭湖区湖北省荆州市江北部分，其中洞庭湖区 6.05 万 km^2。

2019 年

3 月 1 日，洞庭湖水域全面禁渔。禁渔时间为 3 月 1 日 0 时至 6 月 30 日 24 时。在禁渔期和禁渔区内，禁止所有捕捞作业，禁止收购、销售违禁捕捞渔具和渔获物，实现“船进港、网入库、人上岸、湖中没有渔船、水中没有网具”的禁渔目标。同时，严厉处置违禁捕捞行为，对违禁捕捞的渔船、渔具、渔获物和违法所得一律没收，禁渔补助、油补资金一律取消，情节严重的一律吊销捕捞许可证，人员一律依法移送司法机关追究法律责任。

8 月 9 日，中宣部追授余元君“时代楷模”称号。余元君的妻子黄宇代余元君领取“时代楷模”奖章和证书。2019 年 1 月 19 日，余元君因连续多日高负荷工作，殉职在水利工程施工现场，年仅 46 岁。“时代楷模”发布仪式现场宣读了《中共中央宣传部关于追授余元君同志“时代楷模”称号的决定》。

9 月，共双茶垸分洪闸工程开工建设，2021 年 4 月主体工程完工，2023 年 11 月 17 日竣工。分洪闸闸室总宽 305.5m，共分 26 孔，为两孔一联结构模式，过流总净宽 260m，最大分洪流量 $3630m^3/s$。工程总投资 25964 万元。

10 月 30 日，湖南省人民政府下发《关于印发〈湖南省洞庭湖水环境综合治理规划实施方案（2018—2025 年）〉的通知》（湘政发〔2019〕20 号）。本方案实施范围为洞庭湖流域湖南部分，覆盖湖南省 97%以上的国土面积，其中洞庭湖区 4.64 万 km^2，包括岳阳、益阳、常德 3 市及望城区，基准年为 2017 年，期限为 2018—2025 年，其中近期为 2018—2020 年，远期至 2025 年。

10 月，益阳市团洲泵站开工建设，2023 年 10 月 12 日竣工。该泵站位于资江南岸团洲村，承担益阳城区大海棠片、萝溪片、梓山湖片部分区域及周边 3.83 万亩的部分雨水和团洲污水处理厂处理后的生活尾水及协排兰溪河流域 8.11 万亩农田的排涝任务，兼顾向兰溪河补水。该泵站装机 12 台、总装机容量 4960kW，设计流量 $50.69m^3/s$，其中排涝泵站装机 8 台、容量 4240kW、设计流量 $38.93m^3/s$，补水泵站装机 4 台、容量 720kW、设计流量 $11.7m^3/s$。

10 月，澧县小渡口泵站开工建设，2022 年 10 月建成。该工程位于澧县小渡口镇与津市市交界的

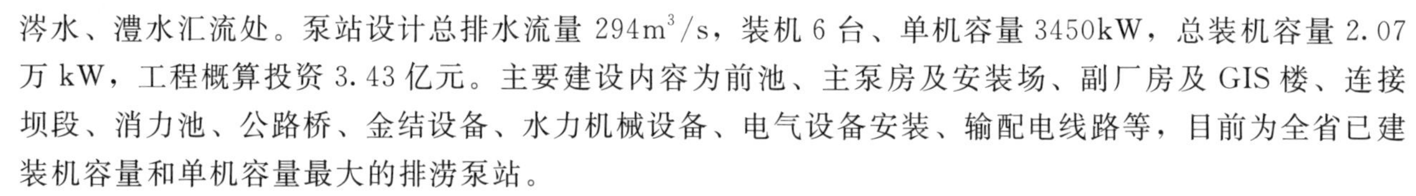

涔水、澧水汇流处。泵站设计总排水流量 294m^3/s，装机 6 台、单机容量 3450kW，总装机容量 2.07 万 kW，工程概算投资 3.43 亿元。主要建设内容为前池、主泵房及安装场、副厂房及 GIS 楼、连接坝段、消力池、公路桥、金结设备、水力机械设备、电气设备安装、输配电线路等，目前为全省已建装机容量和单机容量最大的排涝泵站。

是年，湖南省水利厅组织编制《湖南省江河湖库水系连通实施方案（2020—2022 年）》。

2020 年

10 月，华容县六门闸排涝工程开工建设，2023 年 7 月完工。该工程在六门闸原址上重建而成，为华容河入洞庭湖的控制工程。工程包括自排闸和排涝泵站两个部分，自排闸为开敞式水闸 2 孔，单孔净宽 6m、净高 9m，平板钢闸门，底板高程 25.0m，设计流量 286m^3/s。排涝泵站装机 6 台、单机容量 1400kW，总容量 8400kW，设计排涝流量 190m^3/s。工程投资 3.10 亿元。

是年，湖南省水利厅组织实施了津市市、岳阳县水系连通及农村水系综合整治试点县建设项目。

2021 年

5 月 21 日，湖南省第十三届人民代表大会常务委员会第二十四次会议通过《湖南省洞庭湖保护条例》，9 月 1 日正式实施。条例分为 7 章 51 条，包括：总则、规划与管控、污染防治、生态保护与修复、绿色发展、法律责任、附则。

8 月 26 日，洞庭湖北部地区分片补水二期工程开工仪式在安乡县安造垸东线大堤九号沟泵站举行，标志着洞庭湖北部地区分片补水二期工程全面启动。

12 月，湖南省水利厅和省发展改革委下发《关于组织编制〈湖南省洞庭湖区重点区域排涝能力建设“十四五”实施方案〉的通知》，实施范围涉及长沙、株洲、湘潭、岳阳、常德、益阳 6 市，包括新建排涝泵站、改扩建泵站、撇洪沟及渠系治理、内湖堤加固、涵闸整治等。建设总规模为 52.2 亿元。

2022 年

1 月 15 日，水利部批复同意洞庭湖城陵矶（七里山）站警戒水位由现行 32.5m 调整为 33.0m。

9 月 28 日，洞庭湖区重点垸堤防加固工程（一期）开工建设。该工程被列入国务院重点推进的 55 项重大水利工程和湖南省十大基础设施项目，一期工程选择了松澧、安造、沅澧、长春、烂泥湖、华容护城 6 个重点垸先行实施。工程实施可有效提高湖区 385 万人、324 万亩耕地的防洪保障能力。按照设计计划，工程建设总工期 45 个月，概算总投资 85 亿元。

12 月 21 日，洞庭湖围堤湖等 10 个蓄洪垸堤防加固工程通过竣工验收。该工程完成堤防加培 182.17km，堤身隐患处理 103.43km，水泥土防渗墙 113.55km，填塘固基 77.70km，硬护坡堤防 148.20km，草皮护坡堤防 325.41km，水下护脚 78.05km，穿堤建筑物加固 45 座、重建 42 座、改建 51 座、挖废 7 座，堤顶防汛公路硬化 383.98km，上堤坡道 72 处。截至 2022 年 12 月 1 日，实际到位资金 198728.95 万元，完成投资 198728.95 万元。

12 月 21 日，洞庭湖安化等 9 个蓄洪垸堤防加固工程通过竣工验收。该工程完成堤防加培 119.218km，水泥土防渗墙 197.858km，压浸平台 3.09km，锥探灌浆 58.534km，黏土固化剂灌浆 1.5km，抛石护脚 56.988km，硬护坡 129.718km，草皮护坡 71.818km，填塘固基 73.466 万 m^2，混凝土路面 269.613km，穿堤建筑物（改、扩、重）140 座等。截至 2022 年 11 月 25 日，实际到位资

金 144053.4 万元，完成投资 143007.95 万元。

2023 年

1 月 26 日，国务院批复《新时代洞庭湖生态经济区规划》。2 月 8 日，国家发展改革委印发《新时代洞庭湖生态经济区规划》。该规划是推进洞庭湖生态经济区高质量发展的指导性文件和制定相关专业规划的重要依据。

4 月 28 日，湖南省发展改革委批复《洞庭湖生态修复试点工程可行性研究报告》（湘发改农〔2023〕274 号）。批复的主要建设内容包括：栖息地恢复工程、生境提升工程和通航影响补救工程三部分，估算总投资 377428.20 万元。

6 月 16 日，湖南省发展改革委批复《洞庭湖生态修复试点工程概算总投资》（湘发改农〔2023〕384 号）。批复的主要建设内容包括：栖息地恢复工程、生境提升工程、通航影响补救工程、其他影响补救措施等。核定工程概算总投资 367780.08 万元。

6 月 28 日，洞庭湖生态修复试点工程在益阳沅江市黑泥洲举行开工仪式，9 月 20 日，试点工程主体工程正式动工。按照设计计划，工程建设总工期 33 个月。

附录二　洞庭湖区重点垸和蓄洪垸基本情况

一、重点垸

1.1　松澧垸

松澧垸位于洞庭湖西北部的常德市临澧县、澧县、津市市三个县（市）境内，南邻澧水，东邻松滋西支，垸内主要河流湖泊包括涔水、澹水和北民湖。全垸由临澧县新合垸，澧县澧阳垸、澧松垸、涔上垸、涔下垸、荆湘垸，津市市护市垸和津市监狱等8个小垸组成，全垸保护面积785.26km²，耕地58.10万亩。行政区划辖临澧、澧县、津市等3个县（市），总人口73.23万人。

松澧垸一线防洪堤长88.773km，涉及澧水干流和松滋河西支，包括临澧县新合垸12.195km、澧县澧阳垸30.904km、津市市护市垸4.45km、澧县澧松垸31.221km、澧松垸与九垸隔堤8.07km、湖南湖北两省省界隔堤1.933km，其中临澧县新合垸0＋000.000～澧县澧松垸52＋890.000段为澧水河堤，52＋890.000～60＋960.000段为重点垸与九垸隔堤，60＋960.000～86＋840.000段为松滋河西支河堤。澧县澧淞垸最北端与湖北省交界，湖南省部分为重点垸，中间有杨家垱隔堤分开，隔堤由两段组成，分别长1.054km和0.879km，属于澧县管理范围。松澧垸一线防洪堤主要控制点设计水位为50.70m（天帝宫）、44.70m（兰江闸）、41.92m（津市水文站）、39.69m（大剅口）。一线防洪堤共有穿堤建筑物64处91孔，其中排涝泵站13座，装机59台37600kW。

1.2　安保垸

安保垸位于常德市安乡县西南部，东与安造垸、安昌垸、南汉垸隔松滋河、松虎洪道相望，西、南与沅澧垸隔澧水洪道相望，北临安澧垸和西官垸，区内主要河流湖泊包括虾扒脑河、珊珀湖等。全垸总保护面积355.31km²，其中耕地面积23.34万亩，行政区划辖安乡县的8个乡（镇、农场）的110个村（社区），共5.85万户18.31万人。安保垸由中华人民共和国成立初期的安丰、安永、安裕、安端、安滨、安兴、安康、安惠、安武等9个堤垸先后合并而成。

安保垸一线防洪堤长99.983km，分东、西两线，东线从黄沙湾至安德（河堤），长45.896km；西线从安德至黄沙湾（湖堤），长54.087km。安保垸一线防洪堤主要控制点设计水位为36.39m（刮家洲）、38.81m（石龟山水文站）、37.04m（安乡水文站）、38.73m（汇口水文站）。一线防洪堤有穿堤建筑物41处55孔，包括排涝泵站19座，装机80台22295kW。

1.3　安造垸

安造垸位于常德市安乡县，为安乡县县城所在地，西靠松滋河东支，东临虎渡河，北以黄山为界与湖北省公安县接壤，南抵松滋、虎渡两水汇合处，地势北高南低。垸内主要河流湖泊包括书院洲河、孟家洲河、理兴垱河。全垸保护总面积30.69万亩，其中耕地面积15.70万亩。行政区划辖安乡县的深柳、黄山头、安全、安障、安民等5个乡（镇、农场）71个村（社区），共8.39万户21.19万人。安造垸由中华人民共和国成立初期的安造、安仁、安乐、安利、安屏、安障、安新巴、安湖、安猷等9个堤垸先后合并而成。

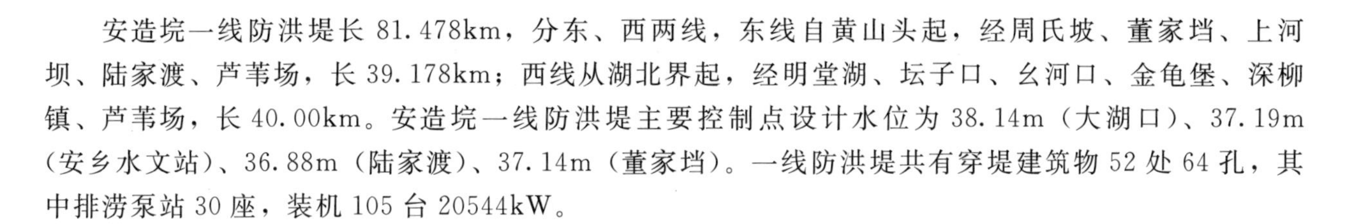

安造垸一线防洪堤长 81.478km，分东、西两线，东线自黄山头起，经周氏坡、董家垱、上河坝、陆家渡、芦苇场，长 39.178km；西线从湖北界起，经明堂湖、坛子口、幺河口、金龟堡、深柳镇、芦苇场，长 40.00km。安造垸一线防洪堤主要控制点设计水位为 38.14m（大湖口）、37.19m（安乡水文站）、36.88m（陆家渡）、37.14m（董家垱）。一线防洪堤共有穿堤建筑物 52 处 64 孔，其中排涝泵站 30 座，装机 105 台 20544kW。

1.4 沅澧垸

沅澧垸位于洞庭湖沅水和澧水尾闾地区，湖南省西北部，为常德市主城区所在地。该垸南隔沅水尾闾与善圈垸、沅南垸为邻，东接目平湖，北临澧水洪道与安保垸、南汉垸隔河相望，垸内主要河流湖泊包括渐水、冲柳高水、冲柳低水、冲天柳叶湖、西湖、毛里湖、西湖内江等。全垸由护城丹洲垸、芦山垸、柳叶湖垸、冲天湖垸、五福垸、八官垸、乌黄垸、汉寿西湖垸、民主阳城垸、津市西湖垸等 10 个堤垸构成。全垸总保护面积 1386.33km^2，其中耕地面积 114.43 万亩。行政区划辖常德市武陵区、鼎城区、汉寿县和津市市等 4 个县（市、区），全垸总人口 129.20 万人。

沅澧垸一线防洪堤起于武陵区河洑镇的齐山寺，经武陵区河洑镇、常德市城区、芦山垸马家吉、大关庙、八官垸牛鼻滩、苏家吉、汉寿县西湖垸小港、坡头等沅水堤段，进入西洞庭湖，然后逆澧水而上，经汉寿县西湖垸柳林咀、民主阳城垸蒿子港，止于津市西湖垸的何市岗，全长 167.34km，其中武陵区 46.55km、鼎城区 50.45km、汉寿县 60.29km、津市市 10.05km。沅澧垸一线防洪堤主要控制点设计水位为 41.06m（河洑闸）、38.86m（常德水文站）、36.68m（牛鼻滩）、35.56m（小港）、34.95m（坡头）、34.85m（全护堤）、34.65m（赵家河）、35.00m（三角堤）38.78m（石龟山）。一线防洪堤共有穿堤建筑物 62 处 103 孔，其中排涝泵站 27 座，装机 105 台 20544kW。

1.5 沅南垸

沅南垸地处沅水尾闾南岸，为汉寿县县城所在地，北临沅水洪道与沅澧垸隔河相望，与围堤湖垸为邻，西与常德市德山相接，东濒目平湖，南为低矮丘陵山岗，全垸由常德市经开区四合垸、三合垸和汉寿县沅南垸组成。垸内主要河流湖泊包括南湖撇洪河、堵口河、肖家湖、青泥湖、城北河、安乐湖、东风河等。行政区划辖常德市经开区、汉寿县 2 个县（区），总保护面积 564.47km^2，其中耕地面积 43.00 万亩，保护人口 38.20 万人。

沅南垸一线防洪堤自四合垸康家咀，经东风河口、伍家嘴、新兴咀、北拐、东洲、龙口、周文庙、岩汪湖，至蒋家嘴与自然丘岗地连接，全长 65.116km，其中四合垸 2.663km、三合垸 9.803km、汉寿县沅南垸 52.65km。沅南垸一线防洪堤主要控制点设计水位为 37.93m（邱家硚）、37.57m（新兴嘴）、36.25m（马家铺）、35.37m（周文庙）、35.03m（岩汪湖）、34.44m（蒋家嘴）。一线防洪堤共有穿堤建筑物 31 处 55 孔，其中排涝泵站 8 座，装机 29 台 18265kW。

1.6 长春垸

长春垸地处资水尾闾和南洞庭湖地区，益阳市资阳区主城区和沅江市主城区所在地，南临资水与花果山垸、永申垸、烂泥湖垸隔河相望，东以甘溪港与民主垸相邻，北临南洞庭湖和目平湖，西为低矮丘陵岗地。垸内主要河流湖泊包括浩江湖、花荣汉湖、上琼湖、下琼湖、大榨栏湖、黄家湖、南门湖等。行政区划辖益阳市资阳区、沅江市和常德市汉寿县 3 个县（市、区）的 12 个乡（镇），保护总面积 385.73km^2，其中耕地面积 28.48 万亩，保护总人口 45.34 万人。

长春垸一线防洪堤自资阳区新桥河镇烈公桥起，经益阳市城区至甘溪港、石矶湖，过沅江市城区、小河咀至汉寿县胭包山幸福坝与自然山头相接，堤防长 77.990km，其中资阳区 46.095km、沅江市 31.395km、汉寿县 0.500km。长春垸一线防洪堤主要控制点设计水位为 38.20m（李昌港）、

36.19m（益阳水文站）、35.08m（窑山口）、33.81m（下星港）、33.31m（沅江水位站）、33.85m（小河咀水文站）。一线防洪堤共有穿堤建筑物65处72孔，其中排涝泵站19座，装机64台11710kW。

1.7 大通湖垸

大通湖垸地处洞庭湖腹地，四面环水，东南部临东洞庭湖与岳阳市中洲磊石垸遥遥相望，东北部隔胡子口哑河与大通湖东垸相邻，西隔沱江（藕池河东支分支）与育乐垸毗邻，南以草尾河与共双茶垸隔河相望，北隔藕池河东支与华容护城垸、钱粮湖垸隔河相望。垸内主要河流湖泊包括大通湖、瓦岗湖、五七运河、老三河、金盆河、塞阳运河等。行政区划辖益阳市南县、沅江市、大通湖管理区，总保护面积1126.87km^2，其中耕地面积91.84万亩，保护总人口61.99万人。

大通湖垸一线防洪堤防长186.68km，其中藕池河东支堤段自安民至罗文，长18.36km；藕池河东支沱江堤段自罗文至草尾镇，长42.39km；草尾河堤段自草尾镇至合兴嘴，长57.34km；东洞庭湖堤段自合兴嘴起，经沅大界至向东闸，长41.34km；胡子口哑河堤段自向东闸至胡子口闸，长27.25km。按行政区划分，南县堤长75.86km、沅江市堤长88.33km、大通湖管理区堤长22.50km。大通湖垸一线防洪堤主要控制点设计水位为34.33m（明山头）、34.56m（文家铺）、34.00m（青树嘴）、33.92m（草尾）、33.02m（五门闸）、33.68m（河口）。一线防洪堤共有穿堤建筑物109处140孔，其中排涝泵站39座，装机143台49230kW。

1.8 育乐垸

育乐垸地处洞庭湖区中部，东临藕池河东支、沱江与大通湖垸、集成安合垸相邻，西临藕池河中支与南顶垸、和康垸、南汉垸隔河相望，南滨南洞庭湖，北与湖北省石首市久合垸接壤。全垸由南县育乐垸和华容县永固垸2个堤垸组成。垸内主要河流湖泊包括德星湖、调蓄湖、下莲湖、上莲湖、宝塔湖、南茅运河、金鸡河等。行政区划辖益阳市南县、岳阳市华容县2个县，全垸保护总面积370.00km^2，其中耕地面积28.44万亩，保护人口33.07万人。

育乐垸一线防洪堤由华容县永固垸和南县育乐垸堤防构成，堤防范围自湖北省石首市久合垸与华容县永固垸东堤梅田湖的分界处起，顺藕池河东支梅田湖河往东至九斤麻，再从九斤麻往南沿沱江至茅草街，南滨南洞庭湖，西逆藕池河中支经厂窖、哑巴渡至华容县永固垸西堤芝麻坪，全长127.16km，其中南县内河长105.61km、华容县内河长21.55km。育乐垸一线防洪堤主要控制点设计水位为37.60m（姚家渡）、34.98m（罗文窖）、34.00m（三仙湖）、34.08m（茅草街）、34.34m（三岔河）、34.77m（下柴市）、35.22m（上游港）、35.40m（荷花嘴）。一线防洪堤共有穿堤建筑物88处106孔，其中排涝泵站43座，装机129台27305kW。

1.9 烂泥湖垸

烂泥湖垸位于湘水尾闾与资水尾闾之间，东临湘水及其支流湘水西支与城西垸、义合垸、苏蓼垸隔河相望，南靠湘水一级支流沩水与群英垸、南中垸、白沙垸、李家湖垸为邻，西南接雪峰山麓余脉的低矮丘陵地带，北隔资水干流及其东支毛角口河与长春垸、民主垸、湘滨南湖垸隔江相望。全垸由天成垸、千家洲垸、人民垸、和合垸、火田垸、新兴垸、桥西垸、四合垸、丘洲垸、闸坝湖垸、湘资垸、岭北垸、沙田垸、大众垸和新民垸共15个堤垸组成。垸内主要河流湖泊包括烂泥湖、镜明河、兰溪哑河、北频湖、鹿角湖、团头湖、鼻湖、陶公湖、黄竿湖、烂泥湖撇洪河等。行政区划辖益阳市赫山区、岳阳市湘阴县、长沙市望城区和宁乡市等3市4个县（市、区）的14个乡（镇、街道），全垸总保护面积849.40km^2，其中耕地面积72.07万亩，保护总人口76.09万人。

烂泥湖垸一线防洪堤自赫山区资水三里桥起，至甘溪港进入资水北支，经小河口，至毛角口进入资水东支，经湘阴县西林港，至临资口进入湘水西支，经新泉寺，至濠河口进入湘水，经铁角嘴、乔口，至沩水口进入沩水，至宁乡市周家湾与自然高地连接，堤防总长132.31km，其中赫山区28.87km、湘阴县59.56km、望城区29.48km、宁乡市14.39km。烂泥湖垸一线防洪堤主要控制点设计水位为35.66m（三岔堤）、34.71m（小河口）、33.77m（八字哨）、33.57m（东河坝）、33.98m（窑头山）、34.05m（铁角嘴）。一线防洪堤共有穿堤建筑物135处173孔，其中排涝泵站45座，装机141台41289kW。

1.10 湘滨南湖垸

湘滨南湖垸地处湘、资水尾闾和南洞庭湖南岸，全垸四面环水，西临资水北支与民主垸隔河相望，南以资水东支（毛角口河）与烂泥湖垸相邻，东临湘水西支与城西垸隔河相望，北临南洞庭湖。全垸由湘滨垸和南湖垸2个堤垸组成。垸内主要湖泊包括辣子湖、双莲湖、黄土上湖、酬塘湖、白洋湖和南湖哑河、王家河等。行政区划辖湘阴县的湘滨、南湖洲和杨林寨共3个乡（镇），全垸保护面积203.80km^2，其中耕地面积19.36万亩，保护总人口28.85万人。

湘滨南湖垸一线防洪堤长83.845km，分三段，第一段从湘滨垸的姑嫂树经白马庙、和平闸、临资口至沅潭，堤长24.00km；第二段自沅潭经蒋家渡、酬塘山至易婆塘，堤长26.654km；第三段自易婆塘，经黄口潭、毛角口、焦潭湾至姑嫂树，堤长33.191km。华容护城垸一线防洪堤主要控制点设计水位为33.38m（和平闸）、33.14m（杨柳潭水位站）、34.18m（毛角口水文站）、33.82m（杨堤水文站）、33.67m（建民机埠）。一线防洪堤有穿堤建筑物46处50孔，其中排涝泵站33座，装机87台14910kW。

1.11 华容护城垸

华容护城垸位于湖南省洞庭湖北部，西、南临藕池河东支和集成安合垸、大通湖垸隔河相望，北与湖北省石首市高基庙镇、东升镇毗邻，东、南临钱粮湖垸，东隔华容河与人民垸、钱粮湖垸相邻。垸内主要湖泊包括塌西湖、蔡田湖、田家湖、赤眼湖、牛氏湖、团湖、西湖、罗帐湖和北汉水库等。行政区划辖华容县的9个乡（镇），全垸总保护面积365.00km^2，其中耕地面积39.40万亩，保护总人口37.80万人。

华容护城垸一线防洪堤由藕池河堤和华容河堤组成，长82.916km，其中藕池河堤自钟家台，经鲇鱼须、宋家嘴、北景港，至罗家嘴，长54.99km；华容河堤自铁光拐，经麻浬泗、石山矶，至大王山，长27.926km。华容护城垸一线防洪堤主要控制点设计水位为35.71m（宋家嘴）、34.71m（北景港水文站）、34.33m（万庾闸）。一线防洪堤共有穿堤建筑物62处77孔，其中排涝泵站17座装机63台16550kW。

二、蓄洪垸

2.1 钱粮湖垸

钱粮湖垸为重要蓄滞洪区，东临东洞庭湖，南临藕池河东支注滋口河，西临华容护城垸和禹山等自然低矮丘岗地，北接建新垸和云雾山等自然低矮丘岗地，垸内分布有1958年建闸控制的华容河。全垸由华容县新生垸、新华垸（含小团洲垸）、新太垸、团洲垸和君山区钱粮湖南垸、钱粮湖北垸等6个小垸组成，其中新太垸和钱粮湖北垸位于华容河以北，钱粮湖南垸、新生垸和团洲垸位于华容河以南，新华垸为华容河南支和北支所包夹。垸内主要河流湖泊包括华容河、华洪运河、悦来河、采桑湖、方台湖、大垱湖、六鸡山湖、龙开湖、东湖、月牙湖、东北和西北平原水库、七星平原水库、观音湖、黄泥湖、朱家湖、李家湖等。行政区划辖岳阳市君山区良心堡、钱粮湖和华容县章华、插旗、治河渡、三封寺、团洲等6个乡（镇），全垸保护面积454.07km²，其中耕地面积40.26万亩，保护总人口22.73万人。

钱粮湖垸一线防洪大堤全长146.387km，其中藕池河和东洞庭湖堤防49.580km、华容河堤防96.807km。按堤垸统计，新生垸藕池河堤防10.010km，新华垸（含小团洲垸）华容河堤防49.787km，新太垸华容河堤防18.450km，团洲垸藕池河及东洞庭湖堤防20.785km，君山区钱粮湖南垸藕池河堤防3.600km、东洞庭湖堤防7.430km、华容河堤防17.720km，钱粮湖北垸东洞庭湖堤防7.755km、华容河堤防10.85km。钱粮湖垸一线防洪堤主要控制点设计水位为33.47m（注滋口）、33.91m（华容大桥）。全垸一线防洪堤有建筑物91处115孔，其中排涝泵站36座，装机127台26365kW。钱粮湖垸设计蓄洪水位33.06m（东洞庭湖，团北），相应蓄洪量22.20亿m³，分洪闸位于君山区钱粮湖镇，共28孔，过流总净宽280m，最大分洪流量4180m³/s，分洪设计水位33.06m。全垸现建有层山、治河渡、方台湖、团洲、良心堡、插旗等安全区6处、总面积27.85km²。

2.2 共双茶垸

共双茶垸为重要蓄滞洪区，位于益阳沅江市北部，全垸四面环水，北临草尾河与大通湖垸隔河相望，东、南面临南洞庭湖，西邻宪成垸。垸内地势平坦开阔，高差起伏不大，地面高程为26.00～30.00m。全垸由共华、双华和茶盘洲3个小垸组成，垸内主要河流湖泊包括八形汊内河、北港长河、场部河、哑巴湖等。行政区划辖沅江市共华、泗湖山、茶盘洲3个镇的42个村（社区），全垸总保护面积293.00km²，其中耕地面积23.64万亩，保护5.53万户16.45万人。共华、双华垸由解放初期的介福、均利、光复、心田等25个堤垸先后合并而成，茶盘洲垸建成于1958年。

共双茶垸一线防洪堤长119.10km，主要控制点设计水位为33.65m（东南湖水位站）、33.78m（新华）、33.90m（草尾水文站）、33.65m（茶盘洲镇）、33.10m（永新垸）、33.66m（中心电排）。全垸一线防洪堤有建筑物53处60孔，排涝泵站27座装机91台17815kW。共双茶垸设计蓄洪水位33.10m（南洞庭湖，泗湖山镇鲇鱼下），相应蓄洪量18.51亿m³，分洪闸位于泗湖山镇南线堤段，共26孔，过流总净宽260m，最大分洪流量3630m³/s，分洪设计水位33.10m。全垸现建有创业、幸福、泗湖山等安全区3处、总面积10.57km²，安全台3处、总面积52.85万m²。

2.3 大通湖东垸

大通湖东垸为重要蓄滞洪区，东、南临东洞庭湖，西以胡子口哑河为界与大通湖垸相邻，北与钱粮湖垸隔藕池东支相望。垸内地势平坦开阔，高差起伏不大，地面高程为26.00～30.00m。全垸由新洲、团山、隆西、同兴等4个小垸组成，垸内主要河流湖泊包括光复湖、隆庆哑河、悦来湖等。行政区划辖岳阳市华容县注滋口和益阳市南县华阁2个镇的39个村（社区、农场），总保护面积230.13km²，其中耕地面积15.23万亩，保护3.99万户、13.77万人。

大通湖东垸一线防洪堤长43.357km，其中华容县32.051km、南县11.306km，主要控制点设计水位33.68m（注滋口水位站）。一线防洪堤有穿堤建筑物47处53孔，排涝泵站17座装机67台11925kW。大通湖东垸设计蓄洪水位33.07m，相应蓄洪量11.20亿m³，大通湖东垸分洪闸位于华容县注滋口镇东浃村，相应堤防桩号178＋560.000～179＋560.000，过流总净宽160m，最大分洪流量2190m³/s。全垸现有华阁、注滋口、团山等3处安全区，总面积11.56km²。

2.4 民主垸

民主垸为重要蓄滞洪区，地处资水尾闾地区和南洞庭湖南岸。该垸四面环水，东、南临资水北支与湘滨南湖垸、烂泥湖垸隔河相望，西临资水西支甘溪港河长春垸为邻。全垸由资阳区民主垸和沅江市保民垸组成。垸内主要河流湖泊包括鸟子湖、洪合湖、德兴湖、黄荆湖、团湖、长泊湖、注南湖、刘家湖等。行政区划辖益阳市资阳区的沙头、张家塞、茈湖口和沅江市琼湖街道等4个乡（镇、街道）32个村（社区），总保护面积245.27km^2，其中耕地面积17.50万亩，保护人口12.16万人。

民主垸一线防洪堤长81.235km，其中资阳区72.045km、沅江市9.190km。主要控制点设计水位34.43m（张家塞）、35.25m（甘溪港）、34.58m（沙头水文站）、33.23m（育江口）。一线防洪堤穿堤建筑物37处46孔，排涝泵站19座总装机69台13010kW。设计蓄洪水位34.80m（陈婆洲）、33.26m（大潭口），蓄洪量11.21亿m^3。现建有海南塘、茈湖口、民乐等安全台。

2.5 澧南垸

澧南垸为重要蓄滞洪区，北、东、南三面环水，西为自然山丘岗地，北与松澧垸隔澧水相望，东、南依道水与彭坪、廖坪等垸相邻。垸内主要湖泊有长湖。行政区划辖澧县澧南镇的11个村（社区），总集雨面积48.20km^2，保护总面积34.33km^2，其中耕地面积2.33万亩。

澧南垸一线防洪堤长24.20km，其中澧水堤10.50km、道水堤13.70km。主要控制点设计水位43.99m（刘家河）、43.07m（下马桥）。一线大堤穿堤建筑物14处16孔，排涝泵站6座装机14台2485kW。澧南垸设计蓄洪水位43.57m（刑市），相应蓄洪面积38.90km^2，分蓄洪量2.00亿m^3。澧南垸自1998年蓄洪后实行了移民建镇，主要安置在澧南、张家滩安置区。澧南垸分洪闸址中心相应堤防桩号5+600.000，共9孔，单孔净宽9m，过流总净宽90m，设计分洪水位43.57m，最大分洪流量2315m^3/s。

2.6 西官垸

西官垸为重要蓄滞洪区，地处常德市澧县东南部，全垸四面环水，东临松滋中支与安澧垸相邻，西靠松滋西支与九垸、松澧垸隔河相望，南依七里湖和五里河临安保垸、七里湖垸，全垸由西洲垸和官垸组成。垸内主要湖泊有沟围湖等。行政区划辖澧县官垸镇的6个村（社区），保护总面积69.60km^2，其中耕地面积5.50万亩。

西官垸一线防洪堤由松滋西支、中支和澧水堤防组成，自鸟儿洲，经共巴、青龙窖、三岔佬、大剅口、罗家湖、西埠窖、濠口台、毛家渡、官垸码头，抵终点鸟儿洲，全长59.00km。主要控制点设计水位39.95m（三岔佬）、38.36m（自治局）、38.73m（汇口水文站）、39.55m（官垸水文站）。一线堤防有穿堤建筑物20处22孔，排涝泵站8座装机22台3735kW。西官垸设计蓄洪水位38.81m，蓄洪面积69.60km^2，蓄洪量4.44亿m^3，西官垸分洪闸址中心相应堤防桩号38+351.000，共6孔，单孔净宽10m，过流总净宽60m，设计分洪水位38.81m，最大分洪流量1500m^3/s。西官垸现已建有官垸安全区、总面积2.00km^2，毛家渡、鸟儿洲、濠口、东巴4处安全台、总面积59.06万m^2。

2.7 围堤湖垸

围堤湖垸为重要蓄滞洪区，为1975年矮围灭螺修筑而成的一个蓄洪垦殖区，地处沅水尾闾，南、西与沅南垸紧密相连，东、北临沅水尾闾与沅澧垸隔河相望。垸内主要湖泊有筲箕湖等。行政区划辖汉寿县龙阳街道的11个村，保护总面积36.67km^2，其中耕地面积2.80万亩。

围堤湖垸一线防洪堤长15.13km，西起北拐，东至马家铺。主要控制点设计水位36.29m（北拐）、36.01m（仓儿总）。一线防洪堤有穿堤建筑物4处5孔，排涝泵站3座装机11台1385kW。围堤湖垸设计蓄洪水位36.53m，蓄洪量2.37亿m^3，围堤湖垸分洪闸址中心相应堤防桩号2+100.000，共14孔，单孔净宽10m，过流总净宽140m，设计分洪水位36.53m，最大分洪流量3190m^3/s。围堤湖垸现已建有北拐、宝台、仓儿总3处安全台、总面积18.60万m^2。

2.8 城西垸

城西垸为重要蓄滞洪区，全垸四面环水，东临湘水东支与义合垸、洋沙湖垸、东湖垸、北湖垸隔河相望，西依湘水西支与烂泥湖垸、湘滨南湖垸相邻，西北临南洞庭湖。垸内主要湖泊有鹤龙湖、长大湖、甲子湖、蒋家湖、南阳大湖等。行政区划辖湘阴县鹤龙湖镇的19个村（社区），全垸总保护面积106.00km^2，其中耕地面积8.83万亩，保护总人口7.04万人。

城西垸一线防洪堤长51.757km，其中湖堤12.00km、河堤39.757km。主要控制点设计水位33.65m（濠河口）。一线防洪堤有穿堤建筑物27处29孔，排涝泵站14座装机47台8172kW。城西垸设计蓄洪水位33.42m（湘水东支黄花岭），相应蓄洪量7.61亿m^3。城西垸现已建有裕民、保合、古塘3处安全台、总面积16.00万m^2。

2.9 建设垸

建设垸为重要蓄滞洪区，地处长江下荆江河段南岸，东临长江与湖北省监利县隔江相望，南与建新垸（岳阳监狱）接壤，西南与钱粮湖垸相连，西北为低矮丘陵地带。垸内主要湖泊有团湖、东湖等。行政区划辖岳阳市君山区的广兴洲、许市2个乡（镇）23个村（社区），总集雨面积167.54km^2，保护面积104.60km^2，其中耕地面积8.70万亩，保护总人口8.99万人。

建设垸一线防洪堤长18.288km，全为长江干堤。主要控制点设计水位35.19m（临江闸）。一线防洪堤有穿堤建筑物13处16孔，排涝泵站6座装机17台5040kW。建设垸设计蓄洪水位33.03m（东洞庭湖广兴渔场），相应蓄洪量4.94亿m^3。

2.10 九垸

九垸为一般蓄滞洪区，北以隔堤与松澧垸接壤，东临松滋西支与西官垸隔河相望，西、南临七里湖。垸内主要湖泊有丁家湖等。行政区划辖澧县小渡口镇的7个村（社区），保护总面积53.67km^2，其中耕地面积2.42万亩，保护总人口0.49万户2.06万人。

九垸一线防洪堤长24.50km，分澧水堤防和松滋西支堤防，澧水堤防自松澧隔堤西端起，经甘家湾、新堤拐、马溪潭、永福、张市窖、抵彭家港，全长14.50km；松滋西支堤防自松澧隔堤东端的罗家凸起，经出草坡、合兴村部、毛家渡、抵彭家港，长10.00km；另有与松澧垸隔堤，长8.05km，西起观音港下首500m，东至松滋西支罗家凸。主要控制点设计水位39.55m（出草坡）、40.84m（甘家湾）。一线防洪堤有穿堤建筑物7处7孔，排涝泵站4座装机12台2720kW。九垸设计蓄洪水位40.27m（七里湖张市窖），蓄洪面积44.95km^2，相应蓄洪量3.79亿m^3。

2.11 屈原垸

屈原垸为一般蓄滞洪区，三面环水，西临南洞庭湖，东、北临汨罗江与双河坝垸、松柏垸、李湾坝垸、幸福垸、双楚垸隔河相望，南连湖溪垸及低矮丘陵山岗。垸内主要河流湖泊有南湖、北湖、板滩湖、红旗水库、黄金水库、蟠龙河、李家河、汨罗江故道等。行政区划辖岳阳市湘阴县、汨罗市与屈原管理区3个县（市、区）的7个乡（镇、街道）49个村（社区），全垸保护面积239.07km^2，其中耕地面积25.07万亩，保护总人口15.53万人。

屈原垸一线防洪堤长43.28km，其中南洞庭湖堤防23.78km、汨罗江堤防19.50km；按行政区划分，湘阴县3.60km、汨罗市1.50km、屈原管理区38.18km。主要控制点设计水位33.10m（营田水位站）、33.07m（青港）。屈原垸一线防洪堤有穿堤建筑物19处27孔，排涝泵站10座装机48台12950kW。屈原垸设计蓄洪水位33.09m（汨罗江凤凰嘴），总蓄洪面积213.16km^2，总蓄洪量11.96亿m^3。

2.12 江南陆城垸

江南陆城垸为一般蓄滞洪区，西、北临长江城汉河段，南、北分别与永济垸、黄盖湖垸接壤，东为低矮丘陵岗地。全垸由江南垸（临湘市）和陆城垸（云溪区）2个堤垸组成。垸内主要河流湖泊有鲁家湖、白泥湖、肖家湖、洋溪湖、冶湖、小脚湖、涓田湖、陈家湖等。行政区划辖岳阳市云溪和临湘2个区（市）的7个乡（镇、街道）41个村（社区），全垸总保护面积232.20km^2，其中耕地面积11.85万亩，保护总人口10.99万人。

江南陆城垸一线防洪堤长47.062km，全为长江干堤，其中江南垸31.964km、陆城垸15.098km。主要控制点设计水位32.20m（新港）、31.89m（新洲脑泵站）。江南陆城垸一线防洪堤有穿堤建筑物15处23孔，排涝泵站7座装机32台9790kW。江南陆城垸设计蓄洪水位30.70m（北堤拐）、31.72m（周家墩），蓄洪面积221.82km^2，蓄洪量10.41亿m^3。

2.13 建新垸

建新垸（岳阳监狱）为一般蓄滞洪区，东临君山区柳林洲镇，东北角靠长江，南频东洞庭湖，西与君山区许市镇接壤，北界君山区建设垸。全垸地势北高南低，一般地面高程27.50～31.50m。垸内主要湖泊包括东湖。行政区划辖岳阳市君山区岳阳监狱，全垸保护总面积50.29km^2，其中耕地面积3.59万亩，保护居住点18个总人口1.01万人。

建新垸（岳阳监狱）一线防洪堤长18.834km，其中长江干堤2.963km、洞庭湖堤15.871km。建设垸一线堤防主要控制点设计水位35.19m（临江闸）、33.06m（新港子）。建新垸一线堤防共有穿堤建筑物7处10孔，其中排涝泵站5座装机21台4565kW。建新垸蓄洪水位33.03m（东洞庭湖黄安湖），有效蓄洪容积1.96亿m^3。

2.14 安澧垸

安澧垸为蓄滞洪保留区，北与湖北省公安县接壤、西畔澧县西官垸、东临安造垸、南与安保垸隔河相望。全垸地势北高南低，地形平坦开阔，高程在26.00～33.00m。垸内主要湖泊和河流包括白湖、草湖、黄田湖、东兴湖、青龙窖河、米湖亚河、沙河、焦圻河、夹洲哑河等。行政区划辖常德市安乡县大湖口镇的22个村（社区），总保护面积122.73km^2，其中耕地面积9.20万亩，保护总人口6.21万人。

安澧垸一线防洪堤长69.655km，分东、西两线，东线防洪堤临松滋河东支，北起王守寺、南抵小望角，长33.075km；西线防洪堤临松滋河中支，北起北堤、南抵小望角，长35.524km。北间堤西起原安福乡东保村的新码头，东至潭子口村南端，长7.50km。安澧垸一线防洪堤主要控制点设计水位为39.42m（王守寺）、38.14m（大湖口）、38.36m（白治局）。安澧垸共有穿堤建筑物26处29孔，其中排涝泵站15座54台装机9885kW。安澧垸蓄洪水位38.11m（松滋中支小望角），有效蓄洪容积9.20亿m^3。

2.15 安昌垸

安昌垸为蓄滞洪保留区，北顶荆江分洪区南线大堤，东依藕池西支（官垱河）与安化垸相伴，西临虎渡河与安造垸为邻，南抵南县南汉垸。全垸地势北高南低，一般地面高程29.00～36.50m，平均约32.00m左右。垸内主要河流湖泊包括大兴湖、鸭踏湖、长河等。行政区划辖常德市安乡县官垱、三岔河2个镇的22个村501村民小组，全垸总保护面积115.13km^2，其中耕地面积7.63万亩，保护人口5.65万人。

安昌垸一线防洪堤长84.247km，分东、西两线，东线防洪堤临藕池西支，北起湖北省界、南抵南县县界，长44.352km；西线防洪堤临虎渡河，北起湖北省界，南抵小河口，长39.895km。安昌垸一线防洪堤主要控制点设计水位36.95m（官垱）、36.00m（丁家渡）、37.14m（董家垱）、36.12（六家渡）、36.30（唐家铺）。安昌垸共有穿堤建筑物41处42孔，其中排涝泵站18座装机43台6930kW。安昌垸蓄洪水位37.13m（虎渡河林场），相应蓄洪容积7.10亿m^3。

2.16 安化垸

安化垸为蓄滞洪保留区，地处藕池河中支、西支之间，北接湖北省石首市团山区，南抵南县和康垸，东邻南县南顶垸，西与安昌垸隔藕池河西支相望。全垸上宽下窄，地形似带，地势北高南低，地面高程在29.00～36.50m，一般地面高程约为32.50m。垸内主要湖泊包括芦席湖、团湖、张公湖等。行政区划辖常德市安乡县官垱、三岔河2镇的17个村338村民小组。全垸总保护面积93.80km^2，其中耕地面积6.14万亩，保护总人口4.36万人。

安化垸一线防洪堤长42.487km，分东西两线，其中东线防洪堤位于栗林河、藕池中支右岸，北起湖北省界、南抵南县县界，长29.555km；西线防洪堤位于藕池西支左岸，北起湖北省界，南抵南县县界，长31.632km。安化垸一线堤防主要控制点设计水位36.16m（三岔河）、36.95m（官垱）、36.16m（丁家渡）、36.16（友谊桥）。安化垸共有穿堤建筑物43处43孔，排涝泵站18座装机41台5675kW。安化垸设计蓄洪水位36.40m（藕池河西支天保），相应蓄洪容积4.50亿m^3。

2.17 南汉垸

南汉垸为蓄滞洪保留区，地处淞澧洪道尾端和藕池河中、西支下游，北与安乡县安昌垸相连，东临藕池河中、西支与和康垸、育乐垸相望，西濒淞虎洪道，西、南临澧水洪道、南隔目平湖与沅江市赤山南嘴相望。全垸内地势平坦，地面高程30.50～34.50m。垸内主要河流湖泊包括百万湖、莲续湖、同西湖、伏西湖等。行政区划辖益阳市南县武圣宫、厂窖2镇的17个村（社区）411村民小组，全垸总集雨面积97.16km^2，总保护面积97.13km^2，其中耕地面积52.00km^2，保护人口6.71万人。

南汉垸一线防洪堤长67.36km。南汉垸一线防洪堤主要控制点设计水位为35.44m（武圣宫）、35.44m（肖家湾）、35.44m（厂窖）。南汉垸共有穿堤建筑物26处28孔，排涝泵站14座装机36台7030kW。南汉垸设计蓄洪水位37.40m（藕池河西支太合），相应蓄洪容积5.66亿m^3。

2.18 和康垸

和康垸为蓄滞洪保留区，三面环水，北与安乡县安化垸接壤，东临藕池东支与育乐垸隔河相望，西隔藕池西支与安昌垸、南汉垸相邻。全垸内地势平坦，地面高程30.00～34.50m。垸内主要湖泊包括南湖、白洋湖等。全垸行政区划辖益阳市南县麻河口镇的15个村（社区）167村民小组，总保护面积96.80km^2，其中耕地面积7.79万亩，保护5.66万人。

和康垸一线防洪堤长46.403km。和康垸一线防洪堤主要控制点设计水位为35.47m（杨泗庙）、35.44m（麻河口）。和康垸共有穿堤建筑物22处22孔，排涝泵站12座装机35台6590kW。和康垸设计蓄洪水位35.48m（藕池河中支金家），相应蓄洪容积6.20亿m^3。

2.19 集成安合垸

集成安合垸为蓄滞洪保留区，四面环水，南、西临藕池东支主干与育乐垸隔河相望，北隔藕池中支邻湖北省久合垸，东临藕池东支鲇鱼须河与华容护城垸相邻，西北邻湖北省。全垸地势北高南低，一般地面高程28.00～34.50m。垸内主要河流湖泊、水库包括清水河、宋家湖、永丰湖、上东湾湖、下东湾湖、沙河、太仙河、砚溪河、马蹄河、沙河水库等。行政区划辖岳阳市华容县操军、梅田湖2个乡（镇）的19个村512村民小组，全垸总保护面积123.33km^2，其中耕地面积8.87万亩，保护人口7.55万人。

集成安合垸一线防洪堤长54.275km，自殷家洲沿藕池中支往下至天罗洲，再从天罗洲沿鲇鱼须往上至大河口（殷家洲）闭合。集成安合垸一线防洪堤主要控制点设计水位为36.12m（梅田湖）。集成安合垸共有穿堤建筑物28处33孔，排涝泵站10座装机39台6240kW。集成安合垸设计蓄洪水位34.68m（藕池东支南华），有效蓄洪容积6.83亿m^3。

2.20 南顶垸

南顶垸为蓄滞洪保留区，四周环水，东临藕池中支施家渡河与育乐垸相邻，西临藕池中支陈家岭河与湖北省谦吉垸、安乡安化垸、南县和康垸隔河相望。全垸地势平坦，地面高程31.20～34.20m。行政区划辖益阳市南县浪拔湖官镇的8个村（社区）196个村民小组，全垸总保护面积46.53km^2，其中耕地面积3.46万亩，保护总人口2.61万人。

南顶垸一线防洪堤长40.238km。南顶垸一线防洪堤主要控制点设计水位为35.83m（施家渡河哑巴渡）。南顶垸共有穿堤建筑物19处19孔，排涝泵站8座装机21台3690kW。南顶垸蓄洪水位35.60m（陈家岭河西河头），相应蓄洪容积2.57亿m^3。

2.21 君山垸

君山垸为蓄滞洪保留区，为岳阳市君山区人民政府所在地，是全区的政治、经济和文化中心，东、南临东洞庭湖，北依长江，西与建新垸（岳阳监狱）接壤，是一个三面环水、形似盆状的滨湖堤垸。全垸地势北高南低，地形较平坦，地面高程一般在27.00～31.50m。垸内主要河流湖泊包括濠河等。行政区划辖岳阳市君山区柳林洲街道和芦苇场、养殖场的21个村（社区），全垸总保护面积91.40km^2，其中耕地面积7.73万亩，保护7.28万人。

君山垸一线防洪堤长35.442km，一线防洪堤主要控制点设计水位为33.63m（北闸）、33.06m（南闸）。君山垸共有穿堤建筑物11处20孔，排涝泵站7座装机21台7245kW。君山垸蓄洪水位32.71m（东洞庭湖楼西湾），有效蓄洪容积4.80亿m^3。

2.22 义合金鸡垸

义合金鸡垸为蓄滞洪保留区，该垸东北角与洋沙湖垸相邻，北面与城西垸隔湘水东支相望，西南与烂泥湖垸隔河相望，东南是低矮丘陵区。全垸地势总体走向东南高西北低，一般地面高程在27.00～29.00m。垸内主要湖泊为金鸡哑湖。行政区划辖岳阳市湘阴县静河镇的6个村（社区）84个村民小组，全垸总保护面积19.87km^2，其中耕地面积1.48万亩，保护1.21万人。

义合金鸡垸一线防洪堤长9.93km，堤防自文径起，经娘娘堆、干堤拐、沙嘴、上堵坝、湾河口、严家湾、四柱湾、关门洲、附义垸、国庆垸、三汊河，至附山垸。义合金鸡垸一线防洪堤主要控制点设计水位为33.72m（湘水湾河口）。义合金鸡垸共有穿堤建筑物4处4孔，排涝泵站2座装机5台805kW。义合金鸡垸蓄洪水位33.56m（湘水尾闾金鸡），有效蓄洪容积1.21亿m^3。

2.23 北湖垸

北湖垸为蓄滞洪保留区，地处湘水尾闾，南洞庭湖滨，是一个湖岔型堤垸。垸西南部紧靠湘水尾闾，与城西垸隔江相望，西、北部面临南洞庭湖，东部为低矮丘陵岗地，并与湘阴县文星镇、东塘镇、三塘镇接壤。北湖垸地势走向南高北低，地面高程24.50～28.20m。垸内河湖交汇，沟渠纵横，水域广阔，主要河流湖泊包括白泥湖、夹河等。行政区划辖岳阳市湘阴县文星、石塘、六塘、东塘4个乡（镇）16个村（社区）237个村民小组，全垸总保护面积48.33km^2，其中耕地面积2.93万亩，保护总人口2.59万人。

北湖垸一线防洪堤长10.80km。北湖垸一线防洪堤主要控制点设计水位为33.42m（湘水尾闾许家台）。北湖垸共有穿堤建筑物5处6孔，排涝泵站3座装机12台2140kW。北湖垸蓄洪水位33.12m（南洞庭湖园艺场），相应蓄洪容积2.59亿m^3。

2.24 六角山垸

六角山垸为蓄滞洪保留区，地处沅水尾闾，汉寿县东南侧，是一个畔山临湖的湖汊型堤垸，沅水尾闾汇入目平湖段。垸内地形起伏大，地面高程一般为29.80～40.00m，仅龙池湖等低洼处为23.00～29.00m。垸内主要湖泊为龙池湖。行政区划辖常德市汉寿县蒋家嘴、百禄桥2个镇的12村（社区），全垸总保护面积29.73km^2，其中耕地面积1.09万亩，保护2.03万人。

六角山垸一线防洪堤长2.903km，由蒋家嘴镇的雷家嘴、白鹤坳、六角山、百禄桥镇的夏山坝、丝网洲、陈家坝、沉船坝、鲜鱼冲、张家坝等9段堤防组成。六角山垸共有穿堤建筑物9处9孔，无排涝泵站。六角山垸设计蓄洪水位34.30m（目平湖园艺场），有效蓄洪容积0.55亿m^3。

附录三　洞庭湖区水利管理政策法规

一、地方性法规、政府规章、规范性文件

1. 湖南省实施《中华人民共和国水法》办法

（2004年5月31日湖南省第十届人民代表大会常务委员会第九次会议通过　根据2012年3月31日湖南省第十一届人民代表大会常务委员会第二十八次会议《关于按照行政强制法的规定修改部分地方性法规的决定》第一次修正　根据2022年5月26日湖南省第十三届人民代表大会常务委员会第三十一次会议《关于修改〈湖南省水能资源开发利用管理条例〉等九件地方性法规的决定》第二次修正）

第一条　根据《中华人民共和国水法》（以下简称《水法》），结合本省实际，制定本办法。

第二条　在本省行政区域内开发、利用、节约、保护和管理水资源，防治水害，必须遵守本办法。

长江湖南段、洞庭湖以及其他省界江河、湖泊水资源的开发、利用、节约、保护、管理和水害的防治，国家法律和行政法规另有规定的，从其规定。

第三条　县级以上人民政府水行政主管部门按照规定的权限，负责本行政区域内水资源的统一管理和监督工作。

县级以上人民政府有关部门按照职责分工，负责本行政区域内水资源开发、利用、节约和保护的有关工作。

第四条　单位和个人都有依法保护水资源、水工程和节约用水的义务，对破坏水资源、污染水环境、损坏河道和水工程设施的行为有权检举。

第五条　开发、利用、节约、保护水资源和防治水害应当按照流域、区域统一制定规划。区域规划应当服从流域规划，专业规划应当服从综合规划。

第六条　全省流域综合规划，区域综合规划和跨设区的市，自治州的江河、湖泊，以及省人民政府确认的其他重要江河、湖泊的流域综合规划、区域综合规划，由省人民政府水行政主管部门会同有关部门和有关人民政府编制，报省人民政府批准后，报国务院水行政主管部门备案。

前款规定以外的流域综合规划、区域综合规划，按照管理权限由县级以上人民政府水行政主管部门会同同级有关部门编制，经本级人民政府批准后，报上一级人民政府水行政主管部门备案。

第七条　治涝、山洪灾害防治、灌溉、航运、供水、水力发电、竹木流放、渔业、水资源保护、节约用水等专业规划，由县级以上人民政府有关部门编制，征求同级其他有关部门意见后，报本级人民政府批准。防洪规划、水土保持规划的编制、批准，按照《中华人民共和国防洪法》《中华人民共和国水土保持法》的有关规定执行。

第八条　流域综合规划、区域综合规划以及第七条所规定的专业规划一经批准，必须严格执行。

经批准的规划需要修改时，必须按照规划编制程序经原批准机关批准。

第九条　洞庭湖、湘江、资江、沅江、澧水干流和汨罗江、新墙河以及省人民政府确认的其他

重要江河、湖泊的水功能区划，由省人民政府水行政主管部门会同省生态环境行政主管部门和有关部门拟定，报省人民政府批准，并报国务院水行政主管部门和生态环境行政主管部门备案。其他江河、湖泊的水功能区划，由设区的市、自治州、县（市、区）人民政府水行政主管部门会同同级人民政府生态环境行政主管部门和有关部门拟定，报同级人民政府批准，并报上一级水行政主管部门和生态环境行政主管部门备案。

第十条 水功能区划定后，县级以上人民政府水行政主管部门应当按照国家规定，在主要河道、饮用水水源保护区等区域设置水资源质量监测断面，对水质状况进行监测。发现重点污染物排放总量超过控制指标的，或者水质未达到水域使用功能对水质要求的，应当及时报告相关人民政府采取治理措施，控制污染物排放，改善水质，并向生态环境行政主管部门通报。

第十一条 在洞庭湖和湘江、资江、沅江、澧水干流及大型水库新建、改建或者扩大排污口，应当由省人民政府生态环境行政主管部门进行审批。在其他江河、湖泊、水库、人工水道上新建、改建或者扩大排污口，应当由生态环境行政主管部门按照管理权限进行审批。

禁止在饮用水水源保护区设置排污口或者新建有污染的项目，现有污染项目应当限期治理。

第十二条 开发利用江河、湖泊、水库水资源，应当按照水法规定的原则，做到公平有序，并符合水功能区划，服从防洪安全和水工程运行安全的需要。水行政主管部门应当加强监督检查。

鼓励公民、法人和其他经济组织依法开发、利用水能资源。开发利用水能资源应当符合规划，有计划地组织进行。开发利用权可以通过招标或者拍卖等方式取得。

第十三条 建设水工程，应当进行科学论证，并符合流域综合规划。

在洞庭湖、湘江、资江、沅江、澧水干流和汨罗江、新墙河以及省人民政府确认的其他重要江河、湖泊上建设水工程，其工程可行性研究报告报请批准前，由省人民政府水行政主管部门对其是否符合流域综合规划进行审查并签署意见。

在跨县、市（区）的江河、湖泊上建设水工程，其工程可行性研究报告报请批准前，由设区的市、自治州人民政府水行政主管部门对其是否符合流域综合规划进行审查并签署意见；在不跨县、市（区）的江河、湖泊上建设水工程，其工程可行性研究报告报请批准前，由县级人民政府水行政主管部门对其是否符合流域综合规划进行审查并签署意见。

第十四条 兴建水利水电、防治水害、整治河道的工程和拦河、跨河、穿河、穿堤、临河的闸坝、桥梁、码头、道路、渡口、取水口、排污口等设施及铺设跨河管道、电缆，必须符合国家规定的防洪标准、通航标准和其他有关技术要求。

修建前款工程设施，建设单位必须在立项前进行防洪评价论证、编制水土保持方案，并报送县级以上人民政府水行政主管部门审查同意后，按基本建设程序办理审批手续。

第十五条 从事工程建设，不得占用农业灌溉水源、灌排工程设施，不得影响原有灌溉用水、供水水源、水文测验，不得危害河势稳定、行洪畅通和护坡、护岸、堤防及导航、助航、水文监测等工程设施安全，不得造成江河、湖泊、水库、人工水道淤积。确实无法避免的，建设单位应当采取相应的补救措施。造成损失的，依法给予补偿。

禁止围垦湖泊、水库造地。

第十六条 国家所有的水工程，由县级以上人民政府水行政主管部门或者水行政主管部门会同有关部门依照下列标准，报请县级以上人民政府划定管理范围和保护范围，并设立标志：

（一）防洪、防涝的堤防、间堤背水坡脚向外水平延伸 30 至 50 米（经过城镇的堤段不得少于 10m）为管理范围。保护范围视堤防重要程度、堤基土质条件划定。

（二）水库库区设计洪水位线以下（包括库内岛屿），大坝背水坡脚向外水平延伸 30～200m，大坝两端山坡自开挖线起顺坡向外延伸 50 至 100 米（到达分水岭不足 50m 的至分水岭上），溢洪道两端自山坡开挖线起顺坡向外延伸 10 至 20 米为管理范围。库区管理范围边缘向外延伸 20 至 100 米为

保护范围；大坝、溢洪道保护范围根据坝型、坝高及坝基情况划定。

（三）船闸上下游航道护岸末端、水闸上下游翼墙末端以内为管理范围，管理范围边缘向外延伸50至200米为保护范围。

（四）引水工程、水轮泵站、水力发电站的拦河坝两端向外延伸50至200米，河床、河堤护砌线末端向上下游各延伸500米为保护范围。

（五）水力发电站厂房、机电排灌站枢纽建筑物周边向外延伸20至100米，进出水渠（管）道自拦污栅向外延伸100至500米水面为保护范围。

（六）渠道自两边渠堤外坡脚或者开挖线向外延伸1至5米，渠系建筑物周边2至10米为保护范围。

（七）其他水工程由县级以上人民政府结合实际情况，参照上述标准划定管理范围和保护范围。

国家所有以外的水工程管理范围和保护范围，可以参照前款第（一）项至第（六）项规定，由有管辖权的人民政府结合实际情况划定。

城市规划区内水工程管理范围和保护范围的划定，应当与城市总体规划相协调。

第十七条 水行政主管部门应当加强对水工程管理范围的保护。依法由人民政府划定的水工程管理范围的土地及建筑物，除水工程管理单位外，其他单位和个人不得占用。

第十八条 各级人民政府必须落实水工程安全管理责任制和安全检查制度，对病险水工程应当控制运行，限期消除险情。县级以上人民政府水行政主管部门应当加强对水工程安全的技术指导和监督管理。

第十九条 禁止在水工程保护范围内从事影响水工程运行和危害水工程安全的爆破、打井、采石、取土等活动。

在水工程管理范围内除禁止从事第一款所规定行为外，还不得从事影响水工程运行和危害水工程安全的建房、开渠、倾倒垃圾渣土等活动。

在大坝、堤防上除禁止从事第一款、第二款所规定的行为外，还不得从事垦殖、铲草、设立墟场等活动。

第二十条 开采矿藏可能造成地表水源枯竭、水资源污染、地下水含水层串通、地面塌陷和影响水工程安全的，采矿单位或者建设单位应当组织科学论证。在进行科学论证时，应当征求水行政主管部门的意见。

第二十一条 在河道管理范围内采砂，必须经县级以上人民政府水行政主管部门批准。未经批准采砂或者未按照采砂许可规定采砂，情节严重的，县级以上人民政府水行政主管部门可以依法及时作出处理。

经批准从事河道采砂的单位和个人，应当按照防洪和通航安全的需要，及时清理尾堆，平整河道，不得在河道内堆积砂石或者废弃物。

县级以上人民政府水行政主管部门应当加强对河道采砂的统一管理和监督检查，并做好有关组织、协调的指导工作。

第二十二条 调蓄径流和分配水量，应当兼顾上下游和左右岸用水、航运、竹木流放、渔业和保护生态环境的需要。

调蓄径流和水量分配方案，由县级以上人民政府水行政主管部门按照管理权限拟定，征求有关部门意见后，报本级人民政府批准后执行；跨行政区域的，由共同上一级人民政府水行政主管部门商有关人民政府拟定，报本级人民政府批准后执行。

第二十三条 省人民政府水行政主管部门应当确定湘江、资江、沅江、澧水干流和主要水库特别干旱时期的供水以及水环境需要的最小流量、水位，制定特别干旱时期供水预案和水环境应急预案，报省人民政府批准后执行。出现供水、水环境紧急状况时，各大中型水工程管理单位、沿河城市人民政府必须服从省人民政府的用水调度。

第二十四条 直接从江河、湖泊或者地下取用水资源的，应当按照国家取水许可制度和水资源有偿使用制度的规定，向水行政主管部门申请领取取水许可证，按照国家和省人民政府的规定缴纳水资源费。但是，农业灌溉以及家庭生活、零星散养、圈养畜禽饮用等少量取水和省人民政府规定的其他少量取水的除外。

第二十五条 使用水工程供应的水，用水单位和个人应当向供水单位申请用水计划，并按规定缴纳水费。

第二十六条 地方各级人民政府应当采取措施，鼓励研究节水技术，推广节水工艺和设备、产品。

工业用水应当采用先进技术、工艺和设备，增加循环用水次数，提高水的重复利用率。

城市应当推广节水型生活用水器具，降低城市供水管网漏失率，提高生活用水效率。

第二十七条 在地下水超采的地区，县级以上人民政府应当制定计划，限制取水量，并规划建设替代水源，采取科学措施增加地下水的有效补给。禁止新建、扩建取用地下水的建设项目。

省人民政府水行政主管部门应当会同自然资源等主管部门，统筹考虑地下水超采区划定、地下水利用情况以及地质环境条件等因素，组织划定本行政区域内地下水禁止开采区和限制开采区，报省人民政府批准后公布，并报国务院水行政主管部门备案。

开采地下水的单位，应当对地下水的水位、水质变化趋势进行监测，建立技术档案。

第二十八条 乡镇人民政府、村民委员会、村民小组或者农村集体经济组织，应当对其管理或者使用的水库、山塘等水利设施进行维护，建立蓄水用水和水工程安全管理制度，加强管理，合理使用。县（市、区）和乡镇人民政府应当加强检查、指导。

除国家建设或者公益事业需要外，不得填埋山塘。

第二十九条 不同行政区域之间发生水事纠纷的，应当协商处理；协商不成的，应当报告共同的上一级人民政府，人民政府应当自收到报告之日起五日内受理，并及时作出裁决，有关各方必须执行。水事纠纷解决前，未经各方达成协议或者共同上一级人民政府批准，在县级以上行政区域交界线水事纠纷发生地方圆5km、乡镇行政区域交界线水事纠纷发生地方圆3km区域内，任何一方不得修建排水、阻水、取水和截（蓄）水工程，不得单方面改变水的现状。

第三十条 县级以上人民政府水行政主管部门或者法律、法规授权的组织，应当建立水政监察制度，依法实施水政监察。

水政监察人员应当忠于职守、秉公执法，在依法查处水事行政案件时，应当出示行政执法证件。

第三十一条 违反本办法第十九条规定的，由县级以上人民政府水行政主管部门按照下列规定进行处理：

（一）从事影响水工程运行和危害水工程安全的爆破、打井、采石、取土等活动的，责令停止违法行为、采取补救措施，对在水工程保护范围内的可以并处一万元以上二万元以下罚款，对在水工程管理范围内的可以并处二万元以上三万元以下罚款，对在大坝、堤防上的可以并处三万元以上五万元以下罚款。

（二）从事影响水工程运行和危害水工程安全的建房、开渠、倾倒垃圾渣土等活动的，责令停止违法行为、采取补救措施，对在水工程管理范围内的可以并处五百元以上三千元以下罚款，对在大坝、堤防上的可以并处一千元以上五千元以下罚款。

（三）在大坝、堤防上从事垦殖、铲草、设立墟场等活动的，责令停止违法行为，给予警告；情节严重的，可以并处五十元以上二百元以下罚款。

第三十二条 违反本办法第二十一条规定，采砂的单位和个人未按照防洪和通航安全的需要及时清理尾堆、平整河道的，由县级以上人民政府水行政主管部门责令限期清理，恢复原状；逾期不

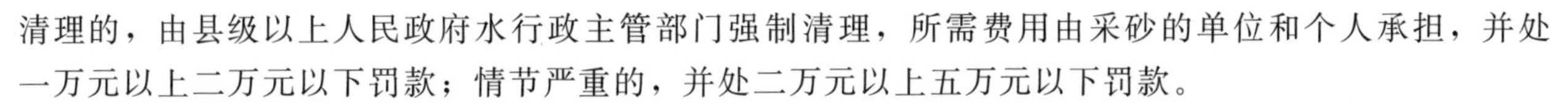

清理的，由县级以上人民政府水行政主管部门强制清理，所需费用由采砂的单位和个人承担，并处一万元以上二万元以下罚款；情节严重的，并处二万元以上五万元以下罚款。

第三十三条 违反本办法第二十八条第二款的规定填埋山塘的，由县级人民政府水行政主管部门责令停止违法行为，限期恢复原状或者采取其他补救措施；拒不恢复原状或者采取其他补救措施的，由县级人民政府水行政主管部门强制恢复原状或者采取其他补救措施，所需费用由违法者承担；情节严重、对生产生活等造成严重危害的，并处一万元以上三万元以下罚款。

第三十四条 水行政主管部门或者其他有关部门以及水工程管理单位的工作人员玩忽职守、滥用职权、徇私舞弊，或者贪污、挪用水资源费的，依法给予行政处分；构成犯罪的，依法追究刑事责任。

第三十五条 本办法自2004年9月1日起施行。1993年7月10日湖南省第八届人民代表大会常务委员会第三次会议通过的《湖南省水法实施办法》同时废止。

2. 湖南省实施《中华人民共和国防洪法》办法

（2001年3月30日湖南省第九届人民代表大会常务委员会第二十一次会议通过 根据2018年7月19日湖南省第十三届人民代表大会常务委员会第五次会议《关于修改〈湖南省实施中华人民共和国水土保持法办法〉十一件地方性法规决定》第一次修正 根据2021年3月31日湖南省第十三届人民代表大会常务委员会第二十三次会议《关于修改〈湖南省建筑市场管理条例〉等三十件地方性法规的决定》第二次修正）

第一条 根据《中华人民共和国防洪法》（以下简称《防洪法》）和其他有关法律、法规的规定，结合本省实际，制定本办法。

第二条 依法编制防洪规划应当统筹兼顾，科学论证，充分考虑环境保护、水土保持、土地利用以及流域、区域综合治理的需要，与国土规划、土地利用总体规划和城市总体规划相协调。

第三条 长江湖南段和洞庭湖的防洪规划，按照《防洪法》的有关规定制定。省内其他江河、河段和城市的防洪规划，按照下列规定制定：

（一）湘江、资江、沅江、澧水干流和汨罗江、新墙河以及省人民政府认定的其他重要河流的防洪规划，由省人民政府水行政主管部门会同有关部门和有关设区的市、自治州人民政府编制，报省人民政府批准，并报国务院水行政主管部门备案；

（二）第（一）项规定以外的跨县级行政区的河流、河段的防洪规划，由有关设区的市、自治州人民政府水行政主管部门会同有关部门和有关县级人民政府编制，报所在地设区的市、自治州人民政府批准，并报省人民政府水行政主管部门备案；

（三）不跨县级行政区的河流、河段的防洪规划，由县级人民政府水行政主管部门会同有关部门编制，报本级人民政府批准，并报上一级人民政府水行政主管部门备案；

（四）设区的市、自治州人民政府所在地城市的防洪规划，由设区的市、自治州人民政府组织水行政主管部门、住房和城乡建设主管部门和其他有关部门编制，按照国务院规定的审批程序批准后，纳入城市总体规划；

（五）县级人民政府所在地城镇的防洪规划，由县级人民政府组织水行政主管部门、住房和城乡建设主管部门和其他有关部门以及镇人民政府编制，经所在地设区的市、自治州人民政府水行政主管部门审查后，报该设区的市、自治州人民政府批准，纳入城镇总体规划；

（六）县级人民政府所在地城镇以外的有防洪任务的镇的防洪规划，由县级人民政府水行政主管部门会同住房和城乡建设主管部门、镇人民政府编制，报本级人民政府批准，纳入镇总体规划。

修改防洪规划，应当报经原批准机关批准。

第四条 山洪易发地区的县级以上人民政府应当组织自然资源、水利、林业、气象、应急管理等部门和有关工矿企业制定防治山洪的规划和紧急避灾预案。

洞庭湖区以及其他易涝易渍地区的县级以上人民政府应当组织水利、农业农村等有关部门制定除涝治渍规划。

第五条 洞庭湖和湘江、资江、沅江、澧水干流的河道，由省人民政府水行政主管部门实施管理；汨罗江、新墙河和其他跨县级行政区的河道、河段，由设区的市、自治州人民政府水行政主管部门实施管理；不跨县级行政区的河道，由县级人民政府水行政主管部门实施管理。

上级人民政府水行政主管部门管理的河道，可以委托当地人民政府水行政主管部门负责日常管理工作。

第六条 河道、湖泊的具体管理范围，由管理该河道、湖泊的水行政主管部门依法提出方案，报同级人民政府批准。

按照防洪规划和平垸行洪、移民建镇规划退出耕种的堤垸，纳入河道、湖泊管理范围。

第七条 在河道、湖泊、水库管理范围内，禁止建设妨碍行洪的建筑物、构筑物，倾倒垃圾、渣土或者弃置、堆放妨碍行洪的物体以及其他从事影响河势稳定、危害河岸堤防安全和妨碍行洪的活动；禁止在行洪河道内种植阻碍行洪的林木和高秆作物。在船舶航行可能危及堤岸安全的河段，应当限定航速。

禁止在堤防上修建与防洪无直接关系的工程、设施或者在非汛期临时占用江河、湖泊。在特殊情况下，国家建设确需修建、占用的，应当经水行政主管部门按照权限依法批准。

第八条 在河道、湖泊管理范围内依法进行建设活动的，应当在作业前与当地水行政主管部门签订清除尾堆和废渣、恢复河道和堤防功能的责任书，并按照批准的范围、时间、地点和方式作业，不得损坏河道、堤防及护堤地；造成损坏的，应当负责修复或者承担修复费用。

第九条 县级以上人民政府水行政主管部门根据堤防的重要程度、堤基土质条件等提出堤防安全保护区方案，报同级人民政府批准。在堤防安全保护区内，禁止打井、钻探、爆破、挖筑鱼塘、葬坟、采石、取土等危及堤防安全的活动。

县级以上人民政府根据查险排险的需要，可以规定在堤防禁脚一定范围内将鱼池、水田改旱地。

县级以上人民政府应当按照管理权限制定清淤疏浚河道、湖泊规划，由水行政主管部门会同有关部门和单位因地制宜地采取定期清淤疏浚等措施，保持行洪畅通。

第十条 各级人民政府应当有计划地进行封山育林育草、退耕还林还草，保护和扩大流域林草植被，涵养水源，加强流域水土保持综合治理。

修建铁路、公路、水工程以及从事山区开发等可能引起水土流失的生产建设活动，应当采取措施保护水土资源，尽量减少破坏植被，并负责治理因生产建设活动造成的水土流失。

第十一条 护堤护岸的林木和水库周围由水利工程管理单位种植的林木依法进行抚育、更新采伐和用于防汛抢险采伐的，依照国家有关规定免缴育林基金。

第十二条 防洪工程设施建设项目应当按照国家有关法律、法规的规定和技术规范、规程、标准进行勘查、设计、施工、监理和验收，确保工程质量。防洪工程设施建设单位对工程质量全面负责，勘查、设计、施工、监理单位按照法律法规的规定和合同约定对各自承担的任务负责。

防洪工程设施应当明确管理单位，加强维护和管理。

第十三条 城市、村镇和其他居民点以及工厂、矿山、铁路和公路建设，应当避开行洪区和山洪威胁、地质灾害易发区、危险区；已建成的，应当采取防御措施。

第十四条 县级以上人民政府应当建立健全防汛指挥机构，组织制定防御洪水方案，部署汛前洪道清障，筹集防汛抗洪经费和物资，下达防汛调度命令，组织抗洪抢险和灾后重建工作，并实行行政首长负责制。

第十五条 县级以上人民政府防汛指挥机构按照权限负责拟定和实施防御洪水方案、防洪工程汛期调度运用计划，编制洪水风险图，督促清除阻水障碍、修复水毁工程，组织防汛检查，掌握汛情信息，发布汛情公告，组织指挥抗洪抢险和群众转移，管理调度防汛经费和物资。

乡镇人民政府、企业事业单位根据防汛抗洪工作的需要，应当在汛期设立临时防汛指挥机构，组织和指挥本乡镇、本单位的防汛抗洪工作。

第十六条 长江湖南段的防御洪水方案，按照《防洪法》的有关规定制定。省内其他江河、河段、湖泊和城市防御洪水方案，按照下列规定制定：

（一）洞庭湖和湘江、资江、沅江、澧水防御洪水方案，由省防汛指挥机构组织拟定，报省人民政府批准；其他河流、河段防御洪水方案，按照管理权限，分别由设区的市、自治州、县（市、区）防汛指挥机构拟定，报本级人民政府批准；

（二）国家确定的长沙、岳阳等城市的防御洪水方案，由省防汛指挥机构分别会同长沙、岳阳等市人民政府拟定，报省人民政府批准，并报国家防汛指挥机构备案；其他城市的防御洪水方案，由所在城市人民政府防汛指挥机构拟定，报同级人民政府批准，并报上一级人民政府防汛指挥机构备案。

第十七条 大型水库的汛期调度运用计划，由省防汛指挥机构或者由其委托的设区的市、自治州防汛指挥机构组织拟定，报省人民政府批准。汛期防洪实时调度决策权，由省防汛指挥机构或者由其委托的设区的市、自治州防汛指挥机构行使。

重点中型水库汛期调度运用计划，由有关设区的市、自治州防汛指挥机构组织拟定，报省防汛指挥机构批准；其他水库的汛期调度运用计划，按照水库分级管理权限，分别由设区的市、自治州、县（市、区）防汛指挥机构组织拟定，报本级人民政府批准。汛期防洪实时调度决策权，按照管理权限由相应的防汛指挥机构行使。

撇洪工程汛期调度运用方案，由县级人民政府水行政主管部门拟定，报本级人民政府批准。跨行政区域的撇洪工程汛期调度运用方案，由双方共同的上一级人民政府批准。撇洪工程汛期调度运用决策权，由批准该撇洪工程汛期调度运用方案的人民政府的防汛指挥机构行使。

第十八条 在汛期，水库预报水位超过防汛限制水位决定泄洪前，水库经营管理机构必须及时向有关人民政府和防汛指挥机构通报汛情，并做好安全泄洪的准备工作。

第十九条 在汛期，县级以上人民政府防汛指挥机构应当根据气象、水文等有关部门提供的信息，通过新闻媒体向社会发布汛情公告。其他部门和单位不得向社会发布汛情公告。

第二十条 在汛期，有防洪任务的水工程的经营管理机构必须服从防汛指挥机构的防汛调度和监督管理。

第二十一条 各级人民政府应当根据防汛抢险任务需要，按照省人民政府的规定储备必要的防汛抢险物资和资金。

省防汛指挥机构储备的防汛物资和资金，用于遭受特大洪涝灾害地区防汛抢险的应急需要。

第二十二条 有防洪任务的人民政府及其部门和单位以及国家工作人员，在汛期实行抗洪抢险责任制。

防汛指挥机构应当在汛期密切关注水情和水工程运行状况，根据需要组织人员巡逻查险、排险。巡查人员发现堤坝滑坡、翻砂、鼓水、管涌等险情，必须立即上报，并采取紧急措施控制险情。

第二十三条 根据汛情、险情，需要中国人民解放军、中国人民武装警察部队支援抗洪抢险的，由设区的市、自治州人民政府防汛指挥机构按相关规定办理批准手续。

第二十四条 有防洪任务的县级以上人民政府可以通过下列途径筹措防洪资金：

（一）财政安排资金；

（二）依照国务院规定设立水利建设基金；

（三）社会捐赠；

（四）其他依法用于防洪的资金。

第二十五条 防洪资金主要用于下列事项：

（一）防洪工程设施的建设、维护；

（二）水文测报设施、防汛信息系统、生物设施等防洪非工程设施的建设、维护；

（三）水毁工程的修复；

（四）防汛物资储备；

（五）抗洪抢险；

（六）其他防汛费用开支。

第二十六条 县级以上人民政府应当建立健全防洪资金、物资管理制度，保证防洪资金专款专用，专户储存。县级以上人民政府审计、财政部门应当依法加强对防洪资金的监督管理。

第二十七条 违反本办法规定的，依照《防洪法》和其他有关法律、法规给予行政处罚，对有关责任人员依法给予行政处分；构成犯罪的，依法追究刑事责任。

有防洪义务的公民不履行防洪义务的，由当地人民政府进行批评教育，责令履行义务。

第二十八条 本办法自2001年5月1日起施行。

3. 湖南省实施《中华人民共和国河道管理条例》办法

（1995年4月6日湖南省人民政府令第43号公布　根据湖南省人民政府2008年1月2日令第219号《关于修改〈湖南省农村合作经济承包合同管理办法（试行）〉等6件规章的决定》第1次修订公布）

第一章　总　　则

第一条 根据《中华人民共和国河道管理条例》（以下简称《河道管理条例》）和其他有关法律、法规的规定，结合我省实际情况，制定本实施办法。

第二条 本实施办法适用于本省行政区域内河道（包括湖泊、人工水道、撇洪河、行洪区、蓄洪区、滞洪区）的管理。长江干流流经我省的江段和洞庭湖以及省界河道的管理，国家另有规定的，按国家规定执行。河道内的航道，同时适用《中华人民共和国航道管理条例》。

第三条 县级以上人民政府水行政主管部门为本行政区域的河道主管机关。

第四条 洞庭湖的湘江、资江、沅江、澧水干流及其他跨市、州行政区域的重要河段，由省河道主管机关实施管理；其他河道，由市、州、县河道主管机关实施管理。省管河道的具体范围，由省河道主管机关确定并公布；其他河道的具体范围，由市、州、县河道主管机关提出方案，报上一级河道主管机关批准后公布。

第五条 沿河两岸由城建部门和农场、渔场、工矿企业等单位按照河道整治规划修建的堤防工程设施，由该修建单位维护管理，并接受河道主管机关的监督检查。城市规划区内由城建部门修建的公园内的湖泊，由城建部门负责管理，其中有洪涝调蓄功能的湖泊，必须服从防洪的统一调度。

第六条 县级以上河道主管机关的河道监理人员，对管辖范围内的河道进行现场检查时，应当佩戴统一标志，出示行政执法证件。被检查者应当如实反映情况，不得拒绝。

第二章　河道整治与建设

第七条 河道的整治与建设，应当符合《河道管理条例》第十条规定的原则。在河道管理范围内兴建的建设项目，涉及河道与防洪的工程建设方案，建设单位必须按照本实施办法第四条规定的河道管理权限，报河道主管机关审查同意后，方可按基本建设程序履行审批手续。河道主管机关对涉及河道与防洪的工程建设方案的审查和防洪安全的管理，按国家有关规定执行。

第八条 在河道两岸临水侧修建码头、泵房、船台、道路等建筑物和其他设施，应当服从河道整治规划和航道整治规划，不得伸出临水岸坡、滩缘或者高于滩地高程。确需伸出临水岸坡、滩缘或者高于滩地高程的，建设单位必须作出防洪影响分析，并采取措施，减少阻水面积，保持河势稳定和水流畅通。

第九条 跨越河道的桥梁、栈桥等建筑物的梁底必须高出设计洪水位0.5米以上。设计洪水位，由河道主管机关根据流域防洪规划确定。涉及通航河道的建筑物，还应当符合通航标准。为保证防汛抢险救灾的需要，洞庭湖区的主要通航河道，其设计最高通航水位不得低于设计洪水位。

第十条 在河道堤防上兴建建筑物及设施的单位和个人，应当接受河道主管机关及所在河段的河道堤防管理单位对其工程防洪安全的监督检查。建设期间堤段的维护、管理和防汛，由建设单位负责；建设完毕后，堤段经河道主管机关验收合格，交河道堤防管理单位管理。

第十一条 确需利用堤顶或者戗台、护堤地兼做公路的，必须符合堤防防洪设计标准，遵守堤防管理规定，保证防洪安全，并按河道管理权限经河道主管机关批准。堤身和堤顶公路的管理和维护办法，由河道主管机关商交通部门制定。跨越河道堤防的道路，应当填筑引道或者采取其他措施，确保堤身完整和安全。

第十二条 城市、集镇、村庄的建设和发展不得占用河道滩地。城市、集镇和村庄规划的临河界限由河道主管机关会同规划等有关部门根据下列原则确定：

（一）有堤防的河道，临河界限应当在堤防背水侧护堤地以外；

（二）无堤防的河道，临河界限应当在设计洪水位线20米以外；

（三）已规划需展宽或者修建堤防的河段，临河界限应当根据已规划的河道管理范围，按上述两项原则确定。沿河城市、乡村在编制和审查城市、集镇和村庄规划时，应当按河道管理权限事先征求河道主管机关的意见。

第十三条 河道清淤或者加固堤防和堤身两侧填塘凼固基取土，应当不占或者少占耕地。确需占用耕地的，由当地人民政府调剂解决。占用河湖洲滩、国有荒山荒地或者在河湖洲滩、国有荒山荒地取土的，任何单位和个人不得阻挠。取土或者占用土地，免交土地补偿费。整治河道、修建水库所增加的可利用的土地属于国家所有，可以由县级以上人民政府用于移民安置、河道堤防维护管理和河道整治工程。

第十四条 在市州、县市区的边界河道两岸外侧各5km内，以及跨市、州、县市区的河道，未经有关各方达成协议或者未按河道管理权限报经河道主管机关批准，禁止单方面修建排水、阻水、引水、蓄水工程以及河道整治工程。

第三章 河道保护

第十五条 河道的具体管理范围，按河道管理权限由河道主管机关提出方案，报同级人民政府划定并公告。

第十六条 下列区域应当列入河道管理范围：

（一）现已确定或者因历史形成、社会公认的护堤地；

（二）加固堤防的堆土区、填塘区；

（三）压浸平台、防渗铺盖。新建堤防，在堤防建设的同时，应当依照本实施办法第十五条的规定划定护堤地。凡划入河道管理范围的土地，土地使用者必须服从河道防洪安全的需要，遵守河道、堤防管理的有关规定。

第十七条 渗水严重的堤段，应当在河道管理范围的相连地域划定堤防安全保护区。堤防安全保护区由堤段所在地的市州、县市区河道主管机关提出划定方案，报同级人民政府批准。在堤防安全保护区内，禁止打井、钻探、爆破、挖筑鱼塘、葬坟、采石、取土等危及堤防安全的活动。

第十八条 依法在河道两侧山坡开矿、采石、修建铁路、公路、水工程以及开荒等，应当采取水土保持措施，防止塌方、崩岸和淤塞河道。在有山体滑坡、崩岸、泥石流等自然灾害的河段，禁止从事开山、采石、采矿、开荒等危及山体稳定的活动。

第十九条 在河道管理范围内采挖砂石、取土、淘金的，须经河道所在地的市州、县市河道主管机关批准；涉及其他部门的，由河道主管机关会同有关部门批准。凡利用河道管理范围内洲滩的，必须符合防洪和洲滩利用规划要求，按照有关规定报县级以上人民政府河道主管机关批准。

第二十条 水闸、船闸管理单位应当加强对水闸、船闸的管理，使其保持正常运行。过闸船舶必须服从闸管单位的指挥。

第二十一条 河道两岸的单位和个人，应当保护水质，防止水质破坏。造成水质污染危害的，排污单位有责任排除危害，并对直接受到损害的水工程负责赔偿。

第四章 河 道 清 障

第二十二条 河道管理范围内下列阻水障碍物或者工程设施，必须清除或者改建、拆除：

（一）严重壅水、阻水危及安全泄洪的桥梁、码头、栈桥、泵房、船台、渡口、丁坝、矶头、锁坝；

（二）围堤、围墙、围窑、房屋；

（三）阻水道路、阻水渠道；

（四）弃置的矿渣、砂石、煤渣、垃圾、泥土等；

（五）堆放的影响行洪的物料，设置的拦河渔具；

（六）行洪通道内的树木（护堤护岸林除外）、芦苇、杞柳、荻柴或者高秆作物；

（七）其他影响河道安全泄洪和河势稳定的障碍物。

第二十三条 对河道管理范围内的阻水障碍物的清除或者工程设施的改建、拆除，分别按《河道管理条例》第三十六条、第三十七条的规定执行。

第五章 经 费

第二十四条 在堤防、护岸、灌排水闸、圩垸和排涝工程设施受益范围内的工商企业等单位和农户、个体工商户，应当按规定向河道主管机关缴纳河道工程修建维护管理费。收费的具体标准和计收办法由省水行政主管部门提出，经省物价、财政部门核定，报省人民政府批准后执行。河道工程修建维护管理费开征后，省人民政府1986年关于缴纳堤防维护费的规定停止执行。

第二十五条 在河道管理范围内采挖砂石、取土、淘金的单位和个人，应当按照国家的规定向河道主管机关缴纳河道采砂、取土、淘金管理费。河道采砂、取土、淘金管理费，用于河道与堤防工程的维修、工程设施的更新改造以及管理单位的管理费用。

第二十六条 凡改善通航条件的河道过船水闸、船闸，财政未拨维护费或者当地政府未划拨养闸经营土地、水面的，经省人民政府批准，闸管单位可以向过闸船舶收取船舶过闸费。具体收费标准，由省物价、财政部门制定。

第二十七条 在河道管理范围内修建工程设施或者进行生产作业活动，造成护岸、护坡、堤防、导航、助航等工程设施损坏或者造成河道淤积、河岸崩坍、水位壅高危及堤防安全的，建设单位必须负责及时修复、清淤或者按修复、清淤的工程量予以经济补偿。

第二十八条 县级以上人民政府在必要时可以组织本辖区河道两岸堤防保护区内的单位和个人义务出工，对护岸、堤防进行维修加固，对淤塞河道进行清淤疏浚。

第六章 罚　　则

第二十九条 有《河道管理条例》第四十四条第（一）、（四）、（五）、（六）项或者第四十五条规定的行为，应当给予罚款处罚的，罚款额度为10000元以下；有第四十四条第（二）、（三）、（七）项规定的行为，应当给予罚款处罚的，罚款额度为5000元以下；有第四十四条第（八）项规定的行为，应当给予罚款处罚的，罚款额度为10000元以下。《防洪法》和其他有关法律、法规有规定的从其规定。

第三十条 当事人对行政处罚决定不服的，可以在接到处罚通知之日起15日内，向作出处罚决定的机关的上一级机关申请复议，对复议决定不服的，可以在接到复议决定之日起15日内向人民法院起诉。当事人也可以在接到处罚通知之日起15日内，直接向人民法院起诉。当事人逾期不申请复议或者不向人民法院起诉又不履行处罚决定的，由作出处罚决定的机关申请人民法院强制执行；对治安管理处罚不服的，按照《中华人民共和国治安管理处罚法》的规定处理。

第三十一条 河道主管机关的工作人员以及河道监理人员玩忽职守、滥用职权、徇私舞弊的，由其所在单位或者上级主管机关给予行政处分；对公共财产、国家和人民利益造成重大损失的，依法追究刑事责任。

第七章 附　　则

第三十二条 本实施办法自发布之日起施行。本省过去有关规定与本实施办法不一致的，以本实施办法为准。

4. 湖南省洞庭湖保护条例

（2021年5月27日湖南省第十三届人民代表大会常务委员会第二十四次会议通过）

第一章 总　　则

第一条 为了保护和改善洞庭湖生态环境，保障经济社会可持续发展，推进生态文明建设，促进人与自然和谐共生，根据《中华人民共和国长江保护法》《中华人民共和国环境保护法》《中华人民共和国水法》等有关法律、行政法规，结合本省实际，制定本条例。

第二条 本省行政区域内关于洞庭湖保护的规划与管控、污染防治、生态保护与修复、绿色发展等相关活动，适用本条例。

本条例所称洞庭湖，是指洞庭湖湖泊，松滋河、虎渡河、藕池河、华容河本省行政区域内河道，以及上述湖泊、河道沿岸堤防保护的区域（以下简称湖区），包括岳阳市、常德市、益阳市和长沙市望城区等相关地区。具体范围由省人民政府划定，向社会公布，设立必要的标志。

第三条 洞庭湖保护应当遵循科学规划、生态优先、绿色发展、系统治理和公众参与原则。

第四条 省人民政府负责对洞庭湖保护实行统一领导和统筹协调，开展洞庭湖与湘资沅澧四水协同治理，建立洞庭湖保护目标责任制和考核评价制度，督促有关部门和下级人民政府依法履行洞庭湖保护职责。

湖区设区的市（以下简称市）、县（市、区）人民政府对本行政区域内洞庭湖保护工作负责，具体组织落实洞庭湖保护目标责任制和考核评价制度。

第五条 洞庭湖保护实行河湖长制。

湖区各级河湖长依法履行河湖长职责，负责洞庭湖保护相关工作。

第六条 湖区乡（镇）人民政府、街道办事处应当根据洞庭湖保护的具体要求，做好相关工作。

湖区村（居）民委员会应当协助开展洞庭湖保护工作，鼓励将洞庭湖保护要求纳入村规民约，引导村（居）民遵守洞庭湖保护相关法律法规，参加洞庭湖保护活动。

第七条 省人民政府自然资源、生态环境、水行政、农业农村、交通运输、林业、市场监督管理等部门建立洞庭湖生态环境保护联合执法机制，对湖区跨行政区域、生态敏感区域和生态环境违法案件高发区域以及重大违法案件等实施联合执法。

岳阳市、常德市、益阳市人民政府建立洞庭湖生态环境保护综合行政执法机制，确定综合行政执法机构，统一行使污染防治和生态保护执法职责。

第八条 省人民政府自然资源、生态环境、水行政、农业农村、林业等部门依职责组织对洞庭湖水环境质量、重点水污染物排放、水文状况、水资源状况、国土空间开发保护、湿地生态状况和野生动植物资源及生物多样性等进行监测。

省人民政府生态环境主管部门应当会同水行政主管部门，建立洞庭湖水质水量动态监测预警体系和信息平台，统一监测标准和方法、统一布设监测站点和网络、统一发布监测预警信息，实现监测信息共享。

第九条 湖区市、县（市、区）人民政府及其有关部门应当建立健全突发环境事件应急响应联动机制，确保区域生态安全和水环境安全。

第十条 省、湖区市、县（市、区）人民政府应当将洞庭湖保护所需经费列入本级财政预算，建立稳定的财政资金投入机制。

省、湖区市人民政府应当专项安排洞庭湖保护资金，用于实施生态修复和其他相关保护。

鼓励社会资本依法投入洞庭湖保护，拓宽洞庭湖保护资金来源渠道。

第十一条 省人民政府应当推动建立洞庭湖保护跨省合作机制，加强与湖北省信息共享和行政执法协作。

第十二条 省人民政府定期向省人民代表大会或者其常务委员会报告本级人民政府长江流域生态环境保护和修复工作情况时，应当将洞庭湖保护工作情况作为重点报告内容。

湖区市、县（市、区）人民政府应当每年向本级人民代表大会或者其常务委员会报告本级人民政府洞庭湖保护工作情况。

第十三条 县级以上人民政府及其有关部门，广播、电视、报刊、网络等大众传播媒介，应当加强洞庭湖保护的宣传工作，增强全民保护意识。鼓励社会组织和个人开展形式多样的洞庭湖保护宣传普及工作。

省人民政府有关部门应当重视洞庭湖保护科学研究工作，支持高等院校、科研机构开展洞庭湖生态环境保护专门研究。

第十四条 湖区市、县（市、区）人民政府应当建立健全对破坏洞庭湖生态环境行为的举报制度，对举报查证属实的予以奖励。

第二章 规划与管控

第十五条 省人民政府应当将洞庭湖保护纳入国民经济和社会发展规划，调整湖区经济结构，优化产业布局。

湖区市、县（市、区）人民政府应当将洞庭湖保护纳入国民经济和社会发展规划。

第十六条 省人民政府自然资源主管部门会同省人民政府有关部门组织编制洞庭湖生态经济区国土空间规划，报省人民政府批准后实施。湖区市、县（市）人民政府组织编制本行政区域的国土空间规划，按照规定的程序经批准后实施。

湖区市、县（市、区）人民政府自然资源主管部门依照国土空间规划，对所辖洞庭湖国土空间实施分区、分类用途管制。

第十七条 省人民政府应当根据洞庭湖保护的实际需要组织编制相关专项规划，严格落实生态保护红线、环境质量底线、资源利用上线和生态环境准入清单管控要求，并与洞庭湖生态经济区国土空间规划等相衔接。

湖区市、县（市、区）人民政府根据省人民政府制定的相关专项规划，制定本行政区域内洞庭湖保护方案，具体组织落实洞庭湖保护事务。

第十八条 湖区产业结构和布局应当与湖区生态系统和资源环境承载能力相适应。

禁止在湖区布局对生态系统有严重影响的产业。禁止重污染企业和项目向湖区转移。

第十九条 省、湖区市、县（市、区）人民政府应当组织开展水域岸线确权登记，确定水域岸线权属，科学规划港口岸线，确保港口岸线合理开发使用。

省、湖区市、县（市、区）人民政府应当按照岸线修复目标要求，制定并组织实施修复计划，清退非法利用、占用的岸线，恢复岸线生态功能。

禁止填湖造地、围湖造田、建设矮围网围、填埋湿地等非法侵占河湖水域或者违法利用、占用河湖岸线的行为。

第二十条 洞庭湖蓄滞洪区的土地利用、城乡建设以及其他非防洪工程的规划与建设应当符合防洪蓄洪要求。

洞庭湖生态保护红线划定、永久基本农田划定、城镇开发边界划定应当满足防洪设施建设管理要求，预留防洪设施建设空间和范围，确保防洪安全。

第二十一条 省、湖区市、县（市、区）人民政府应当按照蓄滞洪区管理与建设要求建设防洪蓄洪工程，确保堤防达标。

湖区市人民政府根据国家和省规定的有关权限，在防洪规划或者防御洪水方案中，划定本行政区域范围内除国家级蓄滞洪区之外的蓄滞洪区，并经省人民政府批复同意后予以公布。本省划定的蓄滞洪区运用补偿办法由省人民政府制定。

第三章 污染防治

第二十二条 根据洞庭湖水环境质量状况和水污染防治工作的需要，省人民政府生态环境主管部门按程序拟定洞庭湖总磷、氨氮等重点水污染物的排放总量削减和控制方案，报省人民政府批准后下达到湖区市、县（市、区）人民政府，湖区市、县（市、区）人民政府应当将控制指标分解落实到排污单位。

湖区禁止生产、销售、使用含磷洗涤用品。

前款所称含磷洗涤用品，是指总磷酸盐含量（以五氧化二磷计）超过国家标准的洗涤用品。

第二十三条 湖区市、县（市、区）人民政府生态环境主管部门应当建立洞庭湖工业污染源信息库。

湖区市、县（市、区）人民政府应当加强对工业污染源的监管，严格控制重点行业氮磷排放总量。

第二十四条 省人民政府应当建立湖区植物病虫害防控投入品推荐名录，推广使用高效、低毒、低残留农药。湖区市、县（市、区）人民政府应当发布主要农作物科学施肥指导意见，制定鼓励支持化肥、农药农膜减量增效使用和秸秆综合利用绿色补贴的配套政策，推广先进农业生产技术，加强科学用药指导，有效控制农业面源污染。

第二十五条 湖区市、县（市、区）人民政府应当因地制宜设置农（兽）药包装、化肥包装、农用残膜等农业废弃物回收点和贮存站，健全回收、贮存、运输、处置和综合利用机制和网络，实施集中无害化处理。

第二十六条 省人民政府应当制定湖区畜禽养殖污染防治办法，重点规范规模以下畜禽养殖污染防治。

第二十七条 省人民政府农业农村主管部门应当组织制定水产养殖污染防治技术规范。

湖区县（市、区）人民政府应当根据省农业农村主管部门制定的统一规范组织制定养殖水域滩涂规划，科学划定禁养区、限养区和适养区，关停、拆除禁养区内的养殖设施，在限养区、适养区科学确定养殖密度，对投饵和使用药物予以规范。

湖区市、县（市、区）人民政府农业农村主管部门应当督促养殖户对养殖尾水进行处理后达标排放或循环利用。在集中连片水产养殖区推广建设尾水生态化治理工程，推进养殖尾水循环利用。

禁止在湖区天然水域围栏围网（含网箱）养殖、投肥投饵养殖。

第二十八条 湖区市、县（市、区）人民政府应当按照国家、省有关标准统筹安排城乡排水与污水收集处理管网建设、改造和运行，确保生产生活污水全面收集，达标排放。

湖区市、县（市、区）人民政府应当推广农村卫生厕所，推进粪污无害化处理与资源化利用，配套建设农村污水治理设施，防止粪污污染水体。

鼓励将污水处理设施尾水接入人工湿地处理系统。

鼓励城乡生活污水循环化利用。

第二十九条 湖区市、县（市、区）人民政府应当实施生活废弃物分类处理制度，建设生活废弃物分类投放、收集、中转和运输设施，完善城乡垃圾收集转运体系，推进城乡垃圾一体化处理，实行综合利用和无害化处理。

鼓励建设生活废弃物焚烧发电项目。

第三十条 在洞庭湖水域航行的船舶应当具备合法有效的防污染证书、文书，依法配备废油、粪便、污水、垃圾等污染物、废弃物收集设施或者无害化处理设施，禁止向水体排放、弃置污染物和废弃物。达不到管理要求的船舶，省、湖区市、县（市、区）人民政府交通运输主管部门不得放行。

湖区市、县（市、区）人民政府应当合理规划和设置船舶废油、粪便、污水、垃圾等污染物、废弃物收集设施，并对收集的污染物和废弃物进行无害化处理和资源化利用。

鼓励船舶经营者使用天然气、太阳能、电能等清洁能源。

第四章 生态保护与修复

第三十一条 湖区市、县（市、区）人民政府应当按照国家和省制定的河湖连通修复方案，建设河湖连通工程以及水系综合整治工程，并对湖区沟渠塘坝进行清淤疏浚，加快洞庭湖水体交换，扩大洞庭湖水体环境容量，增强水体自净能力，改善洞庭湖水环境质量和水生态功能。

第三十二条 湖区用水实行总量控制、统一调度、分级负责的原则，应当兼顾上、下游用水需求，科学制定水量分配方案，优先满足城乡居民生活用水，保障基本生态用水，统筹农业、工业以及航运等需要。

省人民政府水行政主管部门应当制定湖区水量分配方案，征求有关部门及湖区市人民政府的意见，经省人民政府批准后实施。湖区市人民政府水行政主管部门可以制定本行政区域的水量分配方案，征求有关部门及县（市、区）人民政府的意见，经本级人民政府批准后实施。经批准的水量分配方案需修改或调整时，应当按照方案制定程序经原批准机关批准。

第三十三条 省、湖区市、县（市、区）人民政府水行政主管部门应当根据国家确定的控制断面生态流量管控指标，会同本级人民政府有关部门确定所辖湖区河湖生态流量管控指标。

省、湖区市、县（市、区）人民政府水行政主管部门应当将生态水量纳入年度水量调度计划，保证河湖基本生态用水需求，保障枯水期河道生态流量、湖泊生态水位以及鱼类产卵期生态流量。

河道流量低于生态流量、湖泊水位低于生态水位的，应当采取补水、限制取水等措施，任何单位和个人不得擅自向河道外、湖外调水；确需向外调水的，应当由有管辖权的水行政主管部门报经本级人民政府同意。

湖区市、县（市、区）人民政府应当组织生态环境、水行政、农业农村、住房和城乡建设等部门加强枯水期污染管控，组织编制枯水期生态环境管理应急预案，按要求做好应急响应工作。

第三十四条 省人民政府生态环境主管部门对交接断面水质监测工作实施统一监督管理，建立跨市、县（市、区）河流断面水质交接责任制。

省人民政府生态环境主管部门应当每月监测、评价洞庭湖湖体断面及湘资沅澧等主要入湖河流断面的水质状况并及时向社会公开。交接断面水质考核情况应当纳入生态环境保护工作目标责任考核体系。

第三十五条 省人民政府农业农村主管部门应当定期对洞庭湖水生物种资源状况进行调查、监测，评估洞庭湖水生态系统和水生生物总体状况，制定并实施水生生物多样性保护方案。

省人民政府林业主管部门应当组织开展湖区鸟类及其栖息地状况专项调查，建立鸟类资源档案，并向社会公布湖区鸟类资源状况。

湖区市、县（市、区）人民政府应当建立江豚、中华鲟等重点保护野生动物及其栖息地、重点保护野生植物及其生境保护网络，建设鱼类洄游通道等生态廊道，对鸟类迁徙通道开展巡护，加强生物多样性保护。

第三十六条 禁止在湖区自然保护区人工种植、施肥培育芦苇，但为生态保护和修复需要种植的除外。

湖区县（市、区）人民政府应当采取措施，防止芦苇残体污染水体。

第三十七条 禁止在湖区的自然保护区种植欧美黑杨等不利于涵养水源、破坏生物多样性的树种。

第三十八条 洞庭湖水域的港口、码头作业范围内的漂浮物和影响水环境的水生植物，由港口、码头的经营管理单位负责打捞。

洞庭湖水域其他范围内的漂浮物和影响水环境的水生植物，由所在地县级人民政府负责组织打捞。

打捞的漂浮物、水生植物等应当运送至所在地县级人民政府指定的场所进行无害化处理。

第三十九条 省人民政府应当制定洞庭湖生态补偿办法。

省人民政府通过财政转移支付等方式，开展洞庭湖生态保护补偿。湖区市、县（市、区）人民政府应当落实生态保护补偿资金，确保用于生态保护补偿。

鼓励行政区域间通过资金补偿、对口协作、产业转移、人才培训、共建园区等方式进行生态保护补偿。

第五章 绿色发展

第四十条 省人民政府标准化主管部门应当会同发展改革、工业和信息化、生态环境、农业农村、交通运输、文化和旅游、林业等部门，依据国家、省有关规定，结合洞庭湖实际，制定湖区工业、农业、旅游业、林业绿色发展标准。

湖区市、县（市、区）人民政府应当采取财政、信贷、绿色认证等手段，鼓励和支持工业、农业、旅游业、林业绿色发展。

第四十一条 省、湖区市、县（市、区）人民政府应当将生态农业、生态工业、综合立体交通体系列为重点发展领域，发展低水耗、低能耗、高附加值的产业。

湖区市、县（市、区）人民政府应当发挥临江临湖区位优势，建立湖区特有的生态产业和合理的经济结构，发展绿色品牌农业、滨水产业、港口经济，培育新材料、新能源、电子信息、医疗健康、高端制造、数字经济产业等战略性新兴产业集群和先进制造业集群。

第四十二条 省人民政府应当编制并组织实施水运规划，建设“一江一湖四水”水运网，贯通湘江、沅江高等级航道，有序推进资水、澧水等级航道建设，提升洞庭湖水道功能。

第四十三条 湖区市、县（市、区）人民政府应当加强历史文化名城名镇名村保护，修复历史文化街区，利用湖区文旅资源，建设体现洞庭湖特色的文化旅游品牌。

第四十四条 省人民政府应当建立湖区绿色发展评估机制；探索建立洞庭湖绿色GDP核算制度，建立水质、大气质量、能源利用、绿色建筑等生态绿色指标体系；组织对湖区的资源能源节约集约利用、生态环境保护等情况开展定期评估。

第四十五条 鼓励公民践行低碳、环保、绿色生活方式，优先选择公共交通工具出行，节约使用水、电力、燃油、天然气等资源，减少使用易污染不易降解的塑料制品。

鼓励公民绿色消费，反对奢侈浪费和不合理消费。

第六章 法律责任

第四十六条 在洞庭湖保护中负有职责的相关人民政府及其有关部门有下列行为之一的，对直接负责的主管人员和其他直接责任人员给予记过、记大过或者降级处分；造成严重后果的，给予撤职或者开除处分，其主要负责人应当引咎辞职。涉嫌犯罪的，移送司法机关处理：

（一）不及时制定实施洞庭湖保护相关规划、方案、标准的；

（二）未按规定予以生态保护补偿的；

（三）对超标排放污染物、采用逃避监管的方式排放污染物、造成环境事故以及不落实洞庭湖生态保护措施造成生态破坏等行为，发现或者接到举报未及时查处的；

（四）篡改、伪造或者指使篡改、伪造监测数据的；

（五）有其他滥用职权、玩忽职守、徇私舞弊行为的。

第四十七条 违反本条例第十九条第三款规定，实施填湖造地、围湖造田、建设矮围网围、填埋湿地等非法侵占河湖水域或者违法利用、占用河湖岸线的，责令停止违法行为，限期拆除并恢复原状，所需费用由违法者承担，没收违法所得，并处五万元以上五十万元以下罚款。

第四十八条 违反本条例第二十二条第二款规定，在湖区生产、销售含磷洗涤用品的，责令停止生产、销售，没收违法所得和违法生产、销售的产品，并处违法生产、销售产品货值金额百分之五十以上三倍以下罚款。

第四十九条 违反本条例第二十七条第四款规定，在湖区天然水域投肥投饵养殖的，责令停止违法行为；拒不停止违法行为的，处一万元以上五万元以下罚款。

第五十条 本条例规定的行政处罚，在洞庭湖实行生态环境保护综合行政执法的区域，由综合行政执法机构实施；在未实行生态环境保护综合行政执法的区域，由相关部门按照各自职责实施。

第七章 附则

第五十一条 本条例自2021年9月1日起施行。

5. 湖南省洞庭湖区水利管理条例

（2009年11月27日湖南省第十一届人民代表大会常务委员会第十一次会议通过　根据2018年7月19日湖南省第十三届人民代表大会常务委员会第五次会议《关于修改〈湖南省实施中华人民共和国水土保持法办法〉等十一件地方性法规的决定》第一次修正　根据2021年3月31日湖南省第十三届人民代表大会常务委员会第二十三次会议《关于修改〈湖南省建筑市场管理条例〉等三十件地方性法规的决定》第二次修正　根据2023年5月31日湖南省第十四届人民代表大会常务委员会第三次会议《关于废止、修改部分地方性法规的决定》第三次修正）

第一章 总则

第一条 为了加强洞庭湖区水利管理，改善生态环境，发挥河湖功能，根据有关法律、行政法规，结合洞庭湖区实际，制定本条例。

第二条 在洞庭湖区从事水资源利用、水资源保护、水工程管理及相关活动，应当遵守本条例。

本条例所称洞庭湖区，是指洞庭湖区综合治理规划确定的本省境内洞庭湖水域及其周围平原区和湘江、资江、沅江、澧水干流尾闾地区。

第三条 洞庭湖区水利管理应当遵循统一规划、分级管理、科学利用、严格保护和协调发展的原则。

第四条 省人民政府应当加强对洞庭湖区水利管理工作的领导；建立洞庭湖利用与保护相结合的综合治理机制，制定政策措施，改善水生态环境，促进水资源可持续利用；定期听取洞庭湖区水利管理情况的报告，及时研究解决有关重大问题。

洞庭湖区设区的市、县（市、区）人民政府应当加强水利建设和管理，落实国家和省人民政府有关洞庭湖区综合治理的政策，采取有效措施规范水资源的开发利用，防止现有河湖面积减少，提高河湖行洪蓄水能力，防治水污染，保护水资源。

洞庭湖区乡镇人民政府应当根据洞庭湖区水利管理的要求，做好有关具体工作。

第五条 省人民政府水行政主管部门是洞庭湖区水利管理的主管部门，省洞庭湖水利管理机构具体负责洞庭湖区水利管理工作。

洞庭湖区设区的市、县（市、区）人民政府水行政主管部门负责本行政区域内水利管理工作。

省、洞庭湖区设区的市和县（市、区）人民政府有关行政管理部门，按照各自职责，做好洞庭湖区水利管理的有关工作。

第六条 省人民政府水行政主管部门应当根据洞庭湖区综合治理规划，编制治涝、灌溉、供水、洲滩岸线利用和水资源保护等专业规划。有关行政管理部门制定的洞庭湖区水环境保护、湿地保护、渔业、航运、水土保持、种植养殖等专业规划，应当符合洞庭湖区综合治理规划。

洞庭湖区设区的市、县（市、区）人民政府应当根据洞庭湖区综合治理规划和有关专业规划，制定本行政区域具体实施方案并组织实施。

第七条 鼓励成立农民用水户协会，加强水工程设施和用水排水自律管理。

第二章 水资源利用

第八条 省、洞庭湖区设区的市和县（市、区）人民政府水行政主管部门应当根据水功能区的要求，优化水资源配置，加强水质监测和饮用水水源保护，满足城乡居民生活用水，兼顾种植养殖和工业用水，保障河湖生态环境用水。

第九条 洞庭湖区县（市、区）人民政府水行政主管部门应当会同农业农村管理部门划定农田灌溉区，实行计划用水；推行节水灌溉方式和节水技术，提高农业用水效率。

农田灌溉单位和个人引水、截（蓄）水不得损害公共利益以及他人合法权益。

第十条 在洞庭湖区水域、滩地、岸线内进行开发活动，应当符合法律法规的规定和洞庭湖区综合治理规划以及有关专业规划的要求。开发利用洲滩应当经有管辖权的人民政府水行政主管部门批准。

第十一条 省、洞庭湖区设区的市和县（市、区）人民政府农业农村管理部门应当会同水行政主管部门，根据省人民政府批准的《湖南省水功能区划》划定养殖水域，报同级人民政府批准后向社会公布。

在养殖水域内养殖，应当科学确定养殖密度，合理投饵、施肥和使用药物，防止污染水体。养殖水域的水质必须符合渔业水质标准。

禁止在非养殖水域内进行任何形式的投肥、投饵或者设置网箱等人工养殖活动。

第三章 水资源保护

第十二条 禁止围垦湖泊。

城镇建设不得占用湖泊。城镇规划的临湖界限，由省、洞庭湖区设区的市和县（市、区）人民政府自然资源管理部门会同水行政主管部门确定。

对垸内湖泊面积不足本垸面积百分之十的，洞庭湖区设区的市、县（市、区）人民政府应当采取措施补足湖泊面积；确有困难的，应当划定相应的预备调蓄区。在垸内湖泊和预备调蓄区内从事养殖或者其他生产经营活动，必须服从调蓄渍水的需要。

第十三条 禁止向水域排放未经处理或者处理未达标的工业废水和生活污水。禁止向水域倾倒污染物。禁止在滩地和岸线内倾倒、填埋、堆放、贮存污染物。

省、洞庭湖区设区的市和县（市、区）人民政府生态环境管理部门应当加强洞庭湖区水环境监测与管理。

第十四条 禁止在江河、湖泊和渠道内弃置、堆放阻碍行洪的物体和种植妨碍行洪的林木、高秆作物或者设置妨碍行洪的网箱、拦湖拦河渔具。禁止在洲滩上抬垄植树或者修筑矮围从事种植养殖活动。

第十五条 省、洞庭湖区设区的市和县（市、区）人民政府水行政主管部门应当会同有关行政管理部门加强对采砂的管理，依法划定禁采区、确定禁采期，并向社会公布。

在可采区内采砂，应当由水行政主管部门会同有关行政管理部门批准。

从事采砂活动应当及时清理尾堆，平整河道，不得在河道内堆积砂石和废弃物，不得污染水体、妨碍行洪，不得影响河势稳定和堤防安全。

第十六条 省、洞庭湖区设区的市和县（市、区）人民政府应当采取措施，定期组织江河、湖泊和干渠清淤，所需经费由人民政府根据财力统筹安排。

人为造成河湖淤积的，由致淤单位或者个人负责清淤；致淤单位或者个人不清淤的，由水行政主管部门组织清淤，所需经费由致淤单位或者个人承担。

第四章 水工程管理

第十七条 在河道管理范围内修建桥梁、码头和其他拦河、跨河、临河建（构）筑物，铺设跨河管道、缆线，应当符合国家规定的防洪标准、洲滩岸线利用规划、航运要求和其他有关技术要求；其可行性研究报告按照国家规定的基本建设程序报请批准前，其中的工程建设方案应当经有管辖权的人民政府水行政主管部门审查同意。

修建前款规定的建设工程不得危害堤防安全、妨碍蓄洪区的运用或者减低湖泊的行洪蓄水能力。

第十八条 省、洞庭湖区设区的市和县（市、区）人民政府水行政主管部门应当按照《湖南省实施〈中华人民共和国水法〉办法》的规定，分别划定水工程的管理范围和保护范围。

第十九条 在堤防管理范围内，禁止下列行为：

（一）在大堤、间堤和渍堤上植树、种作物、铲草皮；

（二）履带式车辆上堤行驶；

（三）非防汛抢险机动车辆泥泞期间在堤上通行；

（四）烧窑、挖凼沤肥、堆放物资；

（五）打井、爆破、葬坟、挖筑鱼塘、采石、取土；

（六）修建有碍堤防安全和堤防抢险的建（构）筑物；

（七）在距堤内脚五米以内耕种；

（八）其他危害堤防安全的行为。

在堤防保护范围内，禁止前款第五项规定的行为以及其他危及堤防安全的活动。

第二十条 堤防管理范围和距堤脚五百米以内的湖洲、与堤脚相连一百米以内的河滩属防护林区。防护林由洞庭湖区水利工程管理机构组织营造和管理，任何单位和个人不得侵占、破坏、任意砍伐。

第二十一条 堤防外无湖洲、河滩的，应当在垸内预留取土区，供防汛抢险及堤防维修取土。预留取土区的地点和范围由所在地县级人民政府水行政主管部门提出，报同级人民政府批准后划定。因防汛抢险和堤防维修需要可以在预留取土区无偿取土。

第二十二条 因工程建设确需在大堤、渍堤或者主要间堤上临时开口的，建设单位必须按照要求进行堤防安全设计，并报经有管辖权的人民政府水行政主管部门批准。

堤垸内原有的高地、间堤、大堤、江河故道不得擅自填堵、占用或者拆毁。

第二十三条 在渠道保护范围内，禁止下列行为：

（一）修建损害渠道功能的建（构）筑物和其他阻水设施；

（二）倾倒废弃物；

（三）在渠堤上取土、挖眼、扒口、铲草皮、滥伐林木；

（四）其他损害渠道功能的行为。

第二十四条 禁止擅自启闭水闸闸门。汛期启闭水闸闸门应当按照有管辖权的防汛指挥机构批准的运行方案执行，非汛期启闭水闸闸门应当遵守水闸管理单位的规定。

禁止在水闸上修建建（构）筑物。禁止在水闸的上下游保护范围内修建影响水闸安全和运行的设施。

第二十五条 机电排灌站在汛期应当严格执行上级防汛指挥机构的排渍调度；内湖水位达到控制水位时，应当及时向上级防汛指挥机构报告。

第二十六条 任何单位和个人不得侵占、破坏、损毁分蓄洪、蓄洪安全、机电排灌、供水、水利结合灭螺、防汛器材、观测监测管理等水工程设施。

禁止侵占、破坏、损毁、移动水工程设施保护标志和界碑、界杆、界桩等水工程管理标志。

第二十七条 省、洞庭湖区设区的市和县（市、区）人民政府应当按照省蓄洪区安全与建设规划，组织建设安全区、安全台、安全转移的道路和桥梁等设施，制定移民安置规划和蓄洪转移安置方案。

第二十八条 在血吸虫病疫区修建水工程，建设单位应当将灭螺工程设施纳入工程建设计划并统一组织实施。

第二十九条 洞庭湖区水利工程管理机构负责辖区内的防洪保安以及水工程设施的运行、维护、管理，所需工作经费和公益性水工程日常维修养护经费纳入同级财政预算。

第五章 法 律 责 任

第三十条 违反本条例第十四条规定，妨碍行洪的，由省、洞庭湖区设区的市或者县（市、区）人民政府水行政主管部门责令停止违法行为，限期清除或者采取其他补救措施，可以处一万元以上五万元以下罚款。

违反本条例第十七条规定，工程建设方案未经审查同意的，由省、洞庭湖区设区的市或者县（市、区）人民政府水行政主管部门责令停止违法行为，补办手续；建设工程危害堤防安全、妨碍蓄洪区的运用或者减低湖泊的行洪蓄水能力的，责令限期拆除，逾期不拆除的，强行拆除，所需经费由建设单位承担；可以采取补救措施的，责令限期采取补救措施，可以处一万元以上五万元以下罚款。

虽经水行政主管部门同意，但未按照要求修建前款所列工程设施的，由县级以上人民政府水行政主管部门依据职权，责令限期改正，按照情节轻重，处一万元以上五万元以下的罚款。

第三十一条 违反本条例第十九条第一款第五项规定，在堤防保护范围内，从事危害堤防安全的爆破、打井、采石、取土等活动的，由省、洞庭湖区设区的市或者县（市、区）人民政府水行政主管部门责令停止违法行为，排除妨碍或者采取其他补救措施，可以处一万元以上三万元以下罚款；情节严重，造成堤防毁损的，可以处三万元以上五万元以下罚款。

违反本条例第二十二条第一款规定，擅自在防洪大堤、渍堤或者主要间堤上开口的，由省、洞庭湖区设区的市或者县（市、区）人民政府水行政主管部门责令停止违法行为，限期恢复原状，可以处一万元以上五万元以下罚款。

第三十二条 违反本条例第二十四条第一款规定，擅自启闭水闸闸门的，由省、洞庭湖区设区的市或者县（市、区）人民政府水行政主管部门责令停止违法行为、采取补救措施，处一万元以上五万元以下罚款。

违反本条例第二十四条第二款规定，在水闸上修建建（构）筑物，在水闸的上下游保护范围内修建影响水闸安全和运行设施的，由省、洞庭湖区设区的市或者县（市、区）人民政府水行政主管部门责令改正，可以处二百元以上二千元以下罚款。

违反本条例第二十六条第一款规定，侵占、破坏、损毁水工程设施的，由省、洞庭湖区设区的市或者县（市、区）人民政府水行政主管部门责令停止违法行为，可以处一万元以下罚款；造成严重后果的，可以处一万元以上五万元以下罚款。

违反本条例第二十六条第二款规定，侵占、破坏、损毁、移动水工程设施保护标志和界碑、界杆、界桩等水工程管理标志的，由省、洞庭湖区设区的市或者县（市、区）人民政府水行政主管部门责令停止违法行为、限期恢复原状或者赔偿损失。

第三十三条 违反本条例第二十条规定，侵占、破坏防护林的，由省、洞庭湖区设区的市或者县（市、区）人民政府水行政主管部门责令停止违法行为；造成损失的，依法承担民事赔偿责任。

第三十四条 省、洞庭湖区设区的市或者县（市、区）人民政府水行政主管部门或者其他有关行政管理部门的工作人员在洞庭湖区水利管理工作中玩忽职守、滥用职权、徇私舞弊的，依法给予处分。

第六章 附 则

第三十五条 本条例自2010年1月1日起施行。1982年3月29日湖南省第五届人民代表大会常务委员会第十四次会议通过的《湖南省洞庭湖区水利管理条例》同时废止。

6. 湖南省河道采砂管理条例

（2021年1月19日湖南省第十三届人民代表大会常务委员会第二十二次会议通过）

第一章 总 则

第一条 为了加强河道采砂管理、规范河道采砂行为，维护河势稳定，保障防洪、供水、通航安全，保护生态环境，根据国家有关法律、行政法规的规定，结合本省实际，制定本条例。

第二条 在本省行政区域内从事河道采砂以及相关活动适用本条例。

在长江干流湖南段河道内从事采砂及其管理，国务院《长江河道采砂管理条例》另有规定的，从其规定。

第三条 河道砂石资源属于国家所有，任何组织或者个人不得非法开采。

第四条 河道采砂管理应当遵循保护优先、科学规划、有序开采、严格监管的原则。

第五条 县级以上人民政府应当加强河道采砂管理工作的领导，建立健全组织领导、联合执法和区域合作机制；加强河道采砂管理能力建设和信息化建设，保障河道采砂管理工作经费，将河道采砂管理纳入河（湖）长制工作内容，健全河道采砂管理的督察、通报、考核、问责制度。

乡镇人民政府、街道办事处应当协助上级人民政府及其有关部门做好辖区内采砂船舶（机具）集中停放、河道采砂纠纷调处、采区现场监督等河道采砂管理工作。

第六条 县级以上人民政府水行政主管部门负责编制河道采砂规划和年度实施方案，实施采砂许可，负责现场监督、督促落实生态环保措施、组织开展河道采砂常态化监督巡查、依法查处河道采砂违法行为，以及河道采砂的其他监督管理工作。

县级以上人民政府交通运输主管部门按照职责负责采（运）砂船舶（车辆）、船舶集中停靠点、砂石码头的监督管理工作，制定砂石码头和砂石集散中心布局规划，依法查处未取得营运许可擅自从事砂石运输的违法行为、超限运砂行为、损害通航条件的采砂行为以及未持有合格船舶证书、船员证书从事采砂、运砂的违法行为。

县级以上人民政府公安机关负责查处河道采砂及其管理活动中的违法犯罪行为。

县级以上人民政府自然资源、生态环境、农业农村、应急管理、市场监督管理、林业等主管部门按照各自职责负责河道采砂监督管理的相关工作。

第七条 鼓励和支持河道砂石替代品的科学研究，发展现代、环保的砂石供应产业。

第二章 河道采砂规划

第八条 洞庭湖和湘江、资江、沅江、澧水干流的采砂规划，由省人民政府水行政主管部门商同级自然资源、交通运输、生态环境、农业农村、林业等主管部门编制，报省人民政府批准。

其他河道的采砂规划，由有关设区的市、自治州、县（市、区）人民政府水行政主管部门按照河道管理权限商同级自然资源、交通运输、生态环境、农业农村、林业等主管部门编制，经上一级人民政府水行政主管部门审核，由同级人民政府批准。

河道采砂规划是实施河道采砂许可、管理和监督检查的依据。经批准的河道采砂规划应当向社会公开，并严格执行；确需调整的，应当经原批准机关批准。

第九条 河道采砂规划应当依据国土空间总体规划制定，符合保障河道防洪、供水、通航安全和保护生态环境要求，并与防洪、航运、生态环境保护规划等相关规划相衔接。

第十条 河道采砂规划应当包括下列内容：

（一）砂石砂质、总储量；

（二）禁采区和可采区；

（三）禁采期和可采期；

（四）可采区规划期控制总开采量、开采范围、最低控制开采高程；

（五）砂石码头的布局要求；

（六）采砂环境影响分析。

第十一条 下列区域为禁采区：

（一）饮用水水源保护区、自然保护区、风景名胜区和水产种质资源保护区核心区以及其他生态保护红线划定的区域；

（二）堤防、闸坝、水文观测、水质监测、取水、排水、护岸等工程设施安全保护范围；

（三）桥梁、码头、渡口、航道整治建筑物、电缆、管道、隧洞、输电线路等工程及其附属设施安全保护范围；

（四）河道险工、险段附近区域；

（五）危害航道通航安全的区域；

（六）法律、法规禁止采砂的其他区域。

第十二条 河道达到或者超过警戒水位时以及法律、法规规定禁止采砂的其他时段为禁采期。

在禁采期内，县级以上人民政府防汛指挥机构根据防汛抗洪的需要，有权在其管辖范围内作出紧急采砂的决定，所采砂石按照防洪物资管理规定使用。

第十三条 县级以上人民政府应当将河道采砂规划确定的禁采区、禁采期进行公告，设立明显的禁采区标志。

在可采区、可采期内，因防洪、河势改变、水工程建设、水生态环境遭受严重改变以及有重大水上活动等情形不宜采砂的，县级以上人民政府水行政主管部门应当划定临时禁采区或者规定临时禁采期，报同级人民政府批准后予以公告。

第十四条 河道采砂规划批准后，县级人民政府应当组织水行政、自然资源、交通运输、生态环境、农业农村等主管部门按照有关规定，对可采区砂石开采影响评价等进行专题论证，并经具有相应管理权限的部门批复同意。

第十五条 县级人民政府水行政主管部门应当根据河道采砂规划和可采区专题论证意见，商同级交通运输、自然资源、生态环境、农业农村、林业等主管部门制定年度采砂实施方案，经同级人民政府同意后，报设区的市、自治州水行政主管部门批准。

年度采砂实施方案应当包括以下内容：

（一）可采区基本情况，许可方式、许可期限；

（二）可采区年度控制最大开采总量、开采范围、最低控制开采高程；

（三）采砂作业方式、船舶（机具）数量及采砂设备种类、最大生产功率；

（四）砂石码头的数量和位置；

（五）可采区现场监管方案；

（六）河道及航道清理、修复方案；

（七）船舶污染物接收方案等影响水生生物资源和环境的防范、修复措施；

（八）水生态保护及其他需要明确的事项。

第三章 河道采砂许可

第十六条 县级人民政府水行政主管部门应当按照批准的年度采砂实施方案实施本行政区域内河道采砂许可。未经许可，不得从事河道采砂活动；但是，农村村民为生活自用采挖少量河道砂石的除外。

交界水域河段采砂许可发生争议时，由共同的上一级人民政府裁决。

第十七条 县级人民政府应当采取招标、拍卖、挂牌等公开出让方式或者国家规定的其他方式出让河道砂石开采权。

第十八条 县级人民政府根据生态环境保护的需要，可以决定对本行政区域内的河道砂石资源依法实行统一开采管理。

第十九条 河道采砂许可申请人应当符合下列条件：

（一）有依法取得的营业执照；

（二）有符合生态环境保护、安全生产等要求的采砂设备和作业方式；

（三）有符合要求的采砂技术人员；

（四）用船舶采砂的，船舶检验证书、所有权登记证书和船员适任证书以及其他相关证书齐全有效；

（五）无非法采砂失信行为和不良记录；

（六）法律、法规规定的其他条件。

第二十条 申请办理河道采砂许可，应当提交下列资料：

（一）河道采砂许可申请；
（二）营业执照；
（三）采砂船舶（机具）证书、采砂技术人员的基本情况；
（四）砂石堆放地点和弃料处理方案；
（五）船舶油污、生活废弃物的处理方案；
（六）河道及航道清理、修复方案；
（七）水生生物避让及水生态修复方案；
（八）法律、法规规定的其他有关资料。

第二十一条 河道采砂许可证由省人民政府水行政主管部门统一式样，由设区的市、自治州人民政府水行政主管部门统一印制，由实施许可的县级人民政府水行政主管部门发放。

河道采砂许可证内容包括许可证号、有效期、发证机关名称、发证日期，河道砂石开采权人名称，采砂船舶（机具）名称、检验证书登记号、采砂主机功率，许可河段、范围、控制开采量，最低控制开采高程以及作业方式、弃料处理方式等有关事项。

河道采砂许可证应当放置或者附着于采砂船舶（机具）的显著位置。

河道采砂许可证的有效期限不得超过一年。河道采砂许可证有效期届满，可以按照本条例规定继续申请办理河道采砂许可证；没有继续申请办理的，发证机关应当收回或者注销河道采砂许可证。

第二十二条 禁止伪造、涂改河道采砂许可证，禁止买卖、出租、出借或者以其他方式转让河道采砂许可证。

第二十三条 河道整治、航道整治和清淤疏浚等活动产生的砂石由县级以上人民政府按照规定统一处置，不得擅自销售。

第二十四条 河道砂石资源有偿使用收入应当主要用于河道生态环境治理、河道建设维护管理以及河道采砂管理，具体管理办法由省财政部门会同同级水行政、自然资源、交通运输、税务等部门制定。

第四章 河道采砂监督与管理

第二十五条 县级以上人民政府应当组织水行政、交通运输、公安、生态环境、农业农村、应急管理、市场监督管理等相关主管部门，对河道砂石的生产、交易、运输和水上交通安全、生态环境保护、社会治安等进行监督管理，开展联合执法，有关主管部门应当依职权及时发现和查处违法行为。

交界水域县级人民政府应当加强区域合作，建立健全交界水域联管联治机制，开展交界水域非法采砂联合整治。

第二十六条 县级人民政府水行政、交通运输、公安、生态环境、农业农村、市场监督管理等主管部门应当将河道采砂执法监管信息数据纳入“互联网＋监管”平台，实现信息互通、监管互认、执法互助。

县级人民政府应当明确河道采砂现场管理机构，建立河道采砂电子监控系统，对河道采砂现场进行监控管理。

从事河道采砂的单位和个人应当配合安装监控设备，不得损坏或者擅自拆除，不得妨碍其正常运行。

第二十七条 县级人民政府水行政主管部门应当在河道采砂现场明显的位置竖立公示牌，标明河道采砂许可证号、采砂范围、采砂作业工具名称、采砂期限、被许可单位名称及监督举报电话等。

第二十八条 县级以上人民政府水行政、交通运输等主管部门及其行政执法人员履行河道采砂相关监督管理职责时，有权采取下列措施：

（一）进入采砂生产、运输、存放场所进行调查、取证；

（二）要求采（运）砂单位和个人如实提供与河道采（运）砂有关的文件、证照、资料；

（三）责令采（运）砂单位和个人停止违法采（运）砂行为；

（四）依法查封非法砂石堆场，扣押非法采砂船舶（机具）、运砂船舶（车辆）以及非法采（运）的砂石。

第二十九条 县级以上人民政府水行政主管部门可以委托具备水利工程建设监理相应资质的监理单位对河道采砂活动实施监督管理。监理单位及其监理人员不得与采砂人、运砂人串通，弄虚作假，不得损害国家利益或者社会公共利益。

第三十条 从事河道采砂的单位和个人应当遵守下列要求：

（一）按照河道采砂许可确定的时间、地点、开采范围、最低控制开采高程、作业方式和控制开采量等进行开采；

（二）设置采区作业标志；

（三）及时清运砂石、平整弃料堆体或者采砂坑槽；

（四）按照有关生态环境保护规定做好生态环境修复工作；

（五）不得在河道管理范围内擅自设置砂场、堆积砂石或者弃料；

（六）不得危及水工程、农田工程、水文、桥梁、隧道、管线、环境保护等设施以及岸坡安全；

（七）法律、法规有关河道采砂的其他规定。

第三十一条 运砂船舶装运河道砂石，应当持有县级人民政府水行政主管部门核发的证明砂源合法的采运管理单。

县级人民政府水行政主管部门应当落实运砂船舶签单发航制度，从事河道采砂的单位和个人应当按照规定发放签单发航凭证。

第三十二条 县级人民政府交通运输主管部门应当建立采砂船舶集中停靠点，建立监控系统，设置电子围栏，加强采砂船舶停泊管理。

采砂船舶在禁采期或者在可采期但未取得河道采砂许可证的，应当在县级人民政府交通运输主管部门指定的集中停靠点停放。

河道内长期停泊不用、无人管理的采砂船舶，由所在地县级人民政府交通运输主管部门发布招领公告，自公告之日起一年内无人认领的，依法予以处置。

第三十三条 河道采（运）砂生产经营业主是采（运）砂安全生产责任主体，应当建立健全安全生产责任制度，完善安全生产设施，培训从业人员，确保生产安全。

第三十四条 河道采砂许可证有效期届满或者累计采砂量达到限定开采总量的，河道砂石开采权人应当停止采砂作业，按照规定对作业现场进行清理、修复，达到环保要求。县级人民政府水行政、自然资源、农业农村、交通运输、林业和生态环境等主管部门应当组织进行现场查验。

第三十五条 县级以上人民政府水行政主管部门应当将河道采砂违法行为记录纳入社会信用信息服务平台。

第三十六条 县级以上人民政府水行政主管部门应当建立河道采砂违法行为举报制度，公布举报电话、电子邮箱，依法及时处理举报。

任何单位和个人有权举报河道采砂违法行为。经查证属实的，应当对举报人给予奖励。

接受举报的机关应当保护举报人的合法权益，对举报人的相关信息予以保密。

第五章　法　律　责　任

第三十七条 国家机关及其工作人员违反本条例，有下列行为之一的，对直接负责的主管人员和其他直接责任人员依法给予处分；构成犯罪的，依法追究刑事责任：

（一）擅自修改河道采砂规划或者违反河道采砂规划、年度采砂实施方案批准采砂的；

（二）不按照规定审批发放河道采砂许可证的；

（三）根据防汛抗洪需要所采砂石未按照防洪物资管理规定使用的；

（四）违反规定批准销售因河道整治、航道整治和清淤疏浚等活动产生的砂石的；

（五）不履行河道采砂监督管理职责，造成重大责任事故的；

（六）违反规定参与河道采砂经营活动或者纵容、包庇河道采砂违法行为的；

（七）其他玩忽职守、滥用职权、徇私舞弊的行为。

第三十八条 违反本条例第十一条、第十二条、第十六条规定，在禁采区、禁采期采砂，或者未办理河道采砂许可证采砂的，由县级以上人民政府水行政主管部门责令停止违法行为，没收违法所得和用于违法活动的采砂船舶（机具），并处货值金额二倍以上二十倍以下罚款；货值金额不足十万元的，并处二十万元以上二百万元以下罚款；构成犯罪的，依法追究刑事责任。

持有河道采砂许可证，但在禁采区、禁采期采砂的，由县级以上人民政府水行政主管部门依照前款规定处罚，并吊销河道采砂许可证。

第三十九条 违反本条例第二十二条，伪造、涂改或者买卖、出租、出借或者以其他方式转让河道采砂许可证的，由县级以上人民政府水行政主管部门没收违法所得，并处五万元以上十万元以下罚款，收缴伪造、涂改或者买卖、出租、出借或者以其他方式转让的河道采砂许可证；构成犯罪的，依法追究刑事责任。

第四十条 违反本条例第二十三条规定，擅自销售河道整治、航道整治和清淤疏浚等活动产生的砂石的，由县级以上人民政府水行政主管部门没收违法所得，并处五万元以上二十万元以下罚款；情节严重的，并处二十万元以上五十万元以下罚款。

第四十一条 违反本条例第二十六条第三款规定，不安装、损坏或者擅自拆除监控设备，妨碍其正常运行的，由县级以上人民政府水行政主管部门责令停止违法行为、限期恢复原状；逾期不改正的，处一万元以上三万元以下罚款。

第四十二条 违反本条例第三十条第一项规定的，由县级以上人民政府水行政主管部门责令停止违法行为，没收违法所得，处五万元以上十万元以下罚款；情节严重的，吊销河道采砂许可证。

违反本条例第三十条第二项至第六项规定的，由县级以上人民政府水行政主管部门责令限期改正；逾期不改正的，处一万元以上五万元以下罚款。

第四十三条 违反本条例第三十一条第一款规定，运砂船舶装运河道砂石，未持有县级人民政府水行政主管部门核发的采运管理单的，由县级以上人民政府水行政主管部门没收违法所得，并处一万元以上五万元以下罚款。

第四十四条 违反本条例第三十二条第二款规定，采砂船舶在禁采期或者在可采期但未取得河道采砂许可证，未按照县级人民政府交通运输主管部门指定的集中停靠点停放的，由县级人民政府交通运输主管部门责令限期改正；逾期不改正的，由县级人民政府交通运输主管部门采取措施将采砂船舶拖移至集中停靠点，处一万元以上三万元以下罚款。

第六章 附 则

第四十五条 本条例所称采砂机具，包括采砂水上浮动设施、挖掘机械、吊杆机械、分离机械等与采运砂石相关的机械和工具。

第四十六条 本条例自 2021 年 3 月 1 日起施行。

二、日常管理

1. 河　长　制

中共中央办公厅　国务院办公厅印发《关于全面推行河长制的意见》

（厅字〔2016〕42号）

各省、自治区、直辖市党委和人民政府，中央和国家机关各部委，解放军各大单位、中央军委机关各部门，各人民团体：

《关于全面推行河长制的意见》已经中央领导同志同意，现印发给你们，请结合实际认真贯彻落实。

中共中央办公厅
国务院办公厅
2016年11月28日

关于全面推行河长制的意见

河湖管理保护是一项复杂的系统工程，涉及上下游、左右岸、不同行政区域和行业。近年来，一些地区积极探索河长制，由党政领导担任河长，依法依规落实地方主体责任，协调整合各方力量，有力促进了水资源保护、水域岸线管理、水污染防治、水环境治理等工作。全面推行河长制是落实绿色发展理念、推进生态文明建设的内在要求，是解决我国复杂水问题、维护河湖健康生命的有效举措，是完善水治理体系、保障国家水安全的制度创新。为进一步加强河湖管理保护工作，落实属地责任，健全长效机制，现就全面推行河长制提出以下意见。

一、总体要求

（一）指导思想：

全面贯彻党的十八大和十八届三中、四中、五中、六中全会精神，深入学习贯彻习近平总书记系列重要讲话精神，紧紧围绕统筹推进"五位一体"总体布局和协调推进"四个全面"战略布局，牢固树立新发展理念，认真落实党中央、国务院决策部署，坚持节水优先、空间均衡、系统治理、两手发力，以保护水资源、防治水污染、改善水环境、修复水生态为主要任务，在全国江河湖泊全面推行河长制，构建责任明确、协调有序、监管严格、保护有力的河湖管理保护机制，为维护河湖健康生命、实现河湖功能永续利用提供制度保障。

（二）基本原则：

坚持生态优先、绿色发展。牢固树立尊重自然、顺应自然、保护自然的理念，处理好河湖管理保护与开发利用的关系，强化规划约束，促进河湖休养生息、维护河湖生态功能。

坚持党政领导、部门联动。建立健全以党政领导负责制为核心的责任体系，明确各级河长职责，强化工作措施，协调各方力量，形成一级抓一级、层层抓落实的工作格局。

坚持问题导向、因地制宜。立足不同地区不同河湖实际，统筹上下游、左右岸，实行一河一策、一湖一策，解决好河湖管理保护的突出问题。

坚持强化监督、严格考核。依法治水管水，建立健全河湖管理保护监督考核和责任追究制度，拓展公众参与渠道，营造全社会共同关心和保护河湖的良好氛围。

（三）组织形式：

全面建立省、市、县、乡四级河长体系。各省（自治区、直辖市）设立总河长，由党委或政府主要负责同志担任；各省（自治区、直辖市）行政区域内主要河湖设立河长，由省级负责同志担任；各河湖所在市、县、乡均分级分段设立河长，由同级负责同志担任。县级及以上河长设置相应的河长制办公室，具体组成由各地根据实际确定 。

（四）工作职责：

各级河长负责组织领导相应河湖的管理和保护工作，包括水资源保护、水域岸线管理、水污染防治、水环境治理等，牵头组织对侵占河道、围垦湖泊、超标排污、非法采砂、破坏航道、电毒炸鱼等突出问题依法进行清理整治，协调解决重大问题；对跨行政区域的河湖明晰管理责任，协调上下游、左右岸实行联防联控；对相关部门和下一级河长履职情况进行监督，对目标任务完成情况进行考核，强化激励问责。河长制办公室承担河长制组织实施具体工作，落实河长确定的事项。各有关部门和单位按照职责分工，协同推进各项工作。

二、主要任务

（五）加强水资源保护：

落实最严格水资源管理制度，严守水资源开发利用控制、用水效率控制、水功能区限制纳污三条红线，强化地方各级政府责任，严格考核评估和监督。实行水资源消耗总量和强度双控行动，防止不合理新增取水，切实做到以水定需、量水而行、因水制宜。坚持节水优先，全面提高用水效率，水资源短缺地区、生态脆弱地区要严格限制发展高耗水项目，加快实施农业、工业和城乡节水技术改造，坚决遏制用水浪费。严格水功能区管理监督，根据水功能区划确定的河流水域纳污容量和限制排污总量，落实污染物达标排放要求，切实监管入河湖排污口，严格控制入河湖排污总量。

（六）加强河湖水域岸线管理保护：

严格水域岸线等水生态空间管控，依法划定河湖管理范围。落实规划岸线分区管理要求，强化岸线保护和节约集约利用。严禁以各种名义侵占河道、围垦湖泊、非法采砂，对岸线乱占滥用、多占少用、占而不用等突出问题开展、清理整治，恢复河湖水域岸线生态功能。

（七）加强水污染防治：

落实《水污染防治行动计划》，明确河湖水污染防治目标和任务，统筹水上、岸上污染治理，完善入河湖排污管控机制和考核体系。排查入河湖污染源，加强综合防治，严格治理工矿企业污染、城镇生活污染、畜禽养殖污染、水产养殖污染、农业面源污染、船舶港口污染，改善水环境质量。优化入河湖排污口布局，实施入河湖排污口整治 。

（八）加强水环境治理：

强化水环境质量目标管理，按照水功能区确定各类水体的水质保护目标。切实保障饮用水水源安全，开展饮用水水源规范化建设，依法清理饮用水水源保护区内违法建筑和排污口。加强河湖水环境综合整治，推进水环境治理网格化和信息化建设，建立健全水环境风险评估排查、预警预报与响应机制。结合城市总体规划，因地制宜建设亲水生态岸线，加大黑臭水体治理力度，实现河湖环境整洁优美、水清岸绿。以生活污水处理、生活垃圾处理为重点，综合整治农村水环境，推进美丽乡村建设。

（九）加强水生态修复：

推进河湖生态修复和保护，禁止侵占自然河湖、湿地等水源涵养空间。在规划的基础上稳步实施退田还湖还湿、退渔还湖，恢复河湖水系的自然连通，加强水生生物资源养护，提高水生生物多样性。开展河湖健康评估。强化山水林田系统治理，加大江河源头区、水源涵养区、生态敏感区保护力度，对三江源区、南水北调水源区等重要生态保护区实行更严格的保护。积极推进建立生态保护补偿机制，加强水土流失预防监督和综合整治，建设生态清洁型小流域，维护河湖生态环境。

（十）加强执法监管：

建立健全法规制度，加大河湖管理保护监管力度，建立健全部门联合执法机制，完善行政执法与刑事司法衔接机制。建立河湖日常监管巡查制度，实行河湖动态监管。落实河湖管理保护执法监管责任主体、人员、设备和经费。严厉打击涉河湖违法行为，坚决清理整治非法排污、设障、捕捞、养殖、采砂、采矿、围垦、侵占水域岸线等活动。

三、保障措施

（十一）加强组织领导：

地方各级党委和政府要把推行河长制作为推进生态文明建设的重要举措，切实加强组织领导，狠抓责任落实，抓紧制定出台工作方案，明确工作进度安排，到2018年年底前全面建立河长制。

（十二）健全工作机制：

建立河长会议制度、信息共享制度、工作督察制度，协调解决河湖管理保护的重点难点问题，定期通报河湖管理保护情况，对河长制实施情况和河长履职情况进行督察。各级河长制办公室要加强组织协调，督促相关部门单位按照职责分工，落实责任，密切配合，协调联动，共同推进河湖管理保护工作。

（十三）强化考核问责：

根据不同河湖存在的主要问题，实行差异化绩效评价考核，将领导干部自然资源资产离任审计结果及整改情况作为考核的重要参考。县级及以上河长负责组织对相应河湖下一级河长进行考核，考核结果作为地方党政领导干部综合考核评价的重要依据。实行生态环境损害责任终身追究制，对造成生态环境损害的，严格按照有关规定追究责任。

（十四）加强社会监督：

建立河湖管理保护信息发布平台，通过主要媒体向社会公告河长名单，在河湖岸边显著位置竖立河长公示牌，标明河长职责、河湖概况、管护目标、监督电话等内容，接受社会监督。聘请社会监督员对河湖管理保护效果进行监督和评价。进一步做好宣传舆论引导，提高全社会对河湖保护工作的责任意识和参与意识。

各省（自治区、直辖市）党委和政府要在每年1月底前将上年度贯彻落实情况报党中央、国务院。

2. 清 四 乱

湖南省总河长令（第5号）湖南省河长制工作委员会办公室印发《关于开展河湖“清四乱”专项整治行动的决定》

（2018年8月23日印发）

关于开展河湖“清四乱”专项整治行动的决定

各级河长湖长、河长制工作委员会办公室，各相关单位：

为全面贯彻落实习近平总书记关于长江经济带发展重要战略思想和视察湖南时重要指示精神，进一步强化全省河湖管理保护，维护河湖健康生命，把“一湖四水”打造成湖南亮丽名片，决定自即日起至2019年7月20日，在全省河湖开展乱占、乱采，乱堆、乱建等突出问题专项整治行动（简称“清四乱”专项整治行动）。

一、全面排查摸底。全面排查河湖管理范围内围垦湖泊河道，侵占水域洲滩，种植碍洪林木及作物等“乱占”行为；非法采砂、取土等“乱采”行为；乱倒垃圾、填埋堆放固体废物等“乱堆”行为；违法违规建设涉河项目，修建阻碍行洪的建（构）筑物等“乱建”行为。2018 年 9 月 20 日前完成排查，逐河逐湖建立问题清单。

二、实行集中整治。按照属地管理原则，在河长湖长组织下，依法全面开展“清四乱”专项整治行动，对围垦河湖、侵占水域洲滩等“乱占”行为，要按照“谁占用、谁恢复”原则依法责令限期恢复原貌；对非法采砂、取土等“乱采”行为，要强化联合执法打击，严管严控采砂、运砂船舶及相关车辆；对倾倒垃圾、废弃物等“乱堆”行为，要依法责令限期清理整治，恢复河湖原貌；对非法建设及壅水、阻水严重等“乱建”行为，要按照“谁建设、谁拆除”的原则依法责令限期拆除或者依法强制拆除；河道管理范围内其他建（构）筑物要制定退出方案，全面有序清除。非法采砂、堆砂场和涉砂船舶的整治工作在 2018 年 10 月 31 日前完成，“清四乱”集中整治在 2019 年 5 月 31 日前完成。

三、确保整治成效。各地要建立问题清单销号制度，细化整治措施，明确部门分工，落实工作责任，发现一处、清理一处、销号一处。要强化日常巡查督察，落实属地管理责任，加大违法违规行为打击力度，建立健全河湖管理保护长效机制。

各级总河长对“清四乱”专项整治负总责，承担总督导，总调度职责；各级人民政府要做好组织、协调工作，切实履行河湖水域、岸线管理职责；各相关部门按职责分工，依法采取措施，形成工作合力，落实整治任务。整治工作纳入河长制湖长制年度考核，对真抓实干成效显著的地区予以奖励，对履职不力、整改不实的单位和责任人，依纪依规予以严肃追责；对阻挠整治、暴力抗法的，依法依规予以严肃处理。

此令。

3. 河 道 划 界

湖南省河长制工作委员会办公室 湖南省水利厅《关于进一步加快推进河湖管理范围划定工作的通知》

（湘河委办〔2019〕3 号，2019 年 1 月 31 日）

各市州河长制工作委员会办公室、水利（水务）局：

依法划定河湖管理范围，明确河湖管理边界线，是加强河湖管理的重要基础性工作，是全面推行河长制湖长制明确的任务要求。2018 年，省水利厅联合省自然资源厅印发《湖南省水利厅 湖南省国土资源厅关于做好全省河湖管理范围划定工作的通知》（湘水发〔2018〕22 号），全面开展河湖划界工作。目前各地结合河长制湖长制工作积极推进河湖管理范围划定，但仍普遍存在进度滞后、重视不够等问题，如市管、县管河湖划界工作基本未启动，资金未落实。近期水利部下发《水利部关于加快推进河湖管理范围划定工作的通知》（水河湖〔2018〕314 号），要求 2020 年年底前基本完成全省河湖划界。为贯彻落实水利部 314 号文件精神，进一步加快我省河湖管理范围划定工作，现就有关事项通知如下。

一、明确责任主体

按照属地管理原则，县（市、区）人民政府负责河湖划界工作，县（市、区）水行政主管部门、自然资源部门在县（市、区）人民政府统一领导下，按照职责分工承担范围划定、界桩埋设及产权登记等具体任务。

县（市、区）水行政主管部门负责做好资料收集、标准确定、划界方案编制，并牵头做好河湖管理范围划界组织实施工作：自然资源主管部门协助做好河湖划界工作，负责提供 1∶2000 不动产统一登记基础数据、土地登记等相关资料，负责河湖管理范围自然资源生态空间统一确权登记。

二、加快工作进度

要按照 2020 年年底前基本完成全省河湖管理范围划定工作的目标，倒排工期，加快工作进度，确保任务完成。

1. 2020年年底前，完成全省流域面积在50平方公里以上河流及常年水面面积在1平方公里以上湖泊的河湖管理范围划定工作。各地要按照2019年9月底完成划界方案审核，10月底完成公示，11月底完成批复，12月底公告，2020年完成界桩埋设的总体要求推进工作，对工作推进确有困难的，要及时明确完成时间，报我厅同意。

2. 2021年年底前，基本完成流域面积在50平方公里以下河流及常年水面面积在1平方公里以下湖泊的河湖管理范围划定工作。

三、严控技术标准

各地要严格按照相关法律法规、技术规范及《湖南省河湖管理范围划定技术导则（试行）》划定河湖管理范围。

1. 有堤防的河湖，其管理范围为两岸堤防之间的水域、沙洲、滩地、行洪区和堤防及护堤地。护堤地的宽度根据《堤防工程设计规范》（GB 50286—2013）的堤防工程级别确定，1级堤防护堤地宽度为30～20米，2、3级堤防护堤地宽度为20～10米，4、5级堤防为10～5米，重要堤防、城市防洪堤、重点险工险段的背水侧护堤地宽度可根据具体情况调整确定。

2. 无堤防的河湖，其管理范围为历史最高洪水位或者设计洪水位之间的水域、沙洲、滩地和行洪区。历史最高洪水位或设计洪水位根据有关技术规范和水文资料核定。

3. 河湖管理范围划定可根据河湖功能因地制宜确定，但不得小于法律法规和技术规范规定的范围，并与生态红线划定、自然保护区划定等做好衔接，突出保护要求。

4. 河湖管理范围划定统一采用2000国家大地坐标系。

四、严格流程管控

各地要严格按照方案编制→方案审核→方案公示→方案批复→成果公告→界桩埋设的流程开展划界工作。

1. 方案编制。湘、资、沅、澧四水干流、洞庭湖及市管河湖管理范围划定方案由市级水行政主管部门统筹安排，辖区内县级水行政主管部门承担具体编制工作；县管河湖管理范围划定方案，由县级水行政主管部门组织划定。河湖划界方案要以一条河流一个方案为原则，严格按照《湖南省河湖管理范围划定方案编制大纲》（附件1）要求进行编制。

2. 方案审核。河湖管理范围划定方案编制完成后，湘、资、沅、澧四水干流及洞庭湖管理范围划定方案由各市州水行政主管部门初审，统筹汇总后报省水利厅，由省水利厅会同省自然资源厅联合审核。市管、县管河湖管理范围划定方案由县级水行政主管部门报市级水行政主管部门，由水行政主管部门会同自然资源主管部门联合审核。

3. 方案公示。方案审核完成后，各市州水行政主管部门要在政府网站、部门网站等相关媒体上依法公示10个工作日。广泛征求社会意见。依法依规吸纳公众意见。

4. 方案批复。公示期结束后，湘、资、沅、澧四水干流及洞庭湖管理范围划界方案报市人民政府批复，市管、县管河湖管理范围划界方案分别按管理权限报同级人民政府批复。

5. 成果公告。方案获批后，需在同级人民政府网站、部门网站等相关媒体上依法公告划界成果。

6. 界桩埋设。各县（市、区）水行政主管部门根据批复的划界方案，预制埋设界桩、告示牌。

五、加强信息化管理

全省划界成果统一纳入“湖南水利一张图”系统。市、县水行政主管部门要将划界成果充分应用到河长制湖长制管理、河湖水域岸线空间管控、河湖监管执法及“清四乱”专项行动等工作中，为加强河湖管理提供信息化技术支撑。同时，市、县两级水行政主管部门要加强与相关部门的沟通协调，实现河湖管理范围数据与国土“一张图”数据共享。对涉密信息要严格按保密要求管理，严防泄密。

六、强化业务指导

河湖管理范围划定工作量大、政策性强、问题复杂，各地要明确具体工作部门，落实责任人，选定技术支撑单位，加强技术力量，协同开展工作。省水利厅将成立河湖划界工作小组，加大对市、县两级的督导和培训，并明确省水利水电科学研究院为省级技术支撑单位，承担全省划界工作底图申领、划界成果汇总整理统一入库等任务。承担具体方案编制任务的市、县水行政主管部门要抓紧与省水利水电科学研究院对接底图资料，并严格按照要求做好保管工作。

七、强化组织领导

各地要充分依托河长制湖长制平台，采取有效措施扎实推进河湖管理范围划定工作。省河长办将把河湖管理范围划定工作列为年度考核重点工作任务，定期调度督查，进展情况作为2019年考核评分重点。

1. 各级总河长要部署推进本辖区河湖管理范围划定工作，协调解决经费落实、部门合作等重大问题。

2. 河湖最高层级河（湖）长要抓总负责所辖河湖的管理范围划定工作，并将工作任务分解落实到各级各段河（湖）长。

3. 各级各段河（湖）长要及时调度划界工作存在的问题，并定期督办辖区内河湖划界进展情况，督促指导有关部门推进工作。

4. 各级河长办、水行政主管部门要积极向有关河（湖）长汇报情况，加强与部门沟通协调，要将河长协调推进河湖划界工作情况作为河长履职重点内容列入河长制工作考核，强化激励问责。

4. 岸 线 规 划

水利部办公厅关于印发河湖岸线保护与利用规划编制指南（试行）的通知

（办河湖函〔2019〕394号）

各流域管理机构，各省、自治区、直辖市水利（水务）厅（局），新疆生产建设兵团水利局：

为指导各地各有关单位做好河湖岸线保护与利用规划编制工作，我部组织制定了《河湖岸线保护与利用规划编制指南（试行）》（以下简称《指南》）。现印发给你们，并将有关要求明确如下。

一、高度重视规划编制工作

编制河湖岸线保护与利用规划，划定岸线功能分区，是中央全面推行河长制湖长制明确的重要任务，是加强岸线空间管控的重要基础，是推动岸线有效保护和合理利用的重要措施，对于保障河势稳定和防洪安全、供水安全、航运安全、生态安全具有重要意义。请各地各有关单位高度重视，根据《指南》要求并结合河湖岸线管理实际，抓紧组织开展河湖岸线保护与利用规划编制工作。

二、切实落实规划编制责任

河湖岸线保护与利用规划由流域管理机构和县级以上地方水行政主管部门负责组织编制。其中：长江、黄河等大江大河重点河段，太湖等重要湖泊，跨省重要支流和中央直管河段的岸线保护与利用规划由流域管理机构负责组织编制。其他河湖的岸线保护与利用规划由县级以上地方水行政主管部门负责组织编制。省级行政区内主要河湖、跨省重要河湖以及岸线保护地位重要的河湖，应由省级水行政主管部门组织编制。请各省级水行政主管部门抓紧研究制定区域内岸线保护与利用规划编制河湖名录，明确编制责任主体和完成时间，2019年6月30日前报送水利部。

三、严格履行规划审批程序

流域管理机构负责组织编制的岸线保护与利用规划，由流域管理机构征求有关省级人民政府意见后，报水利部批复实施。县级以上地方水行政主管部门负责组织编制的岸线保护与利用规划，征求上一级水行政主管部门意见后，由本级人民政府或本级人民政府授权水行政主管部门批复实施。

其中，省级水行政主管部门组织编制的岸线保护与利用规划，征求有关流域管理机构意见后，由省级人民政府或省级人民政府授权水行政主管部门批复实施。

四、按时完成规划编制工作

珠江委要抓紧修改完善西江岸线保护和利用规划。在2019年4月底前报送水利部；有关流域管理机构要抓紧全面启动黄河、淮河、海河、松辽、太湖等流域岸线保护与利用规划编制工作，2019年12月底前完成岸线利用现状调查等基础工作、提出规划初步成果，2020年5月底前完成征求意见并将规划送审稿报送水利部。《指南》规划范围中提出的重要河湖岸线保护与利用规划，原则上要在2021年年底前编制完成。

五、充分发挥规划约束作用

请各地各有关单位切实做好岸线保护与利用规划实施工作，按照规划确定的岸线功能分区和管理要求，严格落实分区管理和用途管制。岸线利用项目建设必须符合规划要求，与规划要求不符的一律不得许可。各流域管理机构、地方各级水行政主管部门要将规划岸线分区成果标注在第一次全国水利普查“水利一张图上”，并积极利用卫星遥感、无人机监控等技术手段加强岸线动态监控，不断提升岸线管理信息化水平。

附录四 洞庭湖区重要项目文件

1. 湖南省人民政府关于整修南洞庭湖的决定

洞庭湖由于江水自四口挟带泥沙入湖，湖床淤浅，容量日减；又因湘、资、沅、澧四水互相干扰顶托，以致洪水位逐年增高，滨湖地区不断发生水患。解放以来，人民政府领导群众大力修堤，已获得显著成绩。但因均系治标办法，每逢汛期，仍不免于水患。今年秋汛期间，洪水持续36天以上，至9月24日，又突遭风暴袭击，湘、资尾闾临湖堤垸溃决很多，损失很大。本府为使受灾垸民迅速重建家园，恢复生产；并为减轻广大垸民生命财产的洪水威胁，必须在根治洞庭湖的原则下，立即进行南洞庭湖的整修工程。

整修南洞庭湖的工程计划，已经中央人民政府和中南军政委员会批准，立即施工。据此，本府第十五次委员会议作出如下决定：

一、南洞庭湖的整修工程，是改善湘、资洪道，使二水主流分离，减少顶托干扰；并有计划地结合修复溃垸，进行并垸堵流；同时兼顾航运与排渍。此项工程决定于本年12月15日全面开工，并限于1953年3月15日全部完成。

二、此项工程规模浩大，时间紧迫，为胜利完成这一艰巨而光荣的任务，特规定：

（一）全部工程，动员185000民工担任。计分配湘潭专区105000人，常德专区75000人，劳改队5000人。

（二）长江水利委员会洞庭湖工程处须以全力投入这一工程。湖南省水利局除领导滨湖全面修防及山区水利工程外，亦须大力投入这一工程。

（三）湘潭、常德两专区，须以全力动员组织群众，供应必需物资。其他有关地区，亦须积极支援，以支持这一工程的进行。

（四）器材物资的供应、交通运输工具的调拨，以及宣传教育、医药卫生、保卫工作等，应由有关主管部门具体筹划，并配备足够干部，负责办理。

三、成立湖南省南洞庭湖整修工程委员会，以程潜为主任委员，金明、文年生、唐生智、谭余保为副主任委员，袁任远、程星龄、周小舟、周惠、徐启文、晏福生、张孟旭、萧敏颂、袁福清、夏如爱、胡继宗、孙云英、周礼、曹瑛、李毅之、向德、徐明、夏明钢、孟信甫、章伯森、郭森、朱凡、唐鳞、宋新怀、董纯、史杰、朱宜风、杨第甫、陈继祖、曹伯闻、李越之、张经、赵汾浦、陈志彬、刘子奇、林梦非等为委员。委员会之下设立湖南省南洞庭湖整修工程指挥部，以文年生为指挥，李毅之、孙云英、齐寿良为副指挥，以金明为政委，周惠、胡继宗为副政委。林梦非为办公室主任，曹痴为政治部主任，孟信甫为工程部长，徐春高为供给部长，孙国治为交通部长，张经为卫生部长。

四、南洞庭湖整修工程委员会及其指挥机构，有权经与各方面洽商与决定一切有关工程事项。在工程上所需器材物资的采购、加工、订货及交通运输等项，均须享受优先权，各部门均须大力支持，不得借故推延。各有关地区人民政府亦必须听命调度，接受指定任务，妥为完成。

五、南洞庭湖的整修工程是滨湖人民刻不容缓的迫切要求，也是关系全省人民福利的大事，因此是我省今冬明春极其重要的一件中心工作。全省人民均应大力支持，克服一切可能发生的困难，

为坚决完成这一光荣的战斗任务而奋斗！

湖南省人民政府
一九五二年十一月十日

2. 湖南省人民政府关于修复洞庭湖堤垸工程的决定

今年入夏以来，我省连续霪雨，雨量大，地区广，时间长，滨湖沿江一带水位持续高涨，为近百年来所未有；入汛以后，又先后遭遇七次洪峰，致湘、资尾闾和滨湖地区水位超过一九四九年洪峰一公尺左右，造成了人力不可抗拒的严重灾害。但在当时极端严重的情况下，滨湖广大群众和干部在各级党政的大力领导和支持下，仍然日以继夜持续不断地与洪水进行搏斗近七十天，因而得以保持一部分垸田未遭溃决。灾害发生后，党和政府除以大量物资支援灾区人民外，一方面领导灾区人民开展生产自救运动；另一方面号召非灾区机关、部队和人民展开增产节约运动，积极领导群众大力补种秋冬作物，争取增产粮食十五亿斤，以弥补水灾损失，现已取得显著成绩。

我府根据洞庭湖目前的情况，并本着目前利益与长远利益相结合、治标与治本并重的精神，为使受灾垸民迅速恢复生产，重建家园，经勘察拟定洞庭湖堤垸修复工程计划，并呈请中央、中南及长江水利委员会批准，立即施工。据此，我府第二十六次委员会议，特作出如下决定：

一、今冬明春洞庭湖堤垸修复工程的方针是：重点整修，医治创伤，清除隐患，险堤加固，有计划地并流堵口，合修大圈，争取农业丰收。此项工程决定于一九五四年十一月份开工，限于一九五五年春耕生产以前基本竣工。

二、成立湖南省洞庭湖堤垸修复委员会及修复工程指挥部。常德、湘潭两专区各成立区指挥部，在省指挥部统一领导、集中筹划的原则下，分别负责各该地区全部工程的施工任务。

三、此项工程较1952年整修南洞庭湖更为浩大，又必须在明年春耕之前完成土方工程，在此时间紧迫、任务艰巨的情况下，必须依靠湖区广大人民的努力及全省人民的大力支援，以保证此一光荣任务的胜利完成，为此特规定：

1. 全部工程动员民工约70万人，其中重点工程民工49万人，计分配常德专区44万人（荆江南堤加固工程2万人在内）；湘潭专区5万人；另两专区一般堤垸培修部分20余万人，按照统一计划，做好动员组织工作，保证及时集中到达工地。

2. 湖南省人民政府水利厅及长江水利委员会洞庭湖工程处均应全力投入这一工程（山区农田水利兴修，水利厅另分专人负责）；常德专区暨所属各县以大部分力量投入这一工程，并全力动员组织群众，供应必需物资；湘潭专区及所属各县，应根据实际情况组织适当力量投入这一工程；省级机关、各地区及全省人民亦应从各方面积极支援，大力协助，共同完成这一光荣任务。

四、修复工程动员民工干部、船工船民在70万以上，所需物资器材甚多，调拨运输，是十分周密细致的组织工作，各有关部门必须事先做好充分准备，根据工地的需要，有计划地及时陆续调运物资，做到供应无缺。此外，对民工的组织工作、政治教育、医药卫生、保卫工作等，应由有关部门妥为筹划，并配备足够干部，负责办理，以保证民工在施工过程中经常情绪饱满，身体健康和安全。

五、湖南省洞庭湖堤垸修复委员会及其指挥机构，有权经与各方面洽商决定一切有关事项。所需物资器材的采购、加工、定货及交通运输工具等项，均可享有优先权，各部门必须大力支持，及时完成，不得借故拖延。各有关地区人民政府，尤须服从调度，迅速而妥善地完成指定任务。

六、洞庭湖堤垸修复工程，为我省今冬明春一项突出的重要政治任务和经济任务，由于中央、中南的大力支持，广大群众社会主义觉悟不断提高，滨湖人民具有丰富的修复堤垸的经验，在此项工程中必须充分发挥这些有利条件；但又必须认识由于工程浩大、时间紧迫以及今年严重水灾后所可能遇到的若干实际困难，全省人民及各级政府、人民团体，必须予以大力支援，掌握有利条件，

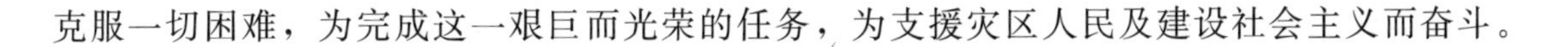

克服一切困难，为完成这一艰巨而光荣的任务，为支援灾区人民及建设社会主义而奋斗。

3. 国务院批转水利部关于加强长江近期防洪建设若干意见的通知国发〔1999〕12号

各省、自治区、直辖市人民政府，国务院各部委、各直属机构：

国务院同意水利部《关于加强长江近期防洪建设的若干意见》，现转发给你们，请认真贯彻执行。

长江防洪建设关系国民经济和社会发展全局，关系人民生命财产安全。各有关地区和部门要以对国家和人民高度负责的精神，切实加强领导，尽快把各项任务落实下去。

防洪建设要坚持统筹规划、远近结合、突出重点、分步实施、分级负责、共同负担的原则。有关部门要结合第十个五年计划的制定，抓紧对各大江河、湖泊防洪建设进行总体规划，将水利建设纳入国民经济和社会发展总体规划。要抓紧制定并落实今明两年长江防洪建设计划；今明两年防洪建设要突出重点，确保重点工程、重点堤段的投入，争取早竣工，使之在防汛抗洪中早日发挥作用。

中华人民共和国国务院

一九九九年五月三十一日

关于加强长江近期防洪建设的若干意见

（水利部一九九九年五月十七日）

为了贯彻落实《中共中央、国务院关于灾后重建、整治江湖、兴修水利的若干意见》（中发〔1998〕15号，以下简称中央15号文件），我部组织有关单位对长江近期防洪建设中的有关问题进行调研和分析，召开专家座谈会论证，征求各有关部门和地区的意见，提出了关于加强长江近期防洪建设的若干意见。

一、关于近期长江防洪建设的目标和总体部署

根据长江的特性及其洪水特点，长江防洪应采取综合措施，逐步建成以堤防为基础，三峡工程为骨干，干支流水库、蓄滞洪区、河道整治相配套，结合封山植树、退耕还林、平垸行洪、退田还湖、水土保持等措施以及其他非工程防洪措施构成的综合防洪体系。

长江流域防洪的重点是中下游地区。国务院1990年批准的《长江流域综合利用规划简要报告》（以下简称《长流规》）中确定的长江中下游防洪目标为：荆江河段以枝城百年一遇洪水洪峰流量作为防御目标；荆江以下河段以防御新中国成立以来最大的1954年洪水作为防御目标。经分析研究，我部认为《长流规》拟定的防洪目标和防洪标准，是依据防御近百年来发生的流域性最大洪水——1954年洪水制定的，与中央15号文件提出的要求是一致的，近期长江中下游防洪建设仍应按《长流规》进行。

按照确定的防洪目标，《长流规》中明确中下游干流主要控制断面设计洪水位为：沙市45.00米，城陵矶34.40米，汉口29.73米，湖口22.50米，南京10.60米。根据近几年城陵矶附近发生的洪水位的实际情况，以及这一地区洪水组成和江湖关系的复杂性，建议对城陵矶附近河段的设计堤顶高程，比《长流规》的规定再增加0.5米，以增强其抗洪能力和洪水调度的灵活性。

长江防洪建设应按统筹规划、远近结合、突出重点、分步实施、分级负责、共同负担的原则组织实施。建议用10年左右的时间完成。该体系建成后可防御1954年洪水，荆江河段达到百年一遇防洪标准。

二、关于堤防建设

（一）长江中下游堤防总长约3万公里，是长江防洪工程体系的基础，其中主要堤防8000多公里，是近期建设的重点。堤防应根据其重要程度，按照国家有关规定分级。其中Ⅰ、Ⅱ级堤防如下：

Ⅰ级堤防：荆江大堤、无为大堤、南线大堤、汉江遥堤，上海、南京、武汉、合肥、芜湖、安庆、南昌、九江、黄石、荆州、长沙、岳阳、成都等十三座国家重点防洪城市堤防。

Ⅱ级堤防：松滋江堤、公安江堤、石首江堤、监利江堤、洪湖江堤、湖南江堤、四邑公堤、粑铺大堤、黄广大堤、九江江堤、同马大堤、广济圩、枞阳江堤、和县江堤、江苏江堤、洞庭湖重点堤垸、鄱阳湖重点圩堤、汉江下游堤防等。

其他江堤及主要支流堤防，由我部商有关省（直辖市）按国家规范核定等级。

近期堤防建设要以欠高堤段加高培厚、基础防渗、堤身隐患处理和穿堤建筑物及其与堤身结合部的加固等为重点，根据堤防的重要性和险情严重程度，按照轻重缓急，分步实施。

（二）沿江各地区当前要对水毁工程修复、堤防基础防渗处理、重要河段崩岸治理以及去年汛期依靠子堤挡水的薄弱堤段堤防的加高培厚等四个重点作出具体安排，落实到项目。要根据长江近期防洪标准和堤防等级，按国家有关规范要求，抓紧做好堤防加高加固的勘测设计，并按基本建设程序报批。要严格按照批准的设计进行建设。

三、关于蓄滞洪区建设

（一）长江洪水峰高量大，而河道宣泄能力有限，利用蓄滞洪区分蓄超额洪水，是保障重点地区防洪安全的有效措施。《长流规》安排的蓄滞洪区目前存在的主要问题是：人口稠密，经济发展，安全建设严重滞后，进洪设施不健全，分洪后补偿不落实，难以适时适量启用。为此，要进一步搞好蓄滞洪区建设。

（二）为防御 1954 年洪水，《长流规》在长江中游地区安排分洪量 500 亿立方米。三峡工程建成后，由于三峡水库的调蓄以及考虑平垸行洪、退田还湖的作用，长江中下游地区遇 1954 年洪水，分洪量可减少为 320 亿立方米，其中城陵矶附近 210 亿立方米，湖南、湖北各承担一半；武汉附近 68 亿立方米；湖口附近 42 亿立方米，江南、江北各承担一半。蓄滞洪区的调整，由长江水利委员会与有关省商定。对原规划的其他蓄滞洪区仍继续保留，任务不变，以防超标准洪水。

（三）对调整确定的蓄滞洪区，要按照轻重缓急，分步建设。各蓄滞洪区应加强道路、通信设施、安全区等建设，并对蓄滞洪区内的人口控制和产业结构实行严格管理，落实好分蓄洪的补偿措施，确保遇特大洪水后超额洪水分得进，损失小，有补偿。各有关省要作出切实可行的规划，由我部牵头组织审查，报国务院批准后实施。

考虑到三峡工程建成之前，荆江河段的防洪标准仍然偏低，荆江分洪区近期仍需继续加强安全建设。

洞庭湖、鄱阳湖水系各支流尾闾的蓄滞洪区，按以上精神，由湖南、江西两省进行规划和安排建设。

（四）关于抓紧建设城陵矶附近蓄滞洪区的问题。1996 年和 1998 年长江防洪突出矛盾主要集中在城陵矶附近，尽快在这里集中力量建设蓄滞洪水约 100 亿立方米的蓄滞洪区，不仅能大大缓解该处的防洪紧张局面，而且对洞庭湖的防洪和保护武汉市及荆江大堤的安全都将起到重要作用。经研究，根据湖南、湖北两省对等的原则，各安排约 50 亿立方米的蓄滞洪区，洞庭湖区选择钱粮湖、共双茶垸、大通湖东垸等分洪垸，洪湖分洪区划出一块先行建设。由长江水利委员会会同湖南、湖北两省尽快做出规划和设计，按照基本建设程序报批，作为重点项目近期安排建设。

四、关于平垸行洪、退田还湖、移民建镇

（一）去冬今春的平垸行洪、退田还湖、移民建镇工作，主要是结合灾后重建，解决因 1998 年长江洪水溃决堤垸受灾群众的安置问题。考虑到沿江及湖区人多地少和长江洪水的特点，大量移民带来的耕地需求和生活出路问题难以解决，经研究，建议对影响行洪的洲滩民垸，采取退人又退耕的“双退”方式，坚决平毁；对其他洲滩民垸，有条件的可采取退人不退耕的“单退”方式，即平时处于空垸待蓄状态，一般洪水年份仍可进行农业生产，遇较大洪水年份滞蓄洪水。这样既可发挥相对较好的蓄滞洪作用，又有利于移民的生产生活，减轻政府负担。各省要根据国家的安排，结合当地实际情况，搞好总体规划，由省里审查，认真组织实施。

（二）对于“双退”的洲滩民垸，要坚决平毁，保证不再复耕，各省应切实落实好移民的耕地和生活出路问题。对于“单退”的洲滩民垸，可选择一些容积较大、蓄洪效果较好的，修建简易进洪设施，其堰顶高程及进洪方式应尽快报长江水利委员会批准，确保在超过规定水位时顺利进洪。国家对这些进洪设施建设予以适当支持。各地要加强对平垸行洪、退田还湖地区的农业生产结构调整的指导，认真解决好移民的生计问题。

（三）今后3～5年的平垸行洪、退田还湖、移民建镇工作，除了继续对严重影响行洪的洲滩民垸实施“双退”外，重点要结合蓄滞洪区建设进行，由我部牵头，组织有关各省编制规划并会同有关部门进行审查，报国务院批准后实施。

五、关于河道整治

长江中下游干流经过多年治理，河势已得到初步控制，总体基本稳定，但局部河段的河势变化仍然比较剧烈，有300余公里崩岸严重，威胁堤防安全，尽快实施控制十分必要。长江河道整治要按照统一规划、综合治理的原则，既考虑防洪，又兼顾航运、取水以及两岸经济建设发展的需要。近期长江河道整治应按照《长流规》确定的任务，重点是上荆江、下荆江、界牌、武汉、九江、安庆、铜陵、芜湖、马鞍山、南京、镇扬（镇江、扬州）、扬中、澄通（江阴、南通）等河段及河口的河势控制和崩岸守护。

应对洞庭湖区及其四水尾间、鄱阳湖区及其五河尾间、松滋口等长江四口洪道中影响行洪的河段进行清淤疏浚，坚决清除河道行洪障碍，保持行洪畅通。对疏浚的土方，可结合堤防加固、填塘固基、蓄滞洪区安全台建设等予以充分利用。清淤疏浚要进行科学论证，按规定的程序报批。

六、抓紧以三峡工程为重点的干支流水库建设

（一）充分发挥三峡工程的防洪作用。按计划建设进度，三峡工程到2007年有防洪库容110亿～138亿立方米，到2009年建成后有防洪库容221.5亿立方米，将起很大的防洪作用。中国长江三峡工程开发总公司和长江水利委员会要抓紧进行三峡工程各阶段的防洪调度研究。

（二）对丹江口、隔河岩、五强溪、江垭、柘溪、万安、柘林等已建在建重点大型水库，有关部门和省要抓紧研究分别采取大坝加高、库区移民搬迁、降低汛限水位、加强预测预报和洪水调度等办法，挖掘潜力，充分发挥其防洪作用。

当前要特别加强病险水库的除险加固，尽快消除隐患，充分发挥防洪效益。

（三）要抓紧进行澧水皂市、岷江紫坪铺、清江水布垭、嘉陵江亭子口、丹江口（加高）、金沙江溪洛渡等干支流水库的前期工作，落实投资来源，按基本建设程序报批，逐步安排建设。

七、搞好生态建设，防治水土流失

要按照中央15号文件精神和国务院批准的全国生态环境建设规划，认真开展以改造坡耕地为中心的长江上中游地区的生态建设，加快“坡改梯”和水土流失治理步伐，大力开展封山植树、退耕还林还草。要下决心停止天然林采伐，大力实施营造林工程。要有计划地种植速生薪炭林，大力推广节柴灶、沼气、秸秆气化等，鼓励有条件的地方烧煤炭，采取多种方式减少薪柴消耗，使土地植被得到保护。要依法公告水土流失重点防治区，严禁毁林开荒和陡坡开荒。要加强对农村“四荒”（荒山、荒沟、荒丘、荒滩）资源治理开发的管理工作，切实依靠政策，调动千家万户治理水土流失的积极性，加快治理速度。与此同时，要依法加强对有关开发建设活动中水土保持的监测、监督，防止造成新的水土流失。当前要特别注意防止三峡库区交通、矿山及城镇等建设中对生态环境造成新的破坏，从总体上扭转这些地区水土流失严重、生态环境恶化的局面，减少泥沙输入长江。

八、落实非工程防洪措施

（一）水文、气象、工情、灾情等信息是抗洪抢险救灾的重要依据，现代化的通信、计算机及其

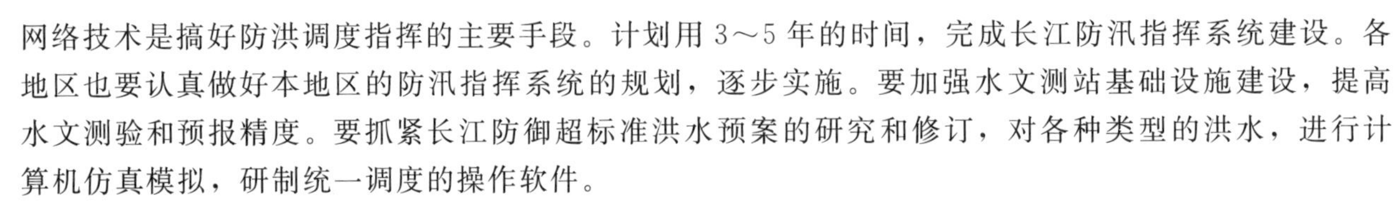

网络技术是搞好防洪调度指挥的主要手段。计划用3～5年的时间，完成长江防汛指挥系统建设。各地区也要认真做好本地区的防汛指挥系统的规划，逐步实施。要加强水文测站基础设施建设，提高水文测验和预报精度。要抓紧长江防御超标准洪水预案的研究和修订，对各种类型的洪水，进行计算机仿真模拟，研制统一调度的操作软件。

（二）加强法律法规建设。为了保证蓄滞洪区在大洪水时分得进、损失小、有补偿，要抓紧制定《蓄滞洪区管理条例》和《蓄滞洪区运用补偿办法》等法规，研究建立洪水保险机制的实施意见。为了巩固平垸行洪、退田还湖、移民建镇的成果，避免移民返迁，有关地区要依据《中华人民共和国水法》《中华人民共和国防洪法》等法律，抓紧制定相应的管理办法。

（三）要依法加强河道、湖泊和蓄滞洪区的管理，严禁对河道湖泊洲滩进行新的围垦和其他方式的侵占，蓄滞洪区要严格控制人口发展并逐步实施外迁。凡在长江干流河道和堤防、蓄滞洪区的管理范围内进行项目建设和在长江干流河道内采砂，应严格遵守国家的有关法律、法规，并履行报批手续。

要强化流域机构的职能，充分发挥其管理、监督、协调、指导等方面的作用。

九、加强建设管理，确保工程质量

（一）认真做好前期工作。防洪工程的勘测、规划、设计应由有相应资质的单位承担，并严格按国家规定的基建程序报批，制止“三边”工程（边勘测、边设计、边施工），坚持“四不准”（没有批准的项目，不准施工；没有批准的设计图纸，不准施工；资金不落实的项目，不准施工；层层转包的项目，不准施工）。

（二）加强工程建设的管理。防洪工程建设，要由具备相应资质的施工单位和监理单位承担；要实行严格的项目法人责任制、招标承包制和建设监理制。工程建设质量实行终身负责制，Ⅰ级堤防及中型以上水库等工程的施工、监理单位的选定，必须报我部确认。

地方各级政府对工程建设要加强领导和监督检查，落实责任制。对规划中的拟建项目，要严格按基本建设程序审批；对已经批准的在建工程，要严格按批准的规模、标准、内容、概算和资金来源执行。加强建设资金管理，严格财务制度，严禁挪用，杜绝浪费；尚未批准和虽已批准但情况发生较大变化的项目，要尽快完善各项前期工作，按程序报批，为组织实施提供切实依据。

有关部门要加强对项目的稽查、审计和验收。对工程质量事故要严肃查处，造成严重后果的，要依法追究当事人的责任。

（三）在工程设计、施工中，要积极慎重、因地制宜地采用新技术、新工艺、新材料。

十、加强规划，做好基础工作

现行的《长流规》主要是依据80年代以前的资料制定的，近20年来长江流域各方面的情况已发生很大变化，三峡工程建成后还将带来新的变化，要抓紧组织长江防洪规划的修订工作。

要加强江湖关系、河道演变、三峡工程建成后对上下游的影响及长江生态环境等的科学研究；加强长江流域水文、河道地形、工程地质的监测、勘测工作，为长江防洪规划的修订提供科学依据。